U0812748

职业院校化工类专业系列教材

化工单元操作

主　编◎马太平
副主编◎徐　莹

中国轻工业出版社

图书在版编目（CIP）数据

化工单元操作/马太平主编．—北京：中国轻工业出版社，2021.11

职业院校化工类专业系列教材

ISBN 978－7－5184－3447－3

Ⅰ.①化…　Ⅱ.①马…　Ⅲ.①化工单元操作—中等专业学校—教材　Ⅳ.①TQ02

中国版本图书馆CIP数据核字（2021）第054577号

责任编辑：张文佳　　责任终审：李建华　　封面设计：锋尚设计
版式设计：砚祥志远　　责任校对：吴大朋　　责任监印：张　可

出版发行：中国轻工业出版社（北京东长安街6号，邮编：100740）
印　　刷：北京君升印刷有限公司
经　　销：各地新华书店
版　　次：2021年11月第1版第1次印刷
开　　本：787×1092　1/16　印张：21.75
字　　数：510千字
书　　号：ISBN 978-7-5184-3447-3　定价：59.80元
邮购电话：010－65241695
发行电话：010－85119835　　传真：85113293
网　　址：http：//www.chlip.com.cn
Email：club@chlip.com.cn
如发现图书残缺请与我社邮购联系调换
200609J3X101ZBW

前 言

PREFACE

《化工单元操作》是学习化学工业生产过程中单元操作的一门工程技术课程，是培养从事化工职业岗位群生产操作的高素质技能型劳动者，是化工生产及技术管理的初、中级专门人才知识结构、素质结构与能力结构的必修课程，是培养学生化工基本实践技能的重要课程。通过学习，学生掌握常见的化工单元操作的基本知识和基本技能，初步形成用工程观点观察问题、分析问题、处理操作中遇到常见故障的能力，树立良好的职业意识和职业道德观念。

本书主要讲的是流体输送操作、非均相物系分离操作、传热操作、蒸发操作、干燥操作、蒸馏操作、吸收操作、萃取操作、结晶操作等化工单元操作的基本原理、常见的化工设备和基本操作及控制。每一单元操作都有实验实训基本操作步骤及事故判断处理方法，将理论和实践有机结合，巩固所学的知识；课后附有多种练习，通过选择题、填空题、简答题、计算题等练习，让学生解决实际问题，达到学以致用的目的。

本书由马太平主编，徐莹副主编，其中徐莹编写项目八和项目九，编写成员还有眭惟红。本书在编写过程中查阅了大量的文献和资料，编写同时得到了许多专家及同行的指导，在此表示诚挚的感谢。

由于编者水平有限，衷心期待各位专家和同仁多提宝贵意见和建议。

编　者

目 录

CONTENTS

绪 论

项目一 流体输送操作

项目二　非均相物系分离操作

项目三　传热操作

项目四 蒸发操作

项目五 干燥操作

项目六 蒸馏操作

项目七 吸收操作

项目八 萃取操作

项目九　结晶操作

绪　论

《化工单元操作》是化工专业的一门专业基础必修课，以化工生产中的物理加工过程为背景，按操作原理的共性归纳成若干单元操作过程。本课程介绍的单元操作有流体输送操作、非均相物系分离操作、传热操作、蒸发操作、干燥操作、蒸馏操作、吸收操作、萃取操作和结晶操作，通过学习掌握或了解其基本原理、计算方法、典型设备及操作注意事项。

一、课程的性质和任务

《化工单元操作》主要研究各化工单元操作的基本原理、基本计算、典型设备的构造及操作，并能用以分析和解决工程技术中的一般问题；是化工类、轻工类、医药类专业学生的基础课，是一门应用性学科。

本课程的主要任务是：掌握各单元操作的基本规律，熟悉其操作原理及有关典型设备的构造、性能、基本计算和操作等；培养学生的化工生产单元岗位技能，使学生具备一定的分析和解决单元操作中常见故障的能力，得到用工程技术观点观察问题、分析问题和解决问题的训练，为学生学习后续课程和将来从事化工生产、建设、管理和服务做准备，为提高学生的职业能力和职业素养打下基础。

二、本课程的主要内容

1. 单元操作内容

（1）讨论流体流动及流体与其接触的固体发生相对运动时的基本规律，以及主要受这些基本规律支配的单元操作，如流体输送、非均相物系分离等。

（2）讨论传热的基本规律，以及受这些基本规律支配的单元操作，如传热、蒸发、蒸馏、干燥等。

（3）讨论物质透过相界面迁移过程的基本规律，以及受这些基本规律支配的单元操作，如蒸馏、吸收、干燥等。

（4）讨论同时遵循传热和传质的单元操作，如蒸馏、干燥等。

2. 单元操作的分类与遵循的基本规律

按照操作的主要物理特征和基本原理，单元操作大致可分为 6 类，常见的化工单元操作如表 0 - 1 所示。

表 0 - 1　　常用单元操作

类别	名称	目的
流体动力过程	流体输送	将流体从一个设备输送到另一个设备
	过滤	从气体或液体中分离悬浮的固体颗粒
	沉降	从气体或液体中分离悬浮的固体颗粒、液滴或气泡

续表

类别	名称	目的
传热过程	传热 蒸发	升温、降温或改变相态 使非挥发性物质中的溶剂汽化，溶液增浓
传质过程	蒸馏 吸收 萃取 吸附 膜分离	利用组分挥发度不同，通过汽化、冷凝，分离均相混合液体 利用气体在液体（吸收剂）中溶解度不同，分离气相混合物 利用液体在液体（萃取剂）中溶解度不同，分离液相混合物 利用组分在固体吸附剂上吸附量不同，分离气相或液相混合物 利用固体或液体膜分离气体或液体混合物
热质传递过程	干燥 结晶	使固体湿物料中所含湿分部分汽化除去 使溶液中某种溶质变成晶体析出
热力过程	冷冻 压缩	将物料温度冷却到环境温度以下 提高气体的压力
机械过程	粉碎 颗粒分级	用外力使固体物料变成尺寸更小的颗粒 将固体颗粒分成大小不同的部分

按照操作的目的，单元操作可以分为三类：

（1）改变物料的状态。其目的是使物料满足实现化学反应或其他单元操作所需要的组成、压力、温度、粒度等条件和达到对产品要求的物理状态，如物料的升温或降温，空气的增湿与减湿，流体的升压与降压，固体物料的粉碎、分级与造粒等。

（2）混合物的分离。其目的是实现原料、中间产品与产品的分离和纯化，如用沉降或过滤的方法分离非均相混合物，用蒸馏、吸收、萃取等方法分离气体或液体均相混合物。

（3）物料的输送。包括流体的输送与固体的输送。

3. 单元操作的操作方式

根据操作过程参数的变化规律，单元操作可以分为定态操作状态（稳定操作）和非定态操作状态（非稳定操作）两种形式。

单元操作过程进行的方式主要有间歇操作方式与连续操作方式。

间歇操作方式即分批进行的过程。每次操作之初向设备投入一批原料，经过处理之后，排除全部产物，再重新投料。小规模生产多采用间歇操作。间歇操作的设备里，同一位置上在不同时刻进行着不同的操作步骤，因而，同一位置上物料的组成、温度、压力、流速等参数随时间而改变，属于不稳定操作状态。

连续操作方式恰似流水作业。原料不断地从设备一端送入，产品不断地从另一端排出。在连续操作的设备里，各个位置上物料的组成、温度、压力、流速等参数可互不相同，但在任一固定位置上，这些参数一般不随时间而变，属于稳定操作状态。多数化工生产过程是连续操作的，在正常情况下的操作状态是稳定的，但在开车、停车、发生波动与故障以及调节过程中属于暂时的不稳定操作状态。

除间歇操作和连续操作方式外，还存在半连续（半间歇）式操作。原料与产物只要其中的一种为连续输入或输出而其余为分批加入或卸出的操作，均属半连续操作，半连续操作具有连续操作和间歇操作的某些特征。连续流动的物料与连续操作相似；有分批加入或卸出的物料，因而生产是间歇的，这反映了间歇操作的特点。由于这些原因，在半连续（半间歇）操作设备里组成、温度、压力、流速等参数必然既随时间而改变，也随位置而改变。

三、本课程解决问题的主要方法

本课程所要解决的问题均具有明显的工程性，主要原因是：①影响因素多（物性因素、操作因素及结构因素等）；②制约因素多（原辅材料来源、设备性能、自然条件等）；③评价指标多（经济、健康、安全、环保等评价指标）；④经验与理论并重。因此，解决单元操作问题仅仅通过解析的方法是难以实现的，常常需要理论与实践相结合。在解决相关单元操作问题时，主要运用物料衡算、能量衡算方法及平衡关系和过程速率。

1. 物料衡算

根据质量守恒定律，在任何一个化工生产过程中，输入物料的质量，必等于输出物料的质量与积累于该过程中的物料质量之和，即：

$$\sum F = \sum D + A \qquad (0-1)$$

式中：$\sum F$——t 时间内输入的物料质量的总和，kg；

$\sum D$——t 时间内输出的物料质量的总和，kg；

A——t 时间内积累于该过程中的物料质量，kg。

对于操作不随时间变化的连续稳定过程，积累的物料质量为零，上式简化为：

$$\sum F = \sum D \qquad (0-2)$$

2. 能量衡算

根据能量守恒定律，在任何一个化工生产过程中，输入的能量必等于输出的能量和损失的能量之和。

通过能量衡算，可以了解在生产操作中能量的利用和损失情况，在生产过程与设备设计时，利用能量衡算可以确定是否需要从外界引入能量或向外界输出能量的问题。能量损失越少，经济效益越好。

3. 平衡关系

平衡是过程进行的极限状态。平衡状态下，各参数是不随时间变化而变化的，并保持特定的关系。平衡时各参数之间的关系称为平衡关系。平衡是动态的，当条件发生变化时，旧的平衡将被打破，新的平衡将建立。

在化工生产中，平衡关系用于判定过程能否进行以及进行的方向和限度。操作条件确定后，可以通过平衡关系分析过程的进行情况，以确定过程方案、适宜设备等，明确过程限度和努力方向。

一般平衡关系为各种定律所表明，如亨利定律、拉乌尔定律等。在化工生产中，可以从物系平衡关系来推动过程能否进行及进行到何种程度。

4. 过程速率

当实际状态偏离平衡状态时，就会发生从实际状态向平衡状态转化的过程，过程进行的快慢称为过程速率。影响过程的因素很多，如物料性质、操作条件设备结构及性能、自然条件等，况且，不同过程的影响因素也不一样，因此，没有统一的解析方法计算过程速率。工程上，仿照电学中的欧姆定律，认为过程速率正比于过程推动力，反比于过程阻力，即：

$$过程速率 = \frac{过程推动力}{过程阻力} \qquad (0-3)$$

过程推动力是实际状态偏离平衡状态的程度，如传热过程，过程推动力就是温度差，对传质来说，就是浓度差等。显然，在其他条件相同的情况下，推动力越大，过程速率越大。

过程阻力是阻碍过程进行的一切因素的总和，与过程机理有关。阻力越大，速率越小。

在化工生产中，过程速率用于确定过程需要的时间或需要的设备大小，也用于确定控制过程速率的办法。比如，通过研究影响过程速率的因素，可以确定改变哪些条件以控制过程速率的大小，达到预期目的。

四、单位及单位换算

“化工单元操作”涉及大量物理量，物理量的正确表达是单位与数字统一的结果。因此，正确使用单位是正确表达物理量的前提。

由于各国使用的单位制不同，给国际之间的科学技术交流与贸易往来带来不便，1960年10月第十一届国际计量大会制定了一种新的单位制，称为国际单位制，符号SI。国际单位制具有一贯性与通用性两大优点，世界各国都在积极推广SI制，我国也于1984年颁发了以SI制为基础的法定计量单位。

本课程涉及的公式有两种：一种是物理量方程；另一种是经验公式。前者是有严格的理论基础的，要么是某一理论或规律的数学表达式，要么是某物理量的定义式，这类公式中各物理量的单位只要统一采用同一单位制下的单位就可以了；而后者则是由特定条件下的实验数据整理得到的，经验公式中，物理量的单位均为指定单位，使用时必须采用指定单位，否则公式就不成立了。如果想把经验公式计算出的结果换算成SI制单位，最好的办法就是先按经验公式的指定单位计算，最后把结果转换成SI制单位，不要在公式中换算。

单位换算是通过换算因子来实现的，换算因子就是两个相等量的比值。比如，1m = 100cm，当需要把m换算成cm时，换算因子为100cm/m；当需要把cm换算成m时，换算因子为1m/100cm。在换算时只要用原来的量乘上换算因子，就可以得到期望的单位了。

【例0-1】 一个标准大气压（1atm）等于1.033kgf/cm^2，等于多少Pa？

解：1kgf = 9.807N；1cm = 0.01m

$$1\text{atm} = 1.033\text{kgf/cm}^2 = 1.033 \times \frac{\text{kgf}}{\text{cm}^2} = 1.033 \times \frac{9.807\text{N}}{(0.01\text{m})^2} \approx 1.013 \times 10^5\text{Pa}$$

五、本教材的特点

本教材以“项目载体、任务驱动”方式展开，通过“项目导言”“认识常见单元操作设备”“技术理论与必备知识”“单元操作”的思路组织教学内容，力求实现化工职业岗位典型工作任务与工作过程和课程教学内容与教学过程的有机融合，体现本课程的教学目标和遵循学生职业成长规律。

习题与思考

1. 单元操作与化工生产的关系如何？通过检索资料，了解单元操作的类型、发展及应用。

2. 单元操作解决工程实际问题的主要方法有哪些？

3. 过程速率的主要影响因素有哪些？过程速率的通式是什么？

4. 试将通用气体常数 $R=82.06\mathrm{atm\cdot cm^3/(mol\cdot K)}$ 换算成 SI 单位。

5. $2\mathrm{kgf/m^2}$ 等于多少 Pa？$5\mathrm{kgf\cdot m/s}$ 等于多少 $\mathrm{N\cdot m/s}$？

6. 4L/s 等于多少 L/h？等于多少 $\mathrm{m^3/h}$？

项目一　流体输送操作

学习指南

知识目标

1. 掌握常用阀门的性能特点；离心泵主要性能以及气缚、汽蚀现象产生的原因，离心泵的选型与安装高度。

2. 掌握流体基本物理量及其相互关系，静力学基本方程式，连续性方程式，伯努利方程式，流体阻力的形成及影响因素，流体的流动形态及其判定，液体输送过程的操作要领。

3. 理解液体输送中常用材质的性质；化工管路的构成、管道连接方式、布置等原则；输送机械的类型及特点；单一管路阻力的估算方法及减小流体阻力的途径；常见故障及其处理方法的理论基础。

4. 了解输送机械的结构及工作过程；安全装置的结构；管内流速的分布等。

能力目标

1. 能正确选择液体输送方式及设备，正确使用离心泵；会选择合适的阀门等管件；会初步进行管路布置。

2. 会用流体静力学测定流体的压力、液位以及液封高度的计算；能根据生产工艺的要求应用伯努利方程估算输送流体所需能量以便选用合适的输送机械；能进行离心泵、往复泵等常用流体输送机械的基本操作；能对输送过程中的常见故障进行分析处理。

素质目标

1. 培养学生理论联系实际的思维方式。

2. 培养学生追求知识、独立思考、勇于创新的科学态度；逐步形成理论上正确、技术上可行、操作上安全可靠、经济上合理的工程技术观念。

3. 培养学生敬业爱岗、勤学肯干的职业操守，严格遵守操作规程的职业素质。

4. 培养学生团结协作、积极进取的团队合作精神。

项目导言

流体是液体和气体的统称。流体具有流动性，液体几乎不具压缩性，受热时体积膨胀得不显著，所以一般将液体视为不可压缩的流体；气体受热时体积膨胀很大，所以气体是可压缩的流体。

在化工生产过程中所处理的物料，包括原料、半成品和成品，大多都是流体。为了满足生产要求，需要将流体物料从一个设备输送到另一个设备，从一个车间输送到另一个车间，因此，流体物料的输送是化工生产中最基本和最普遍的单元操作。

由于物料性质、工艺条件、产品产量等不同，完成流体物料输送任务采用的技术手段也可能不一样。化工生产中一般采用泵进行动力输送，而有的产品在生产过程中由于物料温度高或者物料的性质等因素，利用压缩气体的压力将物料从一个设备输送到另一个设备；在原料药生产中，由于产量小，液体原料一般采用桶装，在抽取时往往在设备上抽真空，利用大气压力，将原料输送至生产设备中。

任务一　认识流体输送管路

化工管路是化工生产中所使用的各种管路的总称，其主要作用是输送流体介质。化工管路一般由管子、管件、阀门、管架等组成。

一、管子

1. 钢管

根据其材质不同又分为普通钢管、合金钢管、耐酸钢管（不锈钢管）等。按制造方法不同可分为水煤气管和无缝钢管。

水煤气管也称有缝钢管：大多用低碳钢制成，通常用来输送压力较低的水、暖气、压缩空气等。

无缝钢管：无缝钢管是化工生产中使用最多的一种管型，它的特点是质地均匀、强度高，广泛应用于压强较高、温度较高的物料输送。

2. 铸铁管

铸铁管通常用作埋于地下的给水总管、煤气管和污水管，也可以用来输送碱液和浓硫酸等腐蚀性介质。其优点是价格便宜，具有一定的耐腐蚀性，但比较笨重、强度低，不宜在有压力的条件下输送有毒、有害、容易爆炸以及像蒸气一类的高温流体。

3. 有色金属管

有色金属管的种类很多，化工生产中常用的有铜管、铅管、铝管等。铜管（紫铜管）的导热性能特别好，适用于做某些特殊性能的换热器；由于它特容易弯曲成型，故也用来作为机械设备的润滑系统或油压系统以及某些仪表管路等。

4. 非金属管

其中包括玻璃、陶瓷、橡胶、塑料等制成的管子，以及在金属表面搪上玻璃、瓷的管子等。以塑料管为最常见。塑料的品种很多，目前最常用的有聚氯乙烯管、聚乙烯管，以及在金属表面喷涂聚丙烯、聚三氟乙烯的管道等。塑料管具有良好的抗腐蚀性能以及质量轻、价格低、容易加工等突出优点，缺点是强度较低，耐热性差，但随着性能的不断改进，在很多方面将可以取代金属管。

二、管件与阀门

1. 管件

管路中所用各种零件统称为管件。根据它在管路中的作用不同可以分成以下 5 类：

（1）改变管路方向：如图 1－1 中的 1、2、3、4 等。通常将其统称为弯头。

（2）连接支管：如图 1－1 中的 5、6、7、8、9 等。通常把它们统称为“三通”“四通”。

（3）连接两段管道：如图 1－1 中的 10、11、12 等。其中件号 10 称为外接头，俗称“管箍”；件号 11 称为内接头，俗称“对丝”；件号 12 称为活接头，俗称“油任”。

（4）改变管路直径：如图 1－1 中的 13、14 等。通常把前者称为大小头，把后者称为内外螺纹管接头，俗称内外丝或补芯。

（5）堵塞管路：如图 1－1 中的 15、16 等。它们分别称为“丝堵”和“盲板”。

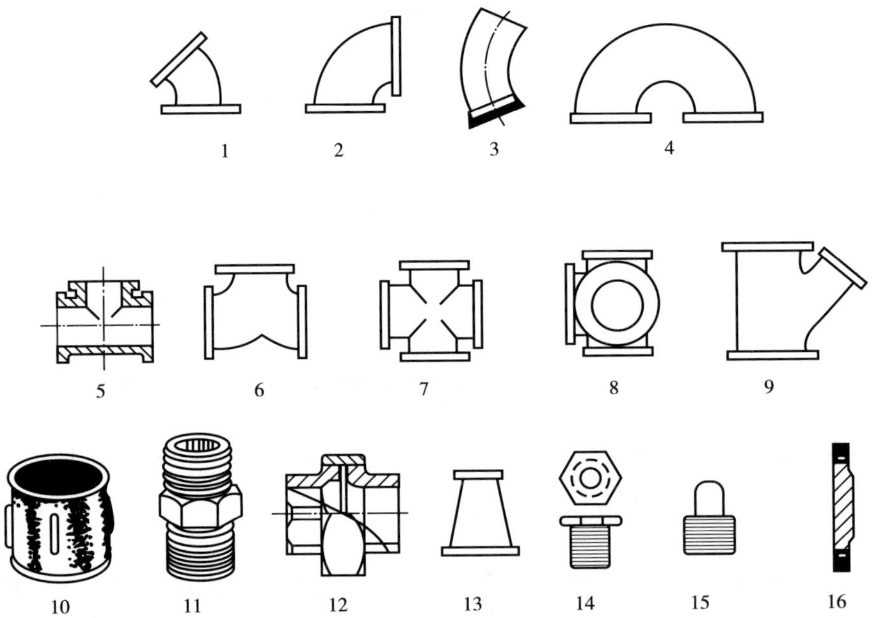

图 1－1　常用管件

必须指出，管件与管子一样也是标准化、系列化的。选用时必须注意和管子规格一致。

2. 阀门

为了对生产进行有效的控制，在操作时必须对管路中的流体流量和压强等进行适当调节，或者开启和关闭，或者防止流体回流等。阀门就是用来实现这种操作的装置。阀门通常用铸铁、铸钢、不锈钢以及合金钢等制成，有的阀门的阀芯与阀座用不同材料制成。化工生产中比较常用的有以下几种：

①截止阀。也称球心阀，如图 1－2 所示，其关键零件是阀体内的阀座和底盘，通过手轮使阀杆上下移动，可以改变阀盘与阀座之间的距离，从而达到开启、切断以及调节流量的目的。

截止阀的特点是严密可靠，可以准确地调节流量，但对流体的阻力比较大，常用于蒸气、压缩空气、真空管路以及一般流体的管路中，但不能使用于带有固体颗粒和黏度较大的介质。安装截止阀时，应保证流体从阀盘的下部向上流动，即下进上出。否则，在流体压强较大的情况下难以打开。

②闸（板）阀。如图 1－3 所示，闸阀相当于在管道中插入一块和管径相等的闸门，闸门通过手轮来进行升降，从而达到启闭管路的目的。

闸阀的形体较大，造价较高，制造维修都比较困难，但全开时对流体的阻力小，常用于开启和切断，一般不用来调节流量的大小，也不适用于含有固体颗粒的料液。

③旋塞阀。如图 1－4 所示，旋塞阀是用来调节流体流量的阀门中最简单的一种，工厂中通常称其为“考克”。它的主要部件是一个全空心铸件。中间插入一个锥形旋塞，旋塞的中间有一个通孔，并可以在阀体内自由旋转，当旋塞的孔正朝着阀体的进口时，流体就从旋塞中通过；当它旋转 90°时，其孔完全被阀门挡住，流体则不能通过而完全切断。

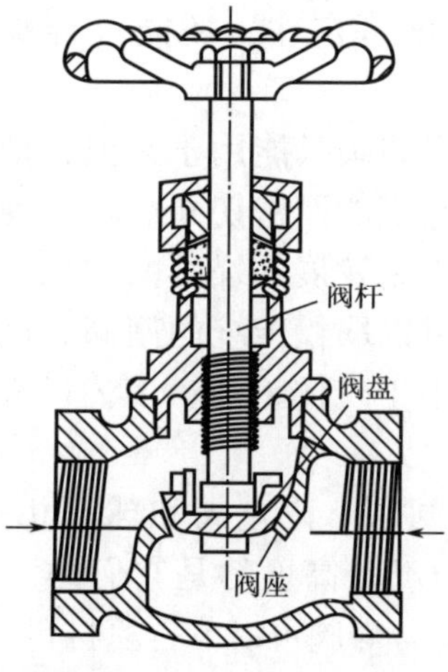

图 1－2　截止阀

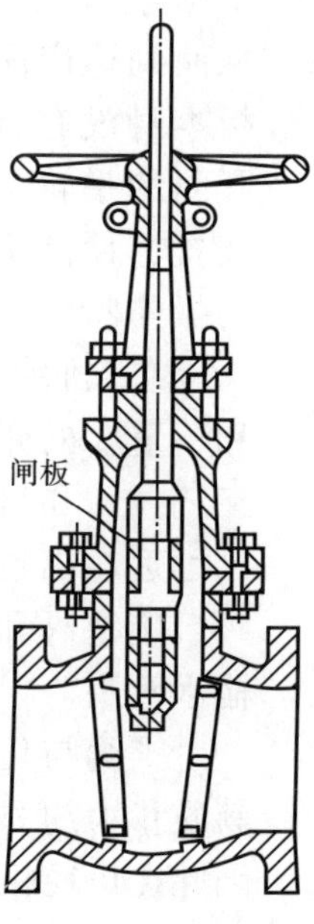

图 1－3　闸阀

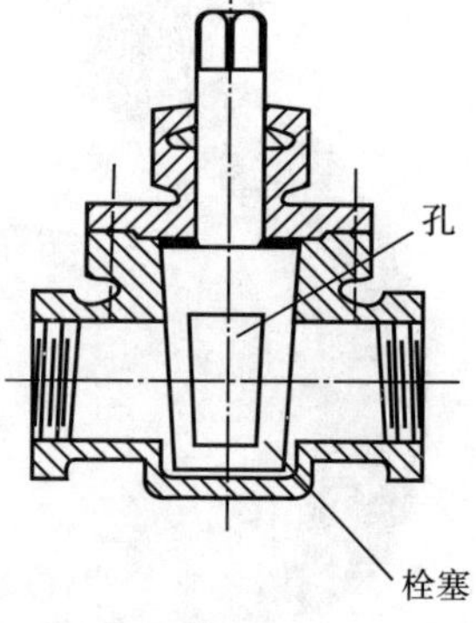

图 1－4　旋塞阀

旋塞阀的优点是结构简单，启闭迅速，全开时对流体阻力小，可适用于带固体颗粒的流体。其缺点是不能精密地调节流量，旋转时比较费劲，不适用于口径较大、压力较高或温度较低的场合。

④球阀。如图 1－5 所示，球阀的阀瓣为一个中间有通道的球体，球体环绕自己的轴心

做 90°旋转以达到开闭，有快速开闭的特点。

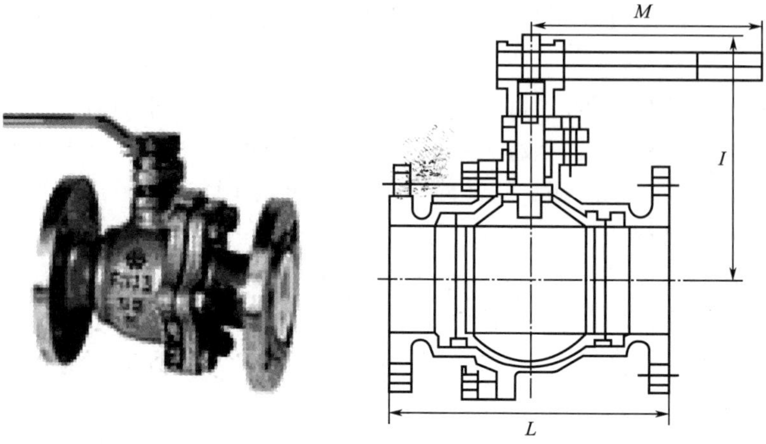

图 1－5　球阀

球阀一般用于需要快速启闭或要求阻力小的场合，可用于水、汽油等介质，也适用于浆液和黏性流体。

⑤蝶阀。如图 1－6 所示，蝶阀的启闭件是一个圆盘形的阀板，在阀体内绕自身的轴线旋转，从而到达启闭或调节阀门开度。蝶阀的阀杆和阀板本身没有自锁能力，为了阀板的定位，在阀门开闭的手轮、涡轮蜗杆或执行机构上需加有定位装置，使阀板在任何开度可定住，还能改善蝶阀的操作特性。

图 1－6　蝶阀

在人们传统的观念中蝶阀只能用于常温，低压和不重要的介质，认为它不能严密切断。随着现代工艺技术和材料工业的不断发展，蝶阀的应用范围已远远超出过去，几乎可以取代传统的闸阀、截止阀、旋塞阀和球阀，适用于气体、油、工艺过程和输水管道。

蝶阀与比较常用的闸阀、截止阀和球阀相比，其质量大约只是它们的 1/3，高度约是它们的 1/2。因此在口径相同的情况下，蝶阀可以节省原材料。

此外，还有用来控制流体只能朝一个方向流动，并能自动启闭的止回阀（又名单向阀），如图 1－7 所示。随着化工生产的发展，新工艺、新设备不断出现，对管件与阀件的要求也越来越高，一些新型阀件不断出现，可参见生产厂家的产品样本。

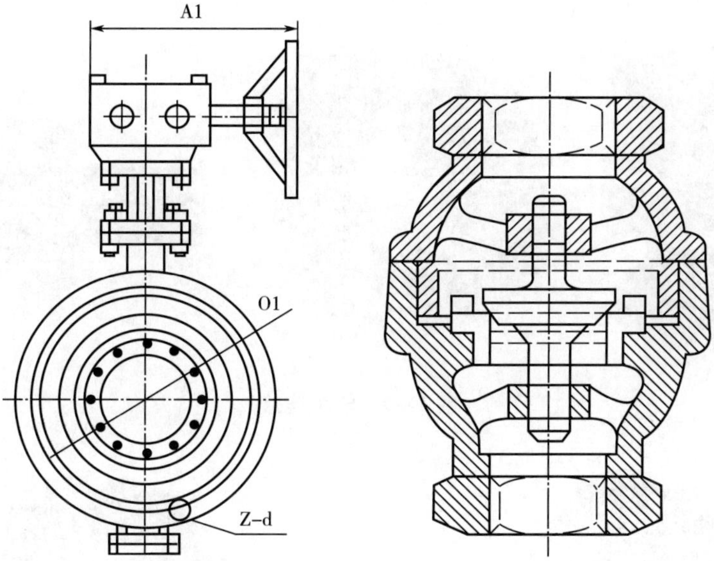

图 1-7　升降式止回阀

三、管子的连接

化工管路的连接是指管子与管子、管子与管件、管子与阀件、管子与设备之间的连接，连接方式主要有 4 种，即螺纹连接、法兰连接、承插式连接和焊接。

（1）螺纹连接。螺纹连接是依靠螺纹把管子与管路附件连接在一起，螺纹连接的管子，两端都加工有螺纹，通过带内螺纹的管件或阀门，将管子连接成管路，如图 1-8 所示。为了保证连接处的密封，必须在外螺纹上加填料，常用的填料有油麻丝加铅油、石棉绳加铅油和聚四氟乙烯生料带。螺纹连接泄漏的主要原因有：管螺纹加工质量差，配件或设备上的管螺纹不符合要求，填料选用不当或填料密封不紧。

（2）法兰连接。法兰连接是一种最常用的连接方法，如图 1-9 所示。主要特点是已经标准化，拆卸方便，密封可靠，强度高，应用范围广，但费用较高。连接时，为了确保其密封性，需要在两法兰间加垫片，然后用螺丝拧紧。

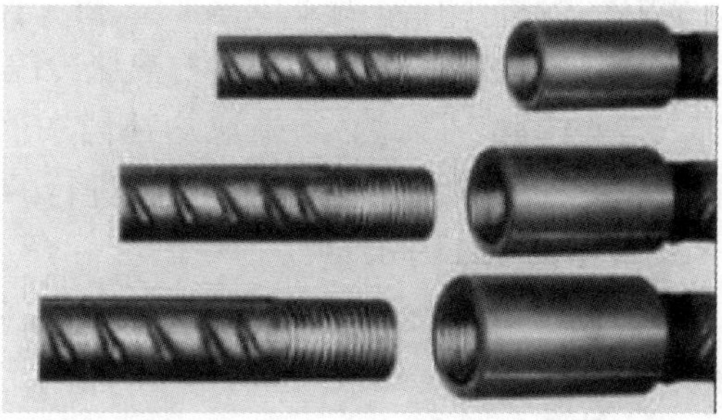

图 1-8　螺纹连接

（3）承插式连接。承插式连接是将管子的一端插入另一管子的钟形插套内，并在形成的空隙内装填料（如丝麻、油绳、水泥、胶黏剂、熔铅等）加以密封的一种连接方法，如图 1-10 所示。主要用于铸铁管和非金属管的管路上，对密封要求不太高的连接，其缺点是拆卸困难、不能耐高压。

（4）焊接。焊接是一种方便、价廉且不易漏但却难以拆卸的连接方法，广泛应用于钢管、有色金属管等的连接，其优点是连接强度高，气密性好，维修工作量少。但当管路需要经常拆卸时，在不允许动火的车间，不宜采用焊接法连接管路。

图 1-9　法兰连接

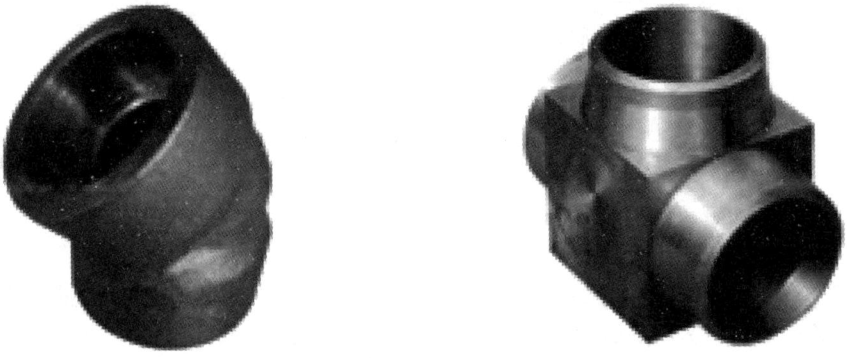

图 1-10　承插式连接

四、化工管路的安装

1. 管路的热补偿

管路一般都是在常温下安装的，在工作中由于受到介质的影响会产生热胀冷缩现象，当温度变化较大时，管路因管材的热胀冷缩而承受较大的热应力，严重时将造成管子弯曲、断裂或接头松脱，因此必须采取热补偿来消除这种应力。热补偿的主要方法有两种，即利用弯管进行的自然补偿和利用补偿器进行的热补偿。

2. 管路的试压与吹扫

化工管路在安装完毕后，必须保证其强度与严密性符合设计要求，因此必须进行压力试验。试压时主要采用液压试验，不能用水做介质的，可用气压试验代替。水压试验合格后，以空气或惰性气体为介质进行气密性试验，气密性试验压力为设计压力。用涂刷肥皂水的方法，重点检查管道的连接处有无渗漏现象，若无渗漏，稳压 30min，压力保持不降为试验合格。

管道系统强度试验合格后，或气密性试验前，应分段进行吹扫与清洗。吹洗前应将仪表、孔板、滤网、阀门拆除，对不宜吹洗的系统进行隔离和保护，待吹洗后再复位。工作介质为液体的管道，一般用水吹洗。不宜用水冲洗的管道可用空气进行吹扫。蒸气管线应用蒸气吹扫。忌油管道（如氧气管道）在吹扫合格后，应用有机溶剂进行脱脂。

3. 管路的保温与涂色

工业生产中，由于工艺条件的需要，很多管道和设备都要加以保温、加热保护和保冷，其目的在于减少管内介质与外界的热传导，从而达到节能、防冻以及满足生产工艺要求等。我国相关部门规定：凡是表面温度在50℃以上的设备或管道以及制冷系统的设备或管道，都必须进行保温或保冷，具体方法是在设备或管道的表面覆以导热系数小的材料，达到降低传热速率的目的。

按照国家规定（GB 140—1959），输送液体和气体的管道分为23大类。为了区别各种类型的管道，通常用不同颜色的颜料涂在管道的保护层表面。有的涂单色，也有的在底色上添加色圈，色圈宽度为50～100mm。化工厂常用的涂色如下（物料管线的颜色可根据各工厂情况酌定）：

①轻油线：银白色。

②瓦斯线：银白色。

③蒸气线：浅灰色。

④酸碱线：正黄色。

⑤氨线：橘黄色。

⑥消防线，紧急放空线：中红色。

⑦重油线：深灰色。

⑧水线：深绿色（地下线涂沥青）。

⑨氢气线：深蓝色。

⑩压缩空气、氧气线：天蓝色。

任务二　认识流体输送机械

流体输送过程中，若在无外加能量的情况下，流体只能从高能状态向低能状态流动，利用流体的压差或液体的位差来克服流动的阻力，即实现流体的“自流”。然而，实际生产过程中流体从一处向另一处输送，往往需要提高其位置或增加其静压强，或克服管路沿途的阻力，这就需要向流体施加机械功，即向流体补加足够的机械能。向流体做功以提高流体机械能的装置就是流体输送机械。

一、离心泵

离心泵是应用最广泛的液体输送机械，离心泵之所以能够被广泛采用，因其具有以下优点：①结构简单，操作容易，便于调节和自控；②流量均匀，效率较高；③流量和扬程的适用范围较广；④适用于输送腐蚀性或含有悬浮物的液体。

1. 清水泵

清水泵是化工生产最常用的泵型，适宜输送清水或黏度与水相近、无腐蚀以及无固体颗粒的液体。

清水泵中IS型、D型、Sh型这几种较常用，其中以IS型泵最为先进，该类型泵是我国按国际标准（ISO）设计、研制的第一个新产品。它具有结构可靠、振动小、噪声小等显著特点，与我国过去生产的老产品（B 型或 BA 型）比较，其机械效率提高 3% ~6%，是理想的节能产品。

IS 型泵结构如图 1 – 11 所示，它只有一个叶轮，从泵的一侧吸液，叶轮装在伸出轴承外的轴端处，如同伸出的手臂一样，故称为单级单吸悬臂式离心水泵。IS 型泵的全系列扬程范围为 8 ~98m，流量范围为 4. 5 ~360m^3/h。

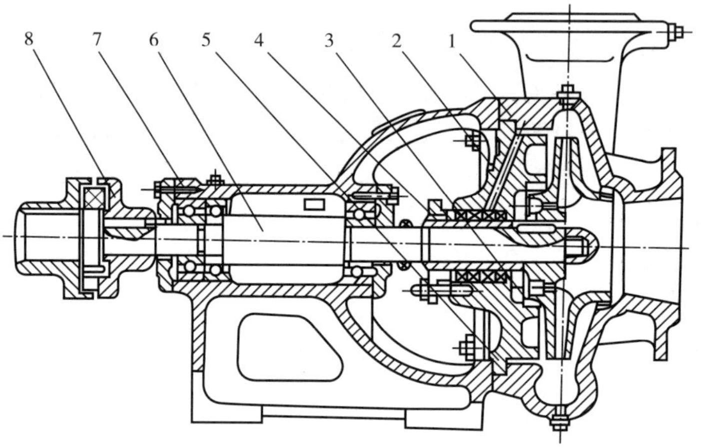

图 1 – 11　IS 型泵结构示意图

1—泵壳　2 —叶轮　3—密封环　4—护轴套　5—后盖　6—泵轴　7—托架　8—联轴器部件

若所要求的扬程较高而流量并不太大时，可采用多级泵，如图 1 – 12 所示。在一根轴上串联多个叶轮，从一个叶轮流出的液体通过泵壳内的导轮，引导液体改变流向，且将一部分动能转变为静压能，然后进入下一个叶轮的入口，因液体从几个叶轮中多次接收能量，故可达到较高的扬程。国产多级泵的系列代号为 D，称为 D 型离心泵。叶轮级数一般为 2 ~ 9 级，最多为 12 级。全系列扬程范围为 14 ~351m，流量范围为 10. 8 ~850m^3/h。

若输送液体的流量较大而所需的扬程并不高时，则可采用双吸泵。双吸泵的叶轮有两个吸入口，如图 1 – 13 所示。由于双吸泵叶轮的宽度与直径之比加大，且有两个入口，因此输液量较大。国产双吸泵的系列代号为 Sh 。全系列扬程范围为 9 ~ 140m，流量范围为 120 ~12500m^3/h 。

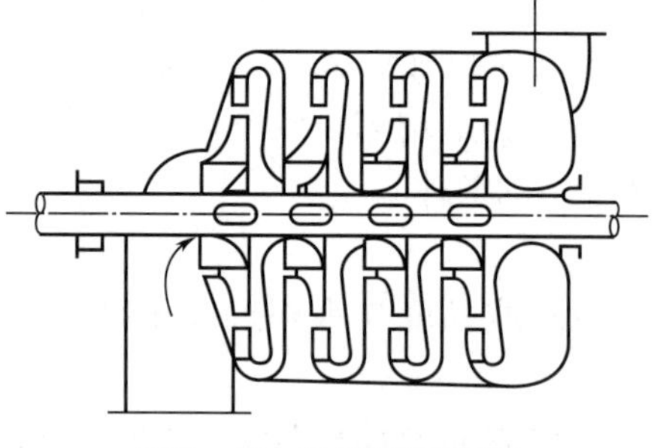

图 1 – 12　D 型泵示意图

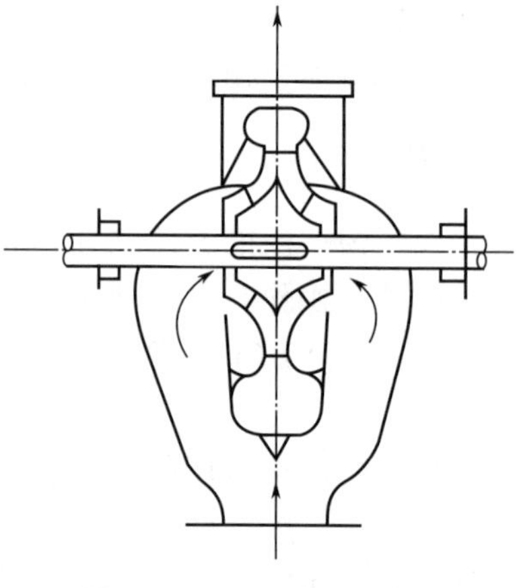

图 1 – 13　Sh 型泵示意图

2. 耐腐蚀泵

用来输送酸、碱等腐蚀性液体的离心泵应采用耐腐蚀泵，因为这些泵所输送的液体大多具有腐蚀性，在泵的结构和材料上，必须充分考虑耐腐蚀、耐磨损或维护等方面的问题。各种材料的耐腐蚀泵在结构上基本相同，多为容易操作的悬臂式单吸离心泵。耐腐蚀泵一是与腐蚀性液体接触的泵部件用耐腐蚀材料制成，二是密封要求高，由于填料本身被腐蚀的问题也很难彻底解决，所以耐腐蚀泵多采用机械密封装置。

我国生产的耐腐蚀泵系列代号为 F，后面的字母表示材料，材料的代号如表 1－1 所示。

图 1－14 为 F 型不锈钢耐腐蚀泵结构图。泵采用了后开门的结构形式，具有检修方便，不需拆卸管线的特点。为了避免液体漏出到托架上使之腐蚀，在轴封下部设有酸托盘。F 型泵全系列的扬程范围为 15～105m，流量范围为 2～400m^3/h。

表 1－1　　耐腐蚀泵中与液体接触部件的材料代号

材料	1Cr18Ni9	Cr28	一号耐酸硅酸铸铁	高硅铁	HT20～40	耐碱铝铸铁
代号	B	E	1G	G15	H	J
材料	1Cr13	Cr18Ni12Mo2Ti	硬铝	铝铁青铜 9～4	工程塑料（聚三氟氯乙烯）	
代号	L	M	Q	U	S	

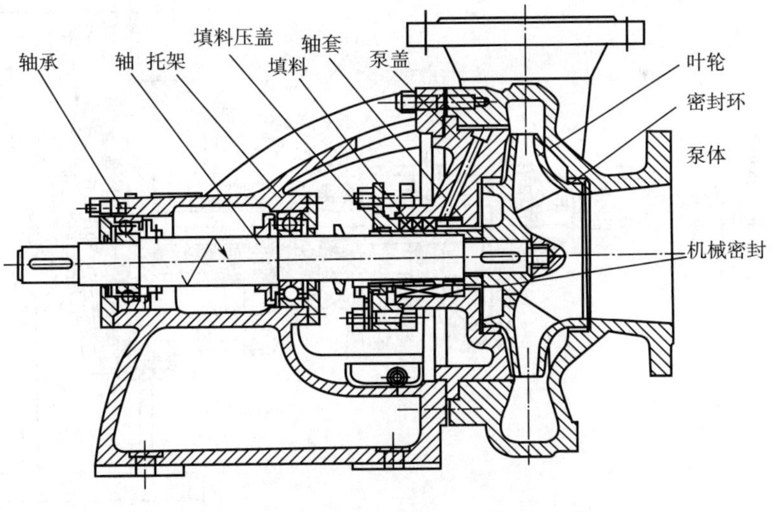

图 1－14　F 型不锈钢耐腐蚀泵结构图

长期以来 F 型泵是典型的耐腐蚀泵，现在又新开发了 IH 型泵，是 F 型耐腐蚀离心泵的节能、更新换代产品，比 F 型泵的平均效率提高了 5%，能满足化工流程中输送有腐蚀性、黏度类似于水的液体。泵输送介质的温度一般为 －20～105℃。IH 泵的扬程为 5～125m，流量为 6.3～400m^3/h。IH 型化工泵适应区域广泛，如化工、冶金、电力、造纸、食品、制药、合成纤维等工业部门用于输送腐蚀性的或不允许污染的介质。

3. 油泵

油泵在炼油和石油化工等装置中广泛使用。由于油品挥发性强，又有易燃易爆性，有的油类还有腐蚀性，热油泵温度又比较高，因此对这类泵有些特殊要求：

①对油泵的密封要求较严格，严防油品漏到泵外。为此，泵采用双端面机械密封，在输送管路上装有逆止阀，动力装置采用防爆或隔爆电机。

②由于油品一般具有较强的挥发性，而且泵的排量一般均比较大，因此要求泵的抗气蚀性能要好。因此单级泵的转速不宜过高，多级泵的第一级叶轮为双吸叶轮。有的还装有诱导轮，以提高泵的抗汽蚀性能。

③当输送200℃以上的油品时，一般采用中心支承的方式，以防热变形不均。还要求对轴封装置和轴承等进行良好的冷却，故这些部件常装有冷却水夹套。

国产油泵的系列代号为Y，称为Y型泵，有单吸和双吸、单级和多级（2～6级）油泵，全系列的扬程范围为60～603m，流量范围为6.25～500m^3/h。

图1－15为Y型离心式油泵的结构图。泵体为垂直剖分式，采用悬臂支承，以适应温度变化时，泵能沿纵向自由变形。吸入口和排出口均朝上，有利于排出泵内蒸气，改善气蚀性能。密封部位有冷却水套，并设在泵盖上。对于热油泵，不仅托架冷却室应通冷却水，支架室也要通冷却水。泵在运转时要注意保温，只有当泵壳外表面的温度达到输送液体温度的70%后才能启动。Y型泵常用弹性联轴器，有利于适应泵轴伸缩变化。

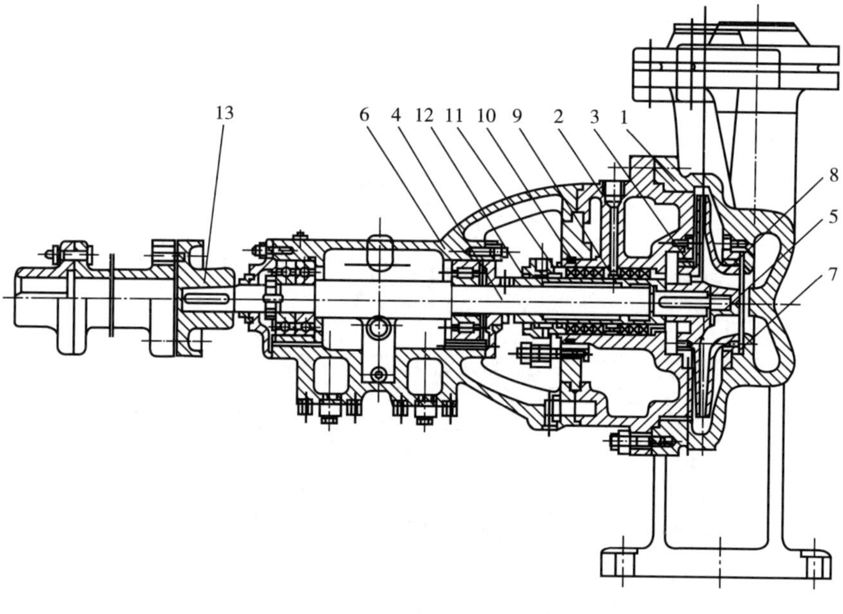

图1－15　Y型离心式油泵

1—泵体　2—泵盖　3—叶轮　4—轴　5—叶轮螺母　6—托架结合部　7—泵体密封环　8—叶轮密封　9—填料环　10—填料　11—中开填料压盖　12—轴套　13—弹性联轴器

使用油泵的首要问题是由液体黏度引起的性能下降。因此，使用最多的是不易因黏度而引起性能下降、结构简单的离心泵。但黏度更高时，因离心泵的输送有困难，要使用螺杆泵、齿轮泵及其他各种转子泵。

二、往复泵

往复泵是一种容积式泵，在化工生产过程中的应用较为广泛，主要适用于小流量、高扬程的场合，输送高黏度液体时的效果比离心泵好，不能输送腐蚀性液体和有固体粒子的悬浮液。它是依靠活塞的往复运动并依次开启吸入阀和排出阀，从而吸入和排出液体。

如图1－16所示为往复泵的结构示意图。主要部件有泵缸、活塞、活塞杆、吸液阀和排出阀。活塞杆与传动机构相连接而做往复运动。吸液阀和排出阀均为单向阀。泵缸内活塞与阀门间的空间为工作室。当活塞自左向右移动时，工作室的容积增大，形成低压，将液体经吸液阀吸入泵缸内。在吸液体时，排出阀因受排出管内液体压力的作用而关闭。当活塞移到右端点时，工作室的容积最大，吸入的液体量也最多。此后，活塞便改为由右向左移动，泵缸内液体受到挤压而使其压力增大，致使吸液阀关闭而推开排出阀将液体排出，活塞移到左端点后排液完毕，完成了一个工作循环。此后活塞又向右移动，开始另一个工作循环。

所以，往复泵是靠活塞在泵缸内左右两端点间做往复运动而吸入和压出液体的。活塞在两端点间的运动距离称为冲程或位移。活塞往复一次，只吸入和排出液体各一次的泵，称为单动泵。单动泵在吸液时不能同时排液，故排液不连续；同时因活塞由连杆和曲轴带动，活塞在左右两端点之间的往复运动也是不等速的，所以排液量也就随着活塞的移动有相应的起伏，其流量曲线如图1－17（a）所示。

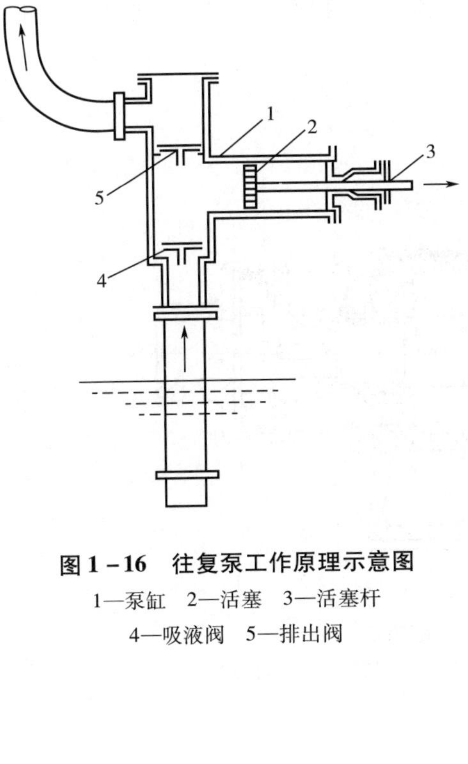

图1－16　往复泵工作原理示意图

1—泵缸　2—活塞　3—活塞杆
4—吸液阀　5—排出阀

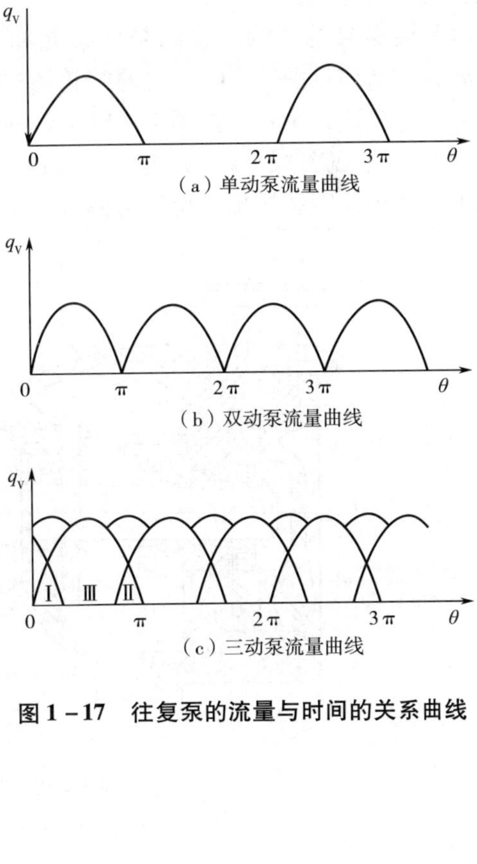

图1－17　往复泵的流量与时间的关系曲线

为了改善单动泵流量的不均匀性，常采用双动泵或三联泵。双动泵的工作原理如图1－18所示，在活塞两侧的泵体内都装有吸入阀和排出阀，因此无论活塞向哪一侧运动，总有一个吸入阀和排出阀打开，即活塞往复一次吸液和排液各两次，使吸入管路和排出管路总有液体流过，所以送液连续，但流量曲线仍有起伏，如图1－17（b）所示。三联泵实质上为3台单动泵并联构成，它是在传动轴上按120°均布了3个曲柄连杆，当传动轴每旋转一周则3个曲柄连杆带动所连接的活塞依次做往复运动各一次，其流量曲线如图1－17（c）所示，排液量较为均匀。

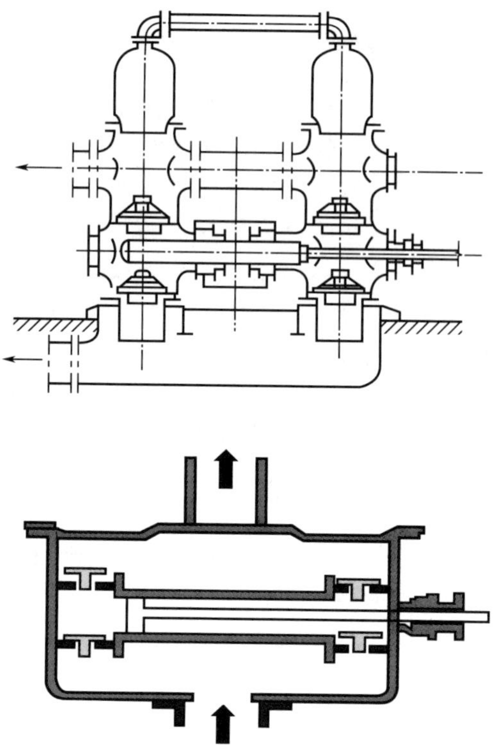

图1－18　双动泵

三、其他类型的化工泵

1. 旋涡泵

旋涡泵是一种特殊类型的离心泵，但其工作过程、结构以及特性曲线的形状等与离心泵和其他类型泵都不大相同。

（1）旋涡泵的结构。旋涡泵由泵壳和叶轮组成，其结构见图1－19。它的叶轮由一个四周铣有凹槽的圆盘构成，叶片呈辐射状排列，数目可多达几十片，如图1－20（a）所示。泵内结构情况如图1－20（b）所示，叶轮上有叶片，在泵壳内旋转，壳内有引液道，吸入口和排出口间有间壁，间壁与叶轮间的缝隙很小，使吸入腔和排出腔得以分隔开。

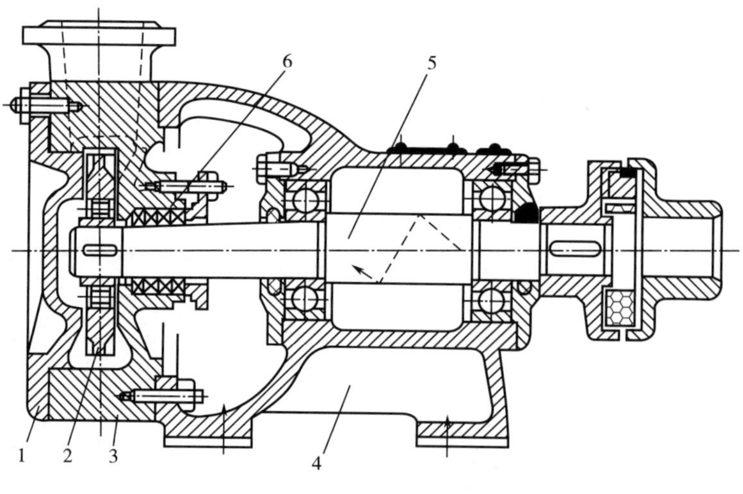

图1－19　旋涡泵的结构图

1—泵盖　2—叶轮　3—泵体　4—托架　5—泵轴　6—轴封装置

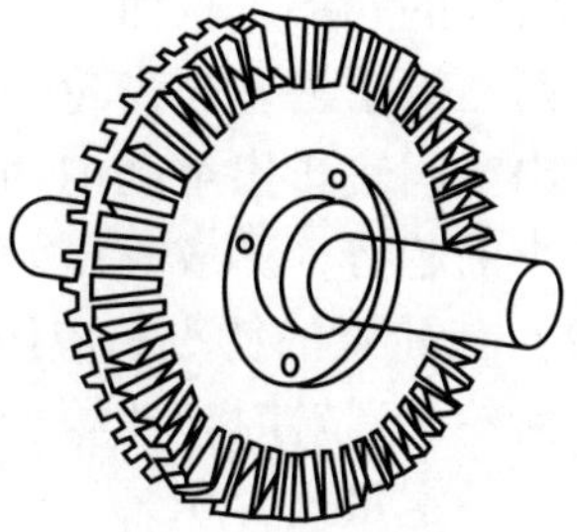
(a) 叶轮

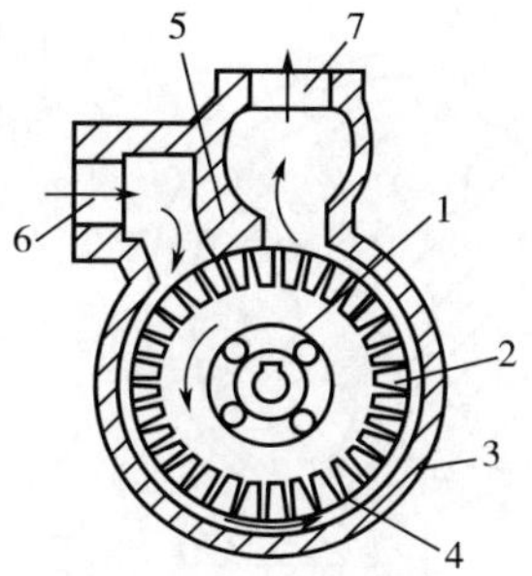

(b) 工作原理示意图

图1-20　旋涡泵

1—叶轮　2—叶片　3—泵壳　4—饮水道　5—间壁　6—进口　7—出口

旋涡泵工作时，液体按叶轮的旋转方向沿着流道流动。进入叶轮叶片间的液体，受叶片的推动，与叶轮一起运动。叶片间的液体与叶轮的圆周速度可认为相等，而与泵流道内液体的圆周速度不同，即作用在叶轮叶片间流道中和作用在泵的流道中液体质点上的离心力不同，所以液体质点可从叶轮叶片间的流道中流出后进入泵的流道中，将一部分动量传递给泵流道中的液流。同时，有一部分能量较低的液体又进入叶轮，液体依靠纵向旋涡在流道内每经过一次叶轮就得到一次能量，因此可以达到很高的扬程。

(2) 旋涡泵的特性及操作要点。旋涡泵适用于要求输送量小、压头高而黏度不大的液体。液体在叶片与引水道之间的反复迂回是靠离心力的作用，故旋涡泵在开动前也要灌满液体。旋涡泵的最高效率比离心泵的低。当流量减小时，压头升高很快，轴功率也增大，所以应避免此类泵在太小的流量或出口阀全关的情况下做长时运转，以保证泵和电机的安全。为此也采用正位移泵所用的回流支路来调节流量。当流量为零时，轴功率最大，所以在启动泵时，出口阀必须全开。

(3) 旋涡泵的特点和应用。

①旋涡泵是一种结构非常简单的高扬程泵，与同样尺寸、转数相同的离心泵相比，其扬程要高2~4倍。与相同扬程的容积泵相比，其尺寸要小、结构也简单。旋涡泵体积小、质量轻的特点在船舶装置中具有极大的优越性。

②具有自吸能力或借助于简单装置来实现自吸。

③效率较低，最高不超过50%，大多数旋涡泵的效率在20%~40%，只适用于小功率的场合。

④旋涡泵抽送的介质只限于纯净的液体。当液体中含有固体颗粒时，就会因磨损引起轴向或径向的间隙过大而降低泵的性能或导致旋涡泵不能工作。旋涡泵不能用来抽送黏性较大的介质，某些旋涡泵可实现气液混输。

⑤旋涡泵结构简单，铸造和加工工艺都容易实现。

2. 齿轮泵

如图1-21所示，齿轮泵是由一对相互啮合的齿轮在相互啮合的过程中引起的空间容积的变化来输送液体，因此，齿轮泵是一种容积泵。

(1) 齿轮泵的结构。两齿轮与泵体间形成吸入和排出两个空间。当齿轮按图中所示的

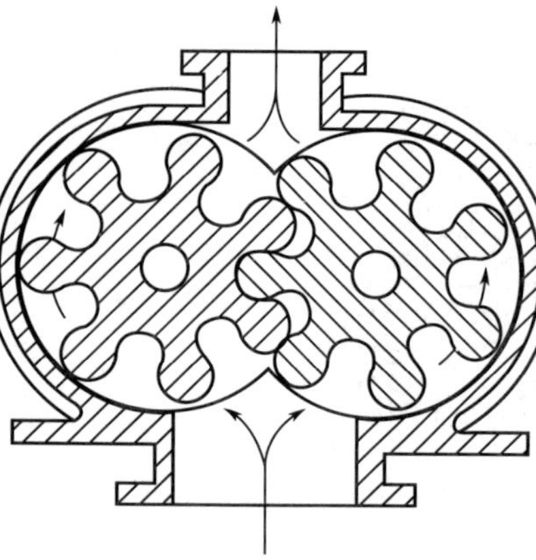

图 1－21　齿轮泵

箭头方向转动时，吸入空间内两轮的齿互相拨开，呈容积增大的趋势，从而形成低压将液体吸入，然后分为两路沿泵内壁被齿轮嵌住，并随齿轮转动而达到排出空间。排出空间内两轮的齿互相合拢，呈容积减小的趋势，形成高压而将液体排出。

（2）齿轮泵的特点和应用。

①齿轮泵运转时转速等于常数，所以流量是常数，是一种定量式容积泵。

②由于齿轮啮合间容积的变化不均匀，流量也是不均匀的，产生的流量与压力是脉冲式的。齿数越少，流量脉动率越大，越会引起系统的压力脉动，产生振动和噪声，又会影响传动的平稳性。

③齿轮泵流量不均匀，尺寸小而轻便，结构简单紧凑，坚固耐用，维护保养方便，扬程高而流量小，适用于输送黏稠液体以及膏状物，如润滑油、燃烧油，可作润滑油泵、燃油泵、输油泵和液压传动装置中的液压泵。

④齿轮泵不宜输送黏度低的液体，不能输送含有固体粒子的悬浮液，以防齿轮磨损，影响泵的寿命。由于齿轮泵的流量和压力脉动较大以及噪声较大，而且加工工艺较高，不易获得精确的配合。

四、气体输送与压缩机械

气体输送机械的一般特点：①动力消耗大。对一定的质量流量，由于气体的密度小，其体积流量很大。因此气体输送管中的流速比液体要大得多，因而气体输送机械的动力消耗往往很大。②体积庞大。由于输送量大，气体输送机械体积一般都很庞大，对于出口压力高的机械更是如此。③参数改变。由于气体的可压缩性，在输送机械内部气体压力变化的同时，体积和温度也将随之发生变化。这些变化对气体输送机械的结构、形状有很大影响。因此，气体输送机械需要根据出口压力来加以分类。

气体输送机械通常根据终压（出口表压力）或压缩比（即出口压力与进口压力之比）来进行分类：

通风机：终压（表压）不大于 15kPa，压缩比为 1～1.15。

鼓风机：终压（表压）为 15～300kPa，压缩比小于 4。

压缩机：终压（表压）在 300kPa 以上，压缩比大于 4。

真空泵：终压为当时当地的大气压。

气体输送机械按其结构与工作原理也可分为往复式、离心式、旋转式和流体作用式。

（一）往复式压缩机

1. 往复式压缩机的构造与工作原理

往复式压缩机的构造、工作原理与往复泵相似，其依靠活塞的往复运动而将气体吸入和压出。图 1－22 所示为立式单动、双缸往复式压缩机。

（1）往复式压缩机的主要部件。往复式压缩机主要由运动机构、气缸部分和机身 3 部分组成。

运动机构包括主轴、连杆、具有上下滑板的十字头、活塞杆等；气缸部分包括气缸、填料箱、出入阀门、活塞和活塞环等；机身包括机座、筒形滑道等。

（2）往复式压缩机的工作过程。如图1－23所示为单缸往复式压缩机有余隙时的压缩循环示意图，活塞往复一次，完成了一个实际工作循环。而每个实际工作循环系由吸气、压缩、排气与膨胀4个阶段所组成，其工作过程在$p-V$图（压容图）上可以封闭曲线1－2－3－4－1表示。

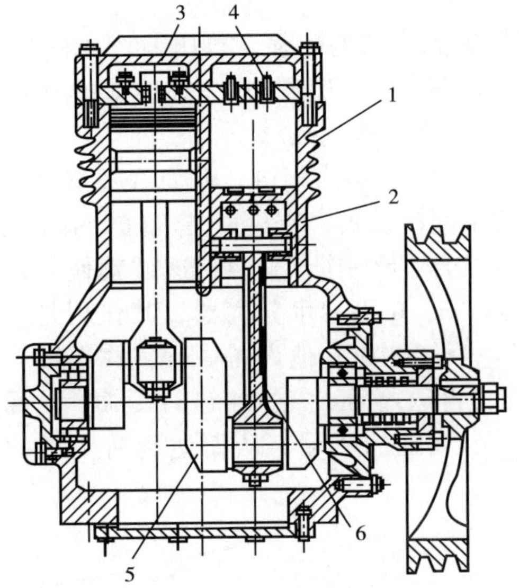

图1－22 立式单动、双缸往复式压缩机

1—气缸体 2—活塞 3—排气阀

4—吸气阀 5—曲轴 6—连杆

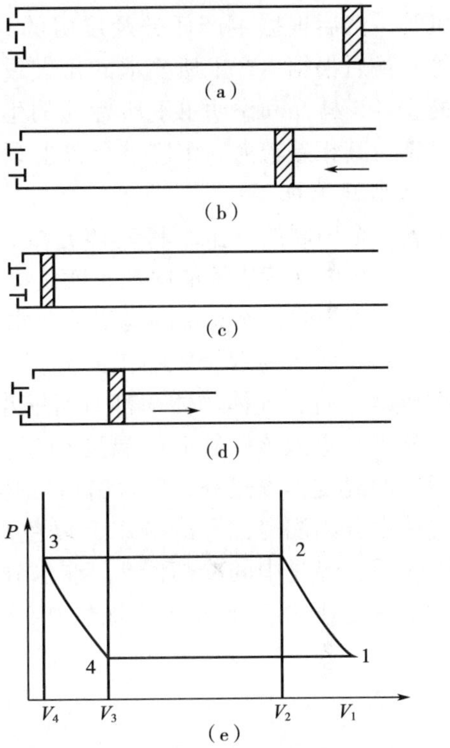

图1－23 单缸往复式压缩机的往复循环

图中（a）、（b）、（c）、（d）表示活塞在运动中的位置变化。图中（a）表示压缩阶段，在$p-V$图上由线段1－2所示；（b）表示排气阶段，在$p-V$图上由线段2－3所示；（c）表示膨胀阶段，在$p-V$图上由线段3－4所示；（d）表示吸气阶段，在$p-V$图上由线段4－1所示。

2. 往复式压缩机的类型及选用

立式压缩机的气缸中心线与地面垂直，代号为Z。由于活塞上下运动，对气缸的作用力较小，磨损小并较为均匀；此外，活塞往复运动的惯性力与地面垂直，故振动小，基础小，占地面积小。但其机身高，操作与检修不便。中小型压缩机常采用此形式。

卧式压缩机的气缸中心线与地面平行，代号为P，其特点是机身低而长，运行时水平方向的惯性力大，占地面积大，对基础要求也比较高，但操作与维修方便。大型压缩机多为此类。

角式压缩机，即两个气缸的中心线按一定的角度排列，又有L型、V型、W型等。角式压缩机最主要的优点在于其活塞往复运动的惯性力可以被转轴上的平衡质量所平衡，其基础比立式的还要小。但由于有的气缸是倾斜的，检修不便，一般适用于中小型压缩机。

对称平衡式压缩机，即气缸对称地布置在电机飞轮两侧，根据电机与气缸的相对位置又可分为H型和M型。对称平衡式压缩机的平衡性能好，运转平稳，操作维修很方便，在大型压缩机中采用。

生产上选用压缩机时，首先应该根据压缩气体的性质以确定压缩机的种类，如空压机、氨压机等。然后根据生产任务及厂房的具体条件选定压缩机的结构形式，如立式、卧式、角式等。最后根据生产上所要求的排气量和排气压强，从压缩机的样本和产品目录中选择合适的型号，样品和说明书上所标注的生产能力都是指标准状态下的体积流量，如果实际操作状态与其相差较大，则应进行校正。

3. 多级压缩机

由若干个串联的气缸，将气体分级，逐渐压缩到所需的压强。每压缩一次称为一级，在一台压缩机中连续压缩的次数，就是级数。气体经过每一级压缩后，在冷却器中被冷却，在油水分离器中除去所夹带的润滑油和水沫，再进入下一级气缸。

图1-24所示为双级压缩机的流程示意图。图中1、4为气缸，其直径逐级缩小，因为每次压缩之后，气体的体积都有所缩小；2为中间冷却器，它可以将气缸1引出的气体进行冷却到与进入该气缸时的温度相近，然后才送入下一个气缸4，这样就使气体在压缩过程中的温度不致过高；5为出口气体冷却器；3、6为油水分离器，其作用是从被压缩的气体中分出润滑油和冷凝水，以免带入下一个气缸或其他设备中。气体在第一个气缸被压缩后，经过中间冷却器2、油水分离器3，再送入第二气缸4进行压缩，从而达到所要求的最终压力。或再连续地依次经过若干个气缸的压缩，从而达到所要求的最高终压。

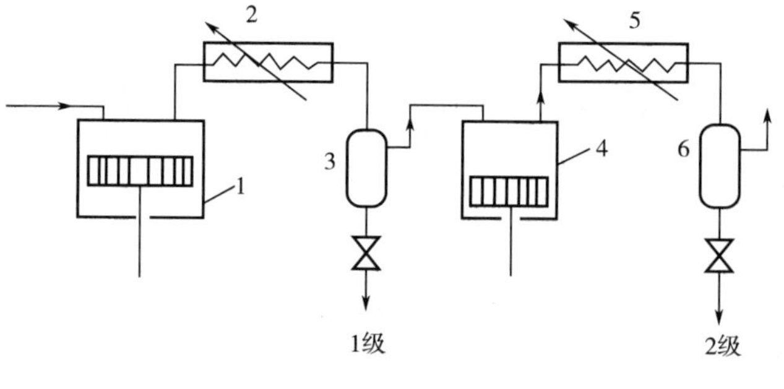

图1-24 双级压缩机流程示意图

多级压缩与单级压缩相比具有以下优点：

（1）有利于降低排气温度。当气体的进口温度和压力一定时，压缩后气体的温度随压缩比的增加而升高。多级压缩中，每级的压缩比较低，级数选择得当，可使气体的终温不超过工艺的要求。过高的气体温度会使操作恶化，甚至破坏气缸内润滑油的性能，导致润滑油的黏度降低，失去其润滑性能，使运动部件间的摩擦加剧，零件磨损加快，增加功耗。当气体温度高于气缸内润滑油的闪点时（润滑油的闪点一般在200~240℃），将导致润滑油着火而引起爆炸，故排气温度必须在润滑油的闪点之下，一般低于闪点20～40℃。

(2) 降低功耗。在同样的总压缩比要求下，由于多级压缩采用了中间冷却器，使压缩同样质量的气体所需消耗的功较单级压缩时少。

(3) 提高气缸容积利用率。当余隙系数一定时，压缩比越高，气缸容积利用率越低。如为多级压缩，则在总压缩比一定时，每级的压缩比将随着级数的增加而减小，相应地各级容积系数增大，从而提高了气缸容积的利用率。

(4) 设备的结构更为合理。若采用单级压缩，为了承受很高终压的气体，气缸需做得很厚，同时为了能吸入初压很低而体积很大的气体，气缸又要做得很大。如果采用了多级压缩，则气体经每级压缩后，压力逐级增大，体积逐级缩小，这样气缸直径便可逐级缩小，而缸壁逐级增厚。此外，由于采用了多级压缩，还降低了活塞上的气体力，从而使曲柄连杆尺寸也相应地减小，并减少零件的磨损。

(二) 离心式通风机与鼓风机

风机在化学工业中主要用于排气、冷却、输送、鼓气等操作单元。

离心式风机主要由机壳、叶轮、主轴、轴承、轴承座（箱）、密封组件、润滑装置、靠背轮（或皮带轮）、支架以及其他辅助零部件组成。下面介绍典型的离心式风机。

1. 离心式通风机

通风机是一种用于低压下沿导管输送气体的机械。在化工厂中，通风机的使用非常普遍，尤其是高温和毒气浓度较大的车间，常用它来输送新鲜空气，排除有害气体和降温等。

离心式通风机按所产生的风压不同，可分为以下 3 类：

低压离心式通风机，出口风压低于 1kPa；

中压离心式通风机，出口风压为 1～2.94kPa；

高压离心式通风机，出口风压为 2.94～14.7kPa。

中、低压离心式通风机主要用于换气，高压离心式通风机则主要用来输送气体。

(1) 结构和工作原理。离心式通风机的结构如图 1-25 所示，它的机壳也是蜗壳形的，其断面沿叶轮旋转方向渐渐扩大，出口气体的流道断面有方形和圆形两种，机壳用钢板焊接而成。叶轮由前盘、后盘、叶片和轮毂组成，一般采用焊接与铆接结构。一般低、中压通风机的叶轮上的叶片多是平直的，与轴心形成辐射状安装。中、高压通风机的叶片则是弯曲的，所以高压通风机的外形与结构与单级离心泵更为相似。

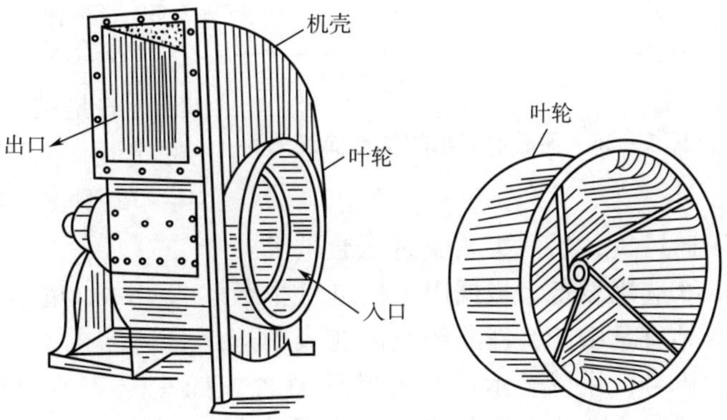

图 1-25　离心式通风机

离心式通风机的工作原理：当电动机转动时，风机的叶轮随着转动，高速旋转的叶轮带动壳内气体进行旋转运动，产生离心力将气体从叶轮中甩出，汇集在机壳中，由于速度慢，压力高，空气便从通风机出口排出流入管道。当叶轮中的空气被排出后，就形成负压，气体由吸入口不断吸入。

（2）主要性能参数与特性曲线。离心式通风机的主要性能参数有风量、风压、轴功率和效率。由于气体通过风机时的压力变化较小，在风机内运动的气体可视为不可压缩流体，所以也可以应用伯努利方程式来分析离心式通风机的性能。

①风量 q_V。指单位时间内从风机出口排出的气体体积，单位为 m^3/s 或 m^3/h。

②风压 H_T。指单位体积气体通过风机所获得的能量，单位为 Pa 或 J/m^3。

离心式通风机的风压取决于风机的结构、叶轮尺寸、转速和进入风机的气体的密度。离心式通风机的风压目前还不能用理论方法进行计算，而是由实验测定。一般通过测量风机进、出口处气体的流速与压力的数值，按伯努利方程式来计算风压。

③轴功率与效率。离心式通风机的轴功率可以下式表示：

$$N = \frac{H_T q_V}{1000\eta}$$

式中：N——轴功率，kW；

q_V——风量，m^3/s；

H_T——全风压，Pa；

η—— 机械效率，因按全风压定出，故又称为全压效率。

应注意，在应用上式计算轴功率时，式中的 q_V 与 H_T 必须是同一状态下的数值。

离心式通风机的特性曲线（图 1－26）表示某种型号的风机在一定转速下，风量 q_V 与风压 H_T、静风压 H_{ST}、轴功率 N 及其机械效率 η 四者间的关系。

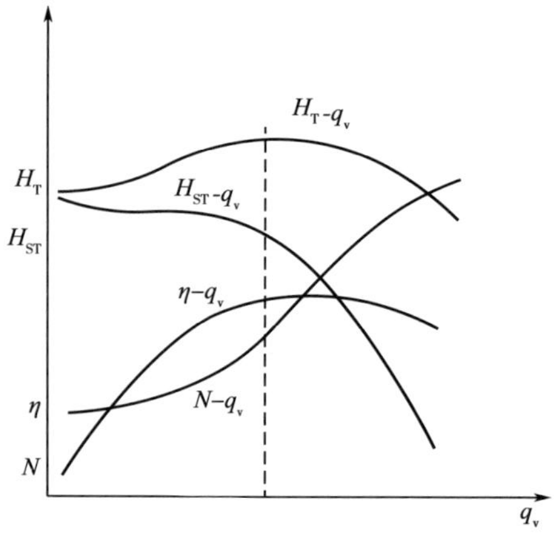

图 1－26　离心通风机的特性曲线图

（3）离心式通风机的选用。离心式通风机的选用与离心泵的选用相类似，其选择步骤如下：

①计算风压。先计算出输送系统所需的实际风压 $H_{T'}$，再换算成实验条件下的风压 H_T。

②确定风机的类型。根据所输送气体的性质（如清洁空气、易燃、易爆或腐蚀性气体以及含尘气体等）与风压的范围，确定风机的类型。若输送的是清洁空气，或与空气性质相近的气体，可选用一般类型的离心式通风机，常用的有 4－72 型、8－18 型和 9－27 型。前一类型属中、低压通风机，后两类属于高压通风机。

③选用设备。根据以风机进口状态计的实际风量与实验条件下的风压 H_T，从风机样本或产品目录中的特性曲线或性能表中选择合适的机型。离心式通风机的型号是在类型之外附注机号，用以表示风机的叶轮直径，如 4－72 No. 12 型通风机：4－72 表示风机类型；No. 12 表示机号，其中 12 表示叶轮直径为 12dm。

2. 离心式鼓风机

离心式鼓风机又称透平鼓风机，常采用多级（级数范围 2～9 级），故其基本结构和工作原理与多级离心泵较为相似。图 1－27 所示为五级离心式鼓风机，气体由吸气口吸入后，经过第一级的叶轮和第一级扩压器，由扩压器进入回流室，然后转入第二级叶轮入口，再依次逐级通过以后的叶轮和扩压器，最后经过蜗形壳由排气口排出，其出口表压力可达 300kPa。

由于在离心式鼓风机中气体的压缩比不大，所以无须设置冷却装置，各级叶轮的直径也大致上相等，其选用方法与离心式通风机相同。

3. 罗茨式鼓风机

罗茨式鼓风机的结构简单，运行稳定，效率高，便于维护和保养；并且，由于工作转子不需要润滑，所输送的气体纯净、干燥，因此，在工业生产中得到了广泛应用。

（1）罗茨式鼓风机的结构和工作原理。罗茨式鼓风机的工作原理与齿轮泵相似，如图1－28所示。机壳内有两个特殊形状的转子，常为腰形或三角形，两转子通过主、从动轴上一对同步齿轮的作用，以同步等速向相反方向旋转，将气体从吸入口吸入，气流经过旋转的转子压入腔体，随着腔体内转子旋转，工作容积变小，气体受挤压排出出口，被送入管道或容器内。

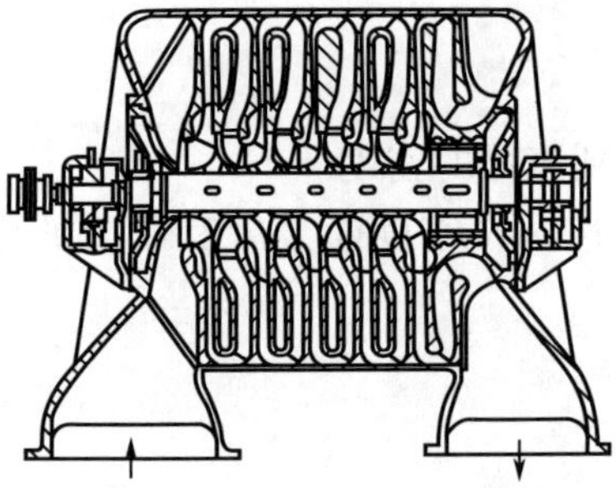

图1－27　离心式鼓风机

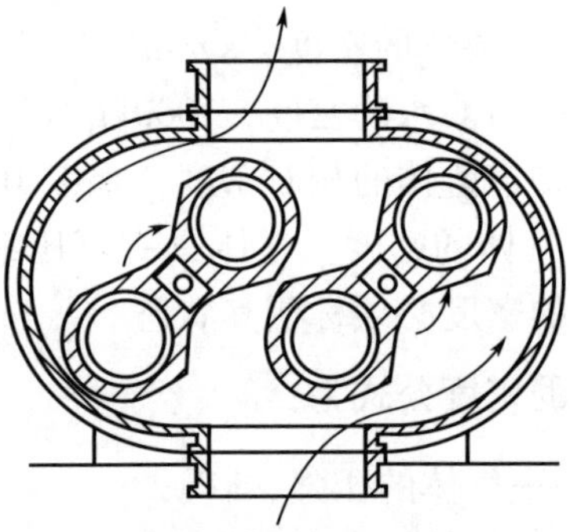

图1－28　罗茨式鼓风机

（2）罗茨式鼓风机的特性。罗茨式鼓风机是回转容积式鼓风机的一种，其特点是输风量与回转数成正比，当鼓风机的出口阻力有变化时，输送的风量并不因之而受到显著的影响。罗茨式鼓风机的转速一定时，风量可大体保持不变，故称为定容式鼓风机。其输气量范围为2～500m^3/min，出口表压力一般在80kPa以内，但以表压力40kPa左右时的效率较高。

罗茨式鼓风机的出口应安装气体稳压罐（又称缓冲罐），并配置安全阀。出口阀门不能完全关闭，一般采用回流支路调节流量。此外操作温度不宜大于85℃，以免因转子受热膨胀而发生碰撞和摩擦，降低设备的机械效率。

任务三　流体输送技术基本知识

一、流体的基本物理量

1. 密度与比容

（1）密度与相对密度。

①密度：单位体积流体所具有的质量，称为流体的密度，用符号ρ表示，其表达式为：

$$\rho = \frac{m}{V} \tag{1-1}$$

式中：ρ——流体的密度，kg/m^3；

m——流体的质量，kg；

V——流体的体积，m^3。

流体的密度随温度和压力而变化。压力对液体的密度影响很小，可以忽略不计。因此，液体被称为不可压缩流体，而温度对密度的影响不可忽略。

②比重：比重也称相对密度，是指流体的密度与4℃水的密度之比，用符号 d 来表示，即：

$$d = \frac{\rho}{\rho_{水}} = \frac{\rho}{1000kg/m^3} \tag{1-2}$$

式中：d——流体的相对密度；

ρ——流体的密度，kg/m^3；

$\rho_{水}$——4℃水的密度，$1000kg/m^3$。

只要知道流体的相对密度，乘以1000就可以得到流体的密度。

（2）气体的密度。气体具有可压缩性和热膨胀性，其密度随温度和压力的变化很大，因此气体的密度必须标明其状态。

气体的密度公式为：

$$\rho = \frac{pM}{RT} \tag{1-3}$$

式中：p——气体的压强，kPa；

M——气体的摩尔质量，kg/kmol；

R——气体常数，其值为8.314kJ/kmol；

T——气体的热力学温度，K。

（3）混合物的密度。

液体混合物的密度为：

$$\frac{1}{\rho} = \frac{w_1}{\rho_1} + \frac{w_2}{\rho_2} + \frac{w_3}{\rho_3} \tag{1-4}$$

式中：ρ_1、ρ_2、ρ_3——液体混合物中各纯组分的密度，kg/m^3；

w_1、w_2、w_3——液体混合物中各组分的质量分率。

气体混合物的密度为：

气体混合物的平均摩尔质量代替式（1-3）中的气体的摩尔质量：

$$M_{均} = M_A y_A + M_B y_B + \cdots + M_N y_N \tag{1-5}$$

$$\rho = \frac{pM_{均}}{RT} \tag{1-6}$$

式中：M_A、M_B、…、M_N——混合气体中各组分的摩尔质量，kg/kmol；

y_A、y_B、…、y_N——混合气体中各组分的摩尔分率。

（4）比容。单位质量流体所具有的体积称为流体的比容，用符号 V 表示。比容为密度的倒数，即：

$$V = \frac{1}{\rho} \tag{1-7}$$

式中：V——流体的比容，m^3/kg。

【例1-1】含苯40%（质量分数）的苯、甲苯溶液，试求其293K时的密度。

解：$\frac{1}{\rho} = \frac{w_1}{\rho_1} + \frac{w_2}{\rho_2}$

查得293K时：$\rho_{苯} = 879\text{kg/m}^3$；$\rho_{甲苯} = 867\text{kg/m}^3$；$w_1 = 0.4$；$w_2 = 0.6$

$\frac{1}{\rho} = \frac{0.4}{879} + \frac{0.6}{867}$

$\rho \approx 871.8\text{kg/m}^3$

【例1-2】已知空气的组成为21% O_2和79% N_2（均为体积分数），试求100kPa和300K时空气的密度。

解：$\rho = \frac{pM_{均}}{RT}$

式中：$M_{均} = M_A y_A + M_B y_B$；$M_{O_2} = 32\text{kg/kmol}$；$M_{N_2} = 28\text{kg/kmol}$；

$y_{O_2} = 0.21$；$y_{N_2} = 0.79$

$M_{均} = 32 \times 0.21 + 28 \times 0.79 \approx 28.8$（kg/kmol）

$p = 100\text{kPa}$；$T = 300\text{K}$

$$\rho \approx \frac{100 \times 28.8}{8.314 \times 300} = 1.15\ (\text{kg/m}^3)$$

2. 压力

这里所说的压力实际上是指流体的压强，而化工生产中习惯上称之为压力。

（1）定义与定义式。

压力（压强）：垂直作用于流体单位面积上的力，用符号p表示，其表达式为：

$$p = \frac{F}{A} \tag{1-8}$$

式中：p——流体的压力，Pa；

F——垂直作用于流体截面上的力，N；

A——作用面积，m^2。

（2）单位。压力的单位为Pa，称为帕斯卡，简称帕。

在生产现场、技术文件、资料手册中常用的压力单位还有：MPa（兆帕）；kPa（千帕）；atm（标准大气压）；at或kgf/cm^2（工程大气压）；mH_2O（米水柱）；mmHg（毫米汞柱），其换算关系为：

$$1\text{MPa} = 10^3\text{kPa} = 10^6\text{Pa}$$

$$1\text{atm} = 1.033\text{kgf/cm}^2 = 760\text{mmHg} = 10.33\text{mH}_2\text{O} = 1.0133\ \text{at} = 1.0133 \times 10^5\text{Pa}$$

$$1\text{at} = 1\text{kgf/cm}^2 = 735.6\text{mmHg} = 10\text{mH}_2\text{O} = 9.807 \times 10^4\text{Pa}$$

（3）表压、绝压与真空度。流体的压力可以用仪表来测量。但不管什么样的压力表，表上反映出的压力都是设备内的实际压力与大气压力之差，称之为表压，而设备内的实际压力称之为绝对压强，简称绝压。即：

$$\text{表压} = \text{绝压} - \text{大气压} \tag{1-9}$$

当设备内的实际压力小于大气压时，表上测出的压力叫真空度。即：

$$\text{真空度} = \text{大气压} - \text{绝压} \tag{1-10}$$

上述关系可用图1-29说明。

应当指出：大气压随地区而不同，也随季节而不同，对于表压和真空度应有注明。如200kPa（表压），300mmHg（真空度），若无注明则表示绝压。真空度也称为负表压，现在有的真空表上的读数就是负值，就是负表压。例如，真空度为600mmHg，则表压强是-600mmHg。

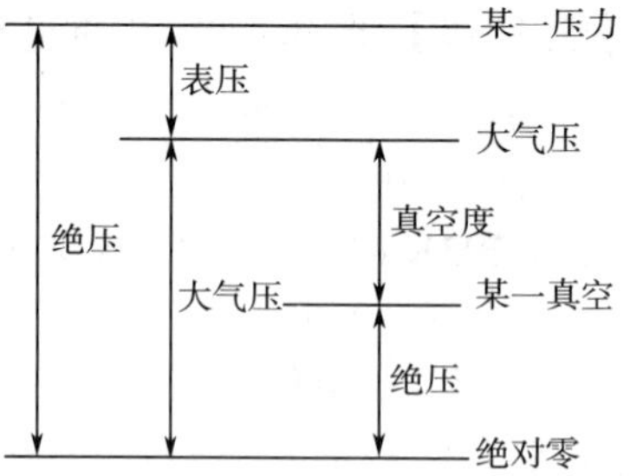

图1-29　表压、绝压及真空度的关系

【例1-3】某设备进、出口测压仪表的读数分别为3kPa（真空）和67kPa（表压），求两处的绝对压强差。

解：设备进口处绝对压强 p_1 为：

$$p_1 = p_{大} - p_{真}$$

设备出口处绝对压强 p_2 为：

$$p_2 = p_{大} + p_{表}$$

两处的绝对压强差为：

$$\Delta p = p_2 - p_1 = (p_{大} + p_{表}) - (p_{大} - p_{真}) = p_{表} + p_{真}$$

式中：$p_{表} = 67\text{kPa}$；$p_{真} = 3\text{kPa}$

$$\Delta p = 67 + 3 = 70\ (\text{kPa})$$

3. 流量与流速

（1）流量。流量有体积流量与质量流量之分。

单位时间内流过管道任一截面的流体量，称为流量。若流量用体积来计量，则称为体积流量，以 q_V 表示，其单位为 m^3/s。若流量用质量来计量，则称为质量流量，以 q_m 表示，其单位为kg/s。体积流量和质量流量的关系为：

$$q_m = q_V \rho \tag{1-11}$$

（2）流速。

①流速：单位时间内流体在流动方向上流过的距离。用符号 u 表示，单位为m/s。

流体在流动过程中，在同一截面上各流体质点的流速是不均等的，在管子中心处点流速最大，越往管壁，点流速越小，在管壁处点流速为零。因此通常说的流速是指某一截面上的平均流速，用体积流量除以流通截面积得到，即：

$$u = \frac{q_V}{A} \tag{1-12}$$

式中：A——流体的流通截面积，m^2。

②质量流速：单位时间、单位流通截面积流过的流体质量。用符号 G 表示，单位为 $kg/(m^2 \cdot s)$。表达式为：

$$G = \frac{q_m}{A} \tag{1-13}$$

流速与质量流速之间的关系为：

$$G = u\rho \tag{1-14}$$

4. 黏度

黏度是衡量流体流动性能的另一物理量，用符号 μ 表示。实践表明，有的流体容易流动，有的难以流动。例如油的流动性比水差，蜂蜜的流动性比油差等。这是由于它们的黏度不同。流体的黏度越小就越容易流动；黏度越大就越难流动。

在同一流通截面上各流体质点的流速是不均等的，科学研究证明，不同流速的流体之间也存在着阻碍相对运动的摩擦力，称为内摩擦力，流体的黏度就是这种内摩擦力的表示与量度。黏度大的流体，流动时能量消耗大，即阻力损失大，反之亦然。

黏度的数值由实验测定，其单位为 Pa · s（SI 制）。在物理单位制中黏度的单位为g/（cm · s），称为“泊”，用 P 表示。$1P = 100cP$（厘泊）$= 10^{-1}Pa \cdot s$。

流体的黏度值随温度而变化。一般来说可用图 1－30 来描述。从图中可以看出：①液体的黏度比气体大得多；②液体的黏度随温度的升高而减小，气体的黏度随温度的升高而增大。

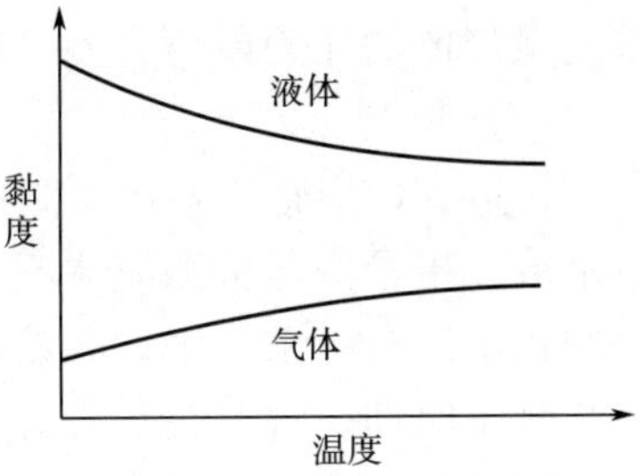

图 1－30　温度对黏度的影响

压力对黏度的影响不大，除了在极高或极低压力下才考虑其对气体黏度的影响外，一般情况下不予考虑。

二、静力学基本方程式

（一）静力学基本方程式

1. 静力学方程式

在一静止容器中盛有密度为 ρ 的静止液体（图 1－31）。在液体内部任意划出一底面积为 A 的垂直液柱。若以容器底为基准水平面，则液柱的上、下底面与基准水平面的垂直距离分别为 Z_1、Z_2。

在垂直方向上作用于液柱上的力有：

（1）作用于上底面的压力 p_1；

（2）作用于下底面的压力 p_2；

（3）作用于整个液柱的重力。

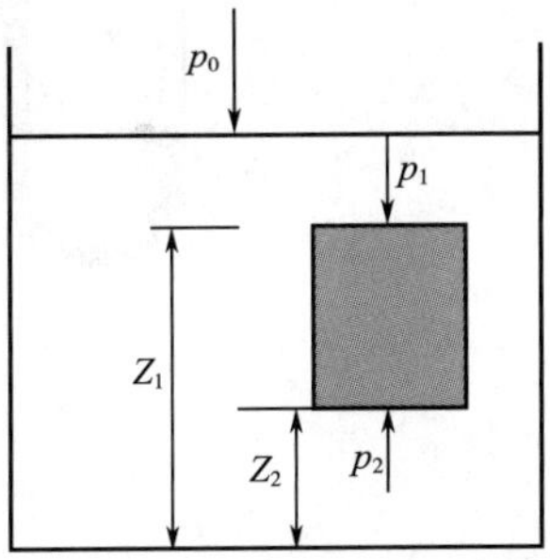

图 1－31　静止液体内部力的平衡情况

液柱处于静止状态时，在垂直方向上各力的代数和应为零，即：

$$p_1A + A(Z_1 - Z_2)\rho g - Ap_2 = 0$$

整理得：
$$p_2 = p_1 + (Z_1 - Z_2)\rho g \qquad (1-15)$$

若液柱的上底面取在容器的液面上，设液面上方的压强为 p_0，下底面取在距液面任意距离 h 处，作用于其下底面的压强为 p，则：

$$p = p_0 + h\rho g \qquad (1-16)$$

式（1－15）和式（1－16）都为静力学基本方程式。

2. 静力学方程式的讨论

（1）当容器液面上方的压强一定时，静止液体内部任一点压强 p 的大小与液体本身的密度和该点距液面的深度有关，密度越大，深度越深，该点的压强越大。在静止的、连续的同一液体内，处于同一水平面上各点的压强处处相等。

（2）在静止流体内部，当液面上方的压强或液体内部任一点压强有改变时，液体内部各点的压强也发生同样大小的改变。

（3）静力学基本方程式只适用于静止的、连通着的、同一种流体液体内部。

（二）静力学基本方程式的应用

1. 压力与压力差的测定

测量压力的仪表有多种，以流体静力学为理论基础的测压仪表，称为液柱压差计，可用来测量流体的压力或压力差。较典型的有以下两种：

（1）U 形管压差计。

①构造。U 形管压差计的结构如图 1－32（a）所示。带有刻度的 U 形透明玻璃管，内装指示液。指示液与被测流体不互溶，不发生化学反应，密度一般要大于被测流体的密度。常用的指示液有：汞、水、四氯化碳等。

②测压原理。将 U 形管压差计的两端连接到测压系统中，如图 1－32（b）所示。由于 U 形管两端所受压力不相等（$p_1 > p_2$），所以在 U 形管的两侧出现指示液的高度差 R，R 就称为 U 形管压差计的读数。读数的大小与被测压差有关。

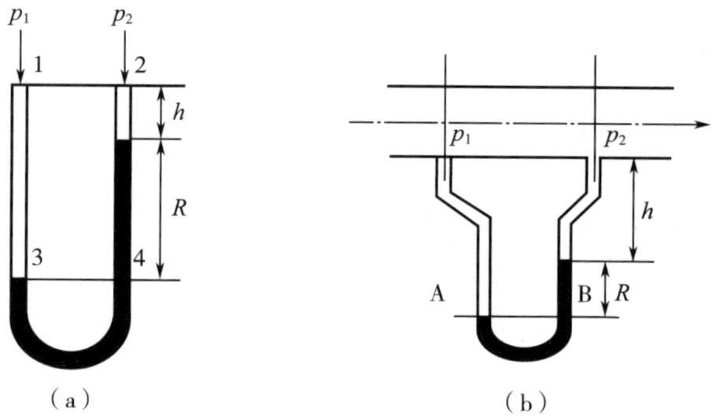

图 1－32　U 形管压差计

计算公式：
$$p_1 - p_2 = R(\rho_s - \rho)g \quad (1-17)$$

式中：p_1、p_2——被测流体两点的压强，Pa；

ρ_s、ρ——指示液及被测流体的密度，kg/m^3；

R——U 形管压差计中指示液位差，m；

g——重力加速度，m/s^2。

③说明。

a. U 形管压差计不但可用来测取两点间的压差，也可测取某一处的压力。将 U 形管压差计的一端与被测设备连接，另一端与大气相通，这时压差计上的读数 R 所反映的是被测点的压力与大气压之差，即表压；如 R 读数在被测点一侧，则读数 R 反映的是真空度。

b. 若被测流体是气体，则式（1－17）中的 ρ 可以忽略。式（1－17）改写为：

$$p_1 - p_2 = R\rho_s g \quad (1-18a)$$

c. 如指示液密度小于被测流体密度，则在安装时 U 形管应倒置，则式（1－17）改写为：

$$p_1 - p_2 = R(\rho - \rho_s)g \quad (1-18b)$$

（2）杯形斜管压差计。

①结构。如图 1－33 所示。

②测压原理。

$$p_1 - p_2 = R\sin\alpha(\rho_s - \rho)g = R'(\rho_s - \rho)g \quad (1-19)$$

式中：α——斜管与水平方向的夹角。

③说明。

a. 特点：由于“杯”的截面积远大于管的截面积，所以杯中液位的升降可以忽略，读数只读管侧。因此，读数方便；由于是“斜”管，所以可以放大读数，以减小相对误差。

b. 注意事项：“杯”形端要接高压端。

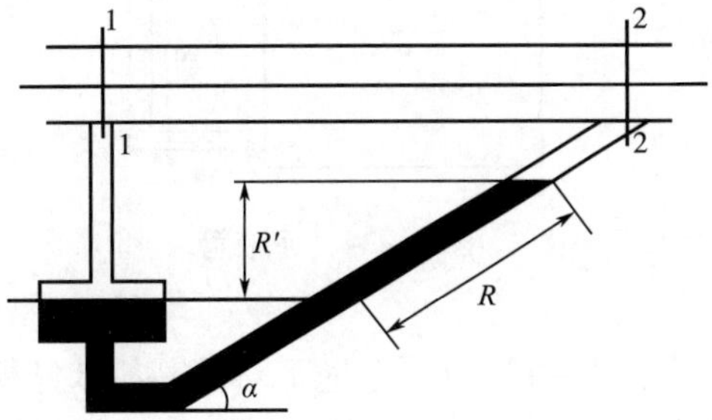

图 1－33　杯形斜管压差计

【例 1－4】用 U 形管测量水平管道中 1、2 两点的压强差。已知管内流体为水，指示液为四氯化碳，压差计上读数为 80cm，求 1、2 两点间的压差。若将指示液改为汞，则压差计上读数为多少 mm？（已知 $\rho_{CCl_4}=1595kg/m^3$；$\rho_{Hg}=13600kg/m^3$；$\rho_{H_2O}=1000kg/m^3$）。

解：①$p_1-p_2=R(\rho_s-\rho)g$

式中：$R=80cm=0.8m$，$\rho_{CCl_4}=1595kg/m^3$，$\rho_{H_2O}=1000kg/m^3$

$p_1-p_2=R(\rho_s-\rho)g=0.8\times(1595-1000)\times9.807\approx4668.13$（Pa）

②$p_1-p_2=R(\rho_s-\rho)g=R'(\rho_s'-\rho)g$

$$R' = \frac{R(\rho_s-\rho)}{\rho'_s-\rho} = \frac{0.8(1595-1000)}{13600-1000} \approx 0.0378\text{（m）} = 37.8\text{（mm）}$$

2. *液位测定*

最原始的液位计是于容器侧面安装一个透明玻璃管，其上、下与容器相通，如图 1－34 所示。这种液位计称为示液管。示液管构造简单，显示液位直观。

图 1－35 为用 U 形管压差计来测量液位的示意图。将 U 形管压差计的两端与容器上面空间和容器底部相连接。由静力学基本方程式得知：压差计读数 R 的大小与容器中液位高度成正比。即：

$$h = R\frac{\rho_s}{\rho} \quad (1-20)$$

式中：h——容器中液位高度，m；

R——U 形管压差计读数，m；

ρ_s、ρ——指示液及被测流体密度，kg/m^3。

【例 1－5】容器内存有密度为 $800kg/m^3$ 的油品，U 形管压差计中指示液为汞，读数为 200mm。求容器内油面的高度。

解：$h = R\dfrac{\rho_s}{\rho}$

式中：$R=200mm=0.2m$，$\rho_s=13600kg/m^3$，$\rho=800kg/m^3$

$$h = 0.2\times\frac{13600}{800} = 3.4\text{（m）}$$

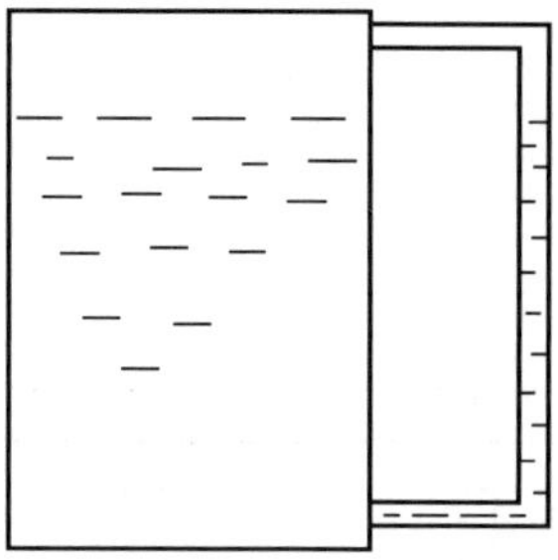

图 1-34　示液管

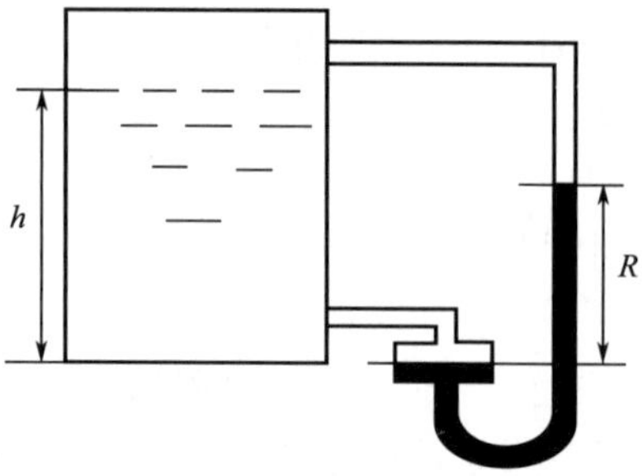

图 1-35　液柱压强液面计

【例 1-6】 有一个地下对硝基氯苯储槽，用图 1-36 所示装置测量其液位。自管口通入压缩氮气，通过观察罩观察到氮气在储槽内鼓泡时，吹气管上安装的 U 形管压差计的读数稳定为 R。已知压差计中指示液为汞，读数为 $R=100\text{mm}$，对硝基氯苯的密度为 1250kg/m^3，储槽上方通大气。试求储槽液面至吹气管口的垂直距离 h。

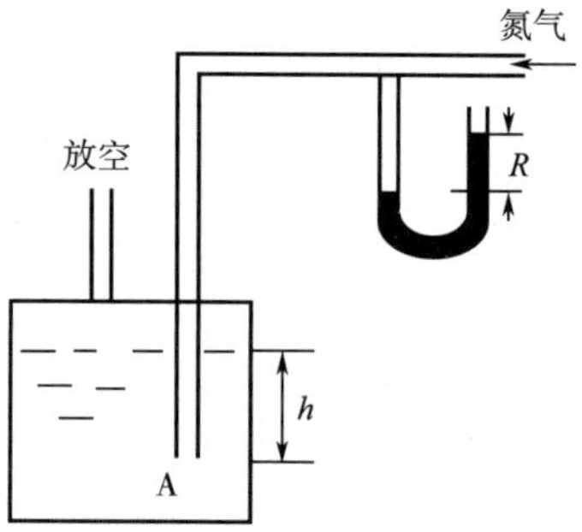

图 1-36

解：由于通过观察罩可以得知吹气管内氮气在鼓泡状态下通过，所以氮气压力与吹气管底等高的槽内流体压力相等，即：

$$p_0 + h\rho g = p_0 + R\rho_s g$$

$$h = R\frac{\rho_s}{\rho}$$

式中：$R=100\text{mm}=0.1\text{m}$，$\rho_s=13600\text{kg/m}^3$，$\rho=1250\text{kg/m}^3$

$$h = 0.1\times\frac{13600}{1250}\approx 1.09(\text{m})$$

3. 液封高度的计算

用液体来封住设备的某一出口称之为液封。设备内操作状况不同，采用液封的目的也就不同。下面通过两道例题来说明液封的应用与计算。

【例 1-7】 如图 1-37 所示，为了控制乙炔发生炉内的压力不超过 10.7kPa（表压），在炉外装有安全水封装置，其作用是当炉内压力超过规定值时，气体会从液封管排出。试求液封管应插入水面下的深度 h。

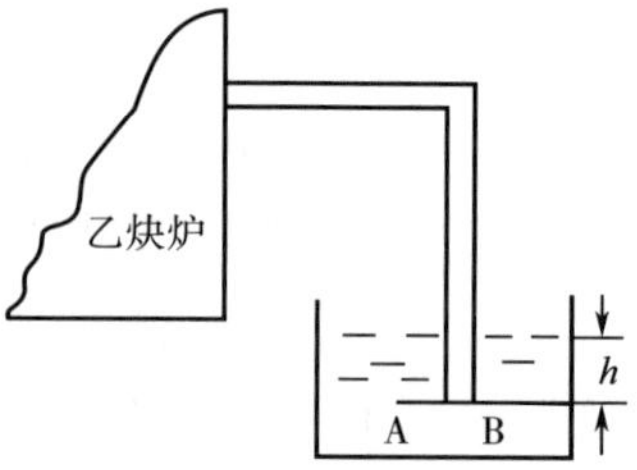

图 1-37

解：如图，取液封管口处管内外两点 A 和 B 在同一等压面上。

其中：$p_A = p_大 + p_表$，$p_B = p_大 + h\rho g$

$$p_A = p_B \quad h = \frac{p_表}{\rho g}$$

式中：$p_表 = 10.7\text{kPa} = 10.7\times10^3\text{Pa}$，$\rho = 1000\text{kg/m}^3$

$$h = \frac{10.7\times10^3}{1000\times9.807}\approx 1.09(\text{m})$$

为了安全起见，实际安装时管子插入水面下的深度应略小于1.09m。

【例1-8】 图1-38所示的混合式冷凝器上真空表读数为80kPa，试求液封水管中水上升的高度 h。

解：水槽液面处水封管内外两点的压强相等，即等于大气压，故由静力学基本方程式得：

$$p_{大} = p + h\rho g = (p_{大} - p_{真}) + h\rho g \qquad h = \frac{p_{真}}{\rho g}$$

式中：$p_{真} = 80\text{kPa} = 80 \times 10^3\text{Pa}$，$\rho = 1000\text{kg/m}^3$

$$h = \frac{80 \times 10^3}{1000 \times 9.807} \approx 8.16(\text{m})$$

4. 不互溶混合液的分离

化工生产中，经常将不互溶的混合液体加以静止分离。所用分层器的操作关键在于维持恒定的分界面，其原理仍以流体静力学基本方程式为依据。

【例1-9】 如图1-39所示的静止分离器，使不互溶的混合液分离为密度不同的两层液体。图中重液出口高度 Z_1，必须根据两液体密度和轻液层高度 Z_2 来确定。现已知轻液的密度为900kg/m³，轻液层刻度为3m，重液的密度为1000kg/m³。试确定重液的出口高度 Z_1。

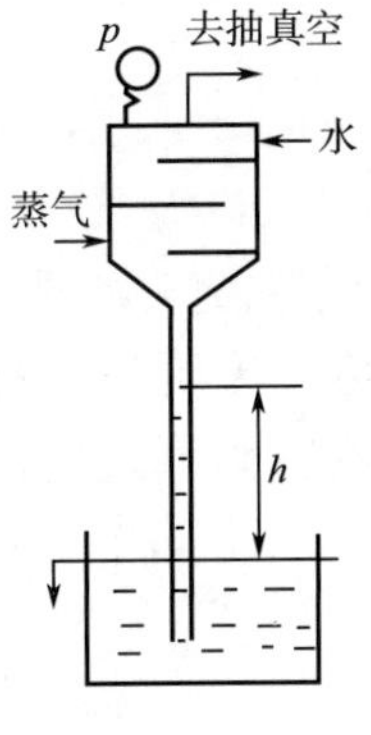

图1-38

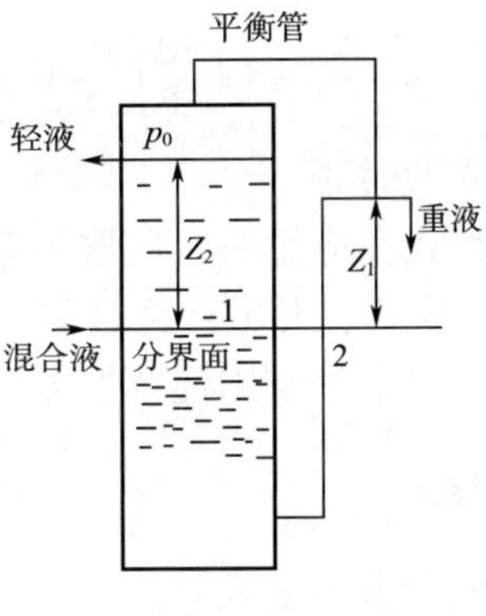

图1-39

解：因轻液上方和重液出口管顶部设有平衡管，所以两处的压力相等，设为 p_0。又因图中1、2两点处于同一等压面上，所以：$p_0 + Z_2\rho_2 g = p_0 + Z_1\rho_1 g$

$$Z_1 = \frac{Z_2\rho_2}{\rho_1}$$

式中：$Z_2 = 3\text{m}$，$\rho_2 = 900\text{kg/m}^3$，$\rho_1 = 1000\text{kg/m}^3$

$$Z_1 = \frac{3 \times 900}{1000} = 2.7(\text{m})$$

三、连续性方程式

1. 连续性方程式的定义

流体流过通道的物料衡算式称为连续性方程式。

在稳定流动系统中，对直径不同的管段作物料衡算，如图1-40所示，以截面1-1与2-2为物料衡算范围。

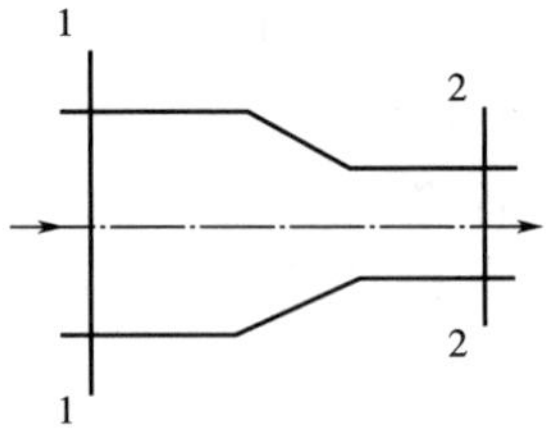

图1-40 流体的稳定流动

对于稳定流动系统，物料输入量等于输出量，则物料衡算式为：

$$q_{m1} = q_{m2} \tag{1-21}$$

因 $q_m = uA\rho$，故上式可写成：

$$u_1A_1\rho_1 = u_2A_2\rho_2 \tag{1-22}$$

若上式推广到管路上任何一个截面，即：

$$u_1A_1\rho_1 = u_2A_2\rho_2 = \cdots = 常数 \tag{1-22a}$$

上式表示在稳定流动系统中，流体流经各截面的质量流量不变，而流速随管道截面积及流体的密度而变化。

若流体可视为不可压缩的流体，即 ρ = 常数，则液体连续性方程为：

$$u_1A_1 = u_2A_2 = \cdots = 常数 \tag{1-22b}$$

对于圆形截面的管子，液体连续性方程为：

$$\frac{u_1}{u_2} = \left(\frac{d_2}{d_1}\right)^2 \tag{1-22c}$$

【例1-10】水连续由粗管流入细管作稳定流动，粗管的内径为80mm，细管的内径为40mm。水在细管内的流速为3m/s，求水在粗管内的流速。

解：$\frac{u_1}{u_2} = \left(\frac{d_2}{d_1}\right)^2 \quad u_1 = 3 \times \left(\frac{40}{80}\right)^2 = 0.75$（m/s）

2. 连续性方程式的讨论

（1）连续性方程式在应用时，所取的系统应是稳定流动系统。所取的截面一定是连续的，但系统内部是否连续、发生什么过程（化学反应、传热、传质等）都可以不管。

（2）有分支的管路中，应用连续性方程时，还是依据物料衡算式进行。

四、伯努利方程式

1. 流动系统的能量表示方式

在稳定流动系统中，如图1-41所示，流体从泵入口截面1-1流入，经粗细不同的管道，从泵出口截面2-2流出。管路上装有对流体做功的泵及向流体输入或从流体取出热量的换热器。

衡算范围：1-1与2-2截面间。

衡算基准：1kg流体。

基准水平面：$O-O'$平面。

设 u_1、u_2——流体分别在截面1-1与2-2处的流速，m/s；p_1、p_2——流体分别在截面1-1与2-2处的压强，Pa；Z_1、Z_2——截面1-1与2-2的中心至基准水平面 $O-O'$ 的垂直距离，m；A_1、A_2——截面1-1与2-2的面积，m^2。

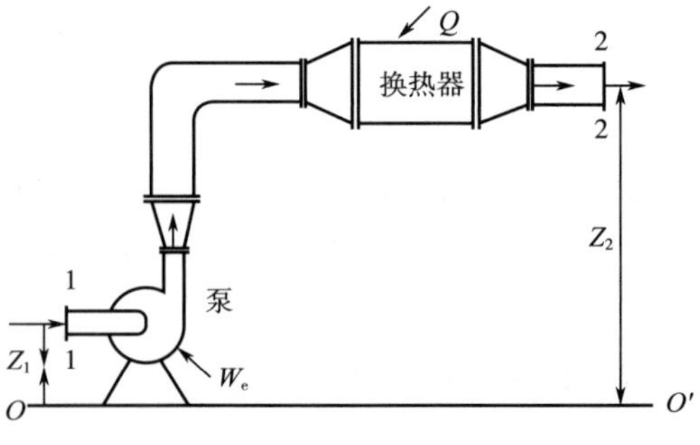

图1-41 伯努利方程式推导

1kg 流体进、出系统时输入和输出的能量：

（1）位能：将 1kg 的流体自基准水平面升举到某高度 Z 做的功，表达式：$E_{位}=Zg$，单位：J/kg。

（2）动能：将 1kg 的流体从静止加速到速度为 u 所做的功，表达式：$E_{动}=\frac{u^2}{2}$，单位：J/kg。

（3）静压能：1kg 流体克服截面压力 p 所做的功，表达式：$E_{静}=\frac{p}{\rho}$，单位：J/kg。

（4）外加功：泵给予 1kg 流体的能量，用 W_e 表示，单位：J/kg。

（5）损失能量：1kg 流体克服流体阻力消耗的能量，用 Σh_f 表示，单位：J/kg。

2. 伯努利方程式

根据能量守恒定律，连续稳定流动系统的能量衡算是以输入的总能量等于输出的总能量为依据的，以 1kg 流体为基准的能量衡算公式为：

$$Z_1g+\frac{u_1^{\ 2}}{2}+\frac{p_1}{\rho}+W_e=Z_2g+\frac{u_2^{\ 2}}{2}+\frac{p_2}{\rho}+\sum h_f \tag{1-23}$$

式中：Z_1g、Z_2g——1kg 流体的位能，J/kg；

$\frac{u_1^{\ 2}}{2}$、$\frac{u_2^{\ 2}}{2}$——1kg 流体的动能，J/kg；

$\frac{p_1}{\rho}$、$\frac{p_2}{\rho}$——1kg 流体的静压能，J/kg；

W_e——泵给予 1kg 流体的能量，J/kg；

$\sum h_f$——1kg 流体克服流体阻力消耗的能量，J/kg。

3. 伯努利方程式的讨论

（1）上式表示理想流体在管道内作稳定流动，若没有外加功，在任一截面上单位质量流体所具有的位能、动能、静压能之和为一个常数，称为总机械能，以 E 表示，其单位为 J/kg。常数意味着 1kg 理想流体在各截面上所具有的总机械能相等，而每一种形式的机械能不一定相等，但各种形式的机械能可以相互转换。例如，某种理想流体在水平管道中稳定流动，若在某处管道的截面积缩小时，则流速增大，动能增加，因总机械能为常数，静压能就要相应降低，即一部分静压能转变为动能；反之，当另一处管道的截面积增大时，流速减小，动能减小，则静压能增加。

（2）上式各项单位为 J/kg，表示单位质量流体所具有的能量。

（3）上式中 W_e 是输送设备对单位质量流体所做的有效功，是决定流体输送设备的重要数据，单位时间输送设备所做的有效功称为有效功率，以 N_e 表示，即：

$$N_e=W_eq_m \tag{1-24}$$

其中，q_m 为流体的质量流量，所以有效功率 N_e 的单位为 J/s 或 W。

（4）如果系统里的流体是静止的，流速等于零，自然没有阻力，也无能量损失，即 $\sum h_f=0$；由于流体保持静止状态，也就不会有外功加入，即 $W_e=0$，于是式（1-23）变成：

$$Z_1g+\frac{p_1}{\rho}=Z_2g+\frac{p_2}{\rho} \tag{1-25}$$

上式为流体静力学基本方程式的另一种表达形式。由此可见，伯努利方程式除表示流体的流动规律外，还表示了流体静止状态的规律，而流体的静止状态只不过是流动状态的一种特殊形式。

（5）如果以单位质量（1N）流体为衡算基准，则得：

$$Z_1 + \frac{u_1^{\ 2}}{2g} + \frac{p_1}{\rho g} + H_e = Z_2 + \frac{u_2^{\ 2}}{2g} + \frac{p_2}{\rho g} + h_f \qquad (1-26)$$

上式各项的单位 J/N 可简化为 m，m 虽然是一个长度单位，但在这里却反映了一定物理意义，它表示单位质量流体所具有的机械能。常把 Z、$\frac{u^2}{2g}$、$\frac{p}{\rho g}$、H_e、h_f，分别称为位压头、动压头、静压头、外加压头与损失压头。

（6）对于气体，一般不可以使用伯努利方程式，但当两截面间的压力差不是很大 $\left(\frac{p_1 - p}{p_1} \leqslant 20\%\right)$ 时，可近似使用伯努利方程式，不过其中的密度要用两截面的平均密度 $\rho_{均} = \frac{\rho_1 + \rho_2}{2}$。

4. 伯努利方程式的应用

解题步骤及方法如下：

第一步：作图。确定衡算范围，根据题意画出流动系统的示意图，并指明流体的流动方向。定出上、下游截面，以明确流动系统的衡算范围。

第二步：截面的选取。两截面均应与流动方向相垂直，并且在两截面间的流体必须是连续的。所求的未知量应在截面上或在两截面之间，且截面上的 Z、u、p 等有关物理量，除所需求取的未知量外，都应该是已知的或能通过其他关系计算出来。若所取截面为贮槽液面，则该截面的流速为零。

第三步：基准水平面的选取。选取基准水平面的目的是确定流体位能的大小，实际上在伯努利方程式中所反映的是位能差（$\Delta Z = Z_2 - Z_1$）的数值。所以，基准水平面可以任意选取，但必须与地面平行。Z 值是指截面中心点与基准水平面间的垂直距离。为了计算方便，通常取基准水平面通过衡算范围的两个截面中的任一个截面。如该截面与地面平行，则基准水平面与该截面重合，$Z = 0$；如衡算系统为水平管道，则基准水平面取管道的中心线。

第四步：单位必须一致。在用伯努利方程式之前，应把有关物理量换算成一致的 SI 单位，然后进行计算。两截面的压强除要求单位一致外，还要求表示方法一致，都是绝压或表压。从伯努利方程式的推导过程得知，式中两截面的压强为绝对压强，但由于式中所反映的是压强差的数值，且绝对压强 = 大气压 + 表压，因此两截面的压强也可以同时用表压强来表示，如果是真空度，应把真空度换算成负表压。

第五步：列出所用伯努利方程式。

第六步：代入求解与结果讨论。

【例 1－11】 如图 1－42 所示，水槽液面至水出口管的垂直距离保持在 6.2m，水管为 ϕ114mm × 4mm 的钢管，能量损失为 58.86J/kg，求管路出口流速及流量。

解：如图：取 1－1 和 2－2 截面，并以 2－2 截面的管子中心线为基准水平面。

$$Z_1 g + \frac{u_1^{\ 2}}{2} + \frac{p_1}{\rho} + W_e = Z_2 g + \frac{u_2^{\ 2}}{2} + \frac{p_2}{\rho} + \Sigma h_f$$

式中：$Z_1 = 6.2$m，$u_1 = 0$，$p_1 = 0$（表），$W_e = 0$，$\rho = 1000$kg/m^3，$Z_2 = 0$，$p_2 = 0$（表），$\Sigma h_f =$ 58.86J/kg

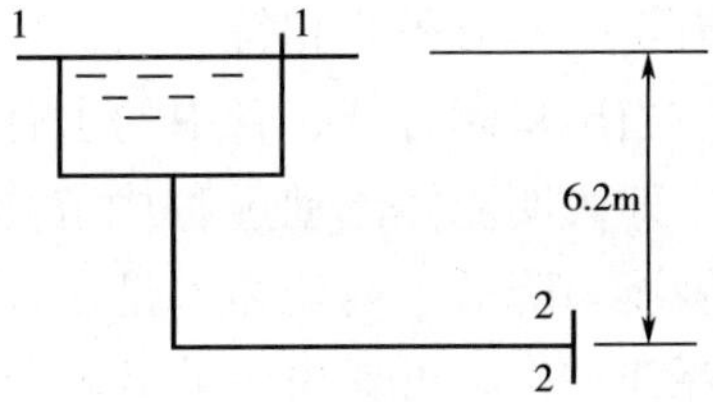

图 1－42

代入上式解得：$6.2 \times 9.807 = \frac{u_2^{\ 2}}{2} + 58.86$

$$u_2 \approx 1.98\text{m/s}$$

则水的流量为：$q_v = u\frac{\pi}{4}d^2 \approx 1.98 \times 0.785 \times 0.106^2 \approx 0.017(\text{m}^3/\text{s})$。

【例 1－12】 如图 1－43 所示，离心泵将贮槽中的料液输送到蒸发器内，敞口贮槽内的液面保持恒定。料液的密度为 1200kg/m³，蒸发器上部的蒸发室内操作压力为 200mmHg（真空度），蒸发器进料口高于贮槽内的液面 15m，输送管道的直径为 ϕ68mm × 4mm，送液量为 20m³/h，溶液流经全部管道的能量损失为 12.23J/N（不包括出口的能量损失），泵的效率为 60%。

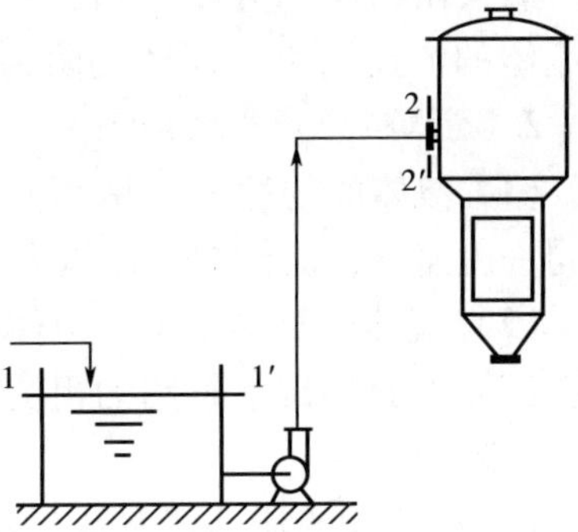

图 1－43

求：泵的有效功率。

解：如图，取 1－1′截面，2－2′截面，以 1－1′截面为基准水平面。

$$Z_1 + \frac{u_1^{\ 2}}{2g} + \frac{p_1}{\rho g} + H_e = Z_2 + \frac{u_2^{\ 2}}{2g} + \frac{p_2}{\rho g} + h_f$$

式中，$Z_1 = 0$，$u_1 = 0$，$p_1 = 0$，$Z_2 = 15\text{m}$，$p_2 = -200\text{mmHg} = -26670\text{Pa}$（表压），$\rho = 1200\text{kg/m}^3$，$h_f = 12.23\text{J/N}$

$$u_2 = \frac{q_V}{\frac{\pi}{4}d^2} \approx \frac{\frac{20}{3600}}{0.785 \times 0.06^2} \approx 1.97(\text{m/s})$$

$$H_e = 15 + \frac{1.97^2}{2 \times 9.807} + \frac{-26670}{1200 \times 9.807} + 12.23 \approx 25.16(\text{m})$$

$$N_e = q_V\rho g H_e = \frac{20}{3600} \times 1200 \times 9.807 \times 25.16 \approx 1645(\text{W}) = 1.645(\text{kW})$$

五、流体阻力

由于黏性的存在，流体在流动过程中不同流速的流体层之间产生内摩擦，使一部分机械能转化为热能而损失于周围环境。这就是流体的阻力损失。

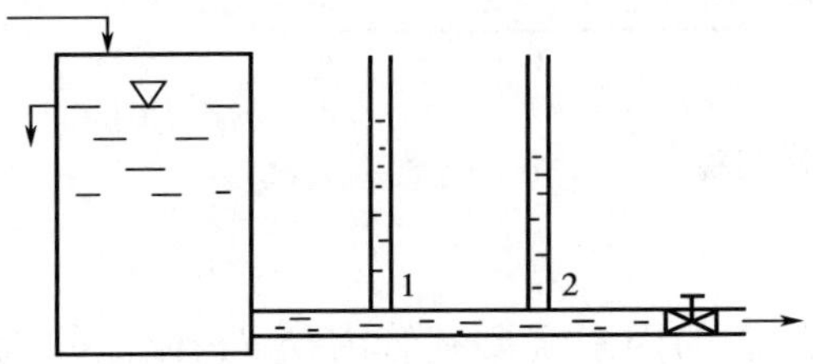

图 1－44　流体阻力的表现

（一）流体阻力产生的原因

1. 流体阻力的表现

可以做一个简单的实验来观测流体阻力的表现，如图 1－44 所示。在水槽的底部接一段直径相等的水平管，在出口管上 1、2 两处分别垂直接上透明玻璃管，以观察两点处的静压强变化。

当出口阀关闭时，1、2 两处测压管中的水位高度相等，且等于槽内水面的高度，这与静力学基本方程式相符。

当出口阀打开，管中的水有一定的流速时，可观察到两个测压管中的水位依次有所下降，即表明流体流动过程中静压力沿程不断降低，说明流体流动过程中有阻力损失存在，即静压力降低。若流体不是在等径的水平管路中流动，则流体的阻力损失引起的压力降肯定存在，但有可能由于动能和位能的转换而减弱或加剧。总之，流体的阻力损失最终可用压力降来表示。

加大出口阀的开度，增大管中流速，可观察到两个测压管中的水位又降低了。这说明流体的流速增大，流体的阻力损失也增大。

2. 流体阻力产生的原因

（1）流体的物性——黏度。流体阻力产生的根本原因就是流体黏性所产生的内摩擦力。在同一流速下，流体的黏性越大，流体流动过程中产生的阻力损失越大。

（2）流体的流动形态。流体的流动形态与流体的物性及流动条件有关。

（3）管路情况。管路的粗糙程度，管路上的阀门、三通、弯头等管件对流体的流动也会产生阻力。

（二）流体的流动形态及其判定

1. 流体的流动形态

雷诺通过大量的实验提出：流体在管内的流动形态有两种——滞流和湍流，如图1－45所示。当流体的流量较小时，流速也较小，流体质点只沿管轴方向做直线运动，而无其他方向上的运动，这种流动形态被称之为滞流。如图1－45（a）所示，滞流时流体的阻力只来自于流体本身的内摩擦力；当流量增加到一定值时，流体的流速较大，流体质点速度的大小和方向在急剧改变，质点间相互碰撞混合，甚至产生旋涡，这种流动形态被称之为湍流。如图1－45（c）所示，湍流时，流体的阻力除来自于流体本身的内摩擦力以外，还因为质点间的相互碰撞而消耗了大量的能量。因此，湍流时流体的阻力损失较大。

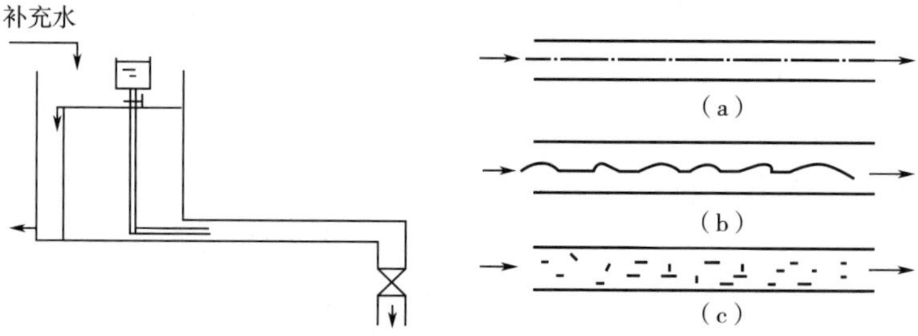

图1－45　雷诺实验

2. 雷诺数及流动形态的判定

雷诺通过大量的实验总结出影响流体流动形态的因素主要有管内径 d、流体的流速 u、流体的密度 ρ 和流体的黏度 μ 4 个物理量，然后再将 4 个物理量用因次分析法组成一个无因次数群，称之为雷诺数，用符号“Re”表示，可用其来判断流体的流动形态。

$$Re = \frac{du\rho}{\mu} \tag{1-27}$$

式中：d——管子内径，m；

u——流体的流速，m/s；

ρ——流体的密度，kg/m^3；

μ——流体的黏度，Pa·s。

实验证明：一般 $Re \leqslant 2000$ 为滞流，$Re \geqslant 4000$ 为湍流。

3. 非圆形管路的当量直径

流体在非圆形管路中流动时，Re 中的管径 d 应用当量直径（d_e）来取代。当量直径定义为：

$$d_e = 4 \times \frac{\text{流通截面积}}{\text{润湿周边长度}} \tag{1-28}$$

【例 1-13】 在 20℃条件下，油的密度为 $830kg/m^3$，黏度为 3mPa·s，在圆形直管内流动，其流量为 $10m^3/h$，管子规格为 $\phi 89mm \times 3.5mm$，试判断其流动形态。

解：$Re = \frac{du\rho}{\mu}$

式中：$d = 89 - 2 \times 3.5 = 82mm = 0.082m$，$\rho = 830kg/m^3$，$\mu = 3mPa \cdot s = 3 \times 10^{-3} Pa \cdot s$

$$u = \frac{q_V}{\frac{\pi}{4}d^2} = \frac{\frac{10}{3600}}{0.785 \times 0.082^2} \approx 0.526(m/s)$$

$$Re = \frac{0.082 \times 0.526 \times 830}{3 \times 10^{-3}} \approx 1.193 \times 10^4$$

因为 $Re > 4000$，所以该流动形态为湍流。

（三）流体阻力的计算

流体在管路中流动时的阻力分为直管阻力和局部阻力两种。直管阻力是流体流经一定管径的直管时，由于流体的内摩擦而产生的阻力。局部阻力是流体流经管路中的管件、阀门及截面的突然扩大和突然缩小等局部障碍所引起的阻力。流体流动总阻力等于直管阻力和局部阻力的总和。

1. 直管阻力

（1）范宁公式。直管阻力，也称为沿程阻力。实验表明：流体沿直管的阻力与管长、动压头成正比，与管径成反比。直管阻力通常由范宁公式计算，其表达式为：

$$\sum h_f = \lambda \times \frac{l}{d} \times \frac{u^2}{2} \tag{1-29}$$

式中：$\sum h_f$——直管阻力，J/kg；

λ——摩擦因数，无量纲；

l——直管的长度，m；

d——直管的内径，m；

u——流体在管内的流速，m/s。

范宁公式中的摩擦因数是确定直管阻力损失的重要参数。λ 的值与反映流体湍动程度的 Re 及管内壁粗糙程度的 ε 大小有关。

（2）管壁粗糙程度。工业生产上所使用的管道，按其材料的性质和加工情况，大致可分为光滑管与粗糙管。通常把玻璃管、铜管和塑料管等列为光滑管，把钢管和铸铁管等列为粗糙管。实际上，即使是同一种材质的管子，由于使用时间的长短与腐蚀结垢的程度不同，管壁的粗糙度也会发生很大的变化。

①绝对粗糙度。绝对粗糙度是指管壁突出部分的平均高度，以 ε 表示，如图 1－46 所示。表 1－2 中列出了某些工业管道的绝对粗糙度数值。

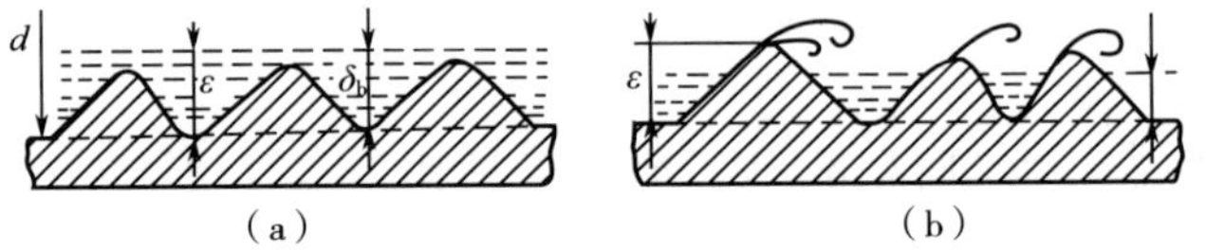

图 1－46　管壁粗糙程度对流体流动的影响

表 1－2　　某些工业管道的绝对粗糙度

管道类别	绝对粗糙度 ε/mm
无缝黄铜管、铜管及铝管	0.01～0.05
新的无缝钢管或镀锌铁管	0.1～0.2
新的铸铁管	0.3
具有轻度腐蚀的无缝钢管	0.2～0.3
具有重度腐蚀的无缝钢管	0.5 以上
旧的铸铁管	0.85 以上
干净玻璃管	0.0015～0.01
很好整平的水泥管	0.33

②相对粗糙度。相对粗糙度是指绝对粗糙度与管道内径的比值，即 ε/d。管壁粗糙度对摩擦因数 λ 的影响程度与管径的大小有关，所以在流动阻力的计算中，要考虑相对粗糙度的大小。

(3) 摩擦因数。

①滞流时的摩擦因数。流体作滞流流动时，管壁上凹凸不平的地方都被有规则的流体层所覆盖，λ 与 ε/d 无关，摩擦因数 λ 只是雷诺数的函数。

$$\lambda = \frac{64}{Re} \tag{1-30}$$

将 $\lambda = \dfrac{64}{Re}$ 代入范宁公式，则：

$$\sum h_f = 32\frac{\mu u l}{\rho d^2} \tag{1-31}$$

上式为哈根－泊肃叶方程，是流体在圆直管内做滞流流动时的阻力计算式。

②湍流时的摩擦因数。由于湍流时流体质点的运动情况比较复杂，目前还不能完全用理论分析的方法求算湍流时摩擦因数 λ 的公式而是通过实验测定，获得经验的计算式。各种经验公式均有一定的适用范围，可参阅有关资料。

为了计算方便，通常将摩擦因数 λ 对 Re 与 ε/d 的关系曲线标绘在双对数坐标上，如图 1－47 所示，该图称为莫狄（Moody）图。这样就可以方便地根据 Re 与 ε/d 值从图中查得各种情况下的 λ 值。

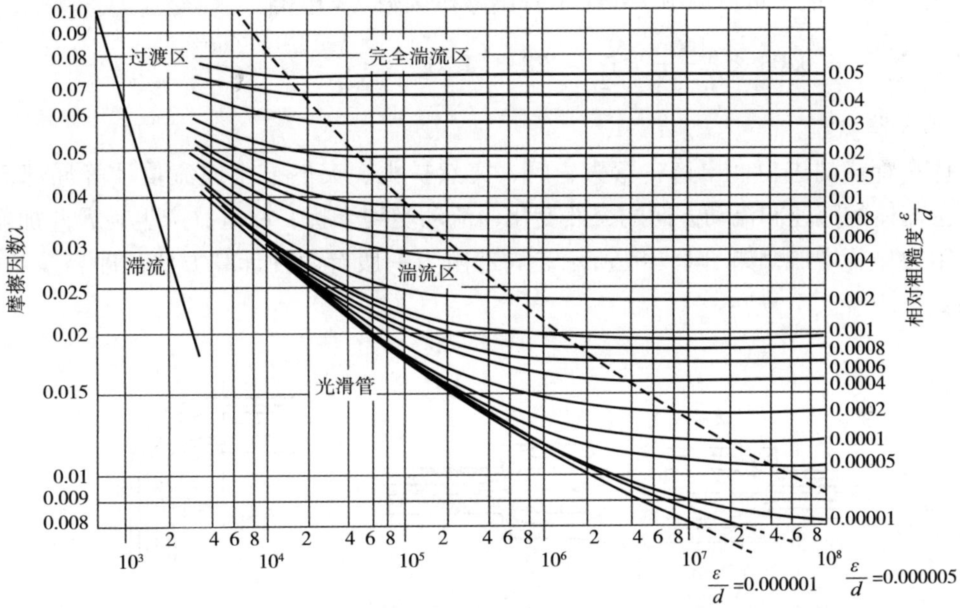

图 1－47 摩擦因数与雷诺数及相对粗糙度的关系

根据雷诺数的不同，可在图中分出 4 个不同的区域：

a. 滞流区。当 $Re \leqslant 2000$ 时，λ 与 Re 为直线关系，摩擦因数只与雷诺数有关，而与管壁的相对粗糙度无关。

b. 过渡区。当 $Re = 2000 \sim 4000$ 时，管内流动类型随外界条件的影响而变化，λ 也随之波动。工程上一般按湍流处理，λ 可从相应的湍流时的曲线延伸查取。

c. 湍流区。当 $Re \geqslant 4000$ 且在图中虚线以下的区域时，摩擦因数不仅与雷诺数有关，而且与管壁的相对粗糙度有关。对于一定的 ε/d，λ 随 Re 数值的增大而减小。

d. 完全湍流区。即图中虚线以上的区域，λ 与 Re 的数值无关，只取决于相对粗糙度 ε/d。$\lambda - Re$ 曲线几乎成水平线，当管子的 ε/d 一定时，λ 为定值。在这个区域内，阻力损失与 u^2 成正比，故又称为阻力平方区。由图可见，ε/d 值越大，达到阻力平方区的 Re 值越低。

【例 1－14】 20℃的水，以 1m/s 的速度在钢管中流动，钢管规格为 ϕ60mm × 3.5mm，试求水通过 100m 长的直管时，阻力损失为多少？

解：$\sum h_f = \lambda \times \dfrac{l}{d} \times \dfrac{u^2}{2}$

式中：$l = 100\text{m}$，$d = 60 - 3.5 \times 2 = 53$（mm）$= 0.053$（m），$u = 1\text{m/s}$

查得水在 20℃时的 $\rho = 998.2\text{kg/m}^3$，$\mu = 1.005 \times 10^{-3}\text{Pa} \cdot \text{s}$

$$R_e = \frac{du\rho}{\mu} = \frac{0.053 \times 1 \times 998.2}{1.005 \times 10^{-3}} \approx 5.26 \times 10^4$$

取钢管的管壁绝对粗糙度 $\varepsilon = 0.2\text{mm}$，则：

$$\varepsilon/d = 0.2/53 \approx 0.004$$

据 R_e 与 ε/d 值，可以从图 1－47 上查出摩擦因数 $\lambda = 0.03$

则　$$\sum h_f = 0.03 \times \frac{100}{0.053} \times \frac{1^2}{2} \approx 28.3(\text{J/kg})$$

2. 局部阻力

流体在管路的进口、出口、弯头、门、突然扩大、突然缩小或流量计等局部流过时，必然发生流体的流速和流动方向的突然变化，流动受到干扰、冲击，产生旋涡并加剧湍动，使流动阻力显著增加，如图 1－48 所示。局部阻力一般有两种计算方法，即当量长度法和阻力系数法。

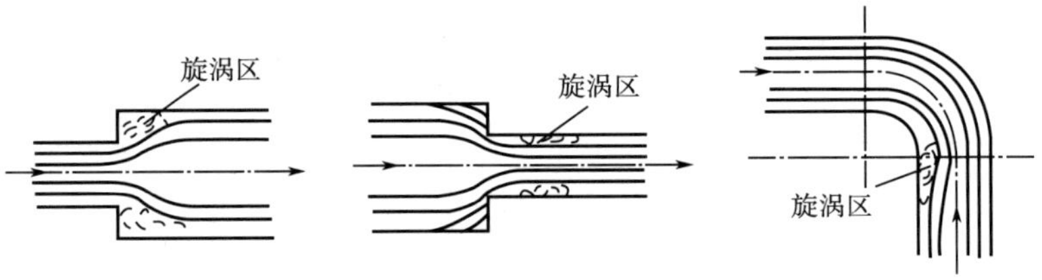

图 1－48　不同情况下的流动干扰

（1）当量长度法。当量长度法是将流体通过局部障碍时的局部阻力计算转化为直管阻力损失的计算方法。所谓当量长度是与某局部障碍具有相同能量损失的同直径直管长度，用 l_e表示，单位为 m，可按下式计算：

$$\sum h_f = \lambda \times \frac{l_e}{d} \times \frac{u^2}{2} \tag{1-32}$$

式中：u——管内流体的平均流速，m/s；

l_e——当量长度，m。

l_e数值由实验测定，在湍流情况下，某些管件与阀门的当量长度也可以从图 1－49 查得。

（2）阻力系数法。因流体流过管件、阀门时，λ 值变化不大，$\frac{l_e}{d}$ 又为定值，将 $\lambda \frac{l_e}{d}$ 合并，用 ξ 表示，称为阻力系数。

$$\sum h_f = \xi \frac{u^2}{2} \tag{1-33}$$

式中：ξ——局部阻力系数，无单位，其值由实验测定。

流体由容器进入管口，$\xi_{收} = 0.5$，流体由管口进入容器，$\xi_{扩} = 1$。

常用管件的阻力系数可在手册上查取。表 1－3 为常用管件及阀门的阻力系数。

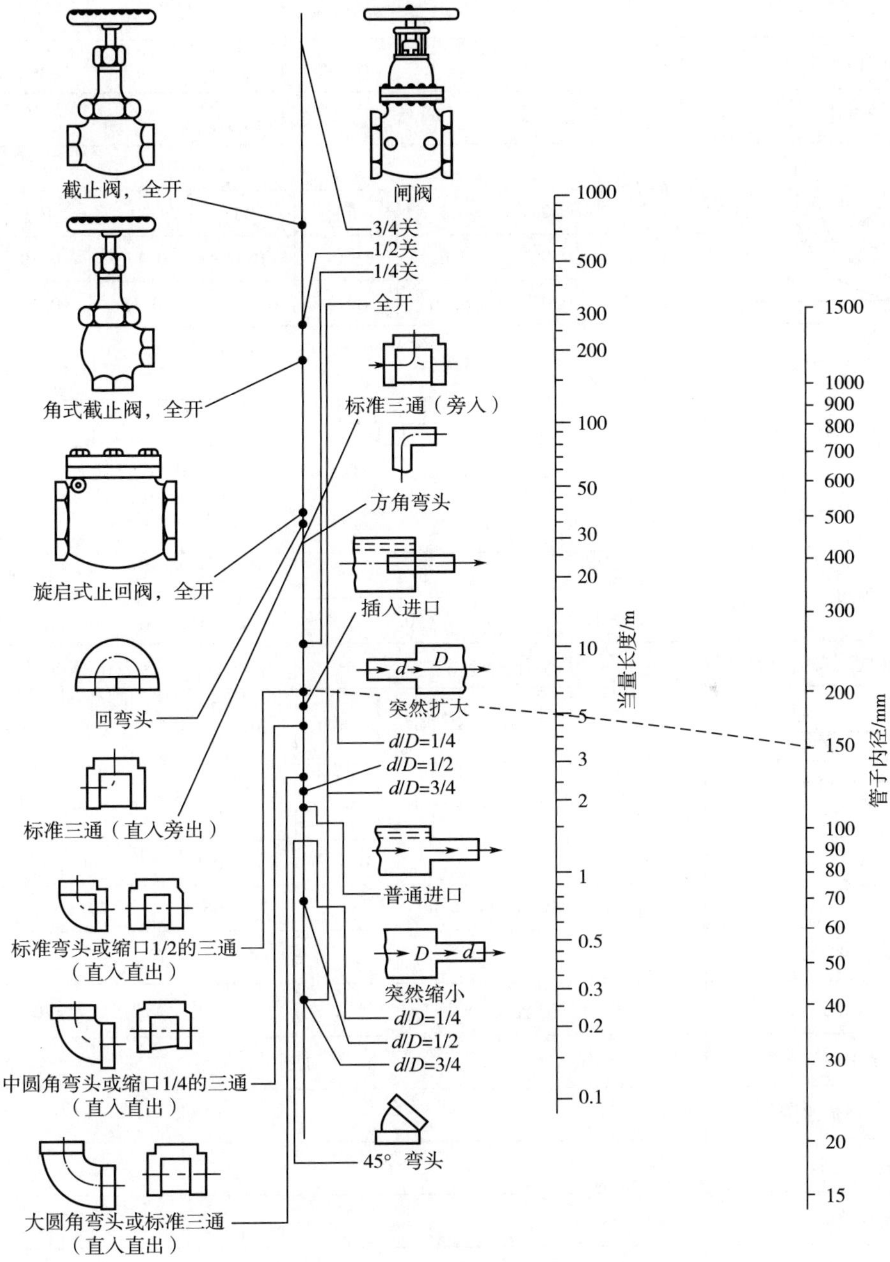

图 1－49　管件与阀件的当量长度共线图

表 1-3　　管件与阀门的阻力系数

管件和阀件名称	ξ 值	
标准弯头	45°，ξ=0.35	90°，ξ=0.75
90°方形弯头	1.3	
180°回弯头	1.5	
活管接	0.4	

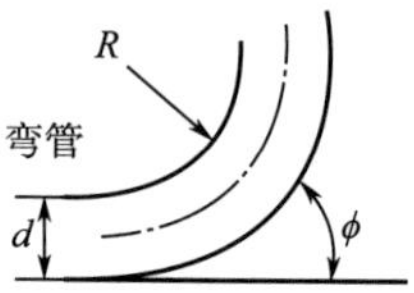

弯管 R/d	ϕ/° 30	45	60	75	90	105	120
1.5	0.08	0.01	0.14	0.16	0.175	0.19	0.20
2.0	0.07	0.10	0.12	0.14	0.15	0.16	0.17

标准三通管

ξ=0.4　ξ=1.5，当弯头用　ξ=1.3，当弯头用　ξ=1

闸阀	全开	3/4 开	1/2 开	1/4 开
	0.17	0.9	4.5	24

标准截止阀（球心阀）	全开 ξ=6.4	1/2 开 ξ=9.5

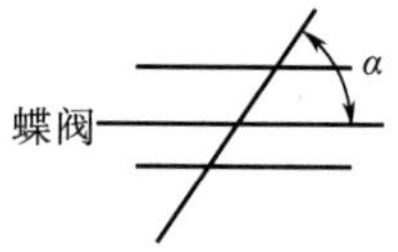

蝶阀 α	5°	10°	20°	30°	40°	45°	50°	60°	70°
ξ	0.24	0.52	1.54	3.91	10.8	18.7	30.6	118	751

旋塞 ϕ/°	5	10	20	40	60
ξ	0.05	0.29	1.66	17.3	206

管件和阀件名称	ξ 值	
角阀 90°	5	
单向阀（止逆阀）	摇板式 ξ=2	球形式 ξ=70
底阀	1.5	
滤水器（或滤水网）	2	
水表（盘形）	7	
设备进口	1	
设备出口	0.5	

3. 总阻力

管路系统的总阻力等于通过所有直管的阻力和所有局部阻力之和。

①当量长度法。当用当量长度法计算局部阻力时，其总阻力 Σh_f 的计算式为：

$$\sum h_f = \lambda \frac{l + \sum l_e}{d} \cdot \frac{u^2}{2} \qquad (1-34)$$

式中 Σl_e——管路全部管件与阀门等的当量长度之和，m。

②阻力系数法。当用阻力系数法计算局部阻力时，其总阻力计算式为：

$$\sum h_f = \left(\lambda \frac{l}{d} + \sum \xi\right)\frac{u^2}{2} \qquad (1-35)$$

式中 $\Sigma\xi$——管路全部的局部阻力系数之和。

应当注意，当管路由若干直径不同的管段组成时，管路的总能量损失应分段计算，然后再求和。

总阻力的表示方法除了以能量形式表示外，还可以用压头损失 h_f（1N 流体的流动阻力，m）及压力降 Δp（$1m^3$流体流动时的流动阻力，m）表示。它们之间的关系为：

$$\sum h_f = h_f g \qquad (1-36)$$

$$\Delta p = \rho \sum h_f = \rho h_f g \qquad (1-37)$$

【例 1-15】 20℃的水以 $16m^3/h$ 的流量流过某一管路，管子规格为 $\phi 57mm \times 3.5mm$。管路上装有 90°的标准弯头两个、闸阀（1/2 开）一个，直管段长度为 30m。试计算流体流经该管路的总阻力损失。

解：查得 20℃下水的密度为 998.2kg/m^3，黏度为 1.005×10^{-3}Pa · s。

管子内径为 $d = 57 - 2 \times 3.5 = 50$（mm）$= 0.05$（m），$l = 30m$

水在管内的流速为：

$$u = \frac{q_V}{A} = \frac{q_V}{\frac{\pi}{4}d^2} \approx \frac{\frac{16}{3600}}{0.785 \times 0.05^2} \approx 2.26(m/s)$$

流体在管内流动时的雷诺准数为：

$$R_e = \frac{du\rho}{\mu} = \frac{0.05 \times 2.26 \times 998.2}{1.005 \times 10^{-3}} \approx 1.12 \times 10^5$$

查表取管壁的绝对粗糙度 $\varepsilon = 0.2mm$，则 $\varepsilon/d = 0.2/50 = 0.004$，由 R_e 值及 ε/d 值查图得 $\lambda = 0.0285$。

（1）阻力系数法计算：

查表得：90°标准弯头，$\xi_1 = 0.75$；闸阀（1/2 开度），$\xi_2 = 4.5$。

$$\sum h_f = (\lambda \frac{l}{d} + \sum \xi)\frac{u^2}{2} = \left[0.0285 \times \frac{30}{0.05} + (0.75 \times 2 + 4.5)\right] \times \frac{2.26^2}{2}$$

$$\approx 59 \ (J/kg)$$

（2）当量长度法计算：

查表得：90°标准弯头，$l_{e1}/d = 30$；闸阀（1/2 开度），$l_{e2}/d = 200$。

$$\sum h_f = \lambda \frac{l + \Sigma l_e}{d}\frac{u^2}{2} = 0.0285 \times \frac{30 + (30 \times 2 + 200) \times 0.05}{0.05} \times \frac{2.26^2}{2}$$

$$\approx 62.6 \ (J/kg)$$

从以上计算可以看出，用两种局部阻力计算方法的计算结果差别不大，在工程计算中是允许的。

任务四　流体输送工艺参数及控制

一、流体输送工艺参数

（一）离心泵输送工艺参数

1. 离心泵的主要性能参数与特性曲线

图 1－50 为一种消防泵的铭牌（消防泵是一种多级离心泵），标注了该泵的主要性能参数，便于人们正确地选择和使用。离心泵的主要性能参数有流量、扬程、轴功率、效率等，是在效率最高的情况下测得的参数，离心泵性能间的关系通常用特性曲线来表示。

（1）离心泵的主要性能参数。

①流量 q_V。离心泵的流量是指离心泵在单位时间内输送到管路系统的液体体积，常用单位为 L/s 或 m^3/h。离心泵的流量与泵的结构、尺寸（主要指叶轮直径和宽度）及转速等有关。应予指出，离心泵总是和特定的管路相连接的，因此离心泵的实际流量还与管路特性有关。

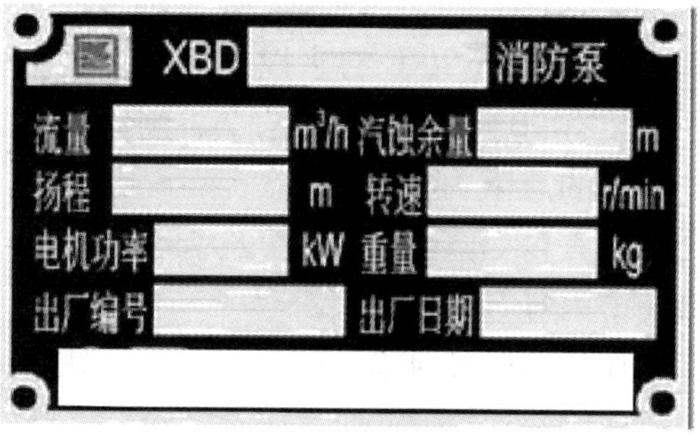

图 1－50　消防泵铭牌

②扬程 H。离心泵的扬程又称压头，它是指离心泵对单位重量（1N）的液体所能提供的有效机械能量，单位为 J/N 或 m（液柱），其大小取决于泵的形式、规格（叶轮直径、叶片的弯曲程度等）、转速、流量以及液体的黏度。对于一定的离心泵，在一定转速下，H 和 q_V 的关系目前尚不能从理论上做出精确的计算，一般均用实验的方法测定。

③效率 η。离心泵在输送液体的过程中，当外界能量通过叶轮传给液体时，不可避免地会有能量损失，即由原动机传递给泵轴的能量不能全部为液体所获得，致使泵的有效扬程和流量都比理论值低，通常可以用泵的效率 η 来反映设备能量损失的大小。

离心泵的能量损失主要包括以下几项：

a. 容积损失。容积损失是指泵的液体泄漏所造成的损失。离心泵可能发生泄漏的地方很多，例如密封环、平衡孔及密封压盖。这样一部分已获得能量的高压液体通过这些部位被泄漏，致使泵排送到管路系统的液体流量少于吸入量，并多消耗了部分能量。容积损失主要与泵的结构及液体在泵的进、出口处的压力差有关。

b. 机械损失。由泵轴与轴承之间、泵轴与填料函之间以及叶轮盖板外表面与液体之间产生摩擦而引起的能量损失称为机械损失。

c. 水力损失。黏性液体流经叶轮通道和蜗壳时产生的摩擦阻力，以及在泵的局部处因流速或方向改变引起的环流和冲击而产生的局部阻力，统称为水力损失。这种损失使出泵的有效扬程低于理论扬程。水力损失与泵的机构、流量及液体的性质有关。

④轴功率 N。离心泵的轴功率是指泵所需的功率。当泵直接由电动机带动时，它即是电动机带给泵轴的功率，单位为 J/s 或 W。离心泵的轴功率通常随设备的尺寸、流体的黏度、流量等的增大而增大，其值可用功率表等装置进行测量。

有效功率是指液体从叶轮获得的能量。由于存在以上三种能量损失，故轴功率必大于有效功率，即：

$$\eta = \frac{N_e}{N} \times 100\% \tag{1-38}$$

上式中的 N_e 为有效功率，指泵在单位时间内对液体所做的有用功，单位为 J/s 或 W。

离心泵的有效功率 N_e 与泵的流量 q_V 及扬程 H 之间的关系应满足下式：

$$N_e = q_V \rho g H \tag{1-39}$$

（2）离心泵的特性曲线。将实验测得的离心泵的流量 q_V 与扬程 H、轴功率 N 及效率 η 间的关系，通过用特定的坐标系绘成一组关系曲线，称为离心泵的特性曲线或工作性能曲线。此曲线通常由泵的制造厂提供并附于离心泵样本或说明书中，供用户选择和操作离心泵时参考。

离心泵的特性曲线由 $H-q_V$、$N-q_V$ 及 $\eta-q_V$ 3 条曲线所组成，如图 1－51 所示。

一种型号的离心泵的特性曲线与其转速有关，故一般测定的特性曲线上一定要标出泵的转速。

①$H-q_V$ 曲线。表示泵的扬程与流量间的关系。通常离心泵的扬程随流量的增大而下降。

②$N-q_V$ 曲线。表示泵的轴功率与流量间的关系。离心泵的轴功率随流量的增大而上升，流量为零时轴功率最小。所以，在离心泵启动前应先关闭泵的出口阀门，以减小启动电流，达到保护电机的目的。

③$\eta-q_V$ 曲线。表示泵的效率与流量间的关系。由图 1－51 可知，随着流量的不断增大，离心泵的效率将上升并达到一个最大值，此后流量再加大，离心泵的效率会下降。这说明在一定转速之下，离心泵存在一个最高效率点，通常称为设计点。离心泵在与最高效率点相对应的压头、流量下工作是最经济的。离心泵的铭牌上标明的参数指标就是该泵的最佳工况参数，即效率最高点对应的参数。在选用离心泵时，应使离心泵在该点附近工作，一般操作时效率应不低于最高效率的 92%。

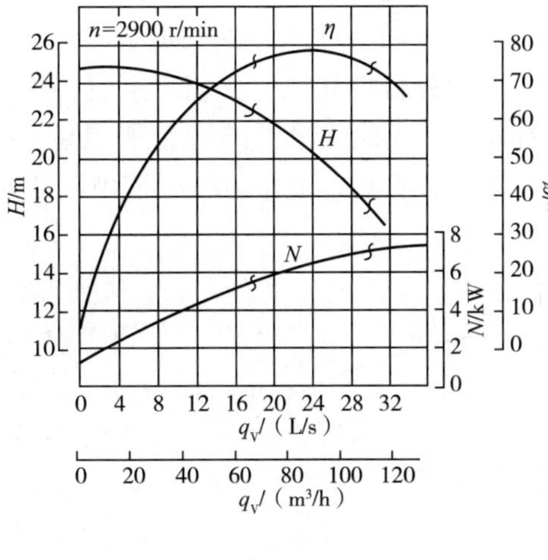

图 1－51　离心泵的特性曲线图

2. 影响离心泵性能的主要因素

液体性质对离心泵特性曲线的影响：

①密度的影响。离心泵的扬程、流量、效率均与液体的密度无关，所以离心泵特性曲线中的 $H-q_V$ 及 $\eta-q_V$ 曲线保持不变。但泵的轴功率与输送液体的密度有关，随液体密度的增大而增大。因此，当被输送液体的密度与水不同时，原离心泵特性曲线中的 $N-q_V$ 曲线不再适用，此时泵的轴功率重新计算。

②黏度的影响。若被输送液体的黏度大于常温下清水的黏度，则泵体内部液体的能量损失增大，因此泵的扬程、流量都要减小，效率下降，而轴功率增大，亦即泵的特性曲线发生改变，对小型泵的影响尤为显著。

③转速对离心泵特性的影响。离心泵的特性曲线都是在一定转速下测定的，但在实际使用时常遇到要改变转速的情况，此时泵的扬程、流量、效率和轴功率也随之改变。当液体的黏度与实验流体的黏度相差不大，且泵的机械效率可视为不变时，不同转速下泵的流量、扬程、轴功率与转速的近似关系为：

$$\frac{q_{V1}}{q_{V2}}=\frac{n_1}{n_2} \quad \frac{H_1}{H_2}=\left(\frac{n_1}{n_2}\right)^2 \quad \frac{N_1}{N_2}=\left(\frac{n_1}{n_2}\right)^3 \tag{1-40}$$

式中：q_{V1}、H_1、N_1——转速为 n_1时，泵的流量、扬程、轴功率；

q_{V2}、H_2、N_2——转速为 n_2时，泵的流量、扬程、轴功率。

式（1－40）称为离心泵的比例定律。当泵的转速变化在 ±20%、泵的机械效率可视为不变时，用上式进行计算的误差不大。

④叶轮直径对离心泵性能的影响。当泵的转速一定时，其扬程、流量、轴功率与叶轮直径有关。对某一型号的离心泵，将其原叶轮的外周进行切削，该过程称为叶轮的“切割”。如果叶轮车削前后外径的变化不超过5%且出口处的宽度基本不变，则叶轮直径和泵的流量、扬程、轴功率之间的近似关系为：

$$\frac{q_{V1}}{q_{V2}}=\frac{D_1}{D_2} \quad \frac{H_1}{H_2}=\left(\frac{D_1}{D_2}\right)^2 \quad \frac{N_1}{N_2}=\left(\frac{D_1}{D_2}\right)^3 \tag{1-41}$$

式中：q_{V1}、H_1、N_1——叶轮直径为 D_1时泵的流量、扬程、轴功率；

q_{V2}、H_2、N_2——叶轮直径为 D_2时泵的流量、扬程、轴功率。

式（1－41）称为离心泵的切割定律。为方便用户的使用，通常离心泵的生产厂家以原叶轮为基准，按规范对叶轮分别进行 1～2 次切割，用 A 或 B 表示切割序号，以供用户选购。

3. 离心泵的工作点与流量调节。

（1）管路特性曲线。安装于某管路中的一个固定转速的离心泵，其输液量应为管路中流体的流量，在此流量下离心泵所提供的压头应正好是液体在管道中流动所需要的压头。因此，离心泵的实际工作情况应该由离心泵的特性曲线和管路本身的特性共同决定。

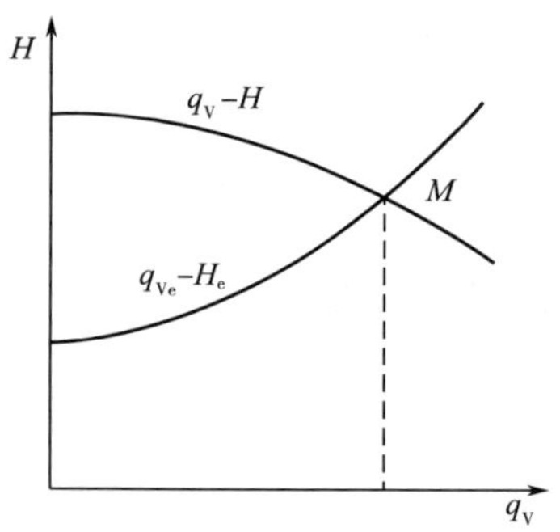

图 1－52　离心泵工作点的确定

如图 1－52 所示，下面一支为 $q_{Ve}-H_e$曲线。这条曲线称为管路特性曲线，表示在特定的管路系统中，于固定操作条件下，流体流经该管路时所需要的压头与流量的关系。此线的形状由管路布局与操作条件来确定，而与泵的性能无关。

（2）离心泵的工作点。离心泵安装于某一特定的管路之内，提供液体在管路中流动所必需的压头。如果把离心泵的特性曲线 q_V-H 与其所在管路的特性曲线 $q_{Ve}-H_e$绘于同一坐标图上，如图 1－52所示。两线交点 M 称为泵在该管路上的工作点。该点所对应的流量和压头既能满足管路系统的要求，又为离心泵所能提供，即 $q_V=q_{Ve}$，$H=H_e$。换言之，对所选定的离心泵，以一定转速在此特定管路系统运转时，只能在这一点工作，即一定的管路和一定的泵配合，有且只有一个工作点。

（3）离心泵流量调节。

①改变阀门开度。主要是改变泵出口阀门的开度，如图 1－53 所示。因为即使吸入管路上有阀门，也不能进行调节，在工作中，吸入管路上的阀门应保持全开，否则易引起汽蚀现象。由于用阀门调节简单方便，因此工业生产中主要采用此方法调节流量。

例如，当流量 q_{VM}减小到 q_{VA}，可采用减小阀门而达到。因为当阀门关小，管路局部阻力加大，管路特性曲线变陡，如图 1－53 所示，工作点由 M 点移到 A 点，流量由 q_{VM}减小到 q_{VA}。反之，如果要求流量由 q_{VM}增加到 q_{VB}时，也可以使阀门开大，以减小管路的局部阻力而达到。

②改变叶轮的转速。当叶轮的转速改变时，离心泵的性能也会跟着改变，工作点也随之改变。如图 1－54 所示，泵的转速由 n 减到 n_2，则泵的性能曲线将下移，此时泵的工作点由 M 点改为 M_2点，流量则由 q_{VM}减小到 q_{VM2}。反之，如果要求流量增大到 q_{VM1}，也可以使泵的转速增大到 n_1而达到。由于改变转速需要变速装置，使设备投入增加，故生产中很少采用。

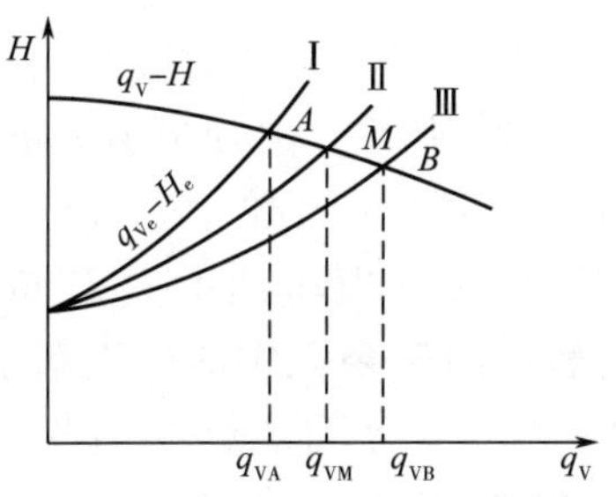

图 1－53　阀门开度对工作点的影响

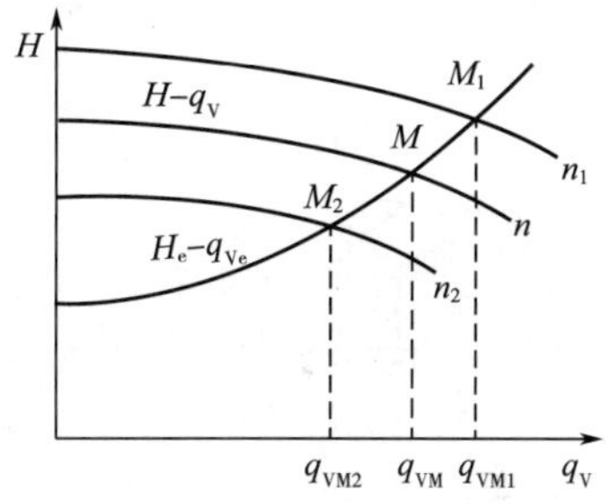

图 1－54　改变叶轮转速对工作点的影响

③改变叶轮的直径。通过车削的办法改变叶轮的直径来改变泵的性能，从而达到改变工作点的目的。由于车削叶轮不方便，需要车床，而且一旦车削便不能复原，因此工业上很少采用。

4. 离心泵的并联和串联操作

在实际生产过程中，当单台离心泵不能满足输送任务要求时，可采用离心泵的并联或串联操作。

（1）离心泵的并联操作。将两台型号相同的离心泵并联操作，如图 1－55 所示，且各自的吸入管路相同，则两泵的流量和扬程必各自相同，即具有相同的管路特性曲线和单台泵的特性曲线。在同一扬程下，两台并联泵的流量等于单台泵的两倍。但由于流量增大使管路的流动阻力增加，因此两台泵并联后的总流量必低于原单台泵流量的两倍。

（2）离心泵的串联操作。将两台型号相同的泵串联操作，如图 1－56 所示，则每台泵的扬程和流量也是各自相同的，因此在同一流量下，两台串联泵的扬程为单台泵的两倍。同样扬程增大使管路的流动阻力增加，两台泵串联操作的总扬程必低于单台泵扬程的两倍。

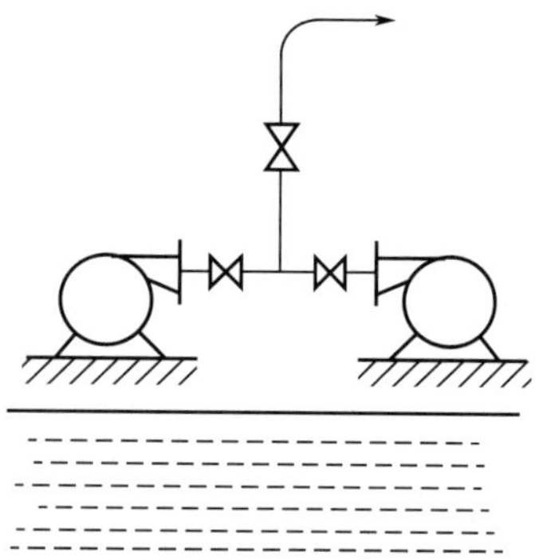

图 1－55　离心泵的并联操作

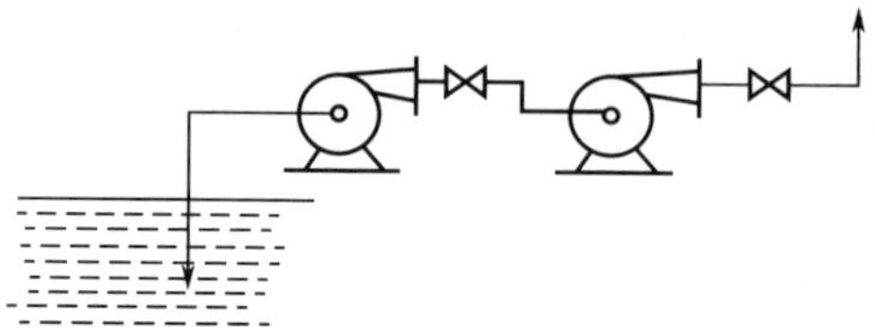

图 1－56　离心泵的串联操作

5. 离心泵的工作原理

（1）离心泵的工作原理。离心泵的装置简图如图 1－57 所示，它的基本部件是旋转的叶轮和固定的泵壳。具有若干弯曲叶片的叶轮安装在泵壳内并紧固于泵轴上，泵轴可由电动机带动旋转。泵壳中央的吸入口和吸入管路相连，在吸入管路底部装有底阀。泵壳旁侧的排出口与排出管路相连接，其上装有调节阀。

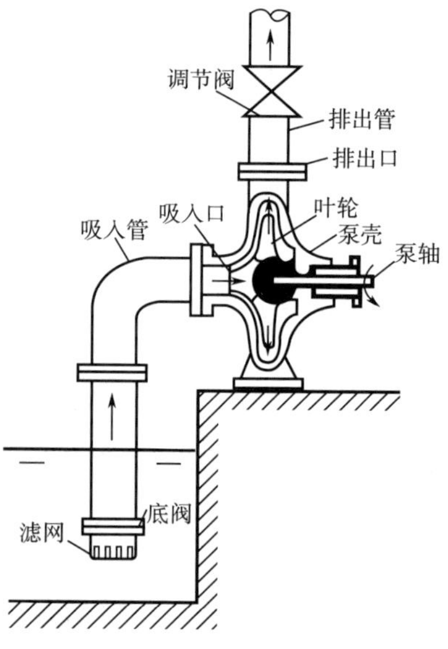

图 1－57　离心泵的装置简图

离心泵在启动前需向壳内灌满被输送的液体，启动后泵轴带动叶轮一起旋转，迫使叶片内的液体旋转，液体在离心力的作用下从叶轮中心被抛向外缘并获得了能量，流速增大，一般可达 15～25m/s。液体离开叶轮进入泵壳后，由于泵壳中流道逐渐加宽而使液体的流速逐渐降低，部分动能转变为静压能。于是，具有较高压强的液体从泵的排出口进入排出管路，输送至所需的场所，即离心泵排液过程。

当泵内液体从叶轮中心被抛向外缘时，在泵中心处形成了低压区。由于储槽液面上方的压强大于泵吸入口处的压强，致使液体被吸进叶轮中心处，即离心泵吸液过程。因此，只要叶轮不断地转动，液体便不断地被吸入和排出。由此可见，离心泵之所以能输送液体，主要是依靠高速旋转的叶轮。液体在离心力的作用下获得了能量以提高压强。

（2）离心泵的主要部件。离心泵由两个主要部分构成：一是包括叶轮和泵轴的旋转部件；二是由泵壳、填料函和轴承组成的静止部件，但其中最主要的部件是叶轮和泵壳，下面分别简述其结构和作用。

①叶轮。叶轮是离心泵的关键部件，因为液体从叶轮获得了能量，或者说叶轮的作用是将原动机的机械能传给液体，使通过离心泵的液体静压能和动能均有所提高。

叶轮通常由 6～12 片后弯形叶片组成。按其机械结构可分为闭式、半闭式和敞开式 3 种，如图 1－58 所示。叶片两侧带有前、后盖板的称为闭式叶轮，它适用于输送清洁液体，一般离心泵多采用这种叶轮。没有前、后盖板，仅由叶片和轮毂组成的称为敞开式叶轮。只有后盖板的称为半闭式叶轮。敞开式和半闭式叶轮由于流道不易堵塞，适用于输送含有固体颗粒的液体悬浮液。但是由于没有盖板，液体在叶片间流动时易产生倒流，故这类泵的效率较低。

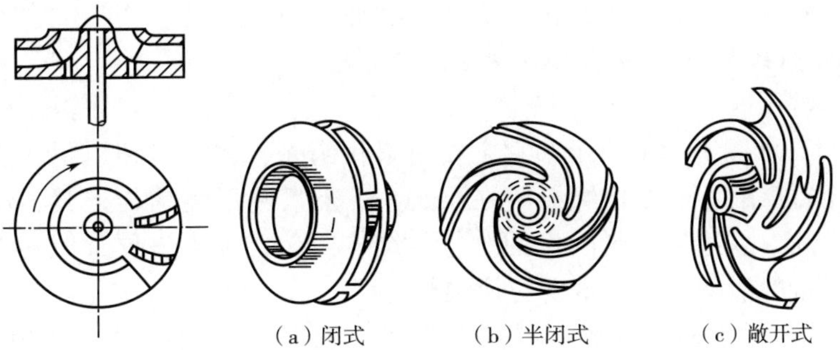

图1-58　叶轮

闭式和半闭式叶轮在工作时，离开叶轮的一部分高压液体可漏入叶轮和泵壳之间的空隙处，因叶轮前侧液体吸入口处为低压，故液体作用于叶轮前、后两侧的压力不等，便产生了指向叶轮吸入口侧的轴向推力。该力使叶轮向吸入口侧窜动，引起叶轮和泵壳接触处的磨损，严重时造成泵的振动，破坏泵的正常工作。为了平衡轴向推力，最简单的方法是在叶轮后盖板上钻一些小孔。这些小孔称为平衡孔，它的作用是使后盖板与泵壳之间空隙中的一部分高压液体漏到前侧的低压区，以减少叶轮两侧的压力差，从而平衡了部分轴向推力，但同时也会降低泵的效率。

叶轮按其吸液方式的不同还可以分为单吸式和双吸式两种，如图1-59所示。单吸式叶轮的结构简单，液体只能从叶轮一侧被吸入。双吸式叶轮可同时从叶轮两侧对称地吸入液体。显然，双吸式叶轮不仅有较大的吸液能力，而且可基本上消除轴向推力。

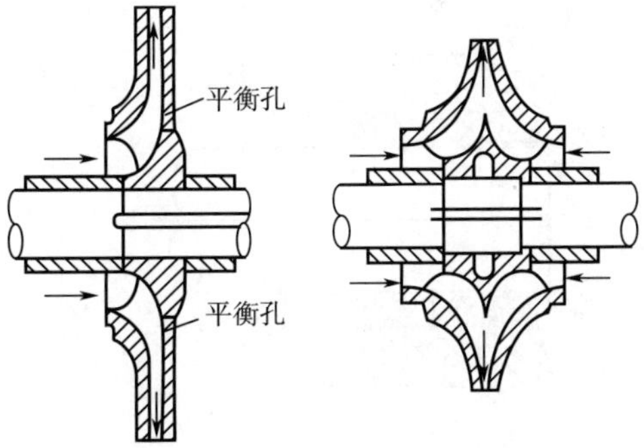

图1-59　吸液方式

②泵壳。离心泵的泵壳通常制成蜗牛形，故又称为蜗壳，如图1-60所示。壳内有一个界面逐渐扩大的流道，壳内的叶轮旋转方向与蜗壳内流道逐渐扩大的方向相一致。液体从叶轮外周高速流出，沿泵壳内通道流动，最终排出泵体。液体越接近出口，流道截面积越大，流速将越降低，因此减少了流动能量的损失，且使部分动能转换为静压能，所以泵壳既是一个汇集由叶轮流出的液体的部件，又是一个转能装置。

为了减少液体直接进入泵壳内引起的能量损失，在叶轮与泵壳之间有时还装有一个固定不动而且带有叶片的导轮，如图1-60所示。由于导轮有若干逐渐转向和扩大的流道，使部分动能可转换为静压能，且可减少能量损失。

离心泵结构上采用了具有后弯叶片的叶轮，蜗壳形的泵壳及导轮均有利于动能转换为静压能及可以减少流动的能量损失。

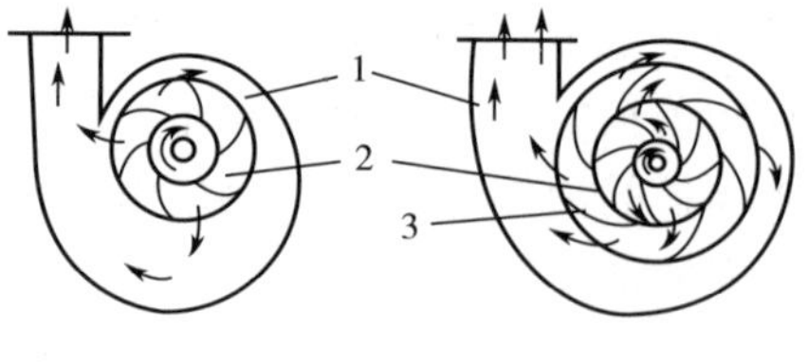

图1-60 泵壳与导轮
1—泵壳 2—叶轮 3—导轮

③轴封装置。泵轴转动而泵壳固定不动，轴穿过泵壳处必定会有间隙。为了防止泵内高压液体沿间隙漏出，或外界空气反向漏入泵内，必须设置轴封装置。常用的轴封装置主要有填料密封和机械密封。

a. 填料密封。如图1-61所示，它主要由填料函壳、软填料和填料压盖组成。软填料可选用浸油及涂石墨的方形石棉绳缠绕在泵轴上，然后将压盖均匀上紧，使填料紧压在填料函壳和转轴之间，以达到密封的目的。它的结构简单，加工方便，但功率损耗较大，且沿轴仍会有一定量的泄漏，需要定期更换维修。

b. 机械密封。对于输送易燃、易爆或有毒、有腐蚀性液体时，轴封要求比较严格，一般采用机械密封装置，如图1-62所示。机械密封装置主要由装在泵轴上的随之转动的动环和固定在泵壳上的静环组成，两个环的环形端面由弹簧的弹力使之贴紧在一起，起到密封的作用，因此机械密封又称为端面密封。动环一般用硬质金属材料制成，静环则用浸渍石墨或酚醛塑料等制成。机械密封装置正常工作时，两个环端面发生相对运动但保持贴紧，环面间由输送液体形成一个包膜，既可改善密封作用，又可达到润滑的目的。

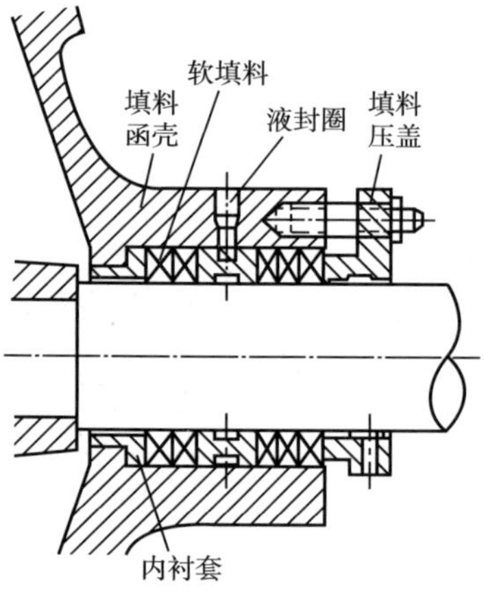

图1-61 填料密封

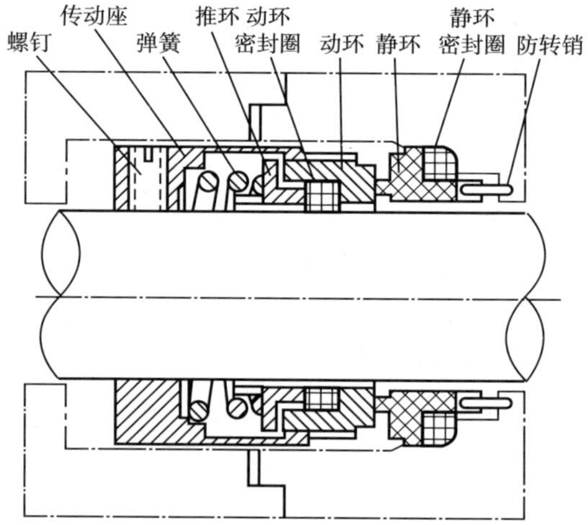

图1-62 机械密封

与填料密封相比较，机械密封密封性能好，结构紧凑，使用寿命长，功率消耗少，现已较广泛应用于各种离心泵当中，但其加工精度要求较高，安装技术要求严格，价格较高，维修也较麻烦。

6. 离心泵的安装

（1）离心泵的不正常现象。

①气缚。离心泵启动时，若泵内存有空气，由于空气的密度很低，旋转后产生的离心

力小，因而叶轮中心处所形成的低压不足以将储槽内的液体吸入泵内，虽启动离心泵也不能输送液体，这种现象称为气缚，表示离心泵无自吸能力，所以启动前必须向壳体内灌满液体，即“灌泵排气”。若泵的位置低于槽内液面，则启动时就无须灌泵。离心泵装置中吸入管路的底阀是单向底阀，可以防止启动前所灌入的液体从泵内流出，滤网可以阻拦液体中的固体物质被吸入而堵塞管道和泵壳。

②汽蚀。从离心泵的工作原理可知，在离心泵的叶轮中心（叶片入口）附近形成低压区，但是吸入口的低压是有限制的，当减小到等于或小于输送温度下液体的饱和蒸气压时，根据沸腾原理，液体将在泵的吸入口附近沸腾汽化并产生大量的气泡；这些气泡随同液体从泵低压区流向高压区后，在高压作用下迅速凝结或破裂，此时周围的液体以极高的速度冲向原气泡所占据的空间，在冲击点处产生几万千帕的压力，冲击频率可高达几万至几十万赫兹；由于冲击作用使泵壳振动并产生噪声，且叶轮局部处在巨大冲击力的反复作用下，使材料表面疲劳，从开始的点蚀到生成裂缝，最终形成海绵状物质剥落，使叶轮或泵壳受到破坏。这种现象称为离心泵的“汽蚀现象”。

汽蚀有以下危害：

a. 离心泵的性能下降，流量、压头和效率均降低。

b. 产生噪声和振动，影响离心泵的正常运行和工作环境。

c. 泵壳和叶轮的材料遭受损坏，降低了泵的使用寿命。

(2) 离心泵的安装高度（又称为吸上高度）。由以上分析可知，发生汽蚀的原因是泵叶片入口附近液体静压力低于某一值所致，而造成该处压力过低的因素为：输送温度下液体的饱和蒸气压、储槽到离心泵入口的管路阻力、离心泵的安装高度。为了使离心泵能正常运转，避免汽蚀现象的发生，这就要求泵入口附近的最低压力必须维持在某一值以上，通常取输送温度下液体的饱和蒸气压作为最低压力。根据泵的抗汽蚀性能，合理地确定泵的安装高度，是防止发生汽蚀现象的有效措施。

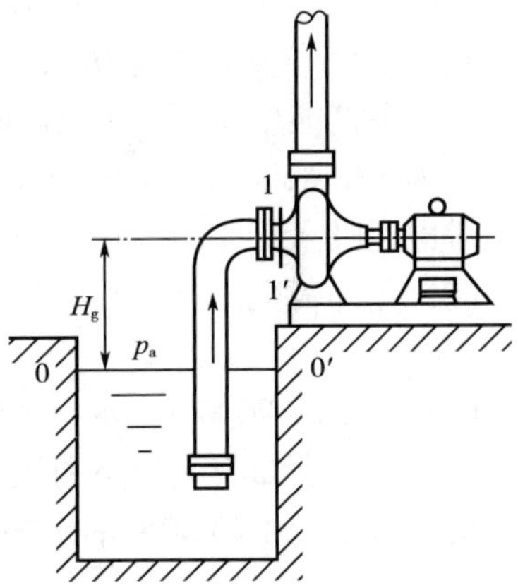

图 1-63　离心泵的吸上高度

离心泵的安装高度指储槽液面至泵吸入口中心处的垂直距离，以 H_g 表示，如图 1-63 所示。

离心泵的安装高度由伯努利方程式得出：

$$H_g = \frac{p_a - p_1}{\rho g} - \frac{u_1^2}{2g} - h_{f,0-1} \tag{1-42}$$

式中：p_a——槽面压力，Pa；

p_1——泵入口处的压力，Pa；

u_1——泵入口处液体的流速，m/s；

$h_{f,0-1}$——液体在吸入管路的压头损失，m。

若储槽上方与大气相通，则 p_a 即为大气压 p_0，式（1-42）可表示为：

$$H_g = \frac{p_0 - p_1}{\rho g} - \frac{u_1^2}{2g} - h_{f,0-1} \tag{1-43}$$

由上式可知，当槽面大气压力为 101.3kPa、输送的液体为水时，离心泵的极限吸上高度约为10.33m。由此可见，离心泵的吸上高度必须控制在一定的范围内。此高度有个极限值，称为允许吸上高度（允许安装高度），即指离心泵在保证不发生汽蚀的前提下，泵的入口和吸入槽面间允许达到的最大垂直高度。

为了便于确定离心泵的允许安装高度，在国产离心泵的新标准中，规定采用允许汽蚀余量来表示泵的抗汽蚀性能，以Δh（或NPSH）表示，单位为m，其值由生产厂家在槽面压力为98.06kPa（10mH_2O）的条件下用20℃的清水实验测定出，常列在离心泵的性能表中。

允许汽蚀余量Δh是指离心泵在保证不发生汽蚀现象的前提下，离心泵入口处的静压头与动压头之和与操作温度下的饱和蒸气压头之差的最小值，即：

$$\Delta h = \frac{p_1}{\rho g} + \frac{u_1^{\ 2}}{2g} - \frac{p_s}{\rho g} \tag{1-44}$$

式中：p_1——离心泵入口处所允许的最小压力，Pa；

p_s——操作温度下液体饱和蒸气压，Pa。

式（1-44）即为汽蚀余量的定义式。

若将式（1-44）代入式（1-43）并整理，即可得离心泵允许吸上最大高度$H_{g,max}$的计算关系式为：

$$H_{g,max} = \frac{p_0 - p_s}{\rho g} - \Delta h - h_{f,0-1} \tag{1-45}$$

根据泵性能表上所列输送流量条件下的允许汽蚀余量Δh，应用式（1-45）即可计算出离心泵的允许吸上高度$H_{g,max}$。

由于泵性能中所列出的Δh值是以20℃的清水为实验流体测定出来的，所以，当输送其他液体时应乘以校正系数予以校正。

考虑到吸入管路的锈蚀、气候的变化等因素，为安全起见，离心泵的实际吸上高度H_g通常应比允许吸上高度低（0.5~1）m，即：

$$H_g = H_{g,max} - (0.5 \sim 1.0) \tag{1-46}$$

【例1-16】 型号为IS80-65-125的离心泵，转速为2900r/min，流量为50~60m^3/h，扬程为50m。已知吸入管路的压头损失为2mH_2O，当地的大气压为100kPa。试计算：用此泵将敞口蓄水池中的50℃的水输送出去，泵的安装高度为多少？

解：

$$H_{g,max} = \frac{p_0 - p_s}{\rho g} - \Delta h - h_{f,0-1}$$

查得50℃的水的饱和蒸气压$p_s = 1.231 \times 10^4$Pa，密度为$\rho = 998.1 kg/m^3$，在$q_V = 60m^3/h$时，IS80-65-125的汽蚀余量为3.5m。

式中：$p_0 = 100kPa = 100 \times 10^3 Pa$，$\Delta h = 3.5m$，$h_{f,0-1} = 2m$

$$H_{g,max} = \frac{100 \times 10^3 - 1.231 \times 10^4}{998.1 \times 9.807} - 3.5 - 2$$

$$\approx 3.46\ (m)$$

$$H_g = H_{g,max} - 0.5 = 3.46 - 0.5 = 2.96\ (m)$$

7. 离心泵选型步骤

一般按下述步骤进行：

（1）确定输送系统的流量与压头。液体的输送量一般为生产任务所规定，如果流量在一定范围内波动，选泵时应按最大流量考虑。根据输送系统管路的安排，用伯努利方程式计算在最大流量下管路所需的压头。

(2) 选择离心泵的类型与型号。根据输送液体的性质和操作条件确定泵的类型，然后根据生产任务所规定的流量 q_V 和设计管路所要求的压头 H 从产品样本或产品目录中选择合适的型号。显然，选出的泵所能提供的流量和压头不一定与管路所要求的流量 q_{Ve} 和压头 H_e 完全相符，且考虑到操作条件的变化和备有一定的余量，所选泵的流量和压头可稍大一点，但在该条件下对应泵的效率应比较高，即点（q_{Ve}、H_e）位置应靠在泵的高效率范围所对应的 $H-q_V$ 曲线下方。

(3) 核算泵的轴功率。若输送液体的密度大于水的密度时，应核算泵的轴功率。

（二）往复泵输送工艺参数

1. 往复泵的特性

①流量。往复泵的流量只与泵的几何尺寸和活塞的往复次数有关，而与泵的扬程及管路情况无关，即无论在什么扬程下工作，只要往复一次，泵就排出一定体积的液体，所以往复泵是一种典型的容积式泵。

往复泵的理论流量可按下式计算：

单动泵
$$q_{VT} = ASn_r \tag{1-47}$$

双动泵
$$q_{VT} = (2A-a)Sn_r \tag{1-48}$$

式中：q_{VT}——往复泵的理论流量，m^3/s；

A——活塞的截面积，m^2；

S——活塞的冲程，m；

n_r——活塞每秒钟往复次数，1/s；

a——活塞杆的截面积，m^2。

实际上，由于活塞衬填不严，吸入阀和排出阀启闭不及时，并随着扬程的增高，液体漏损量加大等原因，往复泵的实际流量低于理论流量。

②扬程。往复泵的扬程与泵的几何尺寸无关，只要泵的机械强度及原动机的功率允许，输送系统要求多高的扬程，往复泵就可提供多大的扬程，如图 1-64 所示。实际上，由于活塞环、轴封、吸入和排出阀等处的泄漏，降低了往复泵可能达到的扬程。

③吸上真空度。往复泵的吸上真空度亦随泵安装地区的大气压强、输送液体的性质和温度而变，所以往复泵的吸上高度也有一定的限制。但是，往复泵内的低压是靠工作室的扩张来造成的，所以在开动之前，泵内无须充满液体，即往复泵有自吸作用。

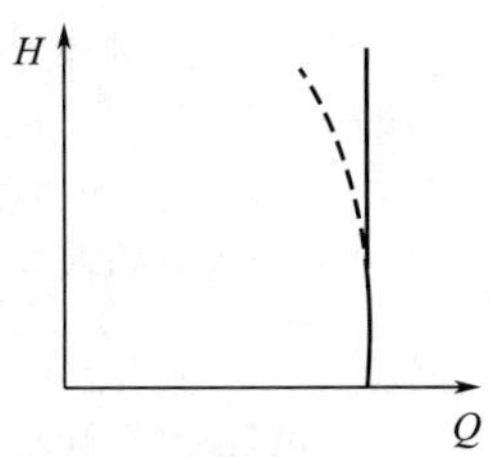

图 1-64　往复泵的特性曲线

2. 往复泵流量调节

往复泵及其他正位移泵均不能像离心泵那样简单地用排出管路上的阀门来调节流量，这是因为往复泵的流量与管路特性无关，若把泵的出口阀完全关闭而继续运转，则泵内压强会急剧升高，造成泵壳、管路和电动机的损坏。因此正位移泵启动时不能把出口阀关闭，也不能用出口阀调节流量，一般采用回路调节装置。

往复泵通常用旁路阀调节流量，其调节示意图如图 1-65 所示。泵启动后液体经吸入管路进入泵内，经排出阀排出，并有部分液体经旁路阀返回吸入管内，从而改变了主管路中的液体流量，可见旁路调节并没有改变往复泵的总流量。这种调节方法简便可行，但不经济，一般适用于流量变化较小的经常性调节。

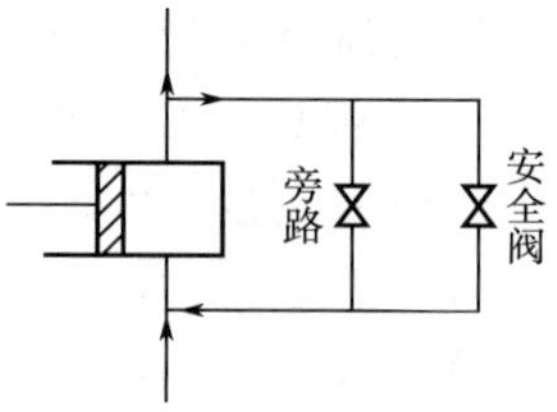

图 1－65　往复泵的旁路调节系统

二、流体输送检测仪表

化工生产正常运行必须对流体输送过程的工艺参数进行检测。流体输送过程常见的工艺参数有压力、液位、流量。下面介绍液位、流量检测仪表。

（一）液位检测及仪表

液位计是用来观察设备内部液位变化的一种装置，为设备操作提供部分依据。一般用于两种目的：一是通过测量液位来确定容器中物料的量，以保证生产过程中各环节必须定量的物料；二是通过液位测量来反映连续生产过程是否正常，以便可靠地控制过程的进行。

1. 液位检测仪表的分类

液位检测仪表的种类很多，大体上可分成接触式和非接触式两大类。表 1－4 给出了常见的各类液位检测仪表的工作原理、主要特点和应用场合。

表 1－4　液位检测仪表的分类

<table>
<tr><th colspan="4">液位检测仪表的种类</th><th>检测原理</th><th>主要特点</th><th>用途</th></tr>
<tr><td rowspan="11">接触式</td><td rowspan="2">直读式</td><td colspan="2">玻璃管液位计</td><td rowspan="2">连通器原理</td><td rowspan="2">结构简单，价格低廉，显示直观，但玻璃易损，读数不十分准确</td><td rowspan="2">现场就地指示</td></tr>
<tr><td colspan="2">玻璃板液位计</td></tr>
<tr><td rowspan="3">差压式</td><td colspan="2">压力式液位计</td><td rowspan="3">利用液柱对某定点产生压力的原理而工作</td><td rowspan="3">能远传</td><td rowspan="3">可用于敞口或密闭容器中，工业上多用差压变送器</td></tr>
<tr><td colspan="2">吹气式液位计</td></tr>
<tr><td colspan="2">差压式液位计</td></tr>
<tr><td rowspan="3">浮力式</td><td rowspan="2">恒浮方式</td><td>浮标式</td><td rowspan="2">基于浮于液面上的物体随液位的高低而产生的位移来工作</td><td rowspan="2">结构简单，价格低廉</td><td rowspan="2">测量储罐的液位</td></tr>
<tr><td>浮球式</td></tr>
<tr><td>变浮力式</td><td>沉筒式</td><td>基于沉浸在液体中的沉筒的浮力随液位变化而变化的原理工作</td><td>可连续测量敞口或密闭容器中的液位、界位</td><td>需远传显示、控制的场合</td></tr>
<tr><td rowspan="3">电气式</td><td colspan="2">电阻式液位计</td><td rowspan="3">通过将液位的变化转换成电阻、电容、电感等电量的变化来实现液位的测量</td><td rowspan="3">仪表轻巧，滞后小，能远距离传送，但线路复杂，成本较高</td><td rowspan="3">用于高压腐蚀性介质的液位测量</td></tr>
<tr><td colspan="2">电容式液位计</td></tr>
<tr><td colspan="2">电感式液位计</td></tr>
<tr><td>非接触式</td><td colspan="3">核辐射式液位仪表</td><td>利用核辐射透过物料时，其强度随物质层的厚度而变化的原理工作</td><td>能测各种液位，但成本高，使用和维护不便</td><td>用于腐蚀性介质的液位测量</td></tr>
</table>

续表

液位检测仪表的种类		检测原理	主要特点	用途
非接触式	超声波式液位仪表	利用超声波在气、液、固体中的衰减程度、穿透能力和辐射声阻抗各不相同的性质工作	准确性高，惯性小，但成本高，使用和维护不便	用于对测量精度要求高的场合
	光学式液位仪表	利用液位对光波的折射和反射原理工作	准确性高，惯性小，但成本高，使用和维护不便	用于对测量精度要求高的场合

2. 常用液位计

常用的液位计，按结构形式一般可分为玻璃管液位计、玻璃板液位计、浮标液位计、浮子液位计、磁性浮子液位计、防霜液位计。最常用的形式是玻璃管液位计和玻璃板液位计，前者用在常、低压设备，后者用在中压和高压设备，浮标液位计是使用较早的一种液面测量装置，而磁性浮子液位计是较新型的。

（1）玻璃管液位计。玻璃管液位计是一种直读式液位测量仪表　如图 1－66 所示，仪表的两端各装有一个针形阀，将液位计与容器隔开，以便进行清洗检修，更换零件。在针形阀里，装有一个 10mm 的钢球，当玻璃管发生意外事故而破裂时，钢球在设备内压的作用下，自动封闭，以防止容器内部介质继续外流。在上下阀体两端，分别装有放气塞与流液塞，根据工艺操作条件或严寒地区的需要，还可装设伴热（或冷却）管。常用的玻璃管为 DNl5 ~40mm，大于 DN25mm 的应用较少。

液位计玻璃管不得任意增长。一般用于蒸气介质时，不应大于 505mm；应用于非蒸气介质可达 1200mm。

（2）玻璃板液位计。玻璃板液位计一般有两种形式：反射式与透光式。

①反射式玻璃板液位计［图 1－67（a）、（b）］。玻璃板与液面接触的一面刻有几道棱形槽，光线通过液面以上的玻璃板时，由于在棱柱进行全

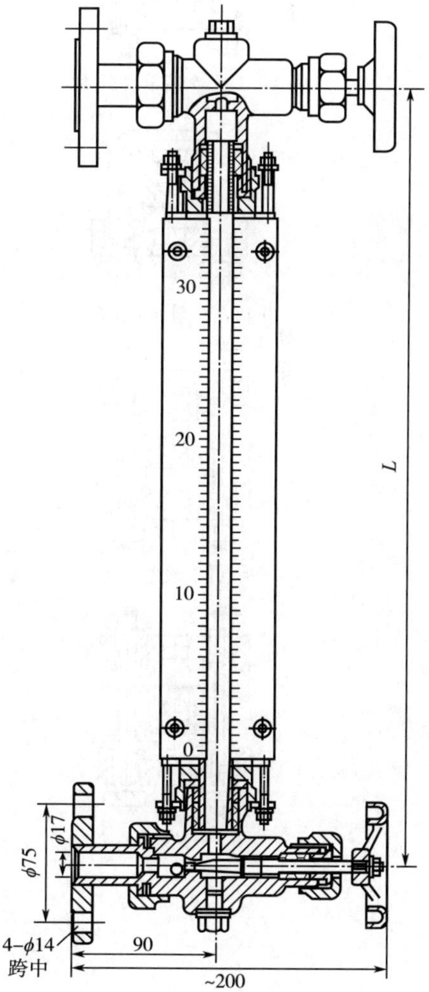

图 1－66　玻璃管液位计

反射，使气体部分呈银白色。而在液面以下，由于液体与玻璃的折射不同，光线穿过棱柱进入液体而被吸收，使液体部分呈黑色。由于这个原因使气体与液体之间有明显清晰的界面，反射式液位计适用于稍有色泽的液体介质，而且环境光线较好的场合。

②透光式玻璃板液位计［图1－67（c）、（d）］。也称双平板式玻璃板液位计，适用于无色透明液体，而且要求具有较好的观察位置及光线较好的场合。在光线较差时工作，可在背后加照明装置。根据工艺条件和严寒地区的要求，由于介质与环境温差过大，造成液体介质的黏度增大而不能及时正确反映真实液面情况时，反射式和透光式都可做成带有加热或冷却装置的形式（夹套型），图1－67（b）、（d）所示为矩形管式加热或冷却装置。反射式与透光式板式液位计的结构强度好，但制造较麻烦，应用于中高压或要求较严酷的场合。

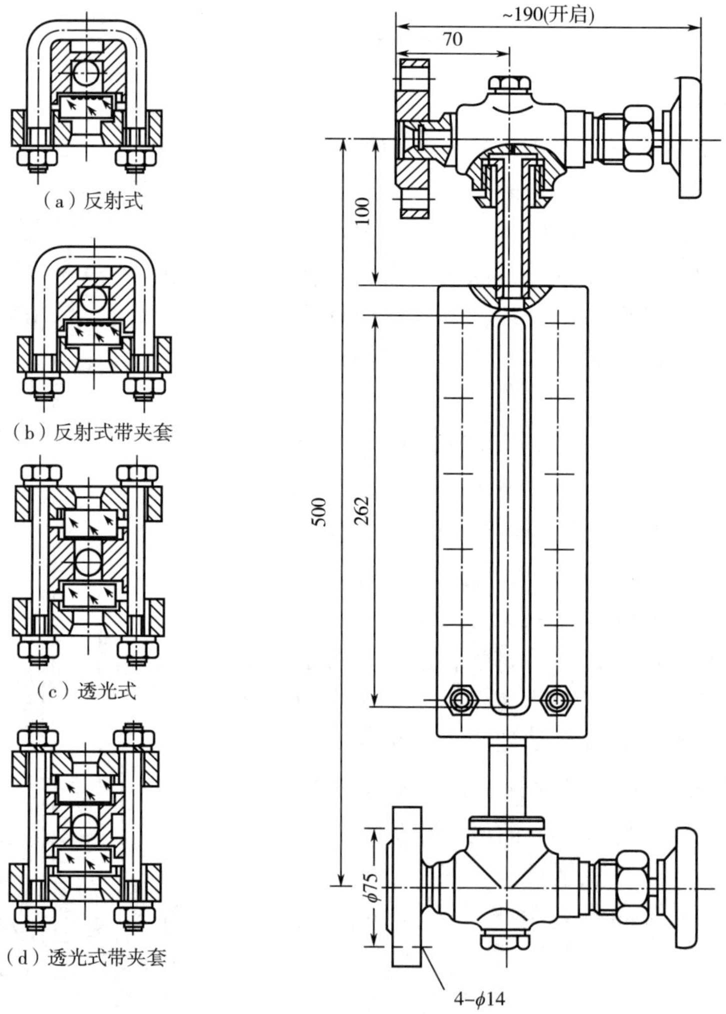

图1－67　玻璃板式液位计

③浮标液位计。如图1－68所示，绳索的一端连接浮标，通过滑轮绳索的另一端挂有平衡重物，使浮标所受的重力和浮力之差与平衡重物的拉力相平衡，保证浮标可以随意地

停留在任一液面上。

这种液位计，由于绳索热胀冷缩以及滑轮的机械摩擦使得误差较大。同时，也难以做成密闭结构的形式，应用于常压的大型容器。

④钢卷尺形浮标液位计。如图 1－69 所示，由浮标、钢带发条和液位指示部件组成。液位降低时，由浮标的自重使钢带被拉伸。液位上升时，钢带松弛，则由大约 10N 卷力的发条卷盘将钢带卷紧，直到发条卷力与浮标的重力相等为止。钢带上打有等距离的孔眼与带齿卷盘相啮合，然后通过齿轮机构在数字盘显示液面指示。

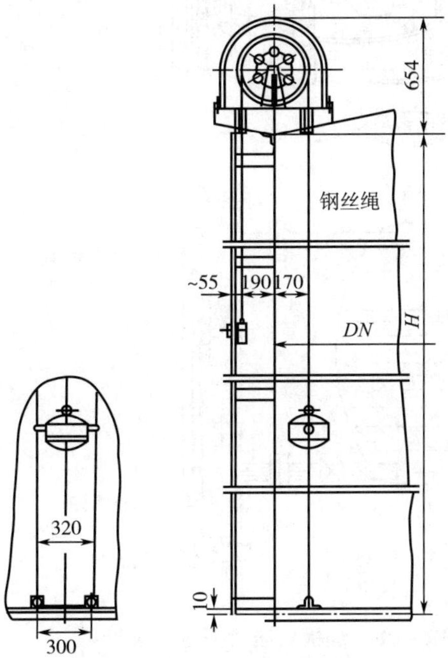

图 1－68　浮标液位计

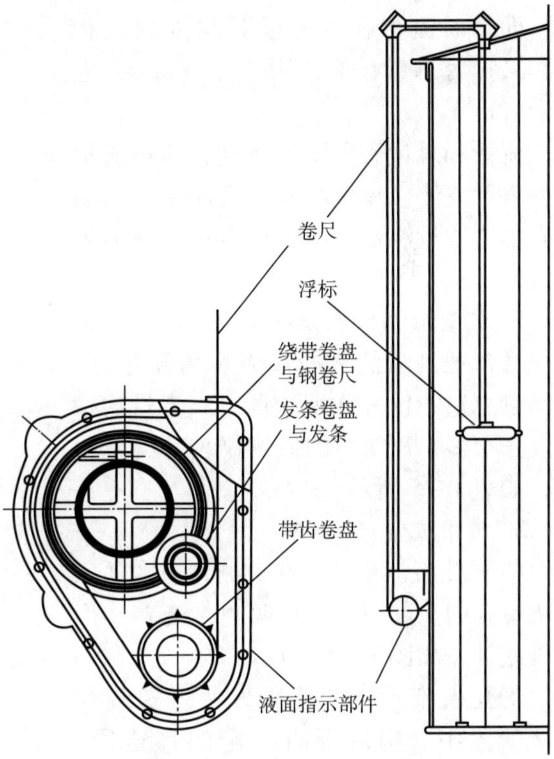

图 1－69　钢卷尺形浮标液位计

这种液位计由一个弹簧提供机械力，动作准确可靠。能密闭操作，适用于有压力的大型容器的液面指示。如需远距离传送信号时，该液位计还可由发信器将带齿转盘的回转变为脉冲信号，发给远距离的接收器，由接收器将脉冲信号转化为数字液位指示，对群罐场合可采用切换开关，实现一台接收器多点显示。

⑤磁性浮子液位计。图 1－70 为翻板式磁性浮子液位计，由连通管组件、浮标和翻板指示组件组成。浮标在连通管中漂浮于液体的液面上，液位的变化，通过浮标内的磁钢把信号传出，浮标中磁钢的位置恰好与液位相一致，铝框架上安装了许多铁片制的翻板，翻板两面涂不同颜色。翻板受磁钢吸引而翻转，从而能够指示液位的变化。

该液位计能承受较高的压力。主要零件可采用不锈钢制造，能耐腐蚀。缺点一是精确性差，在液面波动时，带磁铁的浮子与外面的指标位置有 20～30mm 范围的滞后现象；二是浮子与管子间间隙小，在物料中有固体物料，或含有铁素物质时，浮子会卡住，不灵活；

三是不锈钢浮子要求厚 0.3～0.5mm，铅浮子厚 0.6～1.0mm。

（二）流量检测及仪表

流量分为瞬时流量和累积流量。瞬时流量是指在单位时间内流过管道某一截面流体的数量，简称流量，其单位一般用立方米/秒（m^3/s）、千克/秒（kg/s）。累积流量是指在某一段时间内流过流体的总和，即瞬时流量在某一段时间内的累积值，又称为总量，单位用千克（kg）、立方米（m^3）。

流量和总量又有质量流量、体积流量两种表示方法。单位时间内流体流过的质量表示为质量流量。以体积表示的称为体积流量。

1. 流量检测仪表分类

通常把测量流量的仪表称为流量计，把测量总量的仪表称为计量表。流量的检测方法很多，所对应的检测仪表种类也很多，如表 1－5 所示。

2. 常用流量计

（1）孔板流量计。在被测管道内插入一块带孔的金属板，孔板两侧连接上 U 形管压差计，如图 1－71 所示。

①孔板流量计的使用方法。安装在水平管段中，前后要有一定的稳定段，通常前面稳定段长度为（15～40）*DN*，后面为 5*DN*；孔板中心位于管道中心线上。

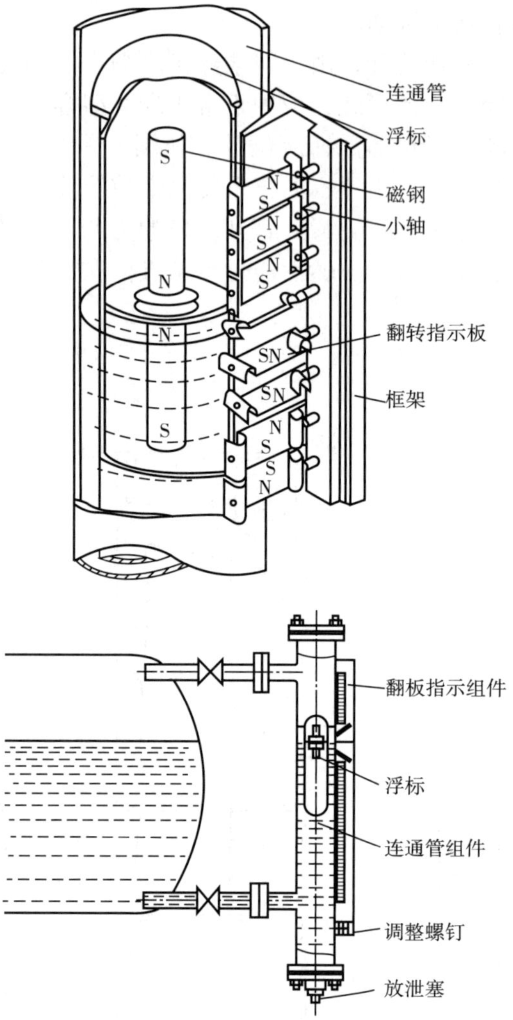

图 1－70　翻板式磁性浮子液位计

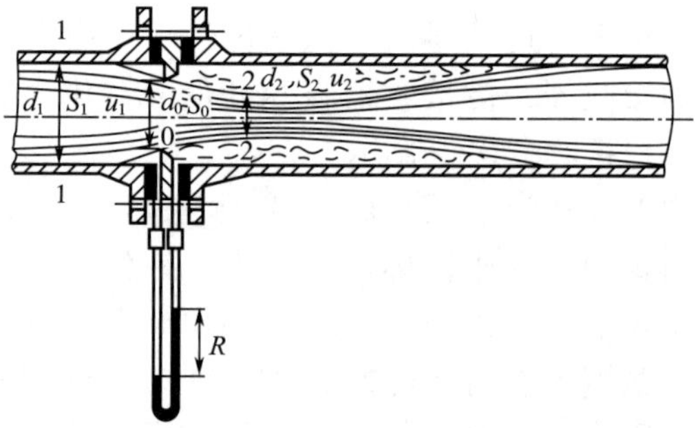

图 1－71　孔板流量计

表 1－5　　流量检测仪表的分类比较

<table>
<tr><th colspan="2">流量检测仪表种类</th><th>检测原理</th><th>特点</th><th colspan="2">用途</th></tr>
<tr><td rowspan="3">差压式</td><td>孔板</td><td rowspan="3">基于节流原理，利用流体流经节流装置时产生的压力差而实现流量测量</td><td rowspan="3">已实现标准化，结构简单，安装方便，但差压与流量为非线性关系</td><td colspan="2" rowspan="3">管径＞50mm、低黏度、大流量、清洁的液体、气体和蒸气的流量测量</td></tr>
<tr><td>喷嘴</td></tr>
<tr><td>文丘里管</td></tr>
<tr><td rowspan="2">转子式</td><td>玻璃管转子流量计</td><td rowspan="2">基于节流原理，利用流体流经转子时，截流面积的变化来实现流量测量</td><td rowspan="2">压力损失小，检测范围大，结构简单，使用方便，但需垂直安装</td><td colspan="2" rowspan="2">适于小管径、小流量的流体或气体的流量测量，可进行现场指示或信号远传</td></tr>
<tr><td>金属管转子流量计</td></tr>
<tr><td rowspan="4">容积式</td><td>椭圆齿轮流量计</td><td rowspan="4">采用容积分界的方法，转子每转一周都可送出固定容积的流体，则可利用转子的转速来实现测量</td><td rowspan="4">精度高、量程宽、对流体的黏度变化不敏感，压力损失小，安装使用较方便，但结构复杂，成本较高</td><td rowspan="4">小流量、高黏度、不含颗粒和杂物、温度不太高的流体流量测量</td><td>液体</td></tr>
<tr><td>皮囊式流量计</td><td>气体</td></tr>
<tr><td>旋转活塞流量计</td><td>液体</td></tr>
<tr><td>腰轮流量计</td><td>液体、气体</td></tr>
<tr><td colspan="2">靶式流量计</td><td>利用叶轮或涡轮被液体冲转后，转速与流量的关系进行测量</td><td>安装方便，精度高，耐高压，反应快，便于信号远传，需水平安装</td><td colspan="2">可测脉动、洁净、不含杂质的流体的流量</td></tr>
<tr><td colspan="2">电磁流量计</td><td>利用电磁感应原理来实现流量测量</td><td>压力损失小，对流量变化反应速度快，但仪表复杂、成本高、易受电磁场干扰，不能振动</td><td colspan="2">可测量酸、碱、盐等导电液体溶液以及含有固体或纤维的流体的流量</td></tr>
<tr><td rowspan="3">旋涡式</td><td>旋进旋涡型</td><td rowspan="3">利用有规则的旋涡剥离现象来测量流体的流量</td><td rowspan="3">精度高、范围广、无运动部件、无磨损、损失小、维修方便、节能好</td><td colspan="2" rowspan="3">可测量各种管道中的液体、气体和蒸气的流量</td></tr>
<tr><td>卡门旋涡型</td></tr>
<tr><td>间接式质量流量计</td></tr>
</table>

②流量计算。

a. 计算公式为：

$$u_0 = C_0\sqrt{\frac{2R(\rho_s-\rho)g}{\rho}} \tag{1-49}$$

$$q_V = u_0 \cdot S_0 \tag{1-50}$$

式中：u_0——流体在孔口处的流速，m/s；

R——U 形管压差计读数，m；

ρ_s、ρ——指示液及被测流体的密度，kg/m^3；

q_V——流体流量，m^3/s；

S_0——孔口流通面积，m^2；

C_0——孔流系数。

b. 孔流系数 C_0。孔流系数由实验测定，实验结果如图 1－72 所示。

图中横坐标 Re 是按管内径计算的，$\frac{S_0}{S_1}$ 为孔口截面与管道截面之比；由图中可看出，当

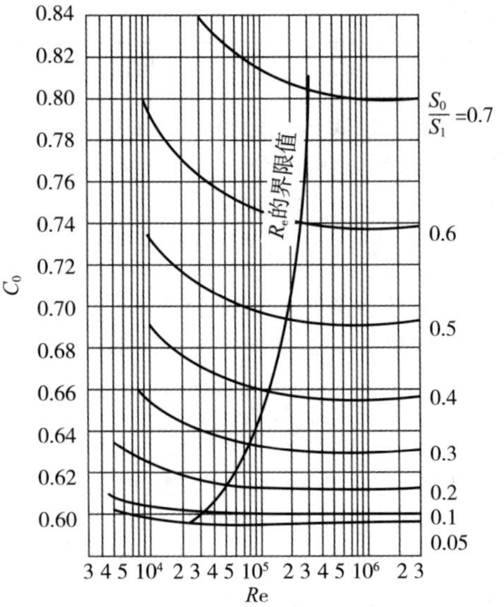

图1-72　C_0与*Re*关系曲线

*Re*值超过一定值后，C_0为常数，孔板流量计在C_0为常数范围内使用比较精确；式（1-49）计算时一般都需用试差法，在假设C_0值时设在常数范围。

③计算步骤。设C_0（由$\frac{S_0}{S_1}$在图1-72中C_0的常数范围内设）——计算u_0式（1-49）——计算*Re*——查图（图1-72）得C_0——与假设的C_0值比较，相等为止。

【例1-17】用孔板流量计来测量管路中流体的流量，孔口直径为0.04m。密度为1600kg/m³、黏度为2mPa·s的某溶液流经ϕ80mm×2.5mm钢管。U形管压差计内指示液为汞，其读数为400mm。求管路中的流体流量。

解：首先计算孔口截面与管道截面之比：

$$\frac{S_0}{S_1}=\frac{d_0{}^2}{d_1{}^2}$$

式中：$d_0=0.04\text{m}=40\text{mm}$，$d_1=80-2\times2.5=75$（mm）

$$\frac{S_0}{S_1}=\frac{40^2}{75^2}\approx0.0284$$

在C_0为常数范围内假设：$C_0=0.63$

则由式（1-49）得：

$$u_0=C_0\sqrt{\frac{2R(\rho_s-\rho)g}{\rho}}=0.63\times\sqrt{\frac{2\times0.4(13600-1600)\times9.807}{1600}}\approx4.83(\text{m/s})$$

校核C_0：

求u_1：
$$u_1=u_0\frac{d_0{}^2}{d_1{}^2}=4.83\times\frac{40^2}{75^2}\approx1.38(\text{m/s})$$

求*Re*：
$$Re=\frac{d_1u_1\rho}{\mu}$$

$$\mu=2\text{mPa}\cdot\text{s}=2\times10^{-3}\text{Pa}\cdot\text{s},\ \rho=1600\text{kg/m}^3$$

$$Re=\frac{0.075\times1.38\times1600}{2\times10^{-3}}=82.8\times10^3$$

查图1-72得：$C_0=0.63$，也刚好在临界线上。

实际应用中，孔板流量计的压差计经常与一些显示仪表连接，只要在显示仪表上直接读出显示流量即可。

（2）转子流量计。转子流量计的构造如图1-73所示。一根截面自下而上逐渐扩大的垂直锥形玻璃管（或透明塑料管），其上带有刻度，管内装有一个密度大于被测流体的金属或其他材料制成的转子（或称浮子）。转子的形状大多为陀螺状，其侧面刻有线槽，流体从下而上流过时会使转子旋转，故称为转子。

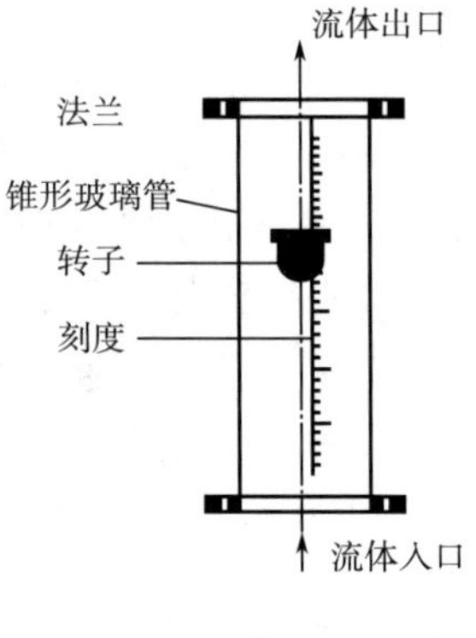

图1-73　转子流量计

转子流量计的使用方法：

①安装。转子流量计必须垂直安装，流体自下而上流动；最好旁边安装支路，便于检修。

②读数。读转子的最大截面处，一般为转子的顶部。

③刻度校正。转子流量计上的刻度是出厂前用20℃的清水或20℃、101.3kPa的空气作为试验流体标定的。当被测流体与试验流体的密度有差别时，须进行刻度校正。在同一刻度之下，两种流体的流量关系为：

$$\frac{q_{V1}}{q_{V2}} = \sqrt{\frac{\rho_1(\rho_s - \rho_2)}{\rho_2(\rho_s - \rho_1)}} \tag{1-51}$$

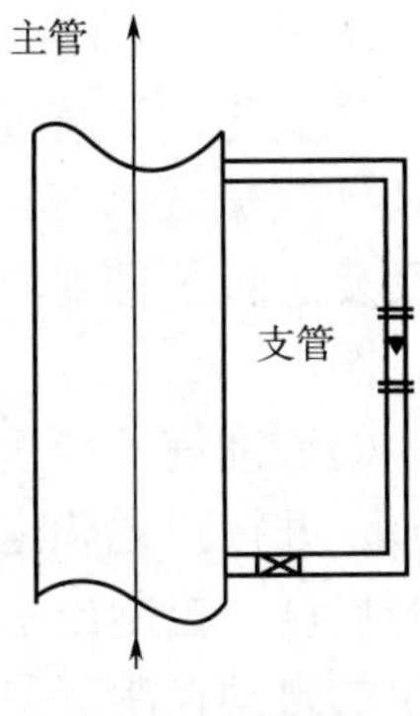

图1-74　支路测量法

式中：q_{V1}、q_{V2}——标定流体、被测流体的流量，m^3/s；

ρ_1、ρ_2——标定流体、被测流体的密度，kg/m^3；

ρ_s——转子密度，kg/m^3。

④增大量程。把转子流量计安装在并联支路中，由支、主管的直径可通过连续性方程得到总管流量，如图1-74所示。

转子流量计读取流量方便，能量损失小，测量范围也宽；能用于腐蚀性流体的测量。但因流量计管壁大多为玻璃制品，故不能经受高温和高压，在安装和使用过程中也容易破碎，且安装要求也高。

孔板流量计与转子流量计的主要区别在于：前者的节流口面积不变，流体流经节流口所产生的压差随流量不同而变化，这种流量计称为差压流量计；而后者是节流口面积随流量而变化，流体流经节流口的压差保持不变，这种流量计称为变截面流量计或恒压降流量计。

三、流体输送过程控制系统

流体输送过程主要控制的工艺参数是流量、压力、液位。为满足生产工艺的要求，流量、压力、液位常要求维持在一定的数值上，或按一定的规律变化。实际生产中利用一定的仪器设备使得上述要求自动实现。实际上，一个生产过程的自动化，就是类似人做某件事情，需要眼看、脑想、手动三步曲一样。以流体输送过程中常见的液位自动控制来说明自动控制系统。

（一）自动控制系统

图1-75是一个简单的水槽液位控制系统，其控制的目的——使水槽液位维持在其设定值上（譬如水槽液位L满刻度的50%）的位置上。

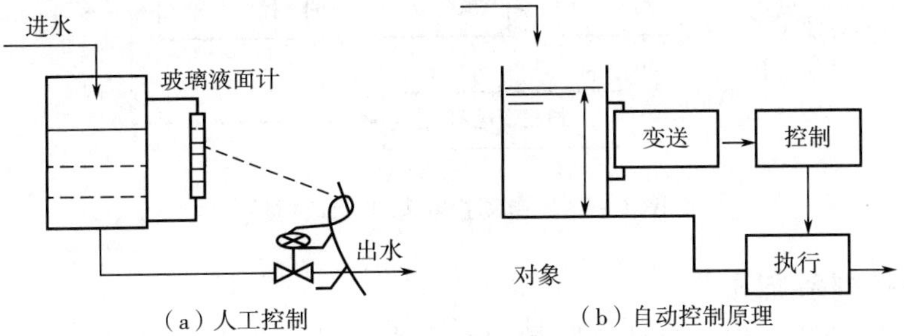

图1-75　水槽液位控制系统示意图

图1－75（a）为人工控制。假如进水量增加，导致水位增加，人眼观察玻璃液面计中的水位变化，并通过神经系统传给大脑，经与大脑中的设定值（50%）比较后，知道水位偏高（或偏低），故发出信息，让手开大（或关小）阀门，调节出水量，使液位变化。这样反复进行，直到液位重新稳定到设定值上，从而实现了液位的人工控制。

图1－75（b）为自动控制。现场的液位检测变送仪表将水槽液位检测出来，并转换成统一的标准信号传送给控制器，控制器再将测量信号与预先输入的设定信号进行比较得出偏差，并按预先确定的某种控制规律进行运算后，输出统一标准信号给控制阀，控制阀改变开启度，控制出水量。这样反复进行，直到水槽液位恢复到设定值为止，从而实现水槽液位的自动控制。

显然，过程自动控制系统要代替人工控制的基本对应关系如下：

眼	大脑	手
↓	↓	↓
检测变送仪表	控制器	执行器（阀）

（二）自动控制系统的基本组成

过程自动控制系统的基本组成框图如图1－76所示，自动控制系统主要由工艺对象和自动化装置（执行器、控制器、检测变送仪表）两个部分组成。其中：对象是指需要控制的工艺设备（塔、器、槽等）、机器或生产过程。如上例中的水槽；检测变送仪表的作用是把被控变量转化为测量值，如上例中的液位变送器是将液位检测出来并转化成统一标准信号（如：4～20mA）；比较机构的作用是将设定值与测量值比较并产生偏差值；控制器的作用是根据偏差的正负、大小及变化情况，按预定的控制规律实施控制作用。比较机构和控制器通常组合在一起。它可以是气动控制器、电动控制器、可编程序调节器、集中分散型控制系统（DCS）等；执行器的作用是接收控制器送来的信号，相应地去改变操纵变量 q 以稳定被控变量 y。最常用的执行器是气动薄膜调节阀，电动调节阀；被控变量 y 是指被控对象中，通过控制能达到工艺要求设定值的工艺变量，如上例中的水槽液位；设定值 x 是被控变量的希望值，由工艺要求决定，如上例中的50%液位高度；测量值 z 是指被控变量的实际测量值；偏差 e 是指设定值与被控变量的测量值（统一标准信号）之差；操纵变量 q 是由控制器操纵，能使被控变量恢复到设定值的物理量或能量，如上例中的出水量；扰动 f 除操纵变量外，作用于生产过程对象并引起被控变量变化的随机因素，如进料量的波动。

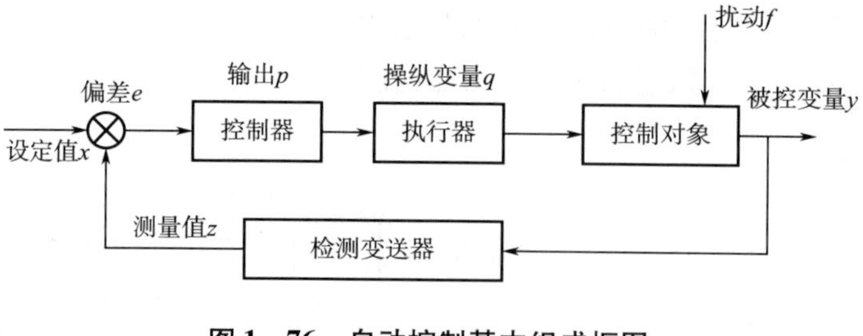

图1－76　自动控制基本组成框图

（三）简单控制系统图

带控制点工艺流程图中，自动控制是用符号表达的，化工工艺技术人员应该看懂自动控制系统图。简单控制系统，是指由一个测量变送器、一个控制器、一个执行器和一个控制对象所构成的闭环控制系统，也称为单回路控制系统。简单控制系统是自动控制的基础，复杂控制系统是由简单控制系统构成的，在此介绍简单控制系统图，图 1－77 为液位自动控制系统图。

控制符号图通常包括字母代号、图形符号和数字编号等。将表示某种功能的字母及数字组合成的仪表位号置于图形符号之中，就表示出了一块仪表的位号、种类及功能，如图 1－78 所示。

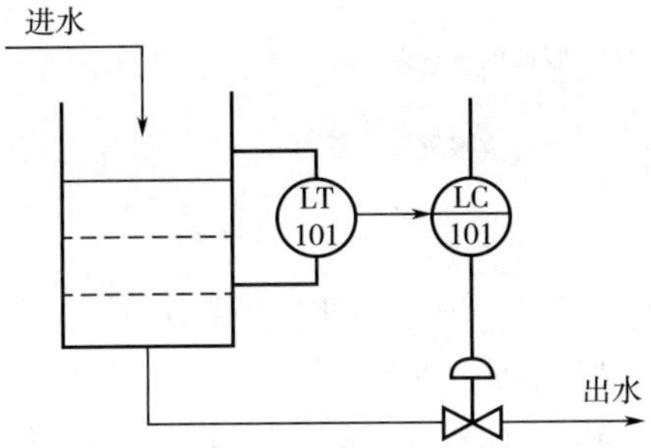

图 1－77 液位简单控制系统框图

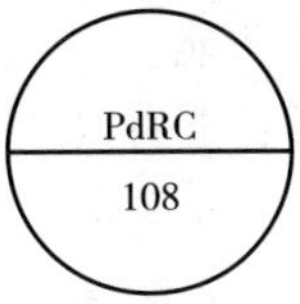

图 1－78 仪表控制符号示意图

1. 图形符号

（1）连接线。通用的仪表信号线均以细实线表示。在需要时，电信号可用虚线表示；气信号在实线上打双斜线表示。

（2）仪表的图形符号。仪表的图形符号是一个细实线圆圈。对于不同的仪表，其安装位置也有区别，图形符号如表 1－6 所示。

表 1－6　仪表安装位置的图形符号

序号	安装位置	图形符号	序号	安装位置	图形符号
1	就地安装仪表	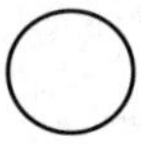	4	就地仪表盘面安装仪表	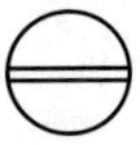
2	嵌在管道中的就地安装仪表	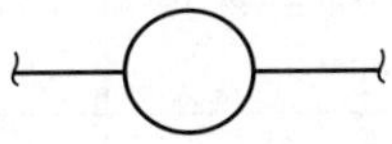	5	集中仪表盘后安装仪表	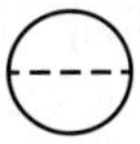
3	集中仪表盘面安装仪表	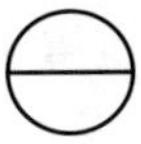	6	就地仪表盘后安装仪表	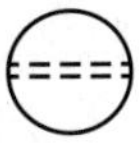

2. 字母代号

（1）同一字母在不同位置有不同的含义或作用。处于首位时表示被测变量或被控变量；

处于次位时作为首位的修饰，一般用小写字母表示；处于后继位时代表仪表的功能或附加功能。例如：根据上述规定，我们不难看出：PdRC 实际上是一个集中仪表盘面安装的“压差记录控制系统”的代号。

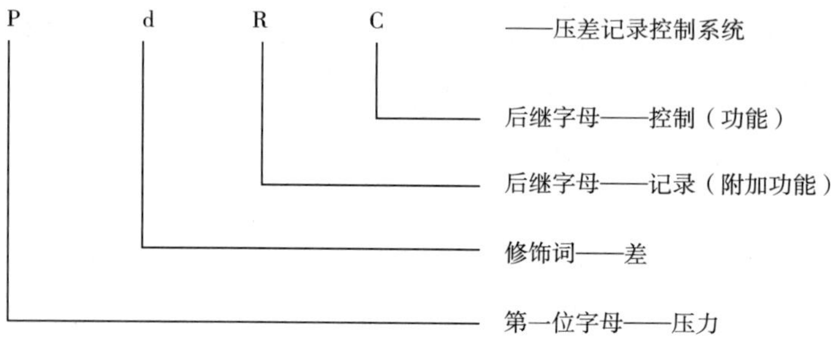

（2）常用字母功能。

首位变量字母：压力（P）、流量（F）、物位（L）、温度（T）、成分（A）。

后继功能字母：变送器（T）、控制器（C）、执行器（K）。

附加功能：R—仪表有记录功能；I—仪表有指示功能，都放在首位和后继字母之间。S—开关或连锁功能，A—报警功能，都放在最末位。需要说明的是，如果仪表同时有指示和记录附加功能，只标注字母代号“R”；如果仪表同时具有开关和报警功能，只标注代号“A”；当“SA”同时出现时，表示仪表具有连锁和报警功能。常见字母变量的含义如表 1－7 所示。

表 1－7　　字母代号的含义

字母	第一位字母		后继字母	字母	第一位字母		后继字母
	被测变量或初始变量	修饰词	功能		被测变量或初始变量	修饰词	功能
A	分析（成分）Analytical		报警 Alarm	N	供选用 User's choice		供选用 User's choice
B	喷嘴火焰 Burner Flame		供选用 User's choice	O	供选用 User's choice		节流孔 Orifice
C	电导率 Conductivity		控制 Control	P	压力或真空 Pressure or Vacuum		试验点（接头）Testing Point (connection)
D	密度 Density	差 Differential		Q	数量或件数 Quantity or Event	积分、积算 Integrate, Totalize	积分、积算 Integrate, Totalize
E	电压（电动势）Voltage		检测元件 Primary Element	R	放射性 Radioactivity		记录、打印 Recorder or Print
F	流量 Flow	比（分数）Ratio		S	速度、频率 Speed or Frequency	安全 Safety	开关或连锁 Switch or Interlock

续表

字母	第一位字母		后继字母	字母	第一位字母		后继字母
	被测变量或初始变量	修饰词	功能		被测变量或初始变量	修饰词	功能
G	尺度（尺寸） Gauging		玻璃 Glass	T	温度 Temperature		传送 Transmit
H	手动 Hand			U	多变量 Multivariable		多功能 Multivariable
I	电流 Current		指示 Indicating	V	黏度 Viscosity		阀、挡板、百叶窗 Valve，Damper，Louver
J	功率 Power	扫描 Scan		W	质量或力 Weight or Force		套管 Well
K	时间或时间程序 Time or Time Sequence		自动－手动操作器 Automatic－Manual	X	未分类 Undefined		未分类 Undefined
L	物位 Level		指示灯 Light	Y	供选用 User's choice		继动器或计算器 Relay or Computing
M	水分或湿度 Moisture or Humidity			Z	位置 Position		驱动、执行或未分类的执行器 Drive，Actuate or Actuate of undefined

3. 仪表位号及编号

每台仪表都应有自己的位号，一般由数字组成，写在仪表符号（圆圈）的下半部。例如：I08 表示第 I 工段 08 号仪表。

4. 仪表符号图

仪表符号图实例如图 1－79 所示。

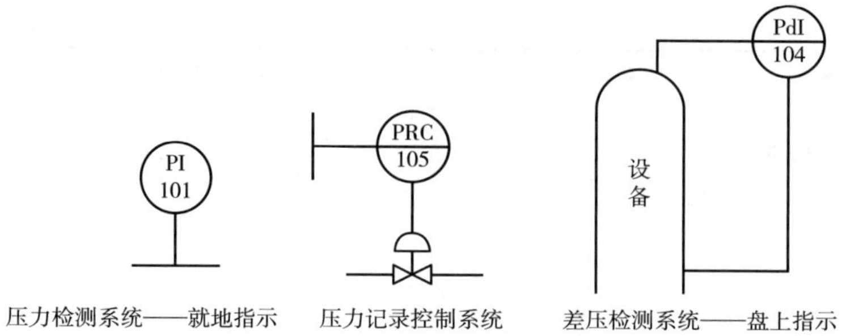

（a）压力变量

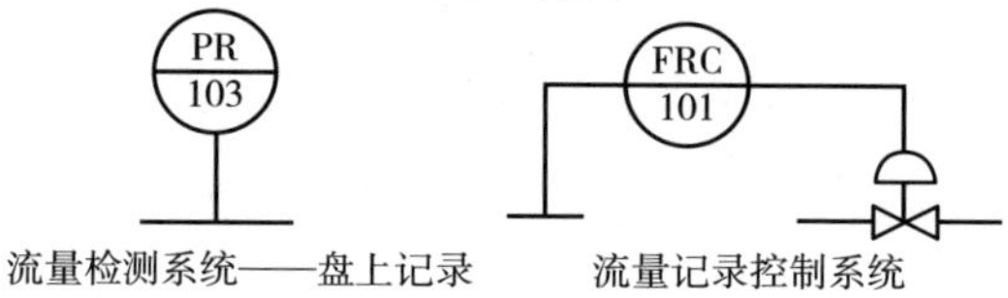

（b）流量变量

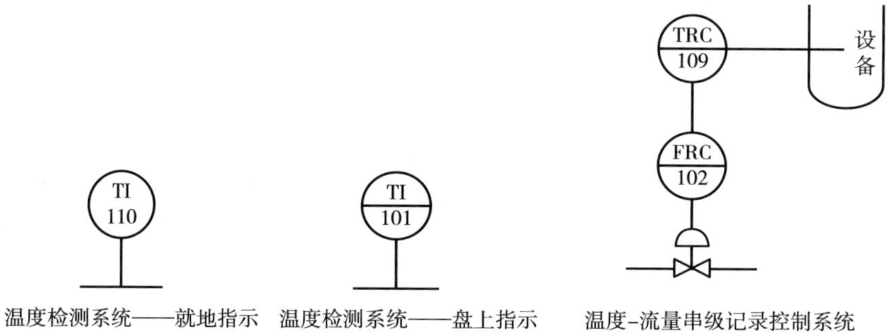

（c）温度变量

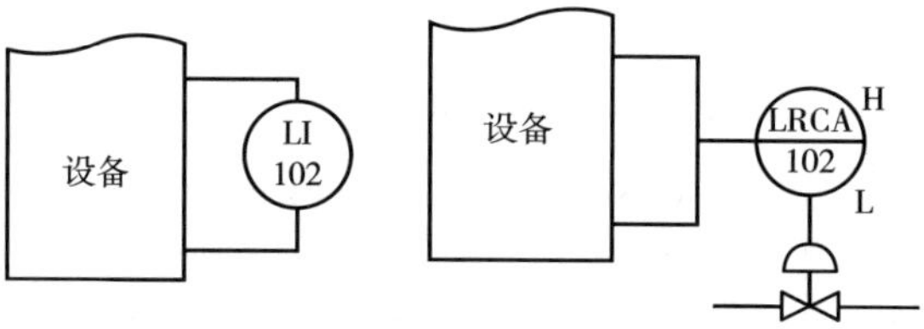

（d）液位变量

图1-79　仪表符号图实例

任务五　流体输送过程操作

一、液体输送机械的运行操作

（一）离心泵的运行操作

1. 运行前的准备工作

①第一次运行前，将所有的阀打开（除压力表阀、真空表阀外），用压缩空气吹洗整个

管路系统。

②检查各部分螺栓、连接件是否有松动。有松动的要加以紧固，在紧固地脚螺栓时要重新对中找正。

③盘车。用手盘动联轴器使泵转子转动数圈，看机组转动是否灵活，是否有响声和轻重不匀的感觉，以判断泵内有无异物或轴是否弯曲、密封件安装得正不正，软填料是否压得太紧等。

④检查机组转向。在检查转向时，最好使联轴器脱开，看启动电机是否与泵的工作叶轮转向箭头一致。但不能开动电机带动泵空转，以免泵零件之间干磨造成损坏。

⑤检查润滑油、封油、冷却水系统，应无堵塞，无泄漏。

2. 启动

①关闭压力表阀、真空表阀。

②关闭出口阀，开启进料阀进行灌泵。待离心泵泵体上部放气旋塞冒出的全是液体而无气泡时，即泵已灌满，关闭放气阀。

③开冷却水、密封部冲洗液等。

④启动电机，打开压力表、真空表阀。

3. 正常运行

①电机启动 2～3min 后，慢慢打开出口阀，调节流量直至达到要求。

②观察压力表和真空表的读数，达到要求数值后，要检查轴承温度。一般滑动轴承温度不大于 65℃；滚动轴承温度不大于 70℃。运转要平稳，无杂音。流量和扬程均达到标牌上的要求。

③泵正常工作后，检查密封情况。机械密封漏损量不超过 10 滴/min，软填料密封不超过 20 滴/min。

4. 停车

①与接料岗位取得联系后，应先关闭压力表、真空表阀，再慢慢关闭离心泵的出口阀，使泵轻载，又能防止液体倒灌。

②按电动机按钮，停止电机运转。

③关闭离心泵的进口阀及密封液阀、冷却水等。

5. 运行中切换

在运转泵与备用泵切换使用时，应先按离心泵的启动程序做好所有准备工作，然后开动备用泵。待备用泵运转平稳后，缓慢打开备用泵排出阀，同时逐步关闭运转泵的出口阀，以保证工艺所需流量的稳定，不致产生较大的波动。当原运转泵出口阀全部关死后，即可停止原动机。

6. 操作中的注意事项

①在启动电机初期，出口阀关闭运转的时间一般为 3～5min，因为此时流量为零，泵运转消耗的功率变为热能被泵内液体吸收，容易使泵发热。

②暖泵。对于输送高温液体的离心泵，在启动前要使泵预热到工作状态。因为泵都是根据一定操作温度设计的。在高于操作温度时，由于金属材料热膨胀的原因，各零部件的尺寸以及它们之间的间隙都要发生变化，所以不预热就启动离心泵必然会造成损坏。

预热时速度要缓慢、均匀，使各零部件膨胀得尽可能一致。预热速度一般为每小时温升 50℃以内（金属制泵）。为了使泵内零件对称而均匀地加热，应一边预热一边盘车，每隔 10min 盘车 1/2 圈，当温度高于 150℃以后，应每隔 5min 就盘转一次，以防泵轴产生变形。热态泵停车时，也应每隔 20～30min 盘车 1/2 转，使之均匀冷却，以免泵轴弯曲，在温度很高时，不能突然通入大量的冷却液，以防局部应力过大而使泵开裂。

③盘车。泵启动前要进行盘车，其目的不仅是为了各零件均匀加热，而且要检查泵是否正常（如轴承的润滑情况，是否有卡轴现象，泵是否有堵塞或冻结，密封是否泄漏等）。因为轴上叶轮自重的影响，轴中间产生一定的挠度。特别是多级泵轴长、叶轮多、自重大、轴的挠度大。所以，对备用泵也要经常盘车，每次转 180°为好。

④空转。切忌离心泵空转，因为在泵内没有液体空运转时，必然会使机件干摩擦，造成密封环、轴封、平衡盘等很快磨损，同时温度也急剧升高，烧坏机械密封，或者引起抱轴。泵在运行过程中如果发现因液体抽空或吸入管漏气而空转时，也应立即停车。

7. 离心泵常见故障分析及处理

离心泵常见故障及处理方法见表 1－8。

表 1－8　离心泵常见故障及排除方法

故障现象	产生故障的原因	排除方法
启动后不出水	（1）启动前泵内灌水不足 （2）吸入管或仪表漏气 （3）吸入管浸入深度不够 （4）底阀漏水	（1）停车重新灌水 （2）检查不严密处，消除漏气现象 （3）降低吸入管，使管口浸没深度大于 0.5～1m （4）修理或更换底阀
运转过程中输水量减少	（1）转速降低 （2）叶轮阻塞 （3）密封环磨损 （4）吸入空气 （5）排出管路阻力增加	（1）检查电压是否太低 （2）检查并清洗叶轮 （3）更换密封环 （4）检查吸入管路，压紧或更换填料 （5）检查所有阀门及管路中可能阻塞之处
轴功率过大	（1）泵轴弯曲，轴承磨损或损坏 （2）平衡盘与平衡环磨损过大，使叶轮盖板与中段磨损 （3）叶轮前盖板与密封环，泵体相磨 （4）填料压得过紧 （5）泵内吸进泥沙及其他杂物 （6）流量过大，超出使用范围	（1）矫直泵轴，更换轴承 （2）修理或更换平衡盘 （3）调整叶轮螺母及轴承压盖 （4）调整填料压盖 （5）拆卸清洗 （6）适当关闭出口阀
振动过大，声音不正常	（1）叶轮磨损或阻塞，造成叶轮不平衡 （2）泵轴弯曲，泵内旋转部件与静止部件有严重摩擦 （3）两联轴器不同心 （4）泵内发生气蚀现象 （5）地脚螺栓松动	（1）清洗叶轮并进行平衡找正 （2）矫正或更换泵轴，检查摩擦原因并消除 （3）找正两联轴器的同心度 （4）降低吸液高度，消除产生汽蚀的原因 （5）拧紧地脚螺栓

续表

故障现象	产生故障的原因	排除方法
轴承过热	(1) 轴承损坏 (2) 轴承安装不正确或间隙不适当 (3) 轴承润滑不良（油质不好，油量不足） (4) 泵轴弯曲或联轴器没找正	(1) 更换轴承 (2) 检查并进行修理 (3) 更换润滑油 (4) 矫直或更换泵轴，找正联轴器

（二）往复泵的运行操作

1. 运行前的准备

①严格检查往复泵的进、出口管线及阀门、盲板等，如有异物堵塞管路的情况一定要予以清除。

②检查润滑油是否至油窗上的指示刻度。若不到，油杯内加入清洁润滑油，并微微开启针形阀，使往复泵保持润滑。

③排除气缸内的冷凝水，打开油缸内的排气阀，之后给少许蒸气暖缸。

④检查盘根的松动、磨损情况。

2. 启动

①盘车 2 ~3 转，检查有无受阻情况，发现问题及时处理。

②第一次使用要引入液体灌泵，以排除泵内存留的空气，缩短启动过程，避免干摩擦。引入液体后看泵体的温升变化情况。

③打开压力表、安全阀的前阀。

④全开泵的出口阀，关小出口管路上的旁路阀。

⑤启动泵，观察流量、压力、泄漏情况。

3. 正常运行

①慢慢开启旁路阀，调节流量直至符合要求范围。

②观察压力表的读数，要求运行平稳。注意检查泵的温度及密封情况。

4. 停车

①做好停泵前的联系、准备工作。

②停泵。

③关闭泵的出、入口阀门。

④关闭压力表阀、安全阀。

⑤放掉油缸内压力。

⑥打开气缸放水阀，排缸内存水。

⑦做好防冻工作，做好卫生。

5. 往复泵操作中的注意事项

①泵启动前一定要将泵的出口阀开启，若完全关闭运转，则泵内压强会急剧升高，造成泵壳、管路和电动机的损坏。

②介质必须清洁。因输送液体中固体粒子对泵的使用寿命及正常运转有很大影响，所以泵入口端应加装过滤器，过滤器的网孔径不低于 50μm。

③出口压力在满足工艺生产的情况下不得超压。

④看运行是否正常，是否有抽空或振动的情况。

6. 往复泵常见故障分析及处理

往复泵常见故障及处理方法见表1－9。

表1－9　往复泵常见故障及排除方法

故障现象	产生故障的原因	处理方法
泵开不动	(1) 进气阀阀芯折断，使阀门打不开 (2) 气缸内有积水 (3) 摇臂销脱落或圆锥销切断 (4) 气、油缸活塞环损坏 (5) 气缸磨损间隙过大 (6) 气门阀板、阀座接触不良 (7) 蒸气压力不足 (8) 活塞杆处于中间位置，致使气门关闭 (9) 排出阀阀板装反，使出口关死	(1) 更换阀门或阀芯 (2) 打开放水阀，排除缸内积水 (3) 装好摇臂销和更换圆锥销 (4) 更换气、油缸活塞环 (5) 更换气缸或活塞环 (6) 刮研阀板及阀座 (7) 调节蒸气压力 (8) 调整活塞杆位置 (9) 重将排出阀安装正确
泵抽空	(1) 进口温度太高产生汽化，或液面过低吸入气体 (2) 进口阀未开或开得小 (3) 活塞螺帽松动 (4) 由于进口阀垫片吹坏使进出口被连通 (5) 油缸套磨损，活塞环失灵	(1) 降低进口温度，保证一定液面或调节往复次数 (2) 打开进口阀至一定开度或调节往复次数 (3) 上紧活塞螺帽 (4) 更换进口阀垫片 (5) 更换缸套或活塞环
产生响声或振动	(1) 活塞冲程过大或汽化抽空 (2) 活塞螺帽或活塞杆螺帽松动 (3) 缸套松动 (4) 阀敲碎后，碎片落入缸内 (5) 地脚螺钉松动 (6) 十字头中心架连接处松动	(1) 调节活塞冲程和往复次数 (2) 并紧活塞螺帽和活塞杆、螺帽 (3) 并紧缸套螺丝 (4) 扫除缸内碎片，更换阀 (5) 固定地脚螺栓 (6) 修理或更换十字头
压盖漏油、漏气	(1) 活塞杆磨损或表面不光滑 (2) 填料损坏 (3) 填料压盖未上紧或填料不足	(1) 更换活塞杆 (2) 更换填料 (3) 加填料或上紧压盖
气缸活塞杆过热	(1) 注油器单向阀失灵 (2) 润滑不足 (3) 填料过紧	(1) 更换单向阀 (2) 加足润滑油 (3) 松填料压盖
压力不稳	(1) 阀关不严或弹簧弹力不均匀 (2) 活塞环在槽内不灵活	(1) 研磨阀或更换弹簧 (2) 调整活塞环与槽的配合
流量不足	(1) 阀不严 (2) 活塞环与缸套间隙过大 (3) 冲程次数太少 (4) 冲程太短	(1) 研磨或更换阀门，调节弹簧 (2) 更换活塞环或缸套 (3) 调节冲程数 (4) 调节冲程

二、气体输送压缩机械的运行操作

1. 往复式压缩机的操作

一般分为准备、启动、管理和停车四个阶段。

（1）准备。

①检查油位。机身油位应在油标尺的刻度中间。低于最低刻度线时，应添加经过过滤的同牌号润滑油。严禁不同牌号的润滑油混在一起使用。

②检查空气滤清器及其油位（油浴式滤清器）空气滤清器应干净。油位的最高和最低刻度线应以空气进入滤清器后能得到充分的油浴为准，但不能使油进入吸气管，加油后，应使油面处在规定的范围内。

③打开冷却水开关并调节水量。如果是循环用水，还应检查水池水位及水泵运转情况，水压应在0.1～0.3MPa范围内。

④检查气路的开关情况。检查气路各开关情况，并使机器处于空载启动状态，为此，Ⅰ、Ⅱ级气缸的调节装置应全部开启。如全开吸气阀，打开各级放空阀，使各气缸排出的空气的压力等于大气压。油水阀全部打开。

⑤检查各仪表。检查压力表、温度计、电流表、功率因数表和流量表等，以及安全阀和继电器等保护装置应处于完好状态。

⑥查机身和气缸。检查地脚螺栓有无松动现象，机身、电机、地沟、地面和平台上应无多余物件，地面无油渍。保护装置及防护罩、灭火器等齐全，并放在指定位置。

⑦盘车。盘车1～2圈。转动时，各运动机构应轻巧无阻。曲轴颈转到启动力矩最小的位置，例如：两列对称平衡式压缩机，应将曲轴销按规定回转方向转到最高点附近，此时启动力矩最小，绝不可放在止点位置。

⑧检查供电电压。电压应在规定的范围内。

（2）启动。

①启动时，首先要注意机器的转向。如果发生反转，则油泵的出油路也随之发生改变，使油无法输送到运动机构，有烧毁轴瓦的危险。同时，反方向运转，将使受力情况改变，运动机构也有松动的危险，有可能酿成重大事故。

②如果空压机转向无误，就要注意观察油压的变化。启动时，一般油压波动较大，但应在0.1MPa以上波动。

③注意倾听机器的运转声。空车时的响声应该轻巧平稳，振动小。

④机器空载运转1～2min后，注意机器的运转状态，观察油压、轴功率、响声和振动有无异常，若一切正常，即可将机器带负荷运转。

⑤将调节器转入工作状态，即关闭Ⅰ、Ⅱ级气缸放空阀，卸去吸气阀压开装置的压力，关闭后冷却器的放空阀。要注意观察每一步骤的可靠性。当储气罐压力达0.1MPa时，可关闭储气罐各放油水阀。

⑥用气量小于排气量时，在定容的输气管道内，压力不断升高。此过程中，应加强监视、检查。正常运转时，要求排气量、压缩比、轴功率、油压和温度等运转参数符合使用说明书的规定。

（3）正常运行。

①排放油水。机器工作期间，除中间冷却器的自动放油水装置外，储气罐及后冷却器的油水应每小时排放一次。

②调整注油量。调整气缸、填函的注油量，即调整油滴数和油滴大小，以使油耗量保持在最小值。其调整方法是：机器经过一段运转时间，卸下气阀检查，如气阀的阀片及气缸镜面上附有一层薄薄的油，则说明注油量适中；如无油，说明油量太小，应调大；如气阀结垢，说明注油量太大，应调小。机器运转时，应使各个润滑面均布有一薄油层，此时注油量为最适宜。合适的注油量并不是一次调成的，而需反复试调。每台机器由于工作状态不同，注油量也不尽相同。一般老机器的用油量要多些。新安装的机器，第一个月的耗油量要比正常量多 1 倍左右。

③注意机身运动机构的耗油量。如果填函、轴封以及机身盖板严密，油温、油位正常，则机身运动机构的耗油量可以大大减少。机身不应在运转时加油。

④听机器响声。注意机器各部位的响声是否正常。如电机的运转声、吸气管的吸气声，气阀启闭声、空气流动声、运动机构的撞击声、油泵声和调节装置的响应等。

⑤维护最佳供气压力，满足用户要求。供气压力一般是根据用气设备要求的压力加上管路损失确定。

⑥记录机器运转数据。定期巡视机器各部的运转数据，检查是否在正常范围内。

（4）停车。停车顺序和开车顺序相反。

①正常停车。

a. 减负荷直至不排气（即Ⅰ、Ⅱ级调节装置全部开启），如压开吸气阀，打开余隙阀等。

b. 打开后冷却器放空阀，使Ⅱ级气缸排气压力降为大气压；打开Ⅰ级气缸放空阀，使Ⅰ级气缸排气压力也降为大气压；打开Ⅱ级气缸放空阀，使Ⅱ级气缸通大气；打开所有油水阀。

c. 切断电源，停止压缩机运转，排气管上阀门全闭。

d. 排气阀门全闭。在压力降到接近大气压后，全闭吸气阀门。

e. 待机器冷却后，关闭冷却水。如长期停用或寒冷天气置于室外的机器，应放掉气缸、中间冷却器和后冷却器中的冷却水，以免结冰冻裂。

②紧急停车。

出现下列情况时，必须紧急停车。机器停下来后，应按正常停车顺序补作没有进行的操作。

a. 任意级排气压力超过允许值，并继续升高。

b. 空气压缩机的轴功率超过额定值，并继续升高。

c. 突然停水、断油，电机某相断电或部分断电。如因断水而停车，应待机器自行冷却后再送水，不允许马上向热气缸送冷水，否则会使气缸因收缩不均而炸裂。

d. 有严重的不正常响声，或者发现机身或气缸内有折断、裂纹等异常情况。

e. 发现电机有严重的火花、火球现象。

f. 空气压缩机某部位冒烟、着火或机器任一部位的温度不断升高。

g. 危及机器安全或人身安全时。

（5）日常维护及保养。压缩机的日常操作的注意事项如下：

①各级的温度和压力。

a. 在正常运转中各级压力突然升高时，必须立即用近路阀调节，如无法调节时需停车处理。

b. 在正常运转中，进口温度升高时必须立即调节冷却水水量，防止进口温度过高，影响气量。

②压缩机各部件、零件。

a. 严格防止液体带入气缸，造成气缸内液击而损坏机器。

b. 压缩机在断水之后，不能立即通入冷水，避免因冷热不均出现气缸裂纹。

c. 随时仔细检查设备及管线的法兰接合处，不准有泄漏、振动及互相摩擦等情况。

d. 经常注意机座螺丝是否松动，以防损坏基础。

e. 开关阀门要缓慢，不要用力过猛，使阀门损坏。并且不要开得太足，关得太死。

③润滑情况。

a. 在正常运转中注意注油器的滴油情况。

b. 循环油的压力过低时，也会影响机件的润滑。这时应停车清洗循环油系统和过滤器。

c. 必须保持润滑油的清洁，防止机件损坏，否则影响生产造成损失。

d. 油分离器排油时，要注意集油器的压力，切勿粗心大意。

2. 往复式压缩机的故障分析及处理

往复式压缩机在试车和正常运转过程中，由于使用不慎、检修维护不及时或检修质量不佳等原因会发生故障。常见的故障、产生的原因及排除方法列于表1－10。

表1－10　压缩机常见故障及排除方法

故障种类	故障产生的原因	处理方法
润滑油压强突然低于98.1kPa	（1）油池内润滑油不足 （2）过滤器或过滤网堵塞 （3）油压表失灵 （4）润滑油管路堵塞或破裂 （5）油泵失去作用，打不上油 （6）回油阀失灵	（1）应立即加油 （2）清洗 （3）更换油压表 （4）检修油管路 （5）检修油泵 （6）检修回油阀
润滑油压强逐渐降低	（1）油管连接不严密 （2）运动机构轴衬磨损过甚、间隙过大 （3）油过滤器太脏 （4）润滑油黏度降低	（1）紧螺母或加垫 （2）检修轴颈或轴套 （3）拆下清洗 （4）检查有无水或气漏入机身，更换润滑油
润滑油温度过高	（1）润滑油供应不足 （2）润滑油不符合规定 （3）润滑油太脏 （4）运动机构发生故障	（1）检查油管漏油情况，添加润滑油 （2）更换合格润滑油 （3）清洗运动机构和油池并换油 （4）检修故障零部件

续表

故障种类	故障产生的原因	处理方法
气缸供油不良	(1) 注油器止逆阀失灵 (2) 注油器给油太少 (3) 气缸注油孔堵塞 (4) 润滑油质量低劣 (5) 吸入气体过脏	(1) 检修注油器止逆阀 (2) 拆下清洗检查 (3) 清洗气缸注油孔 (4) 更换润滑油 (5) 检查空气滤清器芯子
冷却水系统漏水或其他故障	(1) 管路漏水 (2) 缸垫不严，气缸内有水 (3) 中间冷却器水管破裂，气缸内有水 (4) 冷却器出水温度虽未超过40℃，但排气温度过高，多由于水垢过厚或水量不足	(1) 修理或更换 (2) 更换缸垫，拧紧气缸连接螺栓 (3) 修理中间冷却器芯子 (4) 清理水路水垢，调整水量
安全阀故障	(1) 开启不及时 (2) 阀芯升不到应有高度 (3) 关闭不严 (4) 未达到额定压强就放气	(1) 重新调准 (2) 拆卸、洗涤、防锈、检修 (3) 清除污垢或重新研磨阀门 (4) 重新调整
轴承发热	(1) 轴向配合间隙太小 (2) 供油不良 (3) 轴承过脏，卡死	(1) 修配 (2) 检修润滑系统 (3) 清洗
不正常声音	(1) 余隙过小 (2) 气缸内有水 (3) 气阀松动 (4) 气缸或管路中有异物 (5) 活塞螺母或活塞碰到缸盖或缸座 (6) 中间冷却器芯子加强筋松脱 (7) 阀片发生闷声，弹簧损坏 (8) 活塞螺母松动 (9) 连杆大小头瓦，十字头销与十字头销孔严重磨损，间隙过大 (10) 轴颈椭圆度过大 (11) 轴承间隙过大	(1) 调整 (2) 检查冷却系统严密性 (3) 拧紧气阀上顶丝 (4) 清除 (5) 上下止点间隙不够，调整 (6) 拆下焊牢 (7) 清除碎片，更换零件 (8) 拆下拧紧 (9) 修配 (10) 修磨 (11) 更换轴承
气阀部件工作不正常	(1) 气阀的弹簧力小或不均匀 (2) 弹簧磨损、弹簧不平或阀片卡住 (3) 阀座、阀片变形或破裂 (4) 结炭或锈蚀严重，影响开启 (5) 进气不清洁	(1) 更换弹簧 (2) 更换 (3) 研磨、更换 (4) 清理、洗涤 (5) 清洗气阀和空气滤清器

续表

故障种类	故障产生的原因	处理方法
填料箱不严密漏气	(1) 刮油圈磨损，回油通道堵塞 (2) 密封圈磨损，活塞杆磨损 (3) 安装不正确和填料在隔圈中轴向间隙太小，受热胀死 (4) 填料零件间夹有脏物	(1) 检修或更换 (2) 修磨或更换 (3) 检查重新装配 (4) 清除脏物
活塞环不正常磨损	(1) 润滑油质量不符合要求 (2) 材料松软，组织不严密，硬度不够 (3) 活塞环开口间隙小，遇热咬死	(1) 换油 (2) 更换材质符合要求的活塞环 (3) 修理
排气量不够	(1) 进气阀温度过高，进气阀倒气 (2) 排气压强不稳定 (3) 活塞环泄漏 (4) 填料箱泄漏 (5) 安全阀不严 (6) 空气滤清器堵塞 (7) 减荷阀开度不够大 (8) 局部不正常漏气	(1) 根据第 9 条修理进气阀 (2) 根据第 9 条修理排气阀 (3) 检查活塞环漏光度 (4) 根据第 10 条修理 (5) 根据第 6 条修理 (6) 清洗 (7) 修理 (8) 根据漏气情况，采取密封措施
排气温度超过 160℃	(1) 冷却水中断或水量不足 (2) 进气阀泄漏倒气	(1) 检查冷却水供应情况 (2) 根据第 9 条修理
油压表指针震摆	油路内有气体	拧开表接头排尽余气

三、真空机械运行操作

1. 开车前准备

①检查料液桶是否在指定位置。

②检查吡啶高位槽阀门是否在正常位置。

③检查真空系统是否运行正常。

④将料液吸入管插入料桶底部，并检查吸入管与桶口是否留有足够空隙，若不够大，打开桶盖上的透气孔盖。

2. 开车

①关闭高位槽放空管阀门，缓慢打开高位槽真空阀。

②缓慢打开高位槽进料阀，吸入料液。

3. 正常操作

观察高位槽进料情况，调节进料阀开度进行正常吸料。

4. 停车

①液位接近规定刻度时，关小进料阀、关闭真空阀，利用残留真空将剩余料液吸入高位槽。

②打开高位槽放空阀。

③等吸入管内料液回流进料桶后，将吸入管从料桶中抽出，放入另一个空桶中，以免

滴漏造成污染。

④关闭料桶盖。

不正常现象及处理方法如表 1－11 所示。

表 1－11　真空机械故障及处理方法

不正常现象	原因	处理方法
抽不上料液	（1）高位槽放空阀未关闭 （2）高位槽真空阀未打开 （3）料液吸入管未插入液面以下 （4）料桶内料液已抽完	（1）全关高位槽放空阀 （2）打开高位槽真空阀 （3）将料液吸入管尽量插入料桶底部 （4）更换
高位槽变形	（1）真空度过高 （2）高位槽强度不够	（1）关小真空阀，微开放空阀 （2）通知设备人员更换或补强
料桶吸瘪	吸入管与桶口空隙太小	打开料桶另外放气孔

习题与思考

一、选择题

1. 流体的压强有多种表示方式，1 标准大气压为（　　）。

A. 780mmHg　　B. $1kgf/cm^2$　　C. $10.33mH_2O$　　D. 10130Pa

2. 真空表读数是 60kPa，当地大气压为 100kPa 时，实际压强为（　　）kPa。

A. 40　　B. 60　　C. 160　　D. 100

3. 随着温度的升高液体的黏度（　　），气体的黏度（　　）。

A. 增加　　B. 不变　　C. 降低　　D. 不确定

4. 有两种关于黏性的说法：（　　）。

①无论是静止的流体还是运动的流体都具有黏性。②黏性只有在流体运动时才表现出来。

A. 这两种说法都对　　B. 这两种说法都不对

C. 第一种说法对，第二种说法不对　　D. 第二种说法对，第一种说法不对

5. 在伯努利方程式中，$p/\rho g$ 被称为（　　）。

A. 静压头　　B. 动压头　　C. 位压头　　D. 无法确定

6. 流体的流动形式可用雷诺数来判定，若为湍流则 Re（　　）。

A. <4000　　B. <2000　　C. >2000　　D. >4000

7. 当流体在圆管内流动时，管中心流速最大，滞流时的平均速度与管中心的最大流速的关系为（　　）。

A. $u=1.5u_{max}$　　B. $u=0.8u_{max}$　　C. $u=0.5u_{max}$　　D. $u=0.75u_{max}$

8. 流体在圆管中层流流动，若只将管内流体流速提高 1 倍，管内流体的流动形态仍为层流，则阻力损失为原来的（　　）倍。

A. 4　　B. 2　　C. $\sqrt{2}$　　D. 不能确定

9. 离心泵启动以前必须充满液体是为了防止发生（　　）。

A. 气缚现象　　B. 气蚀现象　　C. 汽化现象　　D. 气浮现象

10. 当离心泵输送的液体的黏度增大时，则其（　　）。

A. 扬程减少，流量、效率、轴功率均增大

B. 扬程、流量、效率均降低，轴功率增大

C. 扬程、效率增大，流量，轴功率减少

D. 扬程、流量、效率均增大，轴功率减少

11. 离心泵最常用的调节方法是（　　）。

A. 改变吸入管路中阀门的开度　　B. 改变压出管路中阀门的开度

C. 安置回流支路，改变循环量的大小　　D. 车削离心泵的叶轮

12. 某同学进行离心泵特性曲线测定实验，启动泵后，出水管不出水，泵进口处真空计指示真空度很高，他对故障原因做出了正确判断，排除了故障，你认为以下可能的原因中，哪一个是真正的原因（　　）。

A. 水温太高　　B. 真空计坏了　　C. 吸入管路堵塞　　D. 排出管路堵塞

13. 离心泵启动时，应把出口阀关闭，以降低启动功率，保护电机，不致超负荷工作，这是因为（　　）。

A. q_V启动 =0，N启动≈0　　B. q_V启动 >0，N启动 >0

C. q_V启动 <0，N启动 <0　　D. q_V启动 >0，N启动 <0

14. 离心泵停止操作时，应（　　）。

A. 先关出口阀后停电　　B. 先停电后关出口阀

C. 先关出口阀或先停电均可　　D. 单级泵先停电，多级泵先关出口阀

15. 离心泵的工作点是指（　　）。

A. 与泵最高效率时对应的点　　B. 由泵的特性曲线所决定的点

C. 由管路特性所决定的点　　D. 泵的特性曲线与管路特性的交点

16. 往复泵适用于（　　）。

A. 大流量且要求流量均匀的场合　　B. 介质腐蚀性强的场合

C. 流量较小、压头较高的场合　　D. 投资较小的场合

二、填空题

1. 流体是气体和液体的统称，其中__________是可压缩流体，__________是不可压缩流体。

2. 某设备的表压强为 50kPa，则它的绝对压强为__________；另一设备的真空度为 50kPa，则它的绝对压强为__________。（当地大气压为 100kPa）

3. 某液体在一段水平圆形直管内流动，已知 Re 值为 1800，若平均流速为 0.5m/s，则管中心点处速度为__________ m/s，流体在管内流动类型属__________流动。

4. 当20℃的甘油（$\rho = 1261\text{kg/m}^3$，$\mu = 1499\text{mPa} \cdot \text{s}$）在内径为 100mm 的管内流动时，若流速为 2.5m/s 时，其雷诺数 Re 为__________，其摩擦阻力系数 λ 为______。

5. 水由敞口恒液位的高位槽通过一个管道流向压力恒定的反应器，当管道上的阀门开度减小后，水流量将__________，摩擦因数__________，管道总阻力损失__________（增大、减小、不变）。

6. 增大流体的流量，则在孔板前后形成的压强差＿＿＿＿＿＿。

7. 离心泵的主要部件有如下三部分：＿＿＿＿＿、＿＿＿＿＿、＿＿＿＿＿。

8. 离心泵的主要参数有：＿＿＿＿、＿＿＿＿＿、＿＿＿＿＿、＿＿＿＿＿。

9. 离心泵的安装高度超过允许安装高度时，离心泵会发生＿＿＿＿＿＿现象。

10. 离心泵叶轮按有无盖板可分为：＿＿＿＿＿＿、＿＿＿＿＿、＿＿＿＿＿＿。

11. 离心泵铭牌上标明的流量和扬程指的是＿＿＿＿＿＿＿时的流量和扬程。

12. 风机的风压是指＿＿＿＿＿＿＿＿＿的气体通过风机而获得的能量。

13. 流体在圆管内作湍流流动时，摩擦因数与＿＿＿＿＿和＿＿＿＿＿有关；若其作完全湍流（阻力平方区），则摩擦因数仅与＿＿＿＿＿＿＿＿＿有关。

14. 离心泵将低位敞口水池的水送到高位敞口水槽中，若改送密度为1200kg/m^3、其他性质与水相同的液体，则流量＿＿＿＿＿＿＿＿、压头＿＿＿＿＿＿＿＿、轴功率＿＿＿＿＿＿＿＿。

15. 离心泵通常采用＿＿＿＿＿＿调节流量；往复泵采用＿＿＿＿＿＿调节流量。

三、简答题

1. 简述离心泵的工作原理。

2. 简述离心泵主要工作部件及其作用。

3. 离心泵的主要性能参数有哪些？影响离心泵性能的因素有哪些？

4. 离心泵如何启动和停车？如何调节离心泵的流量？

5. 往复压缩机与往复泵在结构上比较主要有哪些区别？在 $p-V$ 图上定性画出往复压缩机的四个工作循环，并标出各阶段名称。

6. 定性画出离心泵的特性曲线，并标出每条线的名称。

7. 什么是离心泵的气蚀现象？试分析引起的原因。

8. 看图回答如下问题：①阀门关闭时，两个测压点上的读数哪个大？②阀门打开时，两个测压点上的读数哪个大？流量哪个大？流速哪个大？分别说明原因。

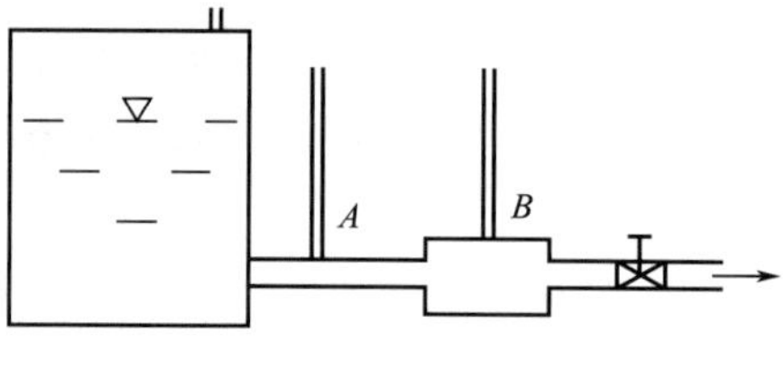

9. 什么是简单控制系统？试画出其组成框图。

四、计算题

1. 现有一台离心泵输送的工作介质为20℃清水，流量为60m^3/h，泵进口真空表读数0.02MPa，出口压力表读数0.48MPa，已知两表垂直距离为0.4m，若泵的吸入管与压出管管径相同，试计算该泵的扬程。

2. 用泵将相对密度为1.5的液体从常压贮槽送到吸收塔内，塔中压强为0.5at（表压），液体流入吸收塔处与贮槽液面的垂直距离为16m，液体的质量流量为12kg/s，输送管的规格为ϕ60mm×3.5mm钢管，液体流经管路的总损失为20J/kg。求泵的有效功率为多少kW？

3. 用油泵从储槽向反应器输送44℃的异丁烷，储槽中异丁烷液面恒定，其上方绝对压力为652kPa。泵位于储槽液面以下1.5m处，吸入管路全部压头损失为1.6m。44℃时异丁烷的密度为530kg/m³，饱和蒸气压为638kPa。所选用泵的允许气蚀余量为3.5m，问此泵能否正常操作？

4. 合成氨工业的碳化工段操作中，采用本题图所示的喷射泵制浓氨水。喷射泵主体为ϕ57mm×3mm的管子渐收缩成内径为13mm的喷嘴。每小时将1×10^4kg的稀氨水连续送入，流至喷嘴处，因流速加大而压力降低，将由中部送入的氨气吸入制成浓氨水。稀氨水性质与水近似，可取其密度为1000kg/m³。稀氨水进口管上压强表读数为1.52×10^5Pa，由压强表至喷嘴内侧的总摩擦阻力为2J/kg。试求稀氨水在喷嘴内侧的压强。

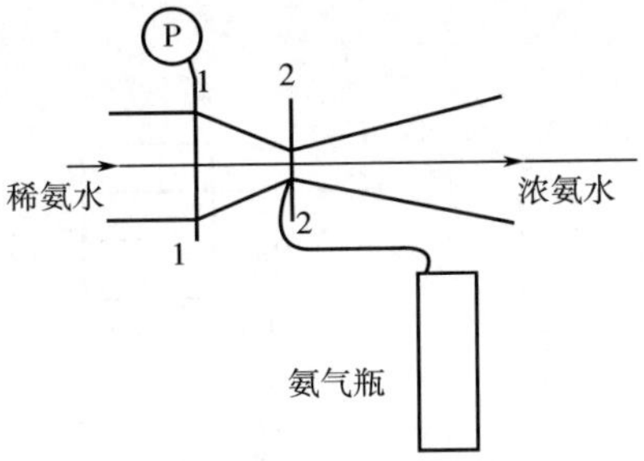

题4图

5. 如图所示，用离心泵将地下水池中的水送到储槽中，储槽液面离地面15m，储槽液面上方表压为19620Pa，水池液面在地面下1.5m处，水池及储槽液面均维持恒定。输水管道直径为ϕ76mm×3mm（进出口管路管径相同），长度为35m（包括管路中各种管件和阀门的当量长度）。今要求送水量为40m³/h，设水的密度为1000kg/m³，若取摩擦因数为0.02，试求：

（1）管道内水的流速为多少？

（2）离心泵需提供的能量为多少J/N？

（3）若泵的效率为55%，则泵所需的轴功率为多少kW？

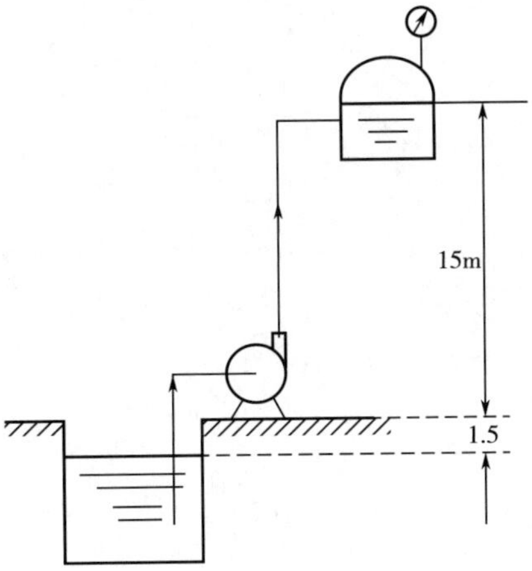

题5图

6. 在一常压贮槽内盛有某石油产品，工作温度下其饱和蒸气压为 80kPa，密度为 $760kg/m^3$，现将该油品以 $15m^3/h$ 的流量送往加工车间，输送管路为 $\phi57mm \times 3.5mm$ 的钢管，油品出口压强为 150kPa（表压），升扬高度为 8m，吸入和压出管路的压头损失分别为 1m 和 3m，$\Delta h = 3m$，泵的效率为 70%，试确定泵的轴功率及其安装高度。

7. 如图所示的输水系统中，用泵将水从贮槽送至敞口高位槽，两槽液面均恒定不变，输送管路尺寸为 $\phi83mm \times 3.5mm$，泵的进出口管道上分别安装有真空表和压力表，已知管路总长度（包括所有当量长度，下同）为 100m，其中压力表之后的管路长度为 80m，管路摩擦因数为 0.03，水的密度为 $1000kg/m^3$，泵的效率为 0.85，输水量为 $30m^3/h$。试求：

（1）泵的轴功率（kW）；

（2）压力表的读数（kPa）。

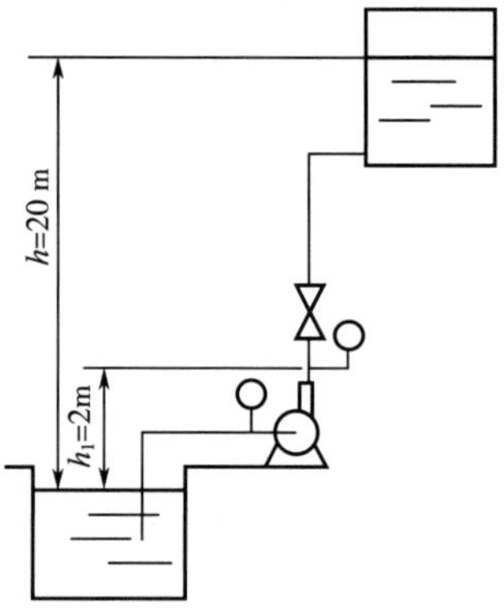

题 7 图

项目二 非均相物系分离操作

学习指南

知识目标

1. 掌握非均相物系分离设备的种类、结构、工作原理、特点、选用方法；板框压滤机的操作要领及其常见故障和处理方法。

2. 理解过滤、沉降单元操作的相关知识，如过滤单元的基本流程、过滤过程及过滤介质、过滤方程及其应用。

3. 了解液固分离的前沿技术，包括叶滤操作技术、真空过滤操作技术等。

能力目标

1. 能根据被分离物料的性质初步选择分离方式。

2. 能根据非均相物系特性及分离任务要求选择适宜的分离方式和分离设备。

3. 能进行板框压滤机的基本操作，分析处理常见故障。

4. 能根据生产任务和设备特点制定简单的安全操作规程。

素质目标

1. 培养学生敬业爱岗、勤学肯干的职业操守，严格遵守操作规程的职业素质。

2. 培养学生团结协作、积极进取的团队合作精神。

3. 培养学生安全生产、环保节能的职业意识。

4. 培养学生理论联系实际的思维方式。

5. 培养学生追求知识、独立思考、勇于创新的科学态度。

项目导言

化工生产中经常遇到需要处理的非均相物系，非均相物系主要有4类：液－固混合物（悬浮液）、气－液相混合物（泡沫或雾沫）、不互溶混合液（乳浊液）和气－固混合物。液－固混合物是指液体中含有分散的固体颗粒所形成的混合物，其中处于连续状态的液体称为连续相（或分散介质），处于分散状态的固体颗粒称为分散相（或分散物质）。例如，城市污水处理厂处理的污水一般为悬浮液，其中水为连续相，而水中的固体杂质为分散相。非均相物系的分离是化工生产中常见的单元操作，既要满足生产工艺提出的分离要求，又要考虑经济合理性，选择适宜的分离方法和分离设备是达到较高分离效率的关键。

按照分离操作的依据和作用力的不同，分离技术主要有两种：

①沉降分离技术。依据连续相和分散相的密度不同，在重力或离心力的作用下进行分离的操作技术，如重力沉降、离心沉降等。

②过滤分离技术。依据两相在固体多孔介质中透过性的差异，在重力、压力差或离心力的作用下进行分离的操作技术，如重力过滤、压差过滤、离心过滤等。

任务一　认识非均相物系分离设备

一、沉降设备

1. 沉降槽

沉降槽是一种从悬浮液中分离固体颗粒的重力沉降设备。用于低浓度悬浮液分离的设备常称为澄清器；用于中等浓度悬浮液的浓缩时称为浓缩器、增稠器或增厚器。

（1）结构。连续沉降槽是一种初步分离悬浮液的设备。图 2－1 是典型的连续沉降槽示意图。它主要由一个大直径的浅槽、进料槽道与料井、转动机构与转耙组成。

（2）工作过程。操作时料浆通过进料槽道由位于中央的圆筒形料井送至液面以下 0.3～1m 处，分散到槽的横截面上。要求料浆尽可能分布均匀，引起的扰动小。料浆中的颗粒向下沉降，清液向上流动，经槽顶四周的溢流堰流出。沉到槽底的颗粒沉渣由缓缓转动的转耙拨向中心的卸料锥而后排出。槽中各部位的操作状态，即颗粒的浓度、沉降速度等不随时间而变。基于重力沉降分离的一般规律，连续沉降槽的直径大，高度小。槽径小的数米，大的可达百米以上，为了节省占地面积，有时将几个（5 个以下）沉降槽叠在一起构成多层沉降槽。这时可用一根共同的轴带动各槽的耙。耙的转速很低，视槽的大小而异，小槽耙的转速约 1r/min，大槽耙的转速可低到 0.1r/min 左右。

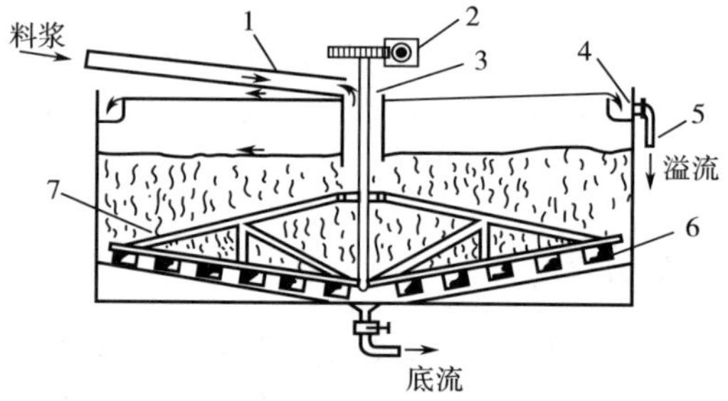

图 2－1　连续沉降槽

1—进料槽道　2—转动机构　3—料井　4—溢流槽　5—溢流管　6—叶片　7—转耙

（3）特点。连续沉降槽构造简单，生产能力大，劳动条件好，但设备庞大、占地面积大，湿沉降的处理量大。

2. 降尘室

当含有颗粒的气体进入降尘室气道后，因流道截面积扩大而速度减慢，只要颗粒能够在气体通过降尘室的时间内降至室底，便可从气流中分离出来。生产中，为了提高气固分离的能力，在气道中可加设若干块折流挡板，延长气流在气道中的行程，增加气流在降尘室的停留时间，还可以促使颗粒在运动时与器壁和挡板的碰撞，而后落入器底或集尘斗内，从而提高分离效率。

为了提高分离效率，还可采用多层隔板式降尘室。它是在降尘室内设置若干层水平隔板。当含尘气体经过气体分配道进入隔板缝隙，颗粒将沉降到各层隔板的表面，洁净气体自气体集聚道汇集后再由出口气道排出。多层降尘室虽然提高了分离效率，增大了处理量，能分离较细颗粒，但清灰比较麻烦。

降尘室在操作时，应注意气流速度不宜过大，保证气流在层流区流动，以免干扰颗粒的沉降或把已沉降下来的颗粒重新扬起。一般气流速度应控制在1.2～3m/s。

（1）多层降尘室。实际生产中应用较为广泛的重力沉降设备为多层降尘室，其结构见图2－2。

①结构。多层隔板式降尘室是处理气固相混合物的设备。在砖砌的降尘室中放置很多水平隔板（搁板），隔板间距通常为40～100mm，目的是减小灰尘的沉降高度，以缩短沉降时间，同时增大了单位体积沉降器的沉降面积，即增大了沉降器的生产能力。

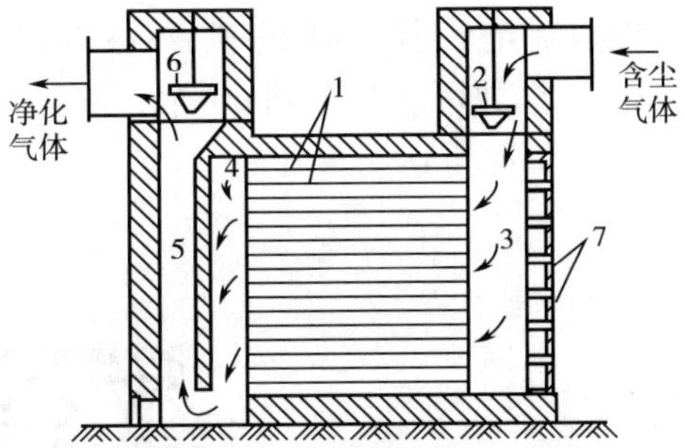

图2－2　多层隔板式降尘室

1—隔板　2，6—调节阀　3—气体分配道　4—气体集聚道　5—气道　7—出灰口

②工作过程。操作时含尘气体经气体分配道进入隔板缝隙，进、出口气量可通过流量调节阀调节；洁净气体自隔板出口经气体集聚道汇集后再由出口气道排出，流动中颗粒沉降至隔板的表面，经过一定的操作时间后，从除尘口将灰尘除去。为了保证连续生产，可将两个降尘室并联安装，操作时交替使用。

③特点。降尘室具有结构简单、操作成本低廉、对气流的阻力小、动力消耗少等优点；缺点是体积及占地面积较为庞大、分离效率低，适于分离固体颗粒直径大于75μm的气固相非均相物系混合物。

（2）降尘气道。

①结构。降尘气道也是用以分离气体非均相物系的重力沉降设备，常用于含尘气体的预分离。结构如图2－3所示，其外形呈扁平状，下部设集灰斗，内设折流挡板，可直接安装在气体管道上。

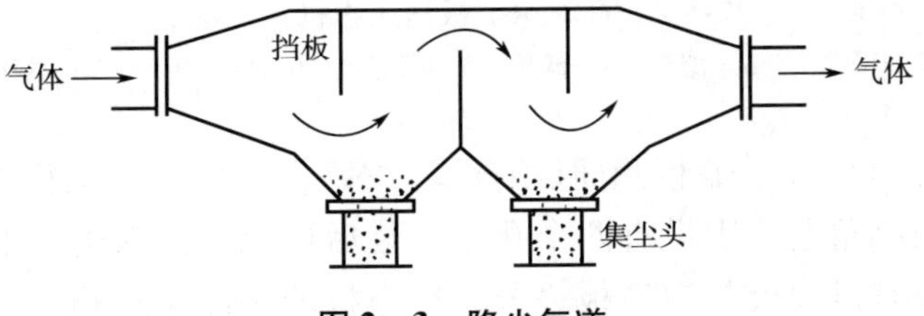

图2－3　降尘气道

②工作过程。含尘气体进入降尘气道后，因流道截面扩大而流速减小，增加了气体的

停留时间，使尘粒有足够的时间沉降到集灰斗内，即可达到分离要求。气道中折流挡板的作用有两个：第一，增加了气体在气道中的行程，从而延长气体在设备中的停留时间；第二，对气流形成干扰，使部分尘粒与挡板发生碰撞后失去动能，直接落入器底或集尘头内。

③特点。降尘气道构造简单，由于降尘气道可直接安装在气体管道上，所以无须专门的操作，但分离效率不高。

二、过滤设备

1. 板框压滤机

板框压滤机是历史最久，目前仍在普遍使用的一种间歇操作的过滤机。

（1）结构。由许多块正方形的滤板与滤框交替排列组合而成，板和框之间装有滤布，滤板与滤框靠支耳架在一对横梁上，并用一端的压紧装置将它们压紧。组装后的外形图如图 2－4 所示。板框压滤机的滤板和滤框可用铸铁、碳钢、不锈钢、铝、塑料、木材等制造。我国制定的板框压滤机系列的规格为：框的厚度为 25 ~ 50mm，框每边长 320 ~ 1000mm，框数可从几个到 60 个，随生产能力而定。板框压滤机的操作压强一般为 0.3 ~ 0.5MPa，最高可达 1.5MPa。

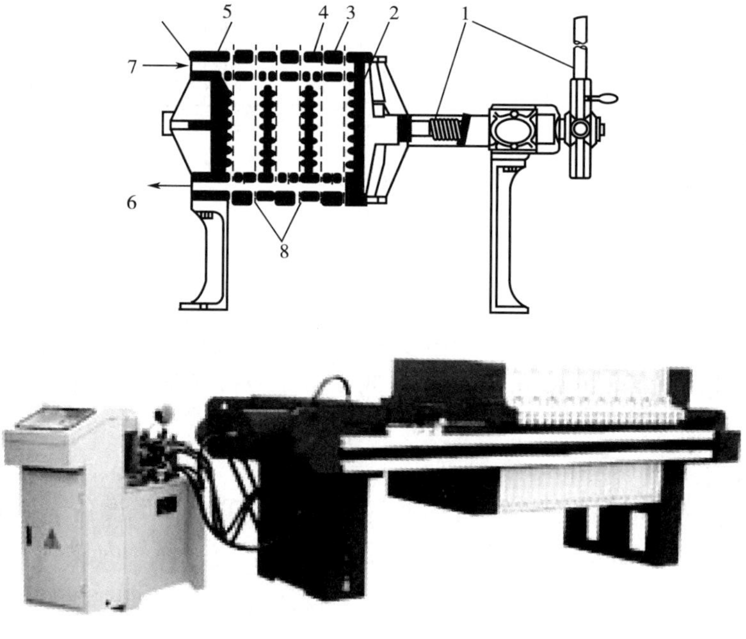

图 2－4　板框压滤机

1—压紧装置　2—可动头　3—滤框　4—滤板　5—固定头　6—滤液出口　7—滤浆进口　8—滤布

板和框的结构见图 2－5。滤板侧面设有凸凹纹路，凸出部分支撑滤布，凹处形成的沟为滤液流道；上方两侧角上分别设有两个孔，组装后形成悬浮液通道和洗涤水通道；下方设有滤液出口。滤板有过滤板与洗涤板之分，洗涤板的洗涤水通道上设有暗孔，洗涤水进入通道后由暗孔流到两侧框内洗涤滤饼。滤框上方角上开有与板同样的孔，组装后形成悬浮液通道和洗涤水通道；在悬浮液通道上设有暗孔，使悬浮液进入通道后由暗孔流到框内；

框的中间是空的，两侧装上滤布后形成累积滤饼的空间。

在滤板和滤框外侧铸有小钮或其他标志，便于组装时按顺序排列。滤板中的非洗涤板为一钮板，洗涤板为三钮板，而滤框则是二钮，滤板与滤框装合时，按钮数以 1-2-3-2-1-2-3-2……的顺序排列。

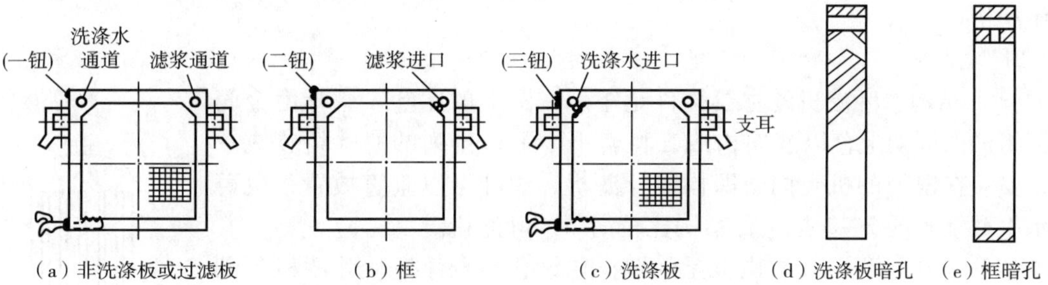

图 2-5　滤板和滤框

(2) 工作过程。板框压滤机为间歇操作，每个操作循环由装合、过滤、洗涤、卸饼、清理 5 个阶段组成。板框装合完毕，开始过滤，悬浮液在指定压强下经滤浆通路由滤框角上的暗孔并行进入各个滤框，见图 2-6 (a)，滤液分别穿过滤框两侧的滤布，沿滤板板面的沟道至滤液出口排出。颗粒被滤布截留而沉积在框内，待滤饼充满全框后，停止过滤。当工艺要求对滤饼进行洗涤时，先将洗涤板上的滤液出口关闭，洗涤水经洗水通路从洗涤板角上的暗孔并行进入各个洗涤板的两侧，见图 2-6 (b)。洗涤水在压差的推动下先穿过一层滤布及整个框厚的滤饼，然后穿过一层滤布，最后沿滤板（一钮板）板面沟道至滤液出口排出。这种洗涤方法称为横穿洗涤法，它的特点是洗涤水穿过的途径正好是过滤终了时滤液穿过途径的两倍。洗涤结束后，旋开压紧装置，将板框拉开卸出滤饼，然后清洗滤布，整理板框，重新装合，进行下一个循环。

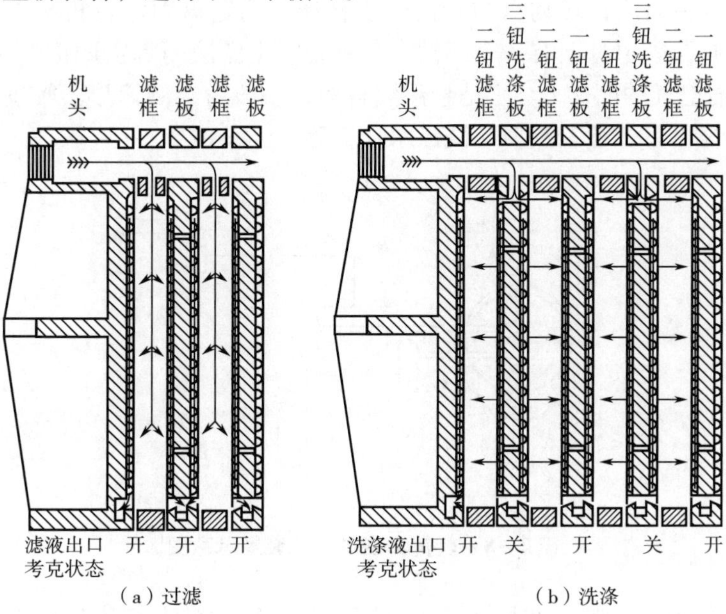

图 2-6　板框压滤机内液体流动路径图

（3）特点。板框压滤机的优点是结构简单，制造容易，设备紧凑，过滤面积大而占地小，操作压强高，滤饼含水少，对各种物料的适应能力强。它的缺点是间歇手工操作，劳动强度大，生产效率低。

近年来大型板框压滤机的自动化和机械化的发展很快，国内也开始使用自动操作的板框压滤机。

2. 叶滤机

（1）结构。叶滤机的主要构件是矩形或圆形的滤叶。滤叶由金属丝网组成的框架上覆以滤布构成，将若干个平行排列的滤叶组装成一体，安装在密闭的机壳内，即构成叶滤机，滤叶可以垂直放置，也可以水平放置。图 2 -7 是一种结构比较简单的叶滤机。

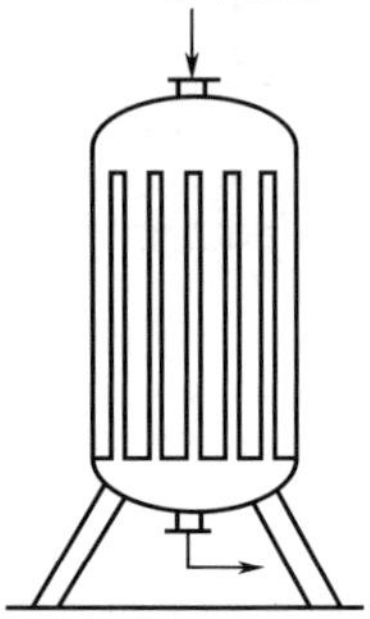

图 2 -7　叶滤机

（2）工作过程。叶滤机也是间歇操作设备。悬浮液从叶滤机顶部进入，在压力作用下液体透过滤叶上的滤布，通过分配花板从底部排出，固粒被截留在滤叶外部，当滤叶上的滤饼厚度达到一定时，停止过滤，若需要洗涤，则进洗涤水直接洗涤，最后拆开卸料。

（3）特点。叶滤机设备紧凑，密闭操作，劳动条件较好，每次循环滤布不需装卸，劳动力较省；缺点是更换滤布较困难，有的叶滤机结构比较复杂。

3. 转筒真空过滤机

（1）结构。转筒真空过滤机是工业上应用最广的一种连续操作的过滤设备。图 2 -8 是整个装置的示意图。转筒真空过滤机依靠真空系统造成的转筒内外的压差进行过滤。它的主体一是能转动的水平圆筒，即转筒 a，筒的表面有一层金属网，网上覆盖滤布，转筒内用隔板沿圆周分隔成互不相通的若干扇形小格。二是分配头，分配头由紧密相对贴合的转动盘 d 与固定盘 e 构成，见图 2 -9。转动盘上有与转筒上扇形小格同样数量的缝隙，且一一对应，转动盘与转筒同步转动；固定盘固定在机架上，它与转动盘通过弹簧贴合在一起，固定盘上有 3 个凹槽，分别是吸走滤液的真空凹槽 f，吸走洗水的真空凹槽 g，通入压缩空气的凹槽 h。三是悬浮液料槽，一般为半圆筒形。辅助系统有抽真空系统和压缩空气系统，另外还有刮刀、洗涤水喷头等。

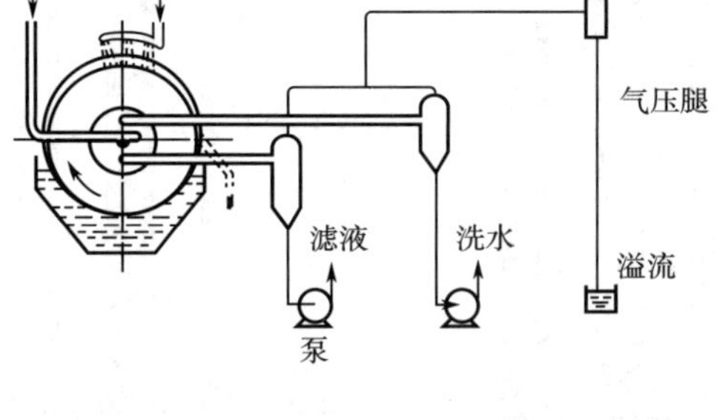

图 2 -8　转筒真空过滤机装置示意图

（2）工作过程。当扇形格 1 开始进入滤浆内时，转动盘上与扇形格 1 相通的小孔便与固定盘上的凹槽 f 相对，因而扇形格 1 与吸滤液的真空管道相通，扇形格 1 的过滤表面进行

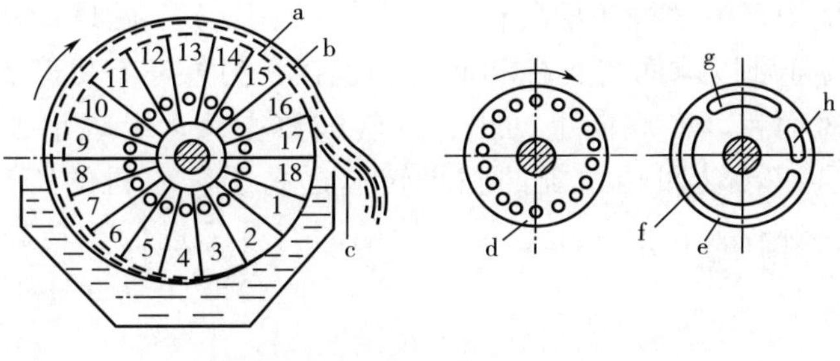

图 2-9 转筒及分配头的结构

a—转筒 b—滤饼 c—割刀 d—转动盘 e—固定盘 f—吸走滤液的真空凹槽
g—吸走洗水的真空凹槽 h—通入压缩空气的凹槽

过滤，吸走滤液。图上扇形格 1 ~7 所处的位置均在进行过滤，称为过滤区。扇形格刚转出滤浆液面时（相当于扇形格 8、9 所处的位置）仍与凹槽 f 相通，此时真空系统继续抽吸留在滤饼中的滤液，这个区域称为吸干区，扇形格转到 12 的位置时，洗涤水喷洒在滤饼上，扇形格与固定盘上的与吸洗涤水管道连通的凹槽 g 相通，洗涤水被吸走，扇形格 12、13 所处的位置称为洗涤区。扇形格 11 对应于转动盘上的小孔位于凹槽 f 与 g 之间，不与任何管道相连通，该位置称为不工作区，由于不工作区的存在，当扇形格由一个区转入另一个区时各操作区不致互相串通。扇形格 14 的位置为吸干区，15 为不工作区。扇形格 16、17 与固定盘上通压缩空气管道的凹槽 h 相通，压缩空气从扇形格 16、17 内穿过滤布向外吹，将转筒表面上沉积的滤饼吹松，随后由固定的刮刀将滤饼卸下，扇形格 16、17 的位置称为吹松区与卸料区。扇形格 18 为不工作区。如此连续运转，在整个转筒表面上构成了连续的过滤操作，过滤、洗涤、吸干、吹松、卸料等操作同时在转筒的不同位置进行，转筒真空过滤机的各个部位始终处于一定的工作状态。

转筒真空过滤机的过滤面积（指转筒表面）一般为 5 ~40m^2，转筒浸没部分占总面积的 30% ~40%，转速通常为 0.1 ~3r/min，滤饼厚度一般保持在 40mm 以下，对于难过滤的胶质颗粒滤饼，厚度可小到 10mm 以下，所得滤饼含液量较大，常达 30%，很少低于 10%。

（3）特点。转筒真空过滤机连续且自动操作，省人力；适用于处理含易过滤颗粒浓度较高的悬浮液；用于过滤细和黏的物料时采用预涂助滤剂的方法也比较方便，只要调整刮刀的切削深度就能使助滤剂层在长时间内发挥作用。但转筒真空过滤机的系统设备比较复杂，投资大；依靠真空作为过滤推动力会受限制；此外它不宜于过滤高温悬浮液。

三、其他分离设备

1. 离心机

离心机是利用离心力分离液态非均相系统的设备。离心分离的原理与沉降分离或过滤分离的原理是一样的，但由于离心力远大于重力或压力差，所以离心分离速率远大于重力沉降和普通过滤。下面介绍几种化工生产中常用的离心机。

（1）三足式离心机。

①构造。三足式离心机分为上部卸料和下部卸料两大类。图 2-10 所示的为上部卸料的三足式离心机的结构，包括转鼓 10、主轴 17、轴承座 16、皮带轮 2、电动机 1、外壳 15

和底盘6的整个系统用3根摆杆9悬吊在3个支柱（三足）7的球面座上，摆杆上装有缓冲弹簧8，摆杆两端分别以球面与支柱和底盘相连接，另外还有机座5和制动手柄14等。三足式离心机的轴短而粗，鼓底向上凸出，使转鼓重心靠近上轴承，这不仅使整机高度降低以利操作，而且使转轴回转系统的临界转速远高于离心机的工作转速，减小振动，并由于支撑摆杆的挠性较大，使整个悬吊系统的固有频率远低于转鼓的转动频率，增大了减振效果。

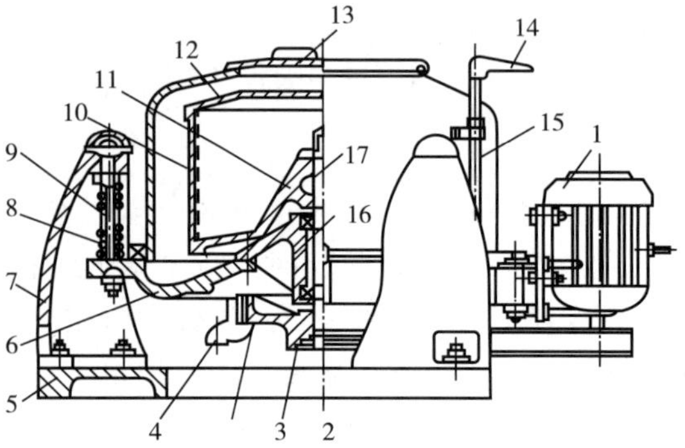

图2－10　三足离心机

1—电动机　2—三角皮带轮　3—制动轮　4—滤液出口　5—机座　6—底盘　7—支座　8—缓冲弹簧　9—摆杆　10—转鼓　11—转鼓底　12—拦液板　13—机盖　14—制动手柄　15—外壳　16—轴承座　17—主轴

②工作过程。操作时，在转鼓中加入待过滤的悬浮液，在离心力的作用下，滤液透过滤布和转鼓上的小孔进入外壳，然后再引至出口，固体则被截留在滤布上成为滤饼。待过滤了一定量的悬浮液，滤饼已积到一定厚度后，就停止加料。如需要洗涤滤饼或干燥滤饼，则应使转鼓再继续转动，待洗涤或干燥完毕再停车。

③特点。三足式离心机是过滤离心机中应用最广泛、适应性最好的一种设备，可用于分离从10μm的小颗粒至数毫米的大颗粒固体，甚至纤维状或成件的物料。特别是人工上部卸料三足式离心机的结构简单、维修方便、价格低廉。

这种离心机具有结构简单，操作平稳，占地面积小等优点。适用于过滤周期较长，处理量不大，滤渣要求含液量较低的生产过程，过滤时间可根据滤渣湿含量的要求灵活控制，所以广泛用于小批量、多品种物料的分离。但由于这种离心机需从上部人工卸除滤饼，劳动强度大。该离心机的转动机构和轴承等都在机身下部，操作检修均不方便，且易因液体漏入轴承而使其受到腐蚀。

（2）管式超速离心机。

①结构。管式超速离心机的结构见图2－11，主要由机身、传动系统、转鼓、集液盘、进液轴承座等组成。管式超速离心机的分离因素一般高达15000～60000，转速高达8000～50000r/min。为了减小转筒所受的应力，转筒为细长形，一般直径为0.1～0.2m，高0.75～1.5m。管式超速离心机有GF－分离型和GQ－澄清型。GF－分离型主要用于分离各种难分离的乳浊液，特别适用于两相密度差甚微的液－液分离；GQ－澄清型用于分离各种难以分离的悬浮液，特别适用于浓度小，黏度大，固相颗粒细，固液重度较小的固液分离。

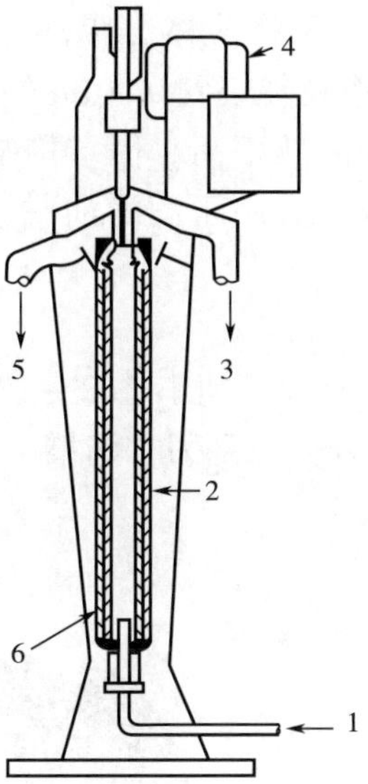

图 2-11 管式超速离心机

1—加料 2—转筒 3—轻液出口 4—电机 5—重液出口 6—挡板

②工作过程。混合液从离心机底部进入转筒，筒内有垂直挡板，可使液体迅速随转筒高速旋转，同时自下而上流动，且料液在离心力场的作用下因其密度差的存在而分离。对于 GF-分离型，密度大的液相形成外环，密度小的液相形成内环，其流动到转鼓上部从各自的排液口排出，微量固体沉积在转鼓壁上，待停机后人工卸出。对于 GQ-澄清型，密度大的固体微粒逐渐沉积在转鼓内壁形成沉渣层，待停机后人工卸出，澄清后的液相流动到转鼓上部的排液口排出。

③特点。管式超速离心机由于分离因数很高，所以它的分离效率极高，但处理能力较低，用于分离乳浊液时可连续操作，用来分离悬浮液时，可除去粒径在 1μm 左右的极细颗粒，故能分离其他离心沉降设备不能分离的物料。分离能力强，结构简单，操作、维修方便，耗能低、占地面积小。低噪声，能适应物料的温度范围宽。

（3）碟片式高速离心机。

①结构。碟片式离心机可用于分离乳浊液和从液体中分离少量极细的固体颗粒。图 2-12 为碟片式离心机的示意图。它的转鼓内装有 50～100 片平行的倒锥形碟片，间距一般为 0.5～12.5mm，碟片的半腰处开有孔，诸碟片上的孔串联成垂直的通道，碟片直径一般为 0.2～0.6m。

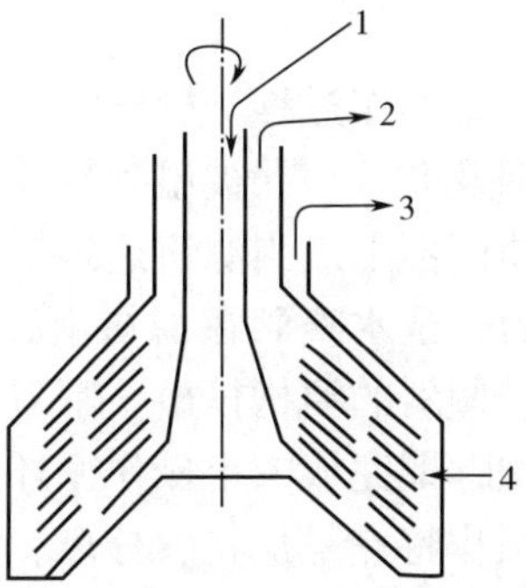

图 2-12 碟片式离心机

1—加料 2—轻液出口
3—重液出口 4—固体物积存区

②工作过程。转鼓与碟片通过一个垂直轴由电动机带动高速旋转，转速在 4000～7000r/min，分离因数可达 4000～10000。要分离的液体混合物由空心转轴顶部进入，通过碟片半腰的开孔通道进入诸碟片之间，并随碟片转动，在离心力的作用下，密度大的液体或含细小颗粒的浓相趋向外周，沉

于碟片的下侧，流向外缘，最后由上方的重液出口流出；轻液则趋向中心，沉于碟片上侧，流向中心，自上方的轻液出口流出。碟片的作用在于将液体分隔成很多薄层，缩短液滴（或颗粒）的水平沉降距离，提高分离效率，它可将粒径小到0.5μm的颗粒分离出来。

③特点。碟片式高速离心机的转鼓容积大，分离效率高。但结构复杂，不宜用耐腐蚀材料制成，不适用于分离腐蚀性的物料。此种设备广泛用于润滑油脱水、牛乳脱脂、饮料澄清、催化剂分离等。

（4）刮刀卸料离心机。

①结构。卧式刮刀卸料离心机是自动操作的间歇离心机。图2－13为卧式刮刀卸料离心机结构及操作的示意图。它的结构主要由转鼓、外壳、刮刀、溜槽、液压缸等组成。

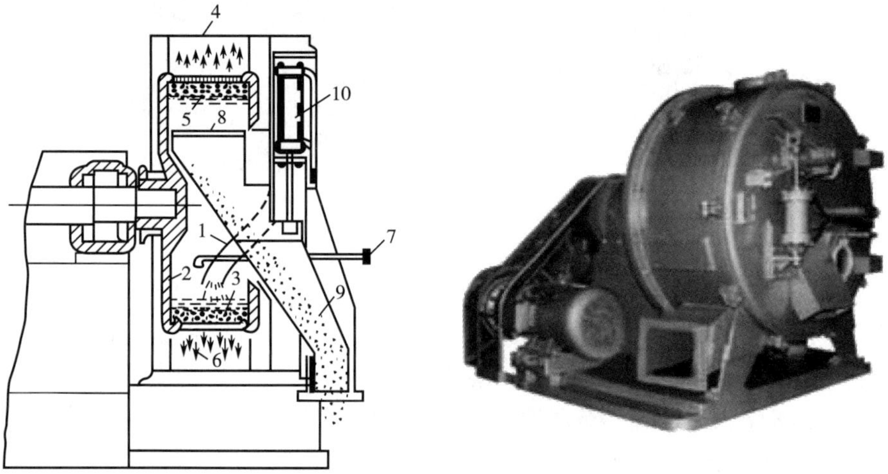

图2－13　卧式刮刀卸料离心机

1—进料管　2—转鼓　3—滤网　4—外壳　5—滤饼　6—滤液
7—冲洗管　8—刮刀　9—溜槽　10—液压缸

②工作过程。操作时，进料阀门自动定时开启，悬浮液进入全速运转的鼓内，滤液经滤网及鼓壁小孔被甩到鼓外，再经机壳的排液口排出。被滤网截留的颗粒被耙齿均匀分布在滤网面上。当滤饼达到指定厚度时，进料阀门自动关闭，停止进料。随后冲洗阀门自动开启，洗水喷洒在滤饼上，洗涤滤饼，再甩干一定时间后，刮刀自动上升，滤饼被刮下，并经倾斜的溜槽排出。刮刀升至极限位置后自动退下，同时冲洗阀门又开启，对滤网进行冲洗，即完成一个操作循环，接着开始下一个循环的进料。此种离心机也可人工操纵。它的操作特点是加料、分离、洗涤、甩干、卸料、洗网等工序的循环操作都是在转鼓全速运转的情况下自动地依次进行。每一工序的操作时间可按预定要求实行自动控制。

③特点。卧式刮刀卸料离心机操作简便，生产能力大，适宜于大规模连续生产，目前已较广泛地用于石油、化工行业，如硫铵、尿素、碳酸氢铵、聚氯乙烯、食盐、糖等物料的脱水。但由于采用刮刀卸料，颗粒破碎严重，对于必须保持晶粒完整的物料不宜采用。

（5）活塞推料离心机。

①结构。活塞推料离心机是自动连续操作的离心机，其结构如图2－14所示。活塞推料离心机主要由转鼓、活塞推送器、进料斗等组成。

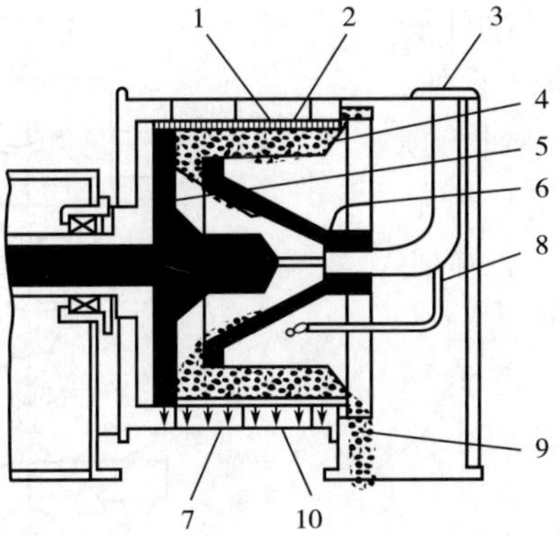

图 2－14　活塞推料离心机

1—转鼓　2—滤网　3—进料口　4—滤饼　5—活塞推送器　6—进料斗

7—滤液出口　8—冲洗管　9—固体排出　10—洗水出口

②工作过程。活塞推料离心的操作一直是在全速旋转下进行的，料浆不断由进料管送入，沿锥形进料斗的内壁流到转鼓的滤网上，滤液穿过滤网经滤液出口连续排出。积于滤网表面上的滤渣则被往复运动的活塞推送器沿转鼓内壁面推出，滤渣被推至出口的途中依次进行洗涤、甩干等过程。工作过程中加料、过滤、洗涤、甩干、卸料等操作在转鼓的不同部位同时进行，与转筒真空过滤机的工作过程相似。

③特点。活塞推料离心的优点是颗粒破碎程度小，控制系统较简单，功率消耗也较均匀，因此活塞推料离心主要用于浓度适中并能很快脱水和失去流动性的悬浮液。缺点是对悬浮液的浓度较敏感，若料浆太稀，则滤饼来不及生成，料液将直接流出转鼓；若料浆太稠，则流动性差，易使滤渣分布不均，引起转鼓振动。

2. *旋风分离设备*

旋风分离器在工业上的应用已有近百年的历史，由于它结构简单，造价低廉，操作方便，分离效率高，目前仍是化工、采矿、冶金动力、轻工等工业部门常用的分离和除尘设备。旋风分离器一般用来除去气体中粒径大于 5μm 的颗粒。旋风分离器的两个主要性能指标是分离颗粒的效率与气体通过旋风分离器的压降，为了寻求压降小、效率高的旋风分离器，人们进行了大量研究，设计了多种形式的旋风分离器。

（1）结构。旋风分离器的基本结构与操作原理可以用标准式旋风分离器来说明（图 2－15）。它是最简单的一种旋风分离器，主体上部为圆筒，下部为圆锥筒；顶部侧面为切线方向的矩形进口，上面中心为气体出口，排气管下口低于进气管下沿；底部集灰斗处要密封。标准式旋风分离器各部位尺寸用圆筒直径的倍数来表示。

（2）工作过程。①气流动力规律——双层螺旋运动。含尘气体以 20～30m/s 的流速从进气管沿切向进入旋风分离器，受圆筒壁的约束旋转，做向下的螺旋运动（外旋流），到底部后，由于底部没有出口且直径较小，使气流以较小的旋转直径向上做螺旋运动（内旋流），最终从顶部排出，见图 2－15。

②分离原理——离心沉降。含尘气体做螺旋运动的过程中，在离心力的作用下，尘粒被甩向壁面，碰壁以后，失去动能，沿壁滑落，直接进入灰斗。

③底部间歇排灰。实际上气体在旋风分离器中的流动是十分复杂的，内外旋流并没有分明的界线，在外旋流旋转向下的过程中不断有部分气体转入内旋流。此外，进器的气流中有小部分沿筒体内壁旋转向上，达到上顶盖后转而沿中心气体出口管旋转而沿中心气体出口管旋转向下，到达出口管下端后随上升的内旋流流出；中心上升的内旋流称为“气芯”，向上的轴向速度很大；中心部分为低压区，是旋流设备的一个特点，若中心低压区变为负压，则有可能从出灰口漏入空气而将分离下来的粉尘重新扬起。

（3）特点。旋风分离器的结构简单，没有运动部件，操作不受温度和压力的限制，分离效率可以高达70%～90%，可以分离出小到5μm的粒子，对5μm以下的细微颗粒的分离效率较低，可用后接袋滤器或湿法除尘器的方法来捕集。其缺点是气体在器内的流动阻力较大，对器壁的磨损较严重，分离效率对气体流量的变化较为敏感等。

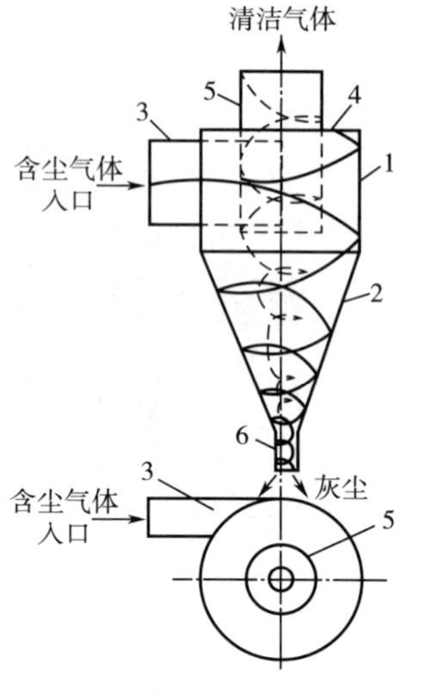

图2－15　旋风分离器

1—外壳　2—锥形底　3—气体入口管　4—上盖　5—气体出口管　6—除尘管

对标准形式的旋风分离器加以改进，出现了一些新型的旋风分离器，其目的是降低阻力或提高分离效率。常见的有：CLT、CLT/A、CLP/A、CLP/B等，其中C表示除尘器；L表示离心式；A、B为产品类别。

3. 旋液分离器

旋液分离器是利用离心力的作用，使悬浮液中的固体颗粒增稠或使粒径不同及密度不同的颗粒进行分级，其构造与工作原理与旋风分离器相似，如图2－16所示。

旋液分离器不能将固体颗粒与液体介质完全分开，悬浮液经入管由切向进入圆管，向下做螺旋运动，固体颗粒受离心力作用被甩向器壁，并随旋流降到锥底的出口，由底部排出的稠厚悬浮液称为底流；清液或只含有很细颗粒的液体则形成螺旋上升的内旋流，由器顶的溢流管排出，称为溢流。由于离心力的作用，在内层旋流中心还有一个处于负压的空气芯。

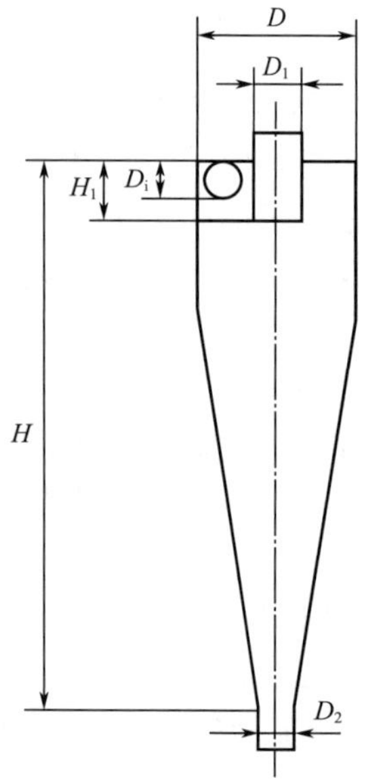

图2－16　旋液分离器结构图

旋液分离器的底部出口是打开的。调节此口的开度可以调节底流量与溢流量的比例，从而可使几乎全部或仅使一部分颗粒从底流中排出。使全部颗粒从底流中排出并得到稠厚浆液的操作，称为增稠。使大直径颗粒从底流中排出，小直径颗粒从溢流中排出的操作，称为分级。还可以通过对底流量与溢流量之比的调节，控制两部分中颗粒大小的范围。

旋液分离器的直径与长度通常比较小，这样有利于增大离心分离作用力，同时增大了液流的行程，从而延长了停留时间。

由于旋液分离器较重力沉降设备构造简单，无运动部分，占地面积小，处理能力大，设备费用低，有利于实现工艺连续化、自动化，故在工业生产上应用广泛。旋液分离器往往是很多个串联起来使用，它可以从液流中分出直径为几微米的小颗粒，但通常是作为分级设备使用。由于圆管直径小（50～300mm），液体进口速度大（可达到10m/s），故流体阻力很大，磨损也较严重，因此旋液分离器采用耐磨材料制造或采用耐磨材料作内衬。

4. 袋滤器

使含尘气体穿过袋状滤布，以除去其中的尘粒的设备称为袋滤器。袋滤器常用于气体除尘。

①结构。图2－17是一种袋滤器的结构示意图。袋式过滤机是一种压力式过滤装置，其主要过滤元件是由一系列悬挂的圆筒形布袋以及过滤筒盖和快开机构、不锈钢滤袋加强网等主要部件组成。

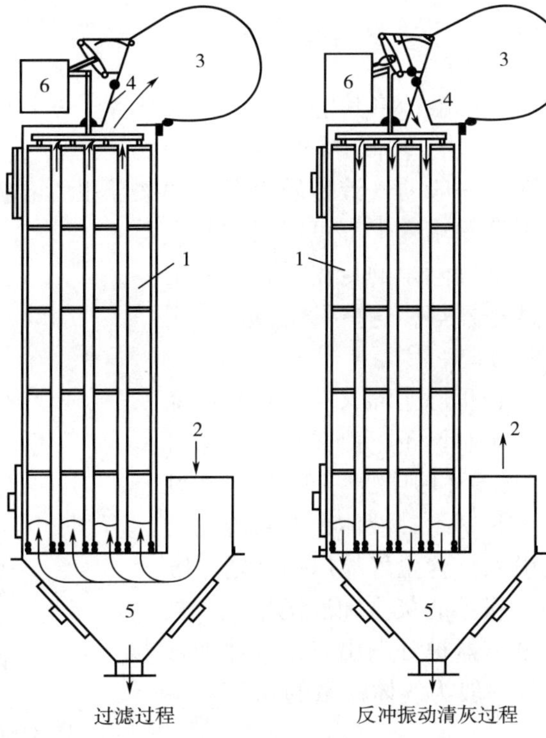

图2－17　袋滤器

1—布袋　2—入口　3—出气总管　4—调节风门　5—集尘室　6—反吹振动清灰执行机构

②工作过程。气体从入口进入布袋内，穿过布袋从上面出来，进入出气总管，由排风机抽走，排风机的设计要使器内略呈负压。尘粒被布袋截留，并沉积在布袋上，操作一定时间后由上部的振动与反吹装置进行清灰处理。清灰时的操作过程如下：通过顶部的反吹振动清灰执行机构定时把调节风门转到振动清灰的位置。因器内略呈负压，所以空气即被抽入器内，由布袋外侧穿过布袋，对布袋进行反吹清灰。与此同时，振动机构使布袋产生强烈振动，促进清灰、粉尘落入底部灰箱，从出口定期排出。整个袋滤器由如图2－17所示的单元若干个并联组合而成。反吹形成的含尘气体进入其

他的单元进行过滤。

布袋除尘器的除尘效率高，一般可达90%以上，可以除去粒径小于1μm的粉尘。常用在旋风分离器后作为末级除尘设备。

袋滤器按气体进气方式可分为内滤式和外滤式。内滤式是含尘气体由袋内向袋外流动，粉尘滤在袋内。外滤式则粉尘分离在其外，其袋内须设有骨架，以防滤袋被吹瘪。袋滤器又可按清灰方法分为人工拍打式、机械振打式、气环反吹式和脉冲式。袋滤器中每个滤袋的长度为2～3.5m，直径为120～300mm，多数情况下气体的过滤速度为0.6～0.8m/min。布袋除尘器的使用受粉尘性质和布袋材料耐温性的限制，天然纤维的最高使用温度为80～90℃，合成纤维为80～130℃，其中耐酸聚酰胺纤维可达200℃，玻璃纤维可达250℃。一般，耐高温材料价格比较昂贵。黏性颗粒不宜采用袋滤器。

③特点。滤袋侧漏概率小、体积小、容污量大、过滤品质高。袋式过滤可承载更大的工作压力，压损小，运行费用低，应用范围广，节能效果明显。更换滤袋时方便快捷，而且过滤机免清洗，省工省时。

5. 湿法除尘器

湿法除尘器是使气体与水接触，将其中尘粒除去的设备。一般在湿法除尘的同时气体被冷却，所以它常用于高温炉气的冷却与除尘。

湿法除尘器的形式很多，一般的气液传质设备，如文丘里管、喷洒塔、填料塔、板式塔，只要固体颗粒不在其中沉积堵塞，都可以用作除尘设备，此外还有一些主要为湿法除尘的专用设备，如旋风水膜除尘器、自激喷雾洗涤器等，这些设备往往利用几种效应的同时作用使颗粒分离。

（1）文丘里除尘器。文丘里除尘器又叫文丘里洗涤器，是分离效率较高的湿法净制设备。由文丘里洗涤管（即文式管，包括收缩管、喉管和扩散管3部分）和旋风分离器所构成。如图2－18所示，液体由喉管外围的环形夹套经若干径向小孔引入，含尘气体以高速通过喉部把液体喷成很细的雾滴。悬浮的灰尘和液滴接触，被液体润湿捕集，进入旋风分离器被分离出来，气体即被净化。文式管中的液体用量一般为气体流量的0.05%～0.15%。

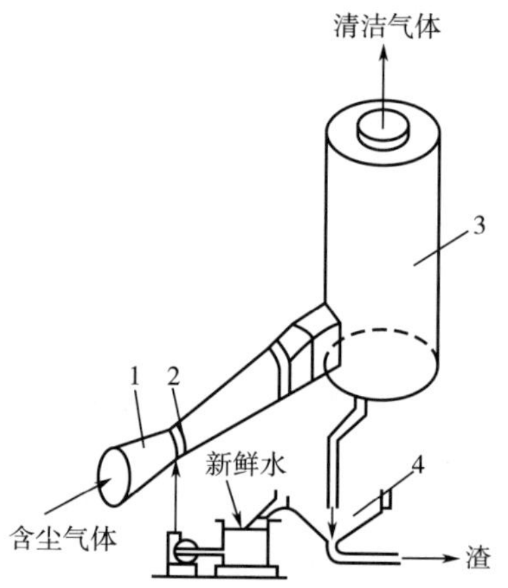

图2－18　文丘里除尘器

1—洗涤管　2—有孔喉管
3—旋风分离器　4—沉降槽

文丘里管的几何形状与尺寸的确定以保证净化效率和减小流体阻力两方面综合考虑为基本原则。一般收缩管中心角为23°～25°，出口管中心角为6°～8°，喉管处的流速为40～120m/s。

文丘里除尘器的结构简单，操作方便，除尘效率高（对于0.5～1.5μm的尘粒，分离效率可达99%）；可单独使用，也可串联使用，可用来除去雾沫。缺点是压强降较大，一般为1000～5000Pa；消耗能量较大。

（2）旋风水膜除尘器。图2－19是旋风水膜除尘器的示意图。设置在筒体上部的喷嘴由切向将水喷在器壁上，使内壁上形成一层很薄的不断下流的水膜，含尘气体由筒体下部切向导入，旋转上升，粉尘靠离心力的作用甩向器壁而为水膜黏附，随水沿器壁流下而后排出。这种设备是旋风分离与水膜除尘的综合利用，除尘效率较高。因为它主要利用颗粒受惯性离心力的沉降作用，所以它的操作原理与旋风分离器类似。

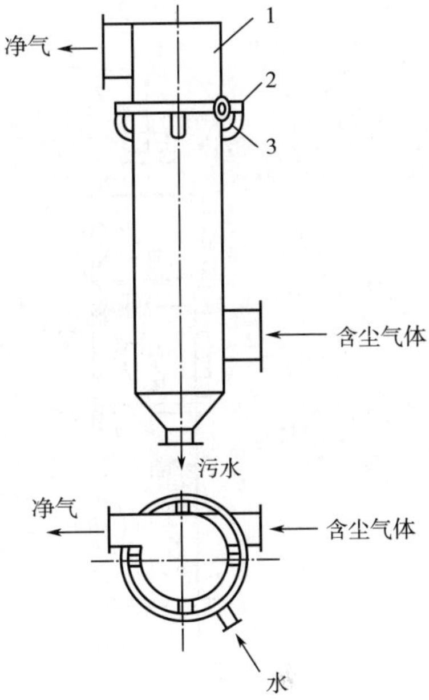

图 2－19　旋风水膜除尘器

（3）泡沫除尘器。图 2－20 是一台泡沫除尘器的简图。器的外壳是圆形或方形，分成上下两室，中间隔有筛板，下室有锥形底。水或其他液体由上室的一侧靠近筛板处的进液室进入，受到经筛板上升的气体的冲击，产生很多泡沫，在筛板上形成一层流动的泡沫层。含尘气体由下室进入，当它上升时，较大的灰尘被少部分下降的液体冲洗带走，由器底排出。气体中微小的灰尘在通过筛板后，被泡沫层截留，并随泡沫层经器的另一侧的溢流挡板排出。净制后的气体由器顶排出。泡沫除尘器中，由于气液两相的接触面积很大，分离效率很高。若气体中所含的尘粒直径大于5μm，分离效率可达 99%。为了提高分离效率，可设置双层或多层筛板。

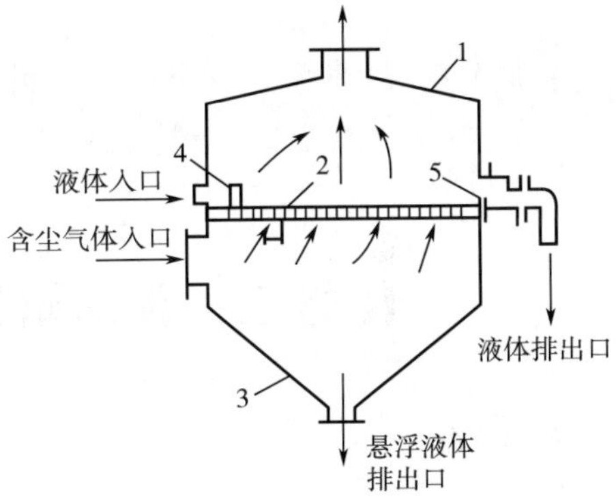

图 2－20　泡沫除尘器

1—外壳　2—筛板　3—锥形底
4—进液室　5—液流挡板

（4）湍球塔。湍球塔是一种高效除尘设备，如图 2－21 所示，其主要构造是在塔内栅板间放置一定量的轻质空心塑料球。由于受到经栅板上升的气流冲击和液体喷淋，以及自身重力等多种力的作用，轻质空心塑料球悬浮起来，剧烈翻腾旋转并互相碰撞，使气液得到充分接触，除尘效率很高。空心塑料球常用聚乙烯或聚丙烯等材料制成。

6. 静电除尘器

当气体中含有某些极微细的尘粒或露滴时，可用静电除尘器予以分离。含有悬浮尘粒或露滴的气体通过金属板间的高压直流静电场，气体发生电离，生成带有正电荷与负电荷的离子。离子与尘粒或雾滴相遇而附于其上，使后者带有电荷而被电极所吸引，尘粒便从气体中除去。图 2－22 所示为具有管状收尘电极的静电除尘器。静电除尘器能有效地捕集 0.1μm 甚至更小的烟尘或雾滴，分离效率可高达 99.99%，阻力较小。气体处理量可以很大。低温操作时性能良好，也可用于 500℃ 左右的高温气体除尘。缺点是设备费和运转费都较高，安装、维护、管理要求严格，所以一般只用于要求除尘效率高的场合。

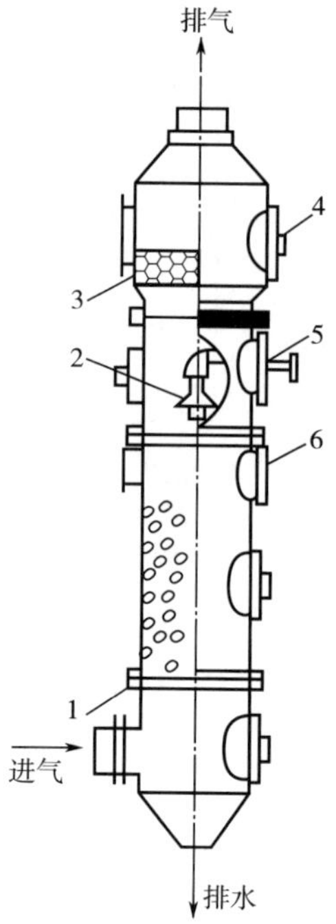

图 2-21 湍球塔
1—栅板 2—喷嘴 3—除雾器 4—人孔
5—供水管 6—视镜

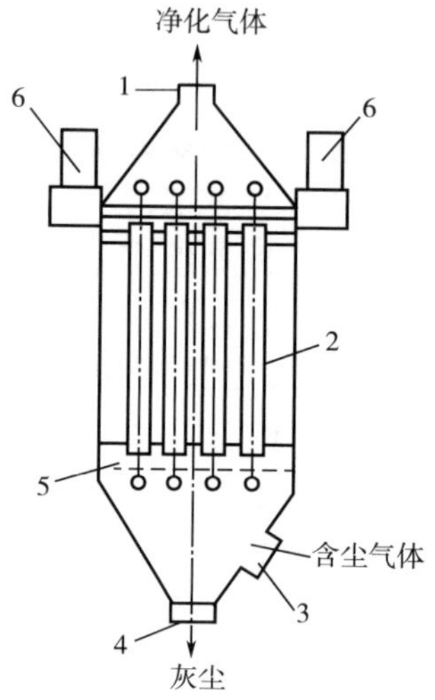

图 2-22 静电除尘器
1—净气出口 2—收尘电极 3—含尘气体入口
4—灰尘出口 5—放电电极 6—绝缘箱

任务二 非均相物系分离技术的基本知识

一、沉降

沉降是指在某种外力作用下，由于两相物质密度不同而发生相对运动，从而实现两相分离的操作过程。根据所受外力的不同，沉降可分为重力沉降和离心沉降。

1. 重力沉降

在重力作用下，利用分散相颗粒和连续相流体发生相对运动而实现分离操作过程称为重力沉降。重力沉降的实质是借助分散相和连续相有较大密度差异而实现分离的，密度相差越大，分离越易进行，分离也越完全。

2. 离心沉降

当分散相与连续相密度差较小或颗粒细小时，在重力作用下沉降速度较低。利用惯性离心力的作用，使固体颗粒沉降速度加快以达到分离的目的，这样的操作称为离心沉降。离心沉降不仅可以大大提高沉降速度，沉降设备的尺寸也可以大大缩小。

二、过滤

过滤是分离悬浮液常用和有效的单元操作之一。它是利用重力、离心力或压力差使悬浮液通过多孔性过滤介质，其中固体颗粒被截留，滤液穿过介质流出以达到固液混合物的分离。与沉降分离相比，过滤操作可使悬浮液的分离更迅速、更彻底。

1. 过滤过程与过滤介质

（1）过滤过程。过滤过程所用的基本构件是具有微细孔道的过滤介质（如织物），要分离的悬浮液置于过滤介质一侧（图2－23）。在过滤推动力的作用下，流体通过过滤介质的毛细孔道流到介质的另一侧，流体中的颗粒被介质截留，这样就实现了流体与颗粒的分离。其中待分离的悬浮液称为滤浆，通过过滤介质的澄清液称为滤液（又称清液），被过滤介质截留的固体粒子称为滤饼（又称滤渣）。

在过滤操作开始阶段，会有一些细小颗粒穿过介质而使滤液浑浊，但是会有一部分颗粒进入过滤介质孔道中发生“架桥”现象（图2－24），随着颗粒的逐步堆积，将形成滤饼，穿过滤饼的液体则变为清洁的滤液。滤饼增至一定厚度，过滤速度就变得很慢，应该将滤饼清除。在清除滤饼之前，滤饼的空隙还存有部分滤液，将这部分滤液从滤饼中清洗出来，称为洗涤。用水或其他溶剂清洗滤饼，洗涤后得到的液体称为洗涤液。洗涤后，将滤饼用压缩空气吹干或用真空吸干，称为去湿。将洗涤去湿后的滤饼卸下，称为卸料。卸料以后过滤机要进行复原，重新进行新一轮的过滤操作。过滤操作的周期包括过滤、洗涤、卸料、复原四个阶段。

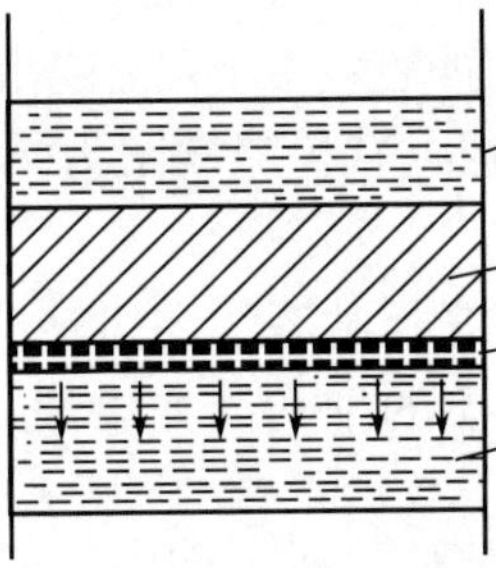

图2－23　过滤操作原理图

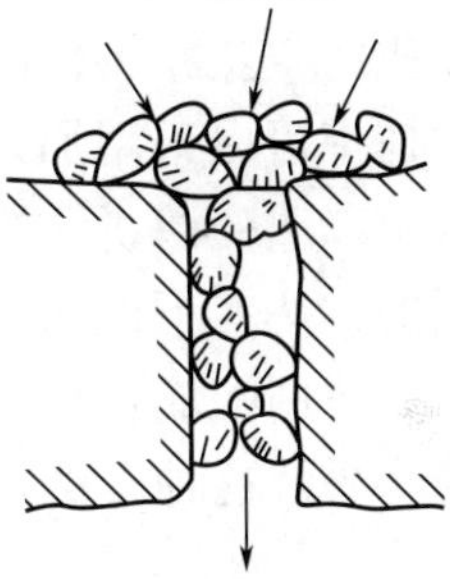

图2－24　架桥现象

（2）过滤介质。工业用的过滤介质应具有下列条件：

①多孔性。孔道适当小，对流体的阻力小，又能截住要分离的颗粒。

②物理化学性质稳定，耐热、耐化学腐蚀。

③足够的机械强度，使用寿命长。

④价格便宜。

工业上常用的过滤介质主要有以下几类：

①织物介质。又称滤布，包括由棉、毛、丝、麻等天然纤维，玻璃丝和各种合成纤维制成的织物。此外还有用金属丝织成的网。根据编织方法和孔网的疏密程度的不同，这类介质所能截留的颗粒的粒径范围较宽，从几十 μm 到 1μm。其规格习惯称为“目”或“号”，指每平方英寸介质所具有的孔数，“目”或“号”数越大，表明孔径越小，对悬浮液的拦截能力越强。通常是本着滤布的孔径略大于拟除去最小颗粒直径的原则来确定滤布

规格。织物介质薄，阻力小，清洗与更新方便，价格比较便宜，是工业上应用最广泛的过滤介质。

②多孔性固体介质。如素烧陶瓷、烧结金属（或玻璃）、塑料细粉黏成的多孔塑料、棉花饼等。这类介质较厚，孔道细，阻力较大，能截留 1 ~ 3μm 的微小颗粒。

③堆积介质。由各种固体颗粒（砂、木炭、石棉粉等）或非编织的纤维（玻璃棉等）堆积而成，层较厚。一般用于处理含固体量很少的悬浮液，如水的净化处理等。

④多孔膜。由高分子材料制成，膜很薄（几十 μm 到 200μm），孔很小，可以分离小到 0.005μm 的颗粒。应用多孔膜的过滤有超滤和微滤。

（3）滤饼。滤饼是由过滤介质截留的颗粒累积而成的固定床层。随着操作的进行，滤饼的厚度与流动阻力将逐渐增加。

若滤饼由不易变形的坚硬固体颗粒（如硅藻土、碳酸钙等）所构成，则当滤饼两侧的压力差增大时，颗粒的形状及颗粒间的空隙都不会有显著变化，故单位厚度滤饼的流体阻力可以认为恒定，此类滤饼称为不可压缩滤饼，这类滤饼是由刚性较强的颗粒形成，它不会因受到压力差而造成变形；反之，若滤饼是由某些氢氧化物之类的胶体物质所构成，则当两侧压力差增大时，颗粒的形状和颗粒间的空隙便有显著的改变，使得单位厚度滤饼的流动阻力增大，此类滤饼则称为可压缩滤饼，这类滤饼是由较软的颗粒形成，它在压差的作用下易于变形，使滤饼中的流动通道变小，阻力增大。

（4）助滤剂。除了上述可压缩滤饼外，悬浮液含有很细的颗粒，它们可能进入过滤介质的空隙，使介质的空隙减小，阻力增加，同时细颗粒形成的滤饼阻力大。为了克服上述困难，提高过滤速率可以采用加入助滤剂的方法。助滤剂是一些不可压缩的粒状或纤维状固体，它的加入可以改变滤饼结构，提高刚性，增加空隙，减少流动阻力。

加入助滤剂的方法有下述两种：

①预涂。用助滤剂配成悬浮液，在正式过滤前用它进行过滤，在过滤介质上形成一层由助滤剂组成的滤饼，这种方法可以避免细颗粒堵塞介质的细孔。如果滤饼有黏性，此法有助于滤饼的脱落。

②将助滤剂混在滤浆中一起过滤。助滤剂应是质地坚硬，粒度适当，能悬浮于料液中，化学性质稳定，不会污染滤液的不溶物质。常用的助滤剂有硅藻土、石棉、炭粉、纸浆粉等。

必须指出，当滤饼是产品时不能使用助滤剂。

2. 过滤的分类

工业上可用过滤分离的非均相混合物各种各样，分离要求也各不相同，为了适应不同分离对象的不同分离要求，过滤方法和设备也多种多样，为了更好地掌握过滤技术，有必要对它们进行适当的分类。

（1）根据过程的机理分为滤饼过滤与深层过滤。

①滤饼过滤。化工生产中的过滤基本上是滤饼过滤。应用织物、多孔固体或多孔膜等过滤介质的过滤为滤饼过滤。这些过滤介质的孔一般小于颗粒，过滤时流体可以通过介质的小孔，颗粒的尺寸大，不能进入小孔而被过滤介质截留。因此颗粒的截留主要依靠筛分作用。

实际上滤饼过滤所用过滤介质的孔径不一定都小于颗粒的直径，在过滤刚开始时，部分颗粒可以进入介质的小孔，有的颗粒透过介质，有的颗粒在孔中或孔口上形成架桥，如图2－24所示，使介质的实际孔径减小，颗粒不能通过而被截留。此外，随着过滤的进行，被截留的颗粒在介质表面形成滤饼，滤饼的空隙小，颗粒在滤饼表面被截留，滤饼起真正过滤介质的作用。

②深层过滤。深层过滤应用砂子等堆积介质作为过滤介质，介质层一般较厚，在介质层内部构成长而曲折的通道，通道的尺寸大于颗粒粒径，过滤时颗粒随流体进入介质的孔道，依靠直接拦截、惯性碰撞、扩散沉积、重力沉降以及静电效应等原因使颗粒沉积在介质的孔道中而与流体分开。深层过滤一般只用在流体中颗粒含量很少的场合，例如水的净化、烟气除尘等环保行业。

（2）按促使流体流动的推动力，分为重力过滤、压差过滤和离心过滤。

①重力过滤。悬浮液的过滤可以依靠液体的位差使液体穿过过滤介质流动，例如实验室中的滤纸过滤、不加压的砂滤净水装置。由于位差所能建立的推动力不大，这种过滤用得不多。

②压差过滤。人为地在滤饼上游和滤液出口间造成压力差，并以此压力差为推动力的过滤称为压差过滤。这种过滤用得最普遍，液体和气体非均相混合物都可以用。

③离心过滤。利用使滤浆旋转所产生的惯性离心力使滤液流过滤饼与过滤介质，从而与颗粒分离。离心过滤能建立很大的推动力，得到很高的过滤速率。同时，所得的滤饼中含液量很少，所以它的应用也很广泛。

（3）按操作方式分为间歇过滤和连续过滤。

与所有化工过程一样，间歇过滤时，固定位置上的操作情况随时间而变化，连续过滤时在固定位置上操作情况不随时间而变，过滤过程的各步操作在不同位置上进行。

3. 过滤推动力

过滤推动力是滤渣和过滤介质两侧的压强差，增大过滤推动力的方法有：

（1）增加悬浮液本身的液柱压强，一般不超过50kPa，称为重力过滤。

（2）增加悬浮液面上的压强，一般可达到500kPa，称为加压过滤。

（3）在过滤介质下面抽真空，真空度通常不超过86.6kPa，称为真空过滤。

此外，过滤推动力还可以用离心力来增大，称为离心过滤。

任务三　非均相物系分离操作的工艺参数及控制

一、重力沉降速度

1. 重力沉降速度

重力沉降速度是指颗粒相对于周围流体的沉降运动速度，其影响因素很多，如颗粒的形状、大小、密度以及流体的密度和黏度等。

2. 球形颗粒的自由沉降速度计算

如果球形颗粒在重力沉降过程中不受流体、周围颗粒和器壁的影响，则称为自由沉降，反之称为干扰沉降。自由沉降是一种理想的沉降状态，实际生产中的沉降几乎全都是干扰沉降。但由于自由沉降过程的影响因素少，研究起来相对简单。所以，对重力沉降的研究通常从自由沉降入手。

自由沉降应满足下述条件：

（1）分散相颗粒为表面光洁度、颗粒直径和密度同一的球形颗粒，不会因颗粒沉降速度的差异引起撞击干扰。

（2）物系中分散相颗粒的浓度较稀，沉降过程中不会发生颗粒与颗粒间的碰撞干扰。

（3）沉降设备的尺寸相对较大，器壁对颗粒的沉降无干扰作用。

（4）连续相的流动稳定、低速，连续相的流动对颗粒的沉降无干扰作用。

如图 2－25 所示，球形颗粒置于静止的流体中，当颗粒密度大于流体密度时，颗粒将在流体中沉降，此时颗粒受到 3 个力的作用，即重力、浮力和阻力。

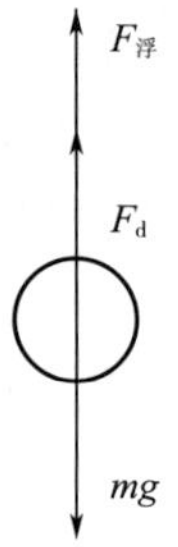

图 2－25　颗粒受力图

设颗粒的密度为 ρ_s，颗粒的直径为 d，流体的密度为 ρ，流体的黏度为 μ，颗粒沉降时受到的阻力系数为 ζ。

当重力等于浮力与阻力之和时，即 $mg = F_{浮} + F_{阻}$，颗粒将以不变的速度匀速下降，此时的速度为重力沉降速度。

重力沉降速度为：

$$u_t = \sqrt{\frac{4d(\rho_s - \rho)g}{3\xi\rho}} \tag{2-1}$$

利用式（2－1）计算沉降速度时，首先需要确定阻力系数 ζ。通过量纲分析可知，ζ 是颗粒对流体做相对运动时的雷诺数 Re 函数，即：

$$\zeta = f(Re)$$

$$Re = \frac{du_t\rho}{\mu}$$

式中：μ——流体的黏度，Pa・s。

ζ 与 Re 关系通常由实验测定，如图 2－26 所示。

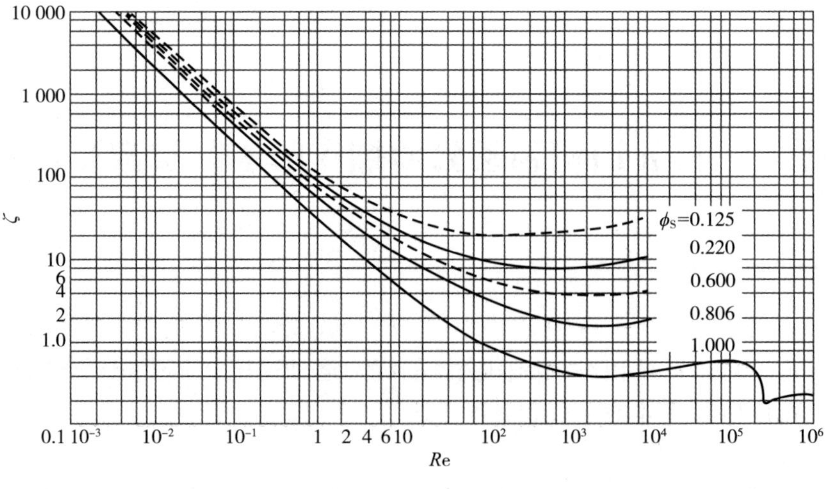

图 2－26　ζ—Re 的关系图

为了便于计算ζ，可将球形颗粒的曲线分为3个区域，即：

滞流区 $10^{-4} < Re \leqslant 1$　（斯托克斯区）

$$\zeta = \frac{24}{Re} \tag{2-2}$$

过渡区 $1 < Re \leqslant 1000$

$$\zeta = \frac{18.5}{Re^{0.6}} \tag{2-3}$$

湍流区 $1000 < Re \leqslant 2 \times 10^5$　（牛顿区）

$$\zeta = 0.44 \tag{2-4}$$

将式（2-2）、式（2-3）和式（2-4）分别代入式（2-1），可得到球形颗粒在各区中沉降速度的计算式，即：

滞流区

$$u_t = \frac{d^2(\rho_s - \rho)g}{18\mu} \tag{2-5}$$

过渡区

$$u_t = 0.27\sqrt{\frac{d(\rho_s - \rho)g}{\rho}R_e^{0.6}} \tag{2-6}$$

湍流区

$$u_t = 1.74\sqrt{\frac{d(\rho_s - \rho)g}{\rho}} \tag{2-7}$$

式（2-5）、式（2-6）和式（2-7）分别称为斯托克斯公式、艾伦公式和牛顿公式。

在用以上公式计算颗粒的沉降速度时，由于无法计算雷诺数R_e，因此常采用试差法，即先假设颗粒沉降属于某个区域，选择相对应的计算公式进行计算，然后将计算结果用雷诺数R_e进行校核，若与原假设区域一致，则计算的u_t有效，否则，按计算出来的R_e值另选区域，直至校核与假设相符为止。

【例2-1】试计算直径为50μm、密度为2650kg/m³的球形石英颗粒在20℃水中和20℃常压空气中的自由沉降速度。

解：①在20℃水中沉降。

查得20℃水的黏度$\mu = 1.01 \times 10^{-3}$Pa·s，密度$\rho = 998$kg/m³，

假设沉降属于滞流区，

$$u_t = \frac{d^2(\rho_s - \rho)g}{18\mu}$$

式中：$d = 50\mu m = 50 \times 10^{-6}$mm，$\rho_s = 2650$kg/m³，$\rho = 998$kg/m³，$\mu = 1.01 \times 10^{-3}$Pa·s，

$$u_t = \frac{(50 \times 10^{-6})^2 \times (2650 - 998) \times 9.807}{18 \times 1.01 \times 10^{-3}} \approx 2.23 \times 10^{-3}(m/s)$$

校核流型：

$$R_e = \frac{du_t\rho}{\mu} = \frac{50 \times 10^{-6} \times 2.23 \times 10^{-3} \times 998}{1.01 \times 10^{-3}} \approx 0.11 < 1$$

所以假设滞流区正确，即球形石英颗粒在20℃水中的自由沉降速度为2.23×10^{-3}m/s。

②在20℃常压空气中沉降。

查得20℃常压空气的黏度$\mu = 1.81 \times 10^{-5}$Pa·s，密度$\rho = 1.21$kg/m³，

假设沉降属于滞流区，

$$u_t = \frac{d^2(\rho_s - \rho)g}{18\mu}$$

式中：$d = 50\mu m = 50 \times 10^{-6}$mm，$\rho_s = 2650$kg/m³，$\rho = 1.21$kg/m³，$\mu = 1.81 \times 10^{-5}$Pa·s，

$$u_t = \frac{(50\times10^{-6})^2\times(2650-1.21)\times9.807}{18\times1.81\times10^{-5}} \approx 0.199(\mathrm{m/s})$$

校核流型：

$$R_e = \frac{du_t\rho}{\mu} = \frac{50\times10^{-6}\times0.199\times1.21}{1.81\times10^{-5}} = 0.667 < 1$$

所以假设在滞流区正确，即球形石英颗粒在20℃常压空气中的自由沉降速度为0.199m/s。

【结论】同一颗粒在不同介质中沉降时，具有不同的沉降速度。

3. 影响沉降速度的因素

上述重力沉降速度的计算式是针对球形颗粒在自由沉降条件下得到的，而在实际生产过程中，颗粒的沉降多为干扰沉降，颗粒在沉降过程中会受到周围颗粒、流体、器壁等因素的影响。一般来说，实际沉降速度小于自由沉降速度。

（1）颗粒含量的影响。实际沉降过程中，当颗粒的体积分数大于0.2%时，颗粒间相互作用明显，则干扰沉降不容忽视。由于颗粒含量较大，周围颗粒的存在和运动会改变原来单个颗粒的沉降，使颗粒的沉降速度较自由沉降时小。

（2）颗粒形状的影响。在实际生产中，非均相物系中的颗粒有时并非球形颗粒。由于非球形颗粒的表面积大于球形颗粒的表面积（体积相同时），因此沉降时非球形颗粒遇到的阻力大于球形颗粒，其沉降速度小于球形颗粒的沉降速度，非球形颗粒与球形颗粒的差异用球形度（$\boldsymbol{\Phi}$）表示，球形度的定义为：

$$\boldsymbol{\Phi} = \frac{\text{与实际颗粒体积相等的球形颗粒的表面积}}{\text{实际颗粒的表面积}}$$

由球形度的定义看，球形颗粒的球形度为1。非球形颗粒的球形度小于1。颗粒的球形度越小，阻力系数越大，沉降速度越小，达到一定沉降要求所需的沉降时间越长。

（3）颗粒大小的影响。从斯托克斯定律可以看出，其他条件相同时，粒径越大，沉降速度越大，越容易分离。如果颗粒大小不一，大颗粒将对小颗粒产生撞击，其结果是大颗粒的沉降速度减小，而对沉降起控制作用的小颗粒的沉降速度加快，甚至因撞击导致颗粒聚集而进一步加快沉降，这时的沉降速度应据实验进行测定。

（4）流体性质的影响。流体与颗粒的密度差越大，沉降速度越大；流体的黏度越大，沉降速度越小。因此，对于高温含尘气体的沉降，通常需先散热降温，以便获得更好的沉降效果。

（5）流体流动的影响。流体的流动会对颗粒的沉降产生干扰，为了减少干扰，进行沉降时要尽可能控制流体流动处于稳定的低速。因此，工业上的重力沉降设备通常尺寸很大，其目的之一就是降低流速，消除流动干扰。

（6）器壁的影响。器壁对沉降的干扰主要有两个方面：一是摩擦干扰，它会使沉降速度下降；二是吸附干扰，它会使颗粒的沉降距离缩短。因此，器壁的影响是双重的。当容器较小时，容器的壁面和底面均能增加颗粒沉降时的曳力，使颗粒的实际沉降速度较自由沉降速度小；当容器尺寸远远大于颗粒尺寸（例如100倍以上），器壁效应可以忽略，否则需加以考虑。

4. 降尘室分离条件及生产能力

将降尘室的气道看作为一个具有宽截面的长方体通道，如图2－27所示，从颗粒在降尘室内的运动情况看，气体在降尘室内的停留时间为：

$$\tau = \frac{L}{u} \tag{2-8}$$

式中：τ——气流在气道内的停留时间，s；

L——降尘室的长度，m；

u——气流在降尘室的水平速度，m/s。

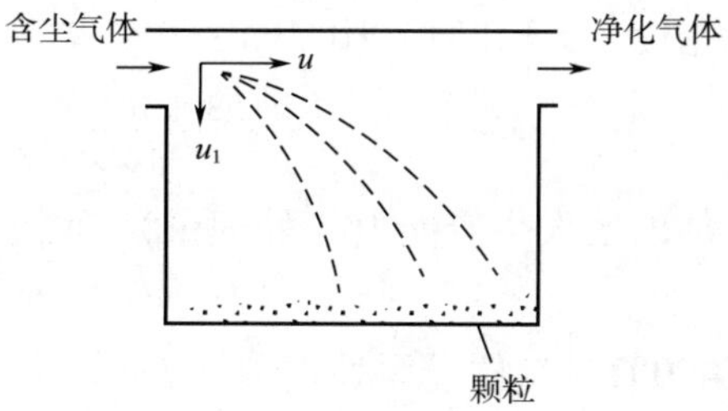

图 2－27 颗粒在降尘室内的运动情况

颗粒在降尘室中所需的沉降时间（以降尘室顶部计算）为：

$$\tau' = \frac{h}{u_t} \tag{2-9}$$

式中：h——降尘室的高度，m；

u_t——气流在降尘室的沉降速度，m/s。

要使某粒径颗粒能够从气流中分离出来，则气流在降尘室内的停留时间必须大于或等于该粒径颗粒从降尘室的最高点降至室底所需的时间。即：

$$\tau \geqslant \tau'$$

$$\frac{L}{u} \geqslant \frac{h}{u_t} \tag{2-10}$$

即停留时间应不小于沉降时间。

气流在降尘室的水平速度为：

$$u = \frac{q_V}{hb} \tag{2-11}$$

式中：q_V——降尘室的生产能力，m^3/s；

b——降尘室的宽度，m。

将式（2－11）代入式（2－10），并整理得：

$$q_V \leqslant bLu_t \tag{2-12}$$

可见，降尘室的生产能力只与沉降面积 bL 和颗粒的沉降速度 u_t 有关，而与降尘室的高度 h 无关。因此，降尘室常做成扁平形状。

若降尘室为多层隔板式，隔板层数为 n，其生产能力为：

$$q_V \leqslant (1+n)bLu_t \tag{2-13}$$

【例 2－2】 粒径为 58μm，密度为 1800kg/m³，温度为 20℃，压力为 101.3kPa 的含尘气体，在进入反应器之前需要除去尘粒并升高温度至 400℃，降尘室的底面积为 60m²，试计算先除尘后升温和先升温后除尘两种方案的气体最大处理量。假设颗粒沉降在滞流区，已知 20℃时气体的黏度为 1.81×10^{-5} Pa·s，400℃时气体的黏度为 3.31×10^{-5} Pa·s。

解：①20℃时气体最大处理量。

$$q_V = bLu_t$$

式中：$bL = 60m^2$

$$u_t = \frac{d^2(\rho_s-\rho)g}{18\mu}$$

$d = 58\mu m = 58\times10^{-6}m$，$\rho_s = 1800kg/m^3$，由于颗粒的密度比气体的密度大得多，可忽略

气体的密度，$\mu = 1.81 \times 10^{-5}$ Pa·s

$$u_t = \frac{(58 \times 10^{-6})^2 \times 1800 \times 9.807}{18 \times 1.81 \times 10^{-5}} \approx 0.18\ (\text{m/s})$$

气体的最大生产能力（处理量）为：

$$q_V = bLu_t = 60 \times 0.18 = 10.8(\text{m}^3/\text{s})$$

②400℃时气体最大处理量。

$$u_t = \frac{d^2(\rho_s - \rho)g}{18\mu}$$

式中：$\mu = 3.31 \times 10^{-5}$ Pa·s

$$u_t = \frac{(58 \times 10^{-6})^2 \times 1800 \times 9.807}{18 \times 3.31 \times 10^{-5}} \approx 0.1(\text{m/s})$$

气体的最大生产能力（处理量）为：

$$q_V = bLu_t = 60 \times 0.1 = 6(\text{m}^3/\text{s})$$

【结论】升高温度，气体黏度下降，降尘室生产能力下降。因此，在生产中通常是对含尘气体先进行降温处理，再进行分离操作。

二、离心沉降速度

在惯性离心力作用下实现的沉降过程称为离心沉降。与利用重力相比，悬浮在流体中的颗粒利用离心力可以使颗粒的沉降速度增大很多，这是因为离心力由旋转面产生，旋转的速度越快则产生的离心力越大；而颗粒在重力场中所受的重力作用是一个定值。因此，将颗粒从悬浮物系中分离时，利用离心力比利用重力有效得多。离心沉降不仅大大提高了沉降速度，而且可使设备尺寸缩小很多。

1. 离心分离因数

同一颗粒在离心力场中所受的离心力与重力之比，称为离心分离因数。

$$\alpha = \frac{\omega^2 R}{g} \tag{2-14}$$

式中：α——离心分离因数，无单位；

R——旋转半径，m；

ω——旋转角速度，rad/s；

g——重力加速度，m/s^2。

离心分离因数是表示离心力大小的指标。上式表明，离心分离因数越大，离心力越大，离心机的分离能力越强。增加转鼓的转速，离心分离因数增大很快，而增大转鼓的半径，离心分离因数的增大比较缓慢。因此，为了提高分离因数值，一般采用增加转鼓转速，减小转鼓的直径，以保证转鼓有足够的机械强度。

2. 离心沉降速度

当物体受到离心力作用时，产生圆周运动。颗粒在离心力场中沉降时，在径向沉降方向上所受的作用力有：离心力、向心力、阻力（向中心）。若这3个力达到平衡，即：离心力等于向心力和阻力之和时，颗粒在径向上相对于流体的速度，称为离心沉降速度。

$$u_c = \sqrt{\frac{4d_s(\rho_s - \rho)R\omega^2}{3\xi\rho}} \tag{2-15}$$

式中：u_c——离心沉降速度，m/s；

d_s——颗粒的直径，m；

ρ_s——颗粒的密度，kg/m^3；

ρ——流体的密度，kg/m^3；

R——转鼓的直径，m；

ω——旋转角速度，rad/s。

颗粒的离心沉降速度与重力沉降速度具有相似的关系式，只是重力加速度换为离心加速度而已。但在一定的条件下，重力沉降速度是一定的，而离心沉降速度随着颗粒在半径方向上的位置不同而变化。

在沉降分离中，沉降速度较小的颗粒才考虑用离心沉降，所以离心沉降设计计算的对象为小颗粒。小颗粒沉降时所受的流体阻力，一般处于斯托克斯区，即阻力系数为$\zeta=24/R_e$，代入得：

$$u_c = \frac{d^2(\rho_s-\rho)R\omega^2}{18\mu} \tag{2-16}$$

由此式可知，在斯托克斯区域，颗粒的离心沉降速度是重力沉降速度的分离因数倍。

三、过滤速率的基本方程式

1. 过滤速度

过滤速度：单位时间通过单位面积的滤液体积，m/s。

过滤速率：单位时间通过的滤液体积，m^3/s。

过滤过程中，滤液通过滤布和滤饼的流速较低，其流动一般处于滞流状态，为克服流体在过滤过程中通过过滤介质和滤饼层的阻力，必须施加外力，可以是重力、离心力或压力差，称为过滤推动力。由于流体所受的重力较小，所以一般重力过滤用于过滤阻力较小的场合。化工生产上常用压差作推动力，压差有可调性。

$$过滤速度=\frac{过滤推动力}{过滤阻力}$$

$$u_1 = \frac{\Delta p}{r\mu L} \tag{2-17}$$

式中：u_1——过滤速度，m/s；

Δp——过滤推动力，Pa；

r——常数，滤渣比阻，m^{-2}；

μ——滤液的黏度，Pa·s；

L——滤渣层的厚度，m。

上式表明：过滤速度的大小决定于两个因素，一个是过滤推动力Δp，促使滤液流动的因素；另一个是过滤阻力$r\mu L$，阻碍滤液流动的因素。过滤阻力由两方面因素决定：一个是滤液本身的性质，即黏度μ；另一个是滤渣本身的性质，即rL。显然，滤渣层越厚，结构越紧密，空隙的流通面积越小，滤渣层对滤液流动阻力越大，所以rL可视为滤渣层阻力，其中r则称为滤渣比阻。

滤渣比阻r反映了滤渣的特性，其数值的大小反映过滤操作的难易程度。可压缩滤渣的比阻不仅取决于悬浮液的物理性质，而且随操作压强差的增加而加大。一般其压缩影响所产生的阻力变化，可用压强差的指数函数表示，即：

$$r = r_0 \Delta p^s \tag{2-18}$$

其中，r_0为单位压强差下的比阻，s称为滤渣的压缩指数，由实验测定。滤渣的压缩性越大，s值越大。理论上不可压缩的滤渣的s等于零，此时$r=r_0$为常数。

2. 恒压过滤方程式

在恒压过滤操作中，Δp是常数，与过滤介质相对应的虚拟液体体积为V_1，为常数，假设获得体积为V_1的滤液所需时间为θ_1，过滤时间是指虚拟过滤时间θ_1与实际过滤时间θ之和；滤液体积是指虚拟滤液积体V_1与实际过滤体积V之和，则有：

$$(V + V_1)^2 = KA^2(\theta + \theta_1) \tag{2-19}$$

式中：K——滤渣常数，m^2/s。

上式为恒压过滤方程式，表明恒压强差条件下进行过滤时累计滤液量与过滤操作时间的关系。

如果过滤介质阻力不计，则恒压过滤方程式为：

$$V^2 = KA^2\theta \tag{2-20}$$

若令$q = \dfrac{V}{A}$，$q_1 = \dfrac{V_1}{A}$，则上式改为：

$$(q + q_1)^2 = K(\theta + \theta_1) \tag{2-21}$$

$$q^2 = K\theta \tag{2-22}$$

恒压过滤方程式中K、q_1、θ_1为常数。K是由物料特性及过滤压强差所决定的常数，与过滤压强差成正比，q_1、θ_1是反映过滤介质阻力大小的常数，都是通过实验测定出来的。

任务四　非均相物系的分离操作

一、分离方法和分离设备的选择

1. 选用气固相物系的分离设备

气固相物系分离技术涉及沉降分离、过滤分离、静电分离、湿法分离等多项技术，因此相应的设备品种较多，如降尘室、降尘气道、旋风分离器等沉降设备，袋式过滤器等过滤设备，静电除尘器等电除尘设备，喷洒塔、填料塔等湿法除尘设备。

气固分离需要处理的固体颗粒直径通常有一个分布，一般可采用如下分离方法和设备。

（1）利用降尘室除去75μm以上的粗大颗粒。降尘室的投资及操作费用较低，颗粒浓度越大，除尘效率越高。常用含尘气体的预分离，以降低颗粒浓度，以利于后续分离过程。

（2）利用旋风分离器除去5μm以上的颗粒。旋风分离器的结构简单、操作容易、价格低廉，设计适当时，除尘效率可达90%以上，但对5μm以下颗粒的分离效率仍较低，适用于中等捕集要求以及非黏性非纤维状固体的除尘操作。

（3）5μm以下颗粒的分离可选用湿式除尘器、袋式过滤器及电除尘器。湿式除尘器利用尘粒的润湿性，通过水或其他液体的惯性碰撞、黏附等作用除去颗粒，以文氏管洗涤器最为典型。湿式除尘器可除去1μm以上的颗粒，结构简单，操作及维修方便，适用于各种非黏性、非水硬性的粉尘。主要缺点是需要处理产生的污水，回收固体比较困难，并需采用捕沫器清除净化气中夹带的雾沫，对气体阻力大，操作费用较高。

袋式过滤器利用纤维织物织成的透气布袋截留颗粒，可除去0.1μm以上的颗粒，用于气体的高度净化和回收干粉，造价低于电除尘器，维修方便。主要缺点是不适用于黏附性强及吸湿性强的粉尘，设备尺寸及占地面积大，操作成本也较高。

电除尘器利用高压电场使含尘气体分离，带电后的尘粒在电场力的作用下沉降到电极表面，从而实现分离。电除尘器可除去0.01μm以上的颗粒，效率高，处理能力大，可用于高温，气体的流动阻力小，操作费用低。

2. 选用液固混合物系的分离设备

液固分离的目的主要是：①获得固体颗粒产品；②澄清液体。对于液固混合物系，要同时考虑分离目的、颗粒粒径分布、固体浓度（含量）等因素。

（1）以获得固体颗粒产品为分离目的，可采用如下方法。

固体颗粒的粒径大于50μm，可采用过滤离心机，分离效果好，滤饼含液量低；粒径小于50μm的宜采用压差过滤设备。

固体浓度小于1%（体积分数）时，可采用连续沉降槽、旋液分离器、沉降离心机浓缩。

固体浓度为1%～10%（体积分数）时，可采用板框压滤机。

固体浓度在10%以上时可采用离心机。

固体浓度在50%以上时可采用真空过滤机等。

（2）以澄清液体为分离目的，可采用如下方法。

利用连续沉降槽、过滤机、过滤离心机或沉降离心机分离不同粒径的颗粒，还可加入絮凝剂或助滤剂。如螺旋沉降离心机可除去10μm以上的颗粒；预涂层的板框式压滤机可除去5μm以上的颗粒；管式分离机可除去1μm左右的颗粒。

当澄清要求非常高时，可在以上分离操作的最后采用深层过滤。

以上提到的各类数据仅是一种参考值，由于生产过程中分离的影响因素极其复杂，通常要根据工程经验或通过中间试验，判断一个新系统的适用设备与适宜的分离操作方法。

二、典型过滤操作及故障处理

（一）板框压滤机的操作及故障处理

1. 板框压滤机的操作

（1）开车前的准备工作。

①在滤框两侧先铺好滤布，将滤布上的孔对准滤框角上的进料孔，滤布如有折叠，操作时容易产生泄漏。

②板框装好后，压紧活动机头上的螺旋。

③检查滤浆进口阀及洗涤水进口阀是否关闭。

④开启空气压缩机，将压缩空气送入贮浆罐，注意压缩空气压力表的读数，待压力达到规定值，准备开始过滤。

⑤若采用螺杆泵输送滤浆，开车前的准备工作还需参见螺杆泵运行注意事项。

（2）过滤操作。

①开启过滤压力调节阀，注意观察过滤压力表读数，过滤压力达到规定数值后，调节维持过滤压力的稳定（若采用螺杆泵输送滤浆，利用螺杆泵的出口旁路阀门的开度来调节过滤压力）。

②开启滤液贮槽出口阀，然后开启过滤机滤浆进口阀，将滤浆送入压滤机，过滤开始。

③观察滤液，若滤液为清液，表明过滤正常。发现滤液有浑浊或带有滤渣，说明过滤过程中出现问题，应停止过滤，检查滤布及安装情况，滤板、滤框是否变形，有无裂纹，管路有无泄漏等。

④定时记录过滤压力，检查板与框的接触面是否有滤液泄漏。

⑤当出口处滤液量变得很小时，说明板框中已充满滤渣，过滤阻力增大使过滤速度减慢，这时可以关闭滤浆进口阀，停止过滤。

⑥洗涤。开启洗水出口阀，再开启过滤机洗涤水进口阀向过滤机内送入洗涤水，在相同压力下洗涤滤渣，直至洗涤符合要求。

（3）停车。

关闭过滤压力表前的调节阀及洗水进口阀，松开活动机头上的螺旋，将滤板滤框拉开，卸出滤饼，并将滤板和滤框清洗干净，以备下一循环使用。

2. 板框压滤机的常见故障和处理方法

（1）板框压滤机常见异常现象与处理方法（表2－1）。

表2－1　板框压滤机常见异常现象与处理方法

常见故障	原因	处理方法
局部泄漏	（1）滤框有裂纹或穿孔缺陷，滤框和滤板边缘磨损 （2）滤布未铺好或破损 （3）物料内有障碍物	（1）更换新滤布和滤板 （2）重新铺平或更换新滤布 （3）清除干净
压紧程度不够	（1）滤框不合格 （2）滤框、滤板和传动件之间有障碍物	（1）更换合格滤框 （2）清除障碍物
滤液浑浊	滤布破损	检查滤布，如有破损，及时更换
顶杠弯曲	（1）顶紧中心偏斜 （2）导向架装配不正 （3）顶紧力过大	（1）更换顶杠或调正 （2）调整校正 （3）适当降低压力

（2）板框压滤机的日常维护。

①压滤机停止使用时，应冲洗干净，转动机构应保持整洁，无油污油垢。

②滤布每次清洗时应清洗干净，避免滤渣堵塞滤孔。

③电器开关应防潮保护。

（二）真空过滤的操作技术

1. 真空过滤机

真空过滤机是以真空负压为推动力实现固液分离的设备。在结构上，过滤区段沿水平长度方向布置，可以连续完成过滤、洗涤、吸干、滤布再生等作业，广泛应用于冶金、矿山、化工、造纸、食品、制药、环保等领域中的固液分离。

真空过滤器是在滤液出口处形成负压作为过滤的推动力。这种过滤机又分为间歇操作和连续操作两种。间歇操作的真空过滤机可过滤各种浓度的悬浮液，连续操作的真空过滤机适于过滤含固体颗粒较多的稠厚悬浮液。

（1）间歇式真空过滤机。真空过滤机与加压过滤机的机理基本相同，只是过滤介质的一侧压力低于大气压，推动力较小。真空抽滤器的结构简单，过滤推动力较重力过滤器大。真空过滤机的结构简单，适于一般的泥浆状物料过滤，但操作条件较差，劳动强度较高。

（2）连续式真空过滤机。外滤面转鼓真空过滤机能连续和自动操作，能有效地进行过滤、洗涤、脱水，操作现场干净，易于检查和修理。其缺点是成本高，使用范围受热液体或挥发性液体的蒸气压限制，沸点低或在操作温度下易挥发的物料不能过滤，难以处理含固量多和颗粒特性变化大的料浆，并且滤饼含湿量在30%左右，很少低于10%，主要用于化工、食品行业。

内滤面转鼓真空过滤机适用于过滤固体颗粒粗细不均的悬浮液，不需要搅拌装置，机器成本低，能适应进料浓度的变化，若需要在高温下操作，很容易采取保温措施。其缺点是转鼓表面不能充分利用，滤饼需要一定的黏性，否则易脱落，致使真空度下降，进料流量发生变化；更换滤布困难。

圆盘真空过滤机按单位过滤面积算价格最低，占地面积小，但滤饼湿度高于转鼓真空过滤机。由于过滤面为立式，滤饼厚薄不均，易龟裂，不易洗涤，薄层滤饼卸料困难，滤布磨损快，且易堵塞。适合处理沉降速度不高，易过滤的物料，不适合处理非黏性物料，应用范围与转鼓真空过滤机相同。

转台真空过滤机的结构简单，洗涤效果好，洗涤液与滤液分开，对于脱水快的料浆，单台过滤机的处理量大，缺点是占地面积大，滤布磨损快，且易堵塞。

翻斗真空过滤机可过滤黏稠的物料，适应性强，适用于分离含固量的质量分数大于20%，密度较大，且易分离和滤饼要进行充分洗涤的料浆，常用于化工、轻工等行业。

带式真空过滤机分固定室式、移动室式、滤带间歇移动式3种，带式真空过滤机是水平过滤面，上面加料，过滤效率高，洗涤效果好，滤饼厚度可调，滤布可正反两面同时洗涤，操作灵活，维修费用低，可应用于化工、制药、食品行业，对于沉降速度较快的料浆的分离性能尤佳，当滤饼需要洗涤时更为优良。

2. 真空过滤机的操作

以转筒真空过滤机的操作为例。

（1）开车前的准备工作。

①检查滤布。滤布应清洁无缺损，不能有干浆。

②检查滤浆。滤浆槽内不能有沉淀物或杂物。

③检查转鼓与刮刀之间的距离，一般为1~2mm。

④检查真空系统的真空度和压缩空气系统的压力是否符合要求。

⑤给分配头、主轴瓦、压辊系统、搅拌器和齿轮等传动机构加润滑脂和润滑油，检查和补充减速机的润滑油。

（2）开车操作。

①开车启动。观察各传动机构运转情况，如平稳、无振动、无碰撞声，可试空车和洗车 15min。

②开启进滤浆阀门向滤槽注入滤浆，当液面上升到滤槽高度的 1/2 时，再打开真空、洗涤、压缩空气等阀门，开始正常生产。

③经常检查滤槽内的液面高低，保持液面高度，高度不够会影响滤饼的厚度。

④经常检查各管路、阀门是否有渗漏，如有渗漏应停车修理。

⑤定期检查真空度、压缩空气压力是否达到规定值，洗涤水分布是否均匀。

⑥定时分析过滤效果，如滤饼的厚度、洗涤水是否符合要求。

（3）停车操作。

①关闭滤浆入口阀门，再依次关闭洗涤水阀门、真空和压缩空气阀门。

②洗车。除去转鼓和滤槽内的物料。

习题与思考

一、选择题

1. 对于球形、立方体形、圆柱形和片状粒子，其球形度依次（　　）。

A. 递增　　B. 递减　　C. 相等　　D. 无法判断

2. 球形粒子在重力作用下于滞流区沉降时的阻力系数为（　　）。

A. 0.1　　B. 0.44　　C. $24/R_e$　　D. $64/R_e$

3. 利用离心力作用达到分离目的设备为（　　）。

A. 降尘室　　B. 沉降器　　C. 旋风分离器　　D. 袋滤器

4. 降尘室的生产能力与下述无关的是（　　）。

A. 降尘室的宽度　　B. 降尘室的高度

C. 降尘室的长度　　D. 沉降速度

5. 下列设备中，（　　）是连续式的设备。

A. 沉降槽　　B. 板框压滤机

C. 转鼓真空过滤机　　D. 三足式离心机

6. 为使离心机有较大的分离因数和保证转鼓有足够的机械强度，应采用（　　）的转鼓。

A. 高转速、大直径　　B. 高转速、小直径

C. 低转速、大直径　　D. 低转速，小直径

7. 旋风分离器的临界粒径是指能完全分离出来的（　　）粒径。

A. 最小　　B. 最大　　C. 平均　　D. 无法确定

8. 要使微粒从气流中除去，必须使微粒在降尘室内的停留时间（　　）微粒的沉降时间。

A. ≥　　B. ≤　　C. <　　D. >

9. 在重力场中，固体颗粒的沉降速度与下列因素无关的是（　　）。

A. 粒子几何形状　　B. 粒子几何尺寸
C. 粒子与流体密度　　D. 流体的流速

10. 含尘气体通过长 4m、宽 3m、高 1m 的降尘室，已知颗粒的沉降速度为 0.25m/s，则除尘室的生产能力为（　　）。

A. $3m^3/s$　　B. $1m^3/s$　　C. $0.75m^3/s$　　D. $6m^3/s$

11. 某粒径的颗粒在降尘室中沉降，若降尘室的高度增加 1 倍，则该降尘室的生产能力将（　　）。

A. 增加 1 倍　　B. 为原来的 $\frac{1}{2}$　　C. 不变　　D. 不确定

12. 评价旋风分离器性能的参数不包括（　　）。

A. 生产能力　　B. 分离因素　　C. 分离效率　　D. 压降

13. 织物状过滤介质不包括（　　）。

A. 滤布　　B. 滤纸　　C. 滤网　　D. 滤板

二、填空题

1. 悬浮在静止流体中的固体微粒在重力作用下，沿重力方向作自由沉降时，会受到__________3 个力的作用。当__________时，微粒即做匀速沉降运动。此时微粒相对于流体的运动速度，称__________。

2. 降尘室除尘的必要条件是颗粒在室内的停留时间__________它的沉降时间。

3. 悬浮液中加入助滤剂进行过滤的目的是__________。

4. 过滤阻力由两方面因素决定：一方面是滤液本身的性质，即其__________；另一方面是滤渣层本身的性质，即__________。

5. 转鼓真空过滤机，转鼓每旋转一周，过滤面积的任一部分都顺次经历__________5 个阶段。

6. 离心分离因数是指__________。为了提高离心机的分离效率，通常使离心机的__________增高，而将它的__________减少。

7. 沉降分离是依据分散介质与分散物质间的__________差来分离的。

8. 沉降器的生产能力与__________和__________成正比，与__________无关。

9. 沉降分离的必要条件是__________。

10. 旋风分离器的操作是混合气体从筒体上部的__________方向进入（径向或切向），__________排出净化气体，__________间歇排灰（顶部或底部）。

11. 在斯托克斯沉降区，颗粒的沉降速度与其直径的__________次方成正比；而在牛顿区，与其直径的__________次方成正比。

三、简答题

1. 什么是过滤？其基本原理是什么？

2. 何谓离心分离？离心分离的设备有哪些？

3. 拟用袋滤器、旋风分离器、降尘室组成的除尘系统处理某含尘气体，试确定使用设备的先后次序，并说明理由。

4. 工业上常用的过滤介质有哪几种？分别适用于什么场合？

5. 离心机的主要部件是什么？它与旋风分离器的主要区别是什么？

6. 通过查阅信息，指出城市污水处理厂处理污水过程中采用了几种非均相物系分离技术？采用了几种分离设备？是否有更好的替代设备？

7. 影响恒压过滤速度的因素有哪些？过滤常数 K 的增大是否有利于加快过滤速度？

8. 怎样理解降尘室的生产能力与降尘室的高度无关？

9. 某化工厂建有4t锅炉，由于一直不重视烟气净化，现被环保部门勒令停产整顿，作为该厂技术人员，请你为工厂提出合理的烟气净化方案。若工厂采用了该方案，请你培训相关操作人员。

10. 查阅相关资料，自选一款用于气固分离的沉降分离器，编写其操作要点及常见事故的处理方法。

11. 查阅相关资料或进入企业调查，自选一款湿法除尘器，编写其操作要点及常见事故的处理方法。

四、计算题

1. 密度为1030kg/m^3、直径为40μm的球形颗粒在80℃的空气中沉降，求其沉降速度。(80℃的空气密度为1.0kg/m^3，黏度为2.11×10^{-5}Pa·s)

2. 密度为2500kg/m^{3}的玻璃球在20℃的水中和空气中以相同的速度沉降，试求在这两种介质中沉降的颗粒直径之比。(假设沉降处于斯托克斯定律区，20℃时水的密度为998.2kg/m^3，黏度为1.005×10^{-3}Pa·s；空气的密度为1.205kg/m^3，黏度为1.81×10^{-5}Pa·s)

3. 在过滤面积为0.4m^{2}的板框机上恒压过滤某种悬浮液，2h得滤液3.5m^3，若过滤介质阻力忽略不计，试计算：(1) 其他情况不变，过滤1.5h的滤液量；(2) 过滤2h后，用0.4m^{3}清水洗涤滤饼，所需的洗涤时间。

4. 过滤面积为0.093m^{2}的小型板框压滤机，恒压过滤含碳酸钙颗粒的悬浮液。过滤时间为50s时，得到滤液2.27×10^{-3}m^3，过滤时间为100s时，共获得滤液3.35×10^{-3}m^3，问过滤时间为200s时，共能获得多少体积的滤液？

5. 直径为10μm的石英颗粒随20℃的水做旋转运动，在旋转半径$r=0.05$m处的切向速度为12m/s，求该处的离心沉降速度和离心分离因数。

6. 降尘室长3m，在常压下处理2500m^3/h含尘气体，设颗粒为球形，密度为2400kg/m^3，气体密度为1kg/m^3，黏度为2×10^{-5}Pa·s，如果该降尘室能够除去的最小颗粒直径为4×10^{-5}m，则降尘室宽为多少？

项目三　传热操作

学习指南

知识目标

1. 掌握传热操作的基本知识、基本理论与工艺计算；掌握传热过程的操作要领、常见事故及其处理方法；掌握热电阻、热电偶等常用温度测量仪表的使用方法。

2. 理解间壁传热的热阻构成、强化传热的方法与途径，理解列管式换热器的选型方法。

3. 了解工业换热器的类型、结构、特点、操作原理及其适用范围，新型换热器的发展；了解工业上常用测温仪表的分类、结构、工作原理、适用范围及安装维护；了解换热器的自动控制方案及其选用方法。

能力目标

1. 能根据生产任务对列管换热器、套管换热器、板式换热器等常用换热器实施基本操作，能正确使用各类常见的温度测量仪表和对换热器实施自动控制，并能根据生产工艺与设备特点制定传热过程的安全操作规程。

2. 能根据工艺过程的需要正确查阅和使用一些常用的工程计算图表、手册、资料等，并进行必要的换热计算，如传热量的计算、载热体用量的计算、平均传热温差的计算、换热面积的计算、对流传热系数与总传热系数的计算及列管式换热器的管长和管数的计算。

素质目标

1. 帮助学生逐步建立工程技术观念，培养学生追求知识、严谨治学、勇于创新的科学态度和理论联系实际的思维方式。

2. 培养学生逐步形成安全生产、节能环保的职业意识和敬业爱岗、严格遵守操作规程的职业操守。

3. 培养学生团结协作、积极进取的团队合作精神。

项目导言

一、传热在化工生产中的应用

传热，即热交换或热传递，是自然界与工业过程中的一种最普遍的传递过程。热力学第二定律指出，只要有温差存在，热量总是自发地从高温物体传递给低温物体。在化工、石油、食品、船舶、矿山、机械、冶金、轻工、能源、动力、机械、电力、建筑、航空等工业领域的生产技术中都涉及很多传热问题，传热与我们日常生活的关系也很密切。

化学工业中传热过程的应用更为普遍。因为无论是生产中的化学反应过程，还是物理过程，几乎都伴有热量的传递。例如：为提高反应速率，必须维持一定的温度，故必须向系统输入或输出热量；又如为提纯某产品采用蒸馏，必须既输入热又输出热；在干燥、蒸发等单元操作中，同样要向系统输入或输出热；此外，反应设备、蒸气管道的保温、余热回收利用等过程均涉及热量传递和需要应用传热的知识。

换热设备是石油、化工生产中应用最普遍的单元操作设备。据统计，在化工厂中，用于换热设备的费用占总投资费用的 10% ~20%，在一般石油化工企业中占总投资费用的 35% ~40%，在炼油厂中高达 40% ~50%。在石油、化工厂设备总质量中约占 40% 以上。随着世界能源供应的日趋紧张，应用传热理论提高热能的综合利用率就显得尤为重要。传热在化工生产过程中的应用主要有以下几个方面。

1. 化学反应中的供热、移热

化学反应是化工生产的核心，几乎所有的化学反应都要求有一定的温度条件，例如：合成氨的操作温度为 470 ~520℃；氨氧化法制备硝酸过程中氨和氧的反应温度为 800℃ 等。为了达到适宜的反应温度，必须先对原料进行预加热，而对有明显放热的反应，为了保持最佳反应温度，又必须及时移走放出的热量；若是吸热反应，要保持反应温度，则需及时补充热量。

2. 单元操作中的供热、移热

一些单元操作过程（如蒸发、蒸馏、结晶和干燥等）往往需要输入或输出热量，才能保证操作的正常进行。如蒸馏操作中，为使塔釜内的液体不断汽化从而得到操作所必需的上升蒸气，需要向塔釜内的液体输入热量，同时，为了使塔顶出来的蒸气冷凝得到塔顶产品和回流液，又需要从塔顶冷凝器中移出热量。

3. 热能的综合利用和余热的回收

如典型的合成氨生产过程，合成塔出口气体的温度很高，为将反应产物与原料气加以分离必须要降温，实际生产中常利用其降温过程放出的热量加热循环气，使这部分热量得到充分回收和利用。

4. 减少设备的热量（或冷量）的损失

为减少设备的热量（或冷量）的损失，以降低生产成本，改善劳动保护条件，往往需要对设备和管道进行保温。

化工生产过程中对传热的要求可分为两种情况：一是强化传热，在传热设备中加热或冷却物料，希望以高传热速率来进行热量传递，使物料达到指定温度或回收热量，同时使传热设备紧凑，节省设备费用；另一种是削弱传热，如设备和管道的保温，要求传热速率慢，以减少热量（或冷量）的损失。

化工传热过程既可连续进行也可间歇进行。对于连续进行的过程，换热器中传热壁面各点温度仅随位置变化而不随时间变化，这种传热称为稳定传热，其特点是系统中能量不积累，即输入的能量等于输出的能量，传热速率（即单位时间传递的热量）为定值。对于间歇过程，换热器中各点的温度既随位置变化又随时间变化，这种传热称为不稳定传热。连续生产过程中的传热一般可看作稳定传热；间歇生产过程中的传热和连续生产过程中的开、停车阶段的传热一般属于不稳定传热。本项目只讨论稳定传热过程。

二、传热的基本方式

热量传递是由于系统内部或物体内部两部分温度不同而引起的，热量总是自发地由高温传向低温。温度差是传热过程的推动力。

根据传热机理的不同，热量传递有三种基本方式：热传导、对流传热和辐射传热。传热过程可以其中的一种或几种方式同时进行。

1. 热传导

热传导简称导热，是借助物质的分子、原子或自由电子的运动将热能以动能的形式传递给相邻温度较低的分子的过程。导热的特点是物体内的分子或质点在传热方向上不发生宏观相对位移。热传导不仅发生在固体中，静止流体内的传热也属于导热。

气体、液体、固体的热传导机理各不相同。在静止流体或作滞流运动的流体层中，热传导是由分子的振动或热运动来实现的；在非金属固体中，热传导是由晶格的振动来实现的；在金属固体中，热传导主要依靠自由电子的迁移来实现。因此，金属既是良好的导电体也是良好的导热体。

2. 对流传热

由于流体质点之间产生宏观相对位移和混合，将热量由一处传递到另一处而引起的热量传递，称为对流传热。

根据引起流体质点相对位移的原因不同，又可分为强制对流传热和自然对流传热。若相对运动是由外力作用（如泵、风机、搅拌器等）而引起的对流运动，称为强制对流传热；若相对运动是由于流体内部各部分温度不同而产生密度的差异，使流体质点发生相对运动的，则称为自然对流传热。流体在发生强制对流传热时，往往伴随着自然对流传热，但一般强制对流传热的强度比自然对流传热的强度大得多。

3. 辐射传热

热量以电磁波形式传递的现象，称为辐射传热。辐射传热就是不同物体间相互辐射和吸收能量的结果。由此可知，辐射传热不仅是能量的传递，同时还伴有能量形式的转换。辐射传热的特点是不需要任何介质作为媒介，可以在真空中进行。这是辐射传热不同于其他传热方式的另一特点。只要温度在绝对零度以上的物体，都具有辐射的能力。但只有当物体温度较高时，辐射传热才能成为主要的传热方式。

实际上，传热过程往往不是以某种传热方式单独进行，而是两种或三种传热方式的组合。

三、冷、热流体的工业换热方式

根据冷、热流体间热量交换的方式可将热量交换分成混合式、蓄热式和间壁式三种类型。

1. 混合式换热

在此类换热器中，不需传热壁面，冷、热流体直接接触，相互混合进行换热。该类型换热器结构简单，设备及操作费用均较低，传热效率高，适用于两流体允许直接混合的场合，常用于热气体的水冷或热水的空气冷却，是工业上的首选换热方式。常见的这类换热器有凉水塔、喷洒式冷却塔、喷射冷凝器等。图 3－1 所示为各种混合式冷凝器，其中图（c）较为常见，称为干式逆流高位冷凝器，被冷凝的蒸气与冷却水在器内逆流流动，上升蒸气与自上部喷淋下来的冷却水相接触而冷凝，冷凝液与冷却水沿气压管向下流动。由于冷凝器通常与真空蒸发器相连，器内压强为 10～20kPa，因此气压管必须有足够的高度，一般为 10～11m。

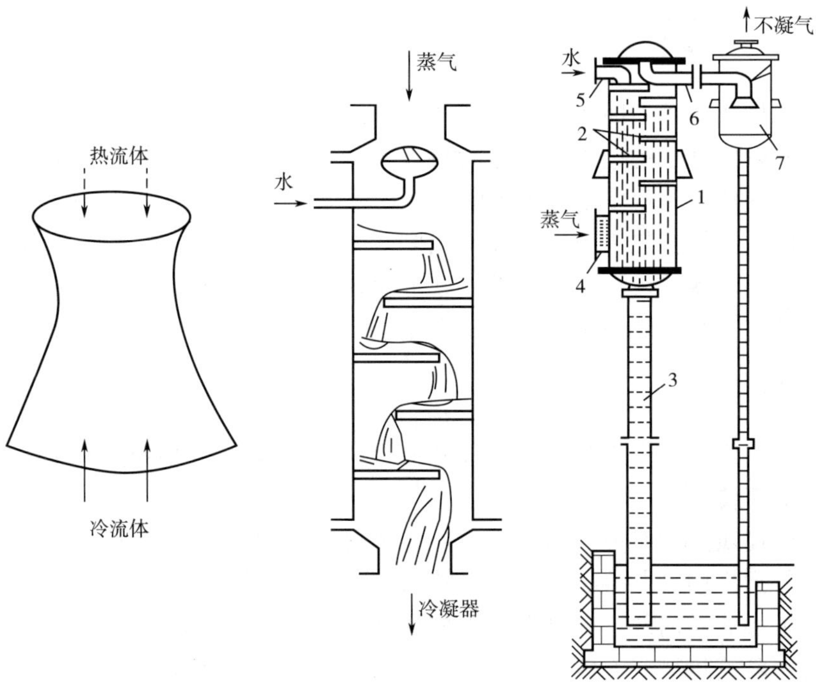

（a）凉水塔　（b）并流低位冷凝器　（c）干式逆流高位冷凝器

图 3－1　直接接触式换热器

1—外壳　2—淋水板　3，8—气压管　4—蒸气进口　5—进水口　6—不凝气出口　7—分离罐

2. 蓄热式换热

在此类换热器中，充填有耐火砖等固体蓄热材料。热、冷流体交替进入蓄热室，热流体将热量储存在蓄热体中，然后通入冷流体吸取热量，从而达到换热的目的。通常在生产中采用两个并联的蓄热器交替使用，如图 3－2 所示。此类换热器结构简单，可耐高温，其缺点是设备体积庞大，传热效率低且不能完全避免两流体的混合。常用于高温气体热量的回收或

冷却，如煤制气过程的汽化炉等。在冶金行业中比较常用。

3. 间壁式换热

在多数情况下，化工工艺上不允许冷热流体直接接触，故直接接触式传热和蓄热式传热在工业上并不很多，工业上应用最多的是间壁式传热过程。这类换热器的特点是在冷、热两种流体之间用一个金属壁（或石墨等导热性能好的非金属壁）隔开，以便使两种流体在不相混合的情况下进行热量传递，热量由热流体通过壁面传给冷流体。它适合化工生产中要求两流体进行换热时不能有混合的场合。因此，间壁式换热器的应用最广泛，形式多样，各种管式和板式结构的换热器均属此类，如图 3－3 所示的套管式换热器及后面要介绍的列管式换热器都是典型的间壁式换热器。

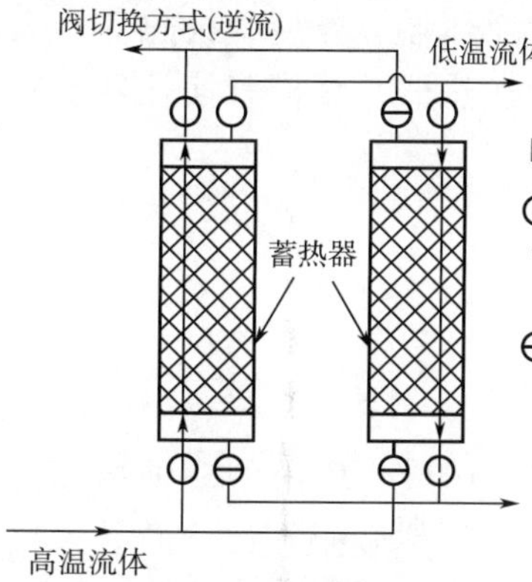

图 3－2　蓄热式换热器

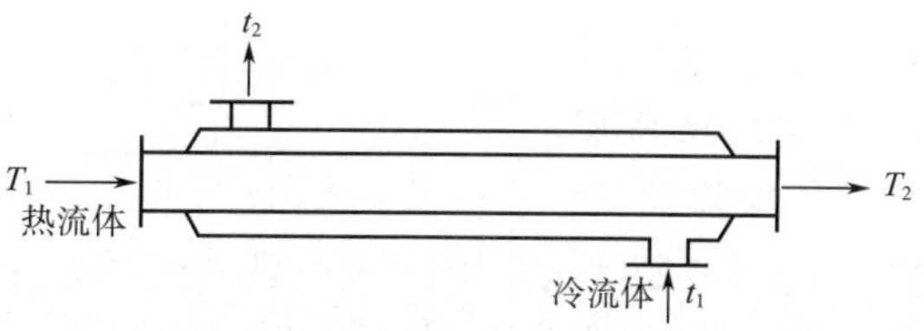

图 3－3　间壁式换热器

任务一　认识常用换热器设备

一、换热设备的分类

在化工生产过程中，传热通常是在冷、热两种流体间进行的。实现冷、热流体间热量交换的设备统称为热量交换器，简称换热器。

在换热器中，参与换热的流体称为载热体。温度较高、放出热量的流体称为热载热体，简称热流体；温度较低、吸收热量的流体称为冷载热体，简称冷流体。同时，根据换热的目的不同，载热体又有其他的名称。若换热的目的是将冷流体加热，此时热流体称为加热剂，换热器称为加热器。若换热的目的是将热流体冷却（或冷凝），此时冷流体则称为冷却剂（或冷凝剂），换热器称为冷却器（或冷凝器）。常用的热载热体有饱和水蒸气、烟道气，以及矿物油、高温熔盐等；常用的冷载热体有水、空气和冷冻盐水等。

按传热种类分类，可分为无相变传热和有相变传热。无相变传热，一般分为加热器和冷却器；有相变传热，一般分为冷凝器和重沸器。重沸器又分为釜式重沸器、虹吸式重沸器、再沸器、蒸发器、蒸气发生器、废热锅炉。

按结构分类，可分为浮头式换热器、固定管板式换热器、填料函式换热器、U形管式换热器、蛇管式换热器、多壳程换热器、套管换热器、折流杆式换热器、热管式换热器、板式换热器等。

按密封形式分类，分为螺旋锁紧环换热器、薄膜密封换热器、钢垫圈换热器、密封盖板式换热器。此类换热器多用于高温、高压装置中。

按非金属材料换热器分类，可分为石墨换热器、氟塑料换热器、陶瓷纤维复合材料换热器、玻璃钢换热器。

空冷式换热器可分为干式空冷器、湿式空冷器、干湿联合空冷器等。

按材料分类主要分为金属换热器和非金属换热器两大类。

按强化传热元件分类，可分为螺纹管换热器、波纹管换热器、异型管换热器、表面多孔管换热器、螺旋扁管换热器、螺旋槽管换热器、环槽管换热器、纵槽管换热器、翅管换热器、螺旋绕管式换热器、锯齿管换热器等。

二、常见的换热设备

（一）管式换热器

1. 列管式换热器

列管式换热器又称管壳式换热器，是目前化工生产中应用最为广泛的一种通用标准换热设备。它的主要优点是单位体积具有的传热面积较大以及传热效果较好，此外，结构简单，制造的材料范围较广，操作弹性也较大等。因此在高温、高压和大型装置上多采用列管式换热器，在生产中使用的换热设备中占主导地位。

列管式换热器主要由壳体、管束、管板、折流挡板和封头等部件组成。列管式换热器中，由于两流体的温度不同，管束和壳体的温度也不相同，因此它们的热膨胀程度也有差别。若两流体的温度差较大（50℃以上）时，就可能由于热应力而引起设备变形，甚至弯曲、破裂，或使管子从管板上松脱，因此必须考虑这种热膨胀的影响。根据热补偿方法的不同，列管式换热器分为固定管板式换热器、U形管式换热器和浮头式换热器。

（1）固定管板式换热器。固定管板式换热器的基本结构如图3－4所示，由管箱、壳体、管板、管子等部件组成。此种换热器的结构特点是两端管板和壳体连接成一体，管束两端固定在两管板上：一种流体在管内流动，其行程称为管程；另一种流体在管外流动，其行程称为壳程。管束的壁面即为传热面。管束两端固定在管板上，管板外是封头，供管程流体的进入和流出，保证各管中的流体流动情况比较一致。

其优点是结构简单、紧凑，在相同直径情况下传热面积较大，旁路漏流较小，管内便于清洗；缺点是壳程不能进行机械清洗，管子腐蚀后造成连同壳体报废，壳体部件寿命决定于管子寿命，故设备寿命相对较低，且当换热管内外两流体的温差较大（大于50℃）时，产生的温差应力（又叫热应力）具有破坏性，需在壳体上设置膨胀节（或叫补偿圈），因而壳程压力受膨胀节强度的限制不能太高。

图3－5为具有补偿圈的固定管板式换热器，即在外壳的适当部位焊上一个补偿圈，当外壳和管束热膨胀不同时，补偿圈发生弹性变形（拉伸或压缩），以适应外壳和管束不同的

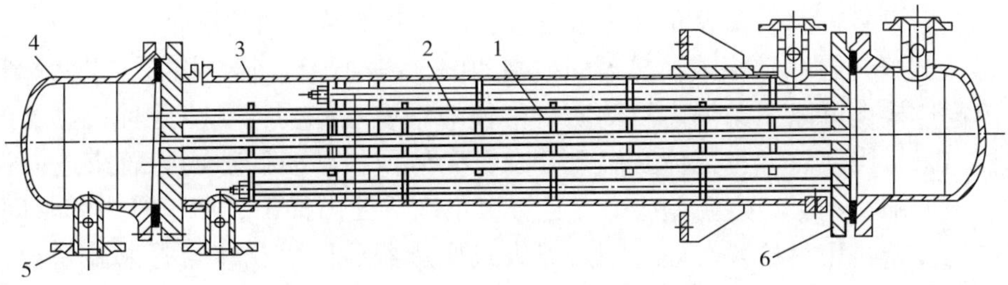

图 3－4 固定管板式换热器

1—折流挡板 2—管束 3—壳体 4—封头 5—接管 6—管板

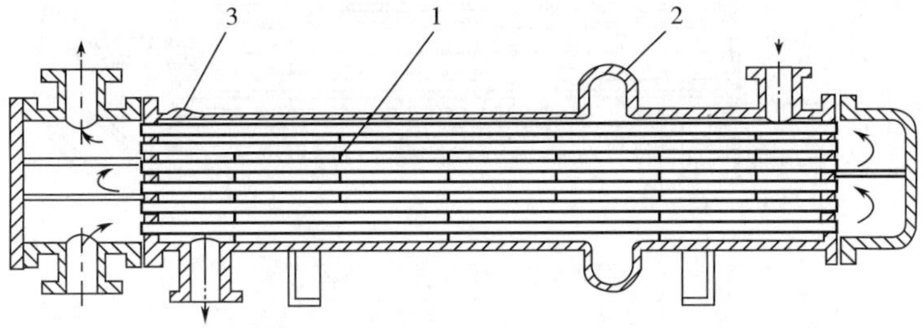

图 3－5 具有补偿圈的固定管板式换热器

1—挡板 2—补偿圈 3—放气嘴

热膨胀程度。这种热补偿方法简单，但不宜用于两流体温差太大（不大于 70℃）和壳方流体压强过高（一般不高于 600kPa）的场合。

固定管板式换热器适用于壳程流体清洁且不结垢，两流体温差不大或温差较大但壳程压力不高的场合。

（2）U 形管式换热器。U 形管式换热器的结构如图 3－6 所示，其结构特点是每根管子都弯成 U 形，只有一个管板，管子两端固定在同一管板上。每根管子都可以自由伸缩，当壳体与管子有温差时，不会产生温差应力，从而解决了热补偿问题。

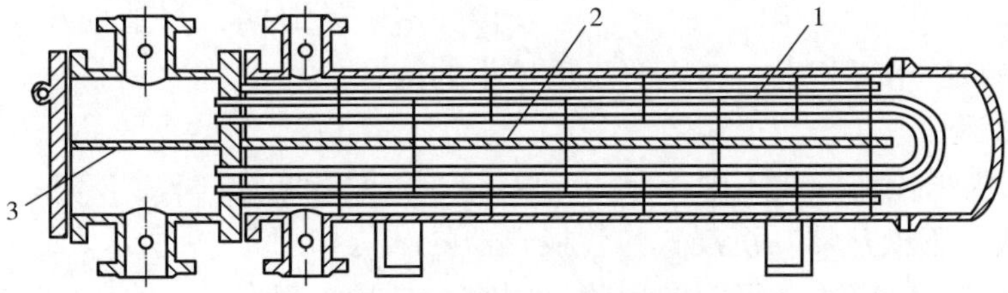

图 3－6 U 形管式换热器

1—U 形管 2—壳程隔板 3—管程隔板

U 形管式换热器的优点是结构简单，只有一个管板，密封面少，运行可靠，造价低，质量轻；管间清洗较方便。其缺点是管内清洗较困难；可排管子数目较少；管束最内层管间距大，壳程易短路，且因管子需一定的弯曲半径，故管板利用率较差。U 形管式换热器适用于管、壳程温差较大或壳程介质易结垢而管程介质不易结垢的场合。

(3) 浮头式换热器。浮头式换热器的结构如图 3－7 所示，其结构特点是两端管板之一不与壳体固定连接，可以在壳体内沿轴向自由伸缩，该端称为浮头。此种换热器的优点是管束可以抽出来，当换热管与壳体有温差存在，壳体或换热管膨胀时，管束连同浮头就可在壳体内自由伸缩，不会产生温差应力；且管束可以从壳内抽出，便于管内和管间的清洗。其缺点是结构复杂，用材量大，造价高。浮头式换热器适用于壳体与管束温差较大或壳程流体容易结垢的场合。

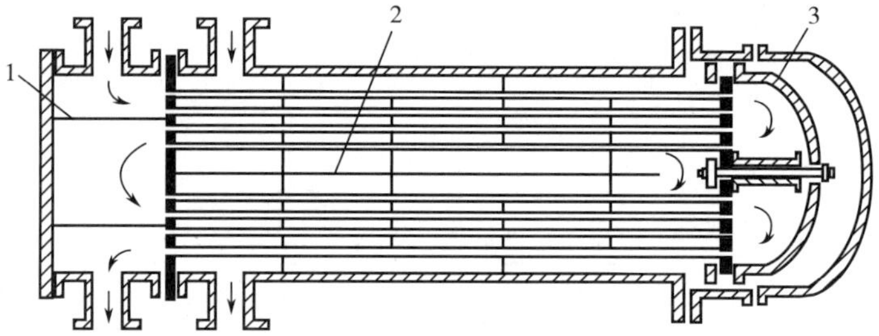

图 3－7　浮头式换热器

1—管程隔板　2—壳程隔板　3—浮头

2. 套管换热器

套管换热器是由两种直径不同的标准管套在一起组成同心圆套管，然后将若干段这样的套管用 U 形肘管连接而成，其结构如图 3－8所示。每一段套管称为一程，程数可根据所需传热面积的多少而增减。

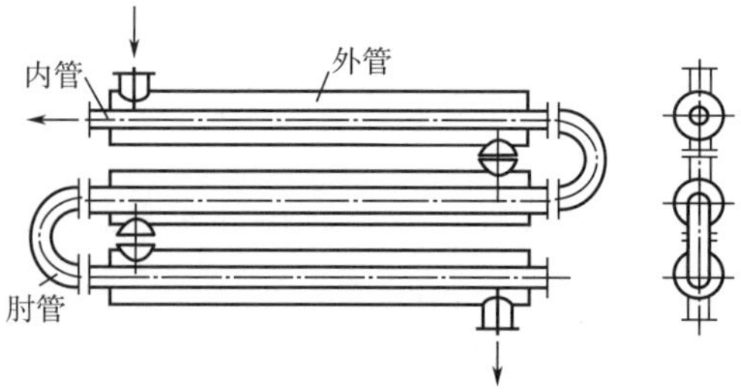

图 3－8　套管式换热器

套管换热器的优点是结构简单，能耐高压，传热面积可根据需要增减，适当选择内管和外管的直径，可使流体的流速增大，而且冷、热流体可作严格逆流，传热效果较好。其缺点是单位传热面积的金属耗量大；管子接头多，易泄漏，占地面积大，检修清洗不方便。此类换热器适用于高温、高压及流量较小的场合。

3. 蛇管换热器

蛇管换热器根据操作方式不同，分为沉浸式和喷淋式两类。

(1) 沉浸式蛇管换热器。沉浸式蛇管换热器的结构如图 3－9 所示。此种换热器通常以金属管自弯绕而成，制成适应容器的形状沉浸在容器内的液体中。管内流体与容器内液体隔着管壁进行换热。几种常用的蛇管形状如图 3－10 所示。此类换热器的优点是结构简单、造价低廉、便于防腐、能承受高压。缺点是管外对流传热系数小，常需加搅拌装置，以提高传热系数。

(2) 喷淋式蛇管换热器。喷淋式蛇管换热器的结构如图 3－11 所示。此类换热器常用作冷却器冷却管内热流体，且常用水作为喷淋冷却剂，故常称为水冷器。它是将若干排蛇管垂直地固定在支架上，蛇管的排数根据所需传热面积的多少而定。热流体自下部总管流

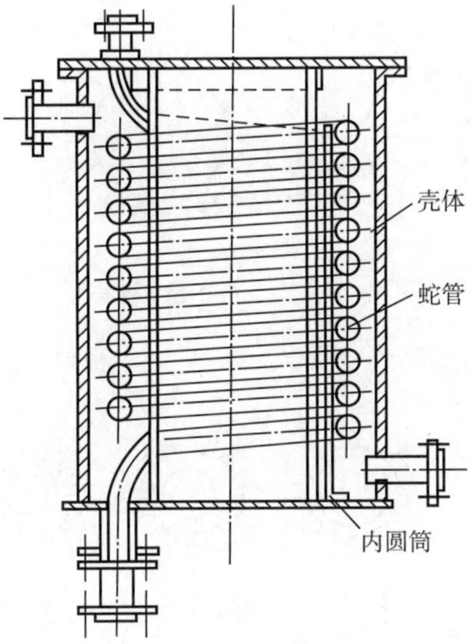

图 3－9　沉浸式蛇管换热器

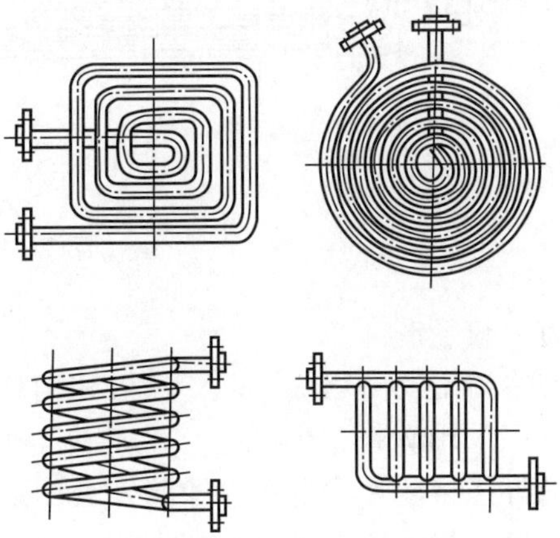

图 3－10　沉浸式蛇管换热器的蛇管形状

入各排蛇管，从上部流出再汇入总管。冷却水由蛇管上方的喷淋装置均匀地喷洒在各排蛇管上，并沿着管外表面淋下。该装置通常置于室外通风处，冷却水在空气中汽化时，可以带走部分热量，以提高冷却效果。与沉浸式蛇管换热器相比，喷淋式蛇管换热器具有检修清洗方便、传热效果好等优点。缺点是体积庞大，占地面积多；冷却水耗用量较大，喷淋不均匀等。

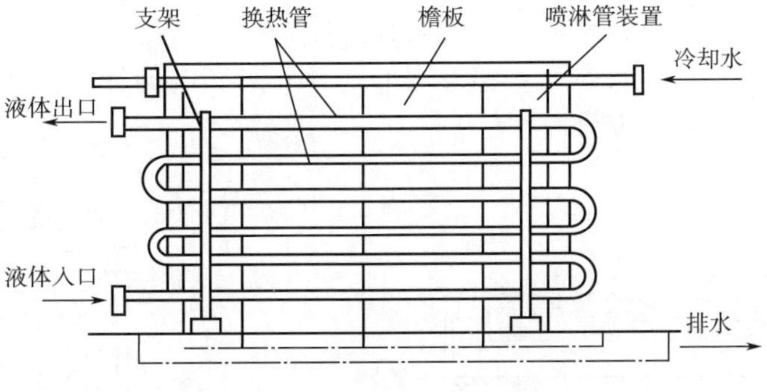

图 3－11　喷淋式蛇管换热器

4. 翅片式换热器

翅片管换热器又称翅片式换热器，如图 3－12 所示，其结构特点是在换热管的外表面或内表面（或同时）装有许多翅片，常用翅片有纵向和横向两类，如图 3－13 所示。

化工生产中常遇到气体的加热或冷却，因气体的对流传热系数较小，所以当换热的另一方为液体或发生相变时，换热器的传热热阻主要集中在气体一侧。此时，在气体一侧设置翅片，既可增大传热面积，又可增加气体的湍动程度，减少了气体侧的热阻，提高了传热效率。一般，当两种流体的对流传热系数之比超过3:1 时，可采用翅片换热器。工业上常用翅片换热器作为空气冷却器，用空气代替水，不仅可在缺水地区使用，即使在水源充足

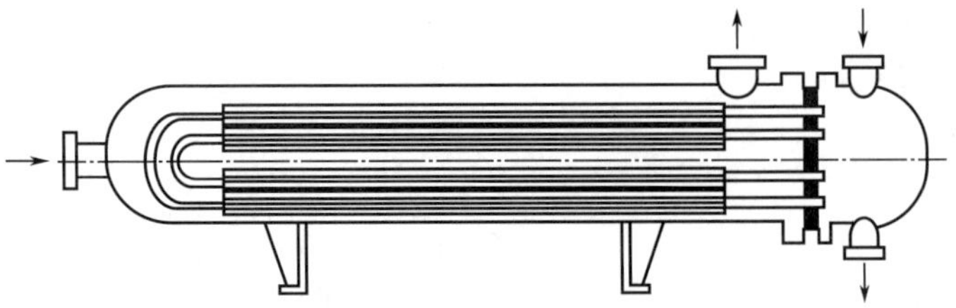
(a) 翅片式换热器

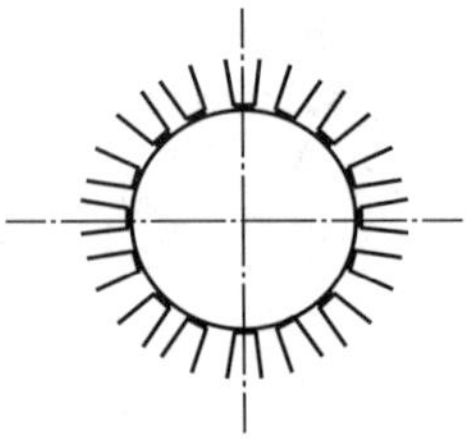
(b) 翅片管断面

图 3－12 翅片式换热器

的地方也较经济。

空冷器主要由翅片管束、风机和构架组成。管材本身大多采用碳钢，但翅片多为铝制，可以用缠绕、镶嵌的办法将翅片固定在管子的外表面上，也可以用焊接固定。热流体通过封头分配流入各管束，冷却后汇集在封头后排出。冷空气由安装在管束排下面的轴流式通风机强制向上吹过管束及其翅片，通风机也可以安装在管束上面，而将冷空气由底部引入。空冷器的主要缺点是装置比较庞大，占空间多，动力消耗也大，如图 3－14 所示。

(a)

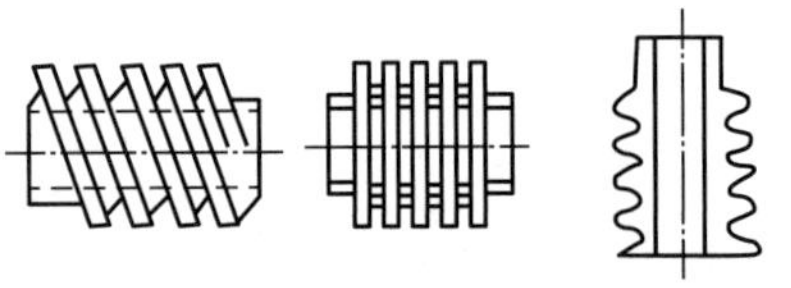
(b)

图 3－13 常见的几种翅片

（二）板式换热器

1. 夹套换热器

这种换热器的结构简单，其结构如图 3－15 所示。它由一个装在容器外部的夹套构成，夹套与器壁间形成的密封空间为载热体的通道。容器内的物料和夹套内的加热剂或冷却剂隔着器壁进行换热，器壁就是换热器的传热面。

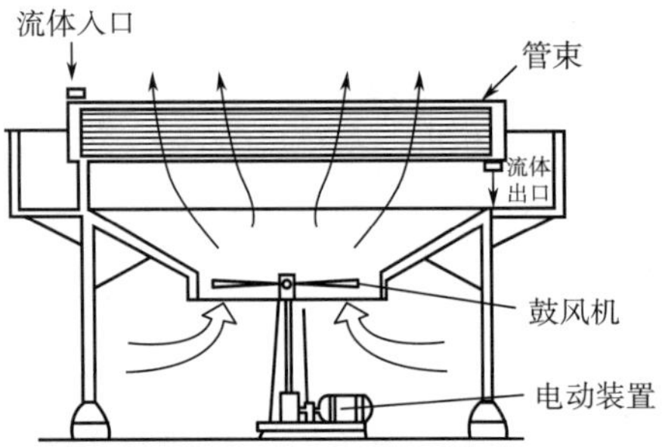

图 3－14 空冷器的结构

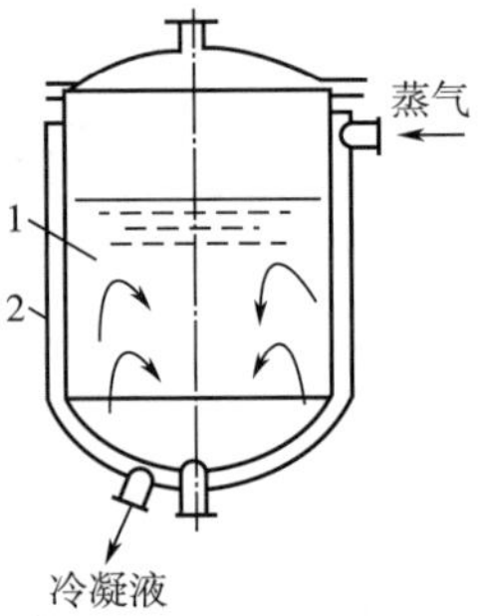

图 3－15 夹套换热器

其优点是结构简单，容易制造；可与反应器或容器构成一个整体，主要应用于反应过程的加热或冷却。其缺点是传热面积小；器内流体处于自然对流状态，传热效率低；夹套内部清洗困难。夹套内的加热剂和冷却剂一般只能使用不易结垢的水蒸气、冷却水和氨等。夹套内用蒸气加热时，应从上部进入，冷凝水从底部排出；当夹套用作冷却时，冷却剂应从底部进入，从上部排出。为了提高其传热性能，可在容器内安装搅拌器，使器内液体作强制对流；为了弥补传热面的不足，还可在器内安装蛇管等。

2. 平板式换热器

平板式换热器简称板式换热器，是一种新型的高效换热器，其结构和板框压滤机相似，如图 3－16 所示。主要由传热板片、垫片和压紧装置三部分组成。板片为 1～2mm 厚的金属薄板，并冲压成凹凸不平的规则波纹。若干板片叠加排列，夹紧组装于支架上，两相邻板的边缘衬有垫片，压紧后板间形成流体通道。每块板的 4 个角上各开一个孔，借助于垫片的配合，使两个对角方向的孔与板面一侧的流道相通，另两个孔则与板面另一侧的流道相通，这样，使两流体分别在同一块板的两侧流过，通过板面进行换热。除了两端的两个板面外，每一块板面都是传热面，可根据所需传热面积的变化，增减板的数量。常见的板式换热器中流体流道有单流程对角流和多流程单边流，如图 3－17、图 3－18 所示。板片是板式换热器的核心部件。波纹状的板面使流体流动均匀，传热面积增大，促使流体湍动。常见的波纹形状有水平波纹、人字形波纹和圆弧形波纹等，如图 3－19 所示。

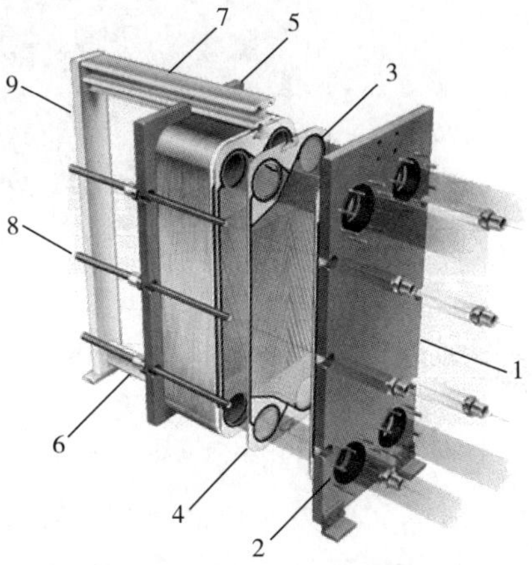

图 3－16　板式换热器示意图

1—固定压紧板　2—连接口　3—垫片　4—板片　5—活动压紧板　6—下导杆　7—上导杆　8—夹紧螺栓　9—支柱

板式换热器的优点是结构紧凑，板面很薄，两块板面之间的流道空隙只有 4～6mm，因而单位体积设备提供的传热面积很大；每立方米体积可具有 250m^2 以上，甚至高达 1000m^2，而列管式换热器每立方米体积只能达到 40～150m^2；此外，它的板面加工容易，组装灵活，可随时增减板数；板面波纹使流体湍动

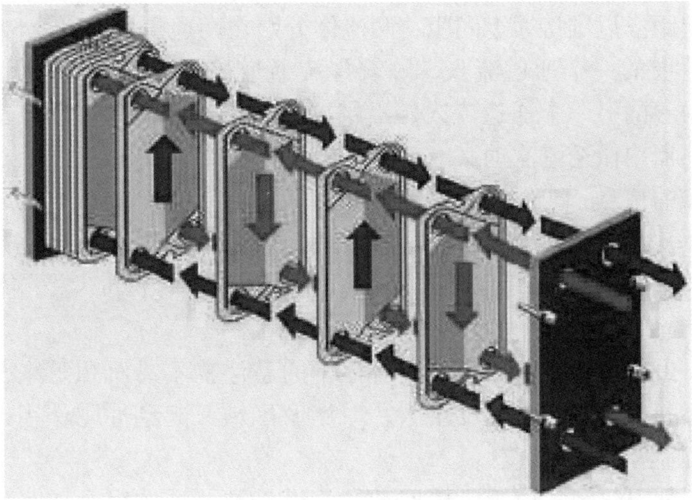

图 3－17　单流程对角流板式换热器

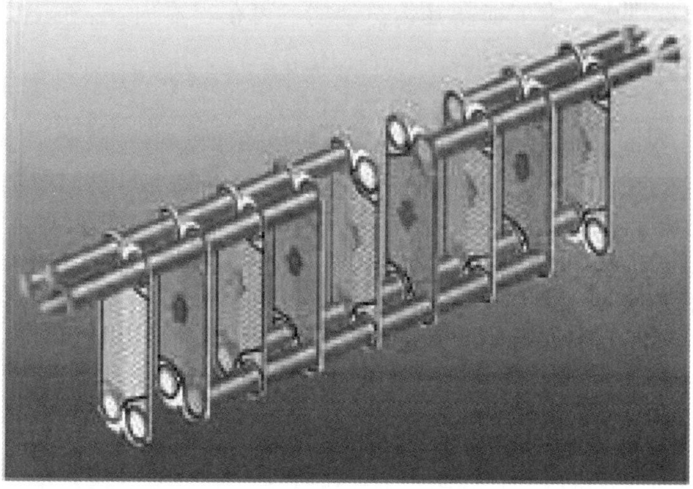

图 3－18　多流程单边流板式换热器

程度增强，从而具有较高的传热效率；拆装方便，有利于清洗和维修。其缺点是处理量小；受垫片材料性能的限制，操作压力和温度不能过高。此类换热器适用于需要经常清洗、工作环境要求十分紧凑，操作压力较低（一般低于 1.5MPa），温度在 －35～200℃的场合。

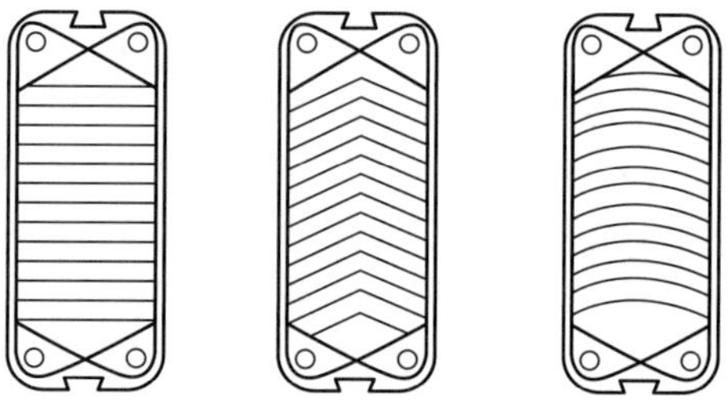

（a）水平波纹板　（b）人字形波纹板（c）圆弧形波纹板

图 3－19　常见板片的形状

3. 螺旋板式换热器

如图 3－20 所示，螺旋板式换热器是由两块薄金属板焊接在一块分隔挡板（图中心的短板）上并卷成螺旋形而成的。两块薄金属板在器内形成两条互不相通的螺旋形通道，在顶、底部上分别焊有盖板或封头。两板之间焊有一定数量的定距撑以维持通道间距，两流体分别在两通道内流动，隔着薄板进行换热。其中一种流体由外层的一个通道流入，顺着螺旋通道流向中心，最后由中心的接管流出；另一种流体则由中心的另一个通道流入，沿螺旋通道反方向向外流动，最后由外层接管流出。两流体在换热器内做逆流流动。

螺旋板换热器的优点：

①传热系数大。由于流体在螺旋通道中流动，在较低的雷诺数（一般 $Re = 1400 \sim 1800$，有时低到 500）下即达到湍流，并且可选用较高的流速（液体为 2m/s，气体为 20m/s），故传热系数较大。

②不易堵塞。由于流体的流速较高，流体中的悬浮物不易沉积下来，并且任何沉积物将减小单流道的横断面，因而使速度增大，对堵塞区域又起到冲刷作用，故螺旋板换热器不易被堵塞。

③能充分利用低温热源。由于流体流动的流道长及两流体完全逆流的缘故，所以能利用较小传热温度差进行操作。

④结构紧凑。单位体积的传热面积为管壳式换热器的 3 倍。

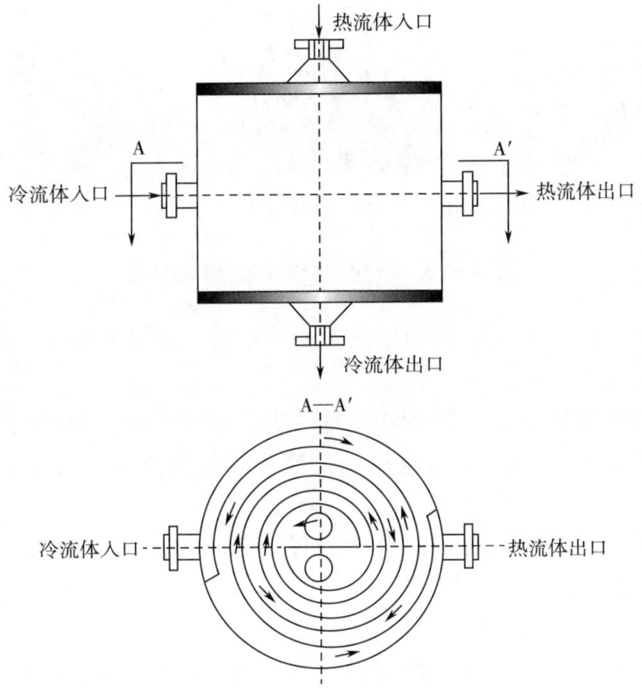

图 3－20 螺旋板式换热器

螺旋板换热器的缺点：

①操作压强和温度不宜太高，目前最高操作压强为 2000kPa，温度在 400℃以下。

②不易检修。因整个换热器为卷制而成，一旦发生泄漏，修理内部很困难。

4. 板翅式换热器

板翅式换热器也是一种新型的高效换热器，它的基本结构如图 3－21 所示。在一块金属平板上放上一个波纹状的金属导热翅片，翅片两侧各安置一块金属平板，两边以侧条密封，并用钎焊焊牢，从而构成一个换热单元体。根据工艺的需要，将一定数量的单元体组合起来，并进行适当排列，然后焊在带有进出口的集流箱上，便构成具有逆流、错流或错逆流等多种形式的换热器，如图 3－21（b）、（c）、（d）所示。目前常用的翅片形式有光直形翅片、锯齿形翅片和多孔形翅片，如图 3－22 所示。

板翅式换热器的主要优点有：

①总传热系数高，传热效果好。由于翅片在不同程度上促进了湍流并破坏了传热边界层的发展，故总传热系数高。同时冷、热流体间换热不仅以平隔板为传热面，而且大部分热量通过翅片传递，因此提高了传热效果。

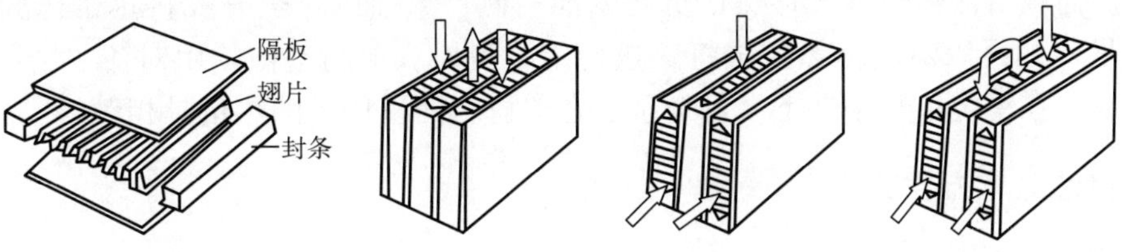

（a）板束结构 （b）逆流式 （c）错流式 （d）错逆流式

图 3－21 翅片式换热器

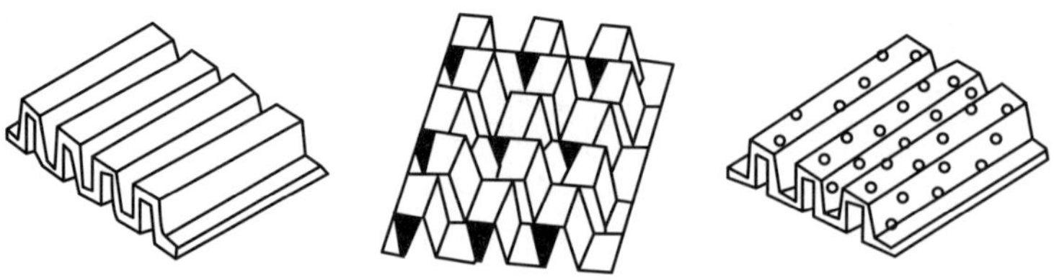

（a）光直翅片　（b）锯齿翅片　（c）多孔翅片

图 3－22　板翅式换热器的翅片形式

②结构紧凑。单位体积设备提供的传热面积一般能达到 2500m^2，最高可达 4300m^2，而管壳式换热器一般仅有 160m^2。

③轻巧牢固。因结构紧凑，一般用铝合金制造，故质量轻。在相同的传热面积下，其质量约为列管式换热器的 1/10。波形翅片不仅是传热面的支撑，而且是两板间的支撑，故强度很高。

④适应性强，操作范围广。由于铝合金的导热系数高，且在零度以下操作时，其延伸性和抗拉强度都可提高，故操作范围广，可在热力学温度 0～200℃时使用，适用于低温和超低温的场合。适应性也较强，既可用于各种情况下的热交换，也可用于蒸发或冷凝；操作方式可以是逆流、并流、错流或错逆流同时并进等；此外还可用于多种不同介质在同一设备内进行换热。

板翅式换热器的缺点有：

①由于设备流道很小，故易堵塞，而且增大了压强降；换热器一旦结垢，清洗和检修很困难，所以处理的物料应较洁净或预先进行净制。

②由于隔板和翅片都由薄铝片制成，故要求介质对铝不发生腐蚀。

板翅式换热器因其轻巧、传热效率高等许多优点，其应用领域已从航空、航天、电子等少数部门逐渐发展到石油化工、天然气液化、气体分离等更多的工业部门。

任务二　传热操作的基础知识

一、间壁两侧流体换热过程分析

如图 3－23 所示，图中上部表示间壁两侧流体换热过程中壁面两侧流体的流动状况，图中下部表示传热壁任一截面在传热方向上的温度分布规律。从图中可知，间壁传热的过程为：热流体以对流传热方式将热量传给壁面一侧；壁面以导热方式将热量传到壁面另一侧；壁面另一侧再以对流传热方式将热量传给冷流体。即间壁传热由对流－传导－对流 3 个阶段组成，在稳定传热条件下，每个阶段在单位时间里传过的热量是相等的。

二、传热基本方程式

1. 传热速率与热通量

传热过程中，热量传递的快慢用单位时间的传热量即传热速率来表示，符号为 Q，单位为 J/s 或 W。

单位时间、单位传热面积传递的热量称为热通量（或热流强度），用 q 表示，单位为 W/m^2。

依据过程速率等于过程推动力与过程阻力之比的规律，传热速率可表示为：

$$\text{传热速率} = \frac{\text{传热推动力(温度差)}}{\text{传热阻力(热阻)}} = \frac{\Delta t}{R} \tag{3-1}$$

由上式可知，传热速率大小取决于传热温差和热阻，因此，要想提高换热器的传热速率，就必须增加传热推动力和降低传热的热阻。

2. 传热基本方程式

由生产实践和科学实验表明，间壁换热时的传热速率应与换热器的传热面积、传热推动力成正比。而其中的传热推动力，在不同的传热壁面位置会随流体的进、出口温度发生变化而不同，也即传热温度差随位置的不同而变化。工程计算中，常采用整个换热器中冷、热流体在各个传热截面传热温度差的平均值来计算传热速率，称为传热平均推动力或传热平均温度差，以 Δt_m 表示，则有：

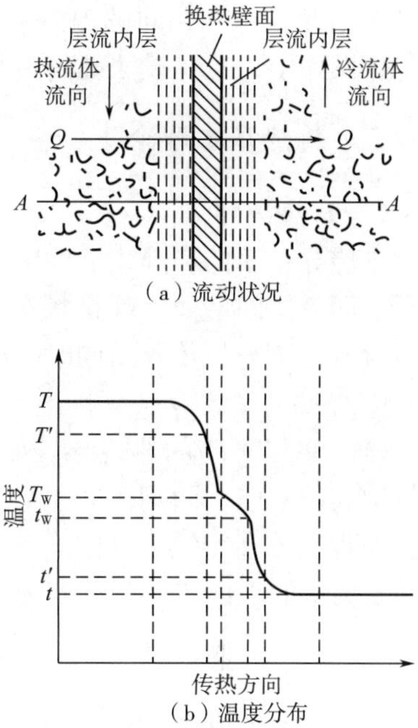

图 3－23　间壁式换热时流体流动状况和温度分布

$$Q = KA\Delta t_m \tag{3-2}$$

或

$$Q = \frac{A\Delta t_m}{\frac{1}{K}} = \frac{A\Delta t_m}{R} \tag{3-2a}$$

$$q = \frac{Q}{A} = \frac{\Delta t_m}{R} \tag{3-3}$$

式中：Q——传热速率，J/s 或 W；

q——热通量，W/m^2；

K——传热系数，$W/(m^2 \cdot K)$；

A——传热面积，m^2；

Δt_m——传热平均温度差，K；

R——换热器的总热阻，K/W。

$$R = \frac{1}{K} \tag{3-4}$$

式（3－2）称为传热基本方程式或称传热速率方程式，是间壁传热计算的基本公式，有关传热计算以及强化传热过程的探讨等都是以该公式为基础的。

式（3－2）中的比例系数 K 称为（总）传热系数，是一个表示传热过程强弱程度的物理量。

将式（3－2）改写成：

$$K = \frac{Q}{A\Delta t_m} \tag{3-5}$$

由式（3－5）可看出 K 的物理意义为单位传热面积、单位传热温度差时的传热速率。

所以 K 值越大，在相同的温度差条件下，所传递的热量越多，热交换程度越强烈。因此，在传热操作中，总是设法提高传热系数 K 以强化传热过程。

三、传热基本理论

（一）热传导

热传导在固体和静止流体中均可发生。但严格来说，只有固体中的传热才是纯粹的热传导，而流体即使处于静止状态，其中也会有因温差而引起的自然对流。所以，在流体传热中对流传热与热传导是同时发生的。

1. 导热基本定律——傅里叶定律

（1）单层平壁的热传导。如图 3－24 所示，一个由均匀材料构成的平壁，两侧表面积等于 A，壁厚为 δ，壁的两侧表面温度保持在 t_1 和 t_2，如果 $t_1>t_2$，则热量以热传导的方式，从温度为 t_1 的平面传递到温度为 t_2 的平面上，导热公式为：

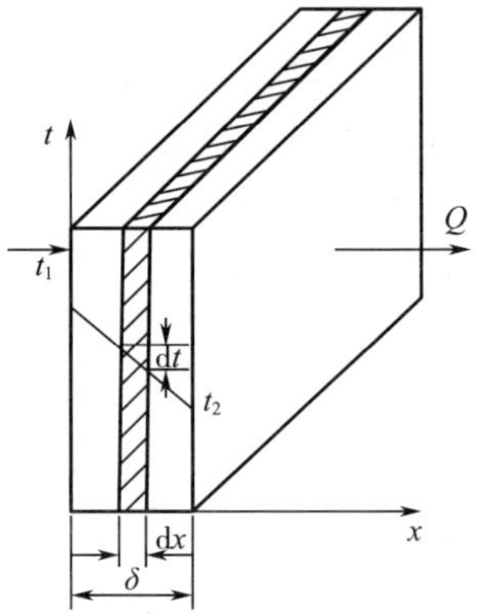

图 3－24　单层平壁导热示意图

$$Q=\lambda A\frac{t_1-t_2}{\delta} \tag{3-6}$$

式中：Q——单位时间内通过平壁的导热量，即导热速率，W；

t_1、t_2——两侧表面的温度，℃；

A——垂直于导热方向的传热面积，m^2；

δ——平壁的厚度，m；

λ——热导率，W/（m·℃）。

式（3－6）就是傅里叶导热公式。

$\Delta t=t_1-t_2$ 表示传热温度差，单位面积上、单位时间内的传热速率公式为：

$$q=\frac{Q}{A}=\frac{\Delta t}{\frac{\delta}{\lambda}}=\frac{\Delta t}{R} \tag{3-7}$$

式中：q——导热热通量，W/m^2；

Δt——传热推动力，℃；

$R=\frac{\delta}{\lambda}$——传热热阻，℃·m/W。

【例 3－1】普通砖平壁厚度为 500mm，一侧温度为 300℃，另一侧温度为 30℃，已知平壁的平均热导率为 0.9W/（m·℃），试求：（1）通过平壁的导热热通量（W/m^2）；（2）平壁内距离高温侧 300mm 处的温度。

解：（1）$q=\frac{Q}{A}=\frac{\Delta t}{\frac{\delta}{\lambda}}$

式中：$\Delta t=t_1-t_2=300-30=270$（℃）

$\delta=500mm=0.5m$

$\lambda=0.9W/(m\cdot℃)$

$q=\frac{270}{\frac{0.5}{0.9}}=486$（$W/m^2$）

（2）设平壁内距离高温侧 300mm 处的温度 t，

$$q = \frac{Q}{A} = \frac{\Delta t}{\frac{\delta}{\lambda}} = \frac{t_1 - t}{\frac{\delta}{\lambda}}$$

$$t = t_1 - q\frac{\delta}{\lambda}$$

$$\delta = 300\text{mm} = 0.3\text{m}$$

$$t = t_1 - q\frac{\delta}{\lambda} = 300 - 486 \times \frac{0.3}{0.9} = 138(℃)$$

（2）热导率。热导率 λ 是表征物质导热性能的一个物性参数，λ 越大，导热性能越好。导热性能的大小与物质的组成、结构、温度及压力等有关。

常用物质的热导率通常由实验测定。各种物质的热导率数值差别极大，一般而言，金属的热导率最大，非金属的次之，液体的较小，而气体的最小。工程上常见物质的热导率可从有关手册中查得。

①固体的热导率。在所有固体中，金属的导热性能最好，大多数纯金属的热导率随温度的升高而降低，也随纯度的降低而降低，如普通碳钢的 λ 为 46.5W/（m·K），而在碳钢中掺入了其他合金元素的不锈钢的 λ 只有 17.4W/（m·K）。导热性能与导电性能密切相关，一般而言，良好的导电体必然是良好的导热体。

非金属固体的热导率与其组成、结构的紧密程度及温度有关，结构越疏松、空隙越大，热导率越小。一般其热导率随密度的增加而增大，亦随温度的升高而增大。

②液体的热导率。液体可分为金属液体和非金属液体。大多数金属液体的热导率随温度的升高而降低；在非金属液体中，水的热导率最大；除水和甘油外，大多数非金属液体的热导率也随温度的升高而降低，一般情况下溶液的热导率随浓度的增大而降低。

③气体的热导率。与液体和固体相比，气体的热导率最小，对导热不利，但却有利于保温、绝热。工业上所使用的保温材料（如玻璃棉等）就是因为其空隙中有大量空气，所以其热导率很小，适用于保温隔热。理论和实验都已证明，气体的热导率随温度的升高而增大，而在相当大的压力范围内，气体的热导率随压力的变化很小，可以忽略不计，只有当压力很高（大于 200MPa）或很低（小于 2.7kPa）时，才应考虑压力的影响，此时热导率随压力的升高而增大。

2. *多层平壁导热*

实际生产中常常遇到多层不同材料组成的平壁，例如工业用的加热炉常为 3 层平壁，其炉壁由里向外分别由耐火砖、保温砖以及普通建筑砖砌成，其中的导热称为多层平壁导热。

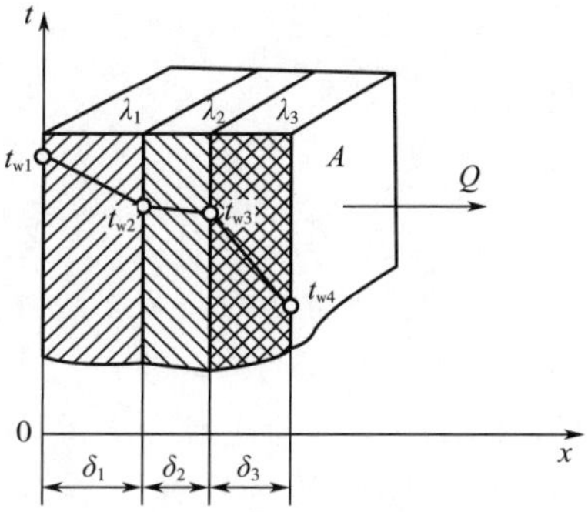

图 3-25　多层平壁导热示意图

以图 3-25 所示的 3 层平壁为例，由于是平壁，各层壁面面积可视为相同设为 A，各层壁面厚度分别为 δ_1、δ_2 和 δ_3，热导率分别为 λ_1、λ_2 和 λ_3，假设层与层之间接触良好，即互相接触的两表面温度相同。各接触表面温度分别为 t_1、t_2、t_3、t_4，且 $t_1 > t_2 > t_3 > t_4$，则在稳定导热时，各层的导热速率必然相等，即 $Q_1 = Q_2 = Q_3 = Q$。故有：

$$\frac{Q}{A}=\frac{t_1-t_2}{\frac{\delta_1}{\lambda_1}}=\frac{t_2-t_3}{\frac{\delta_2}{\lambda_2}}=\frac{t_3-t_4}{\frac{\delta_3}{\lambda_3}}=\frac{t_1-t_4}{\frac{\delta_1}{\lambda_1}+\frac{\delta_2}{\lambda_2}+\frac{\delta_3}{\lambda_3}} \tag{3-8}$$

$$Q=\frac{A(t_1-t_4)}{\frac{\delta_1}{\lambda_1}+\frac{\delta_2}{\lambda_2}+\frac{\delta_3}{\lambda_3}} \tag{3-8a}$$

由式（3-8）可以知道，多层平壁导热过程中，其推动力为各层推动力之和（总温差），总的热阻为各层热阻之和。

$$R=R_1+R_2+R_3=\frac{\delta_1}{\lambda_1}+\frac{\delta_2}{\lambda_2}+\frac{\delta_3}{\lambda_3} \tag{3-9}$$

3. 圆筒壁导热

（1）单层圆筒壁导热。化工生产中，经常用到圆筒形的设备和管道，其导热过程与平壁导热的不同之处在于圆筒壁的传热面积不再是常量，而是随半径而变，同时温度也随半径而变，但在稳定传热时的传热速率依然是一定的。

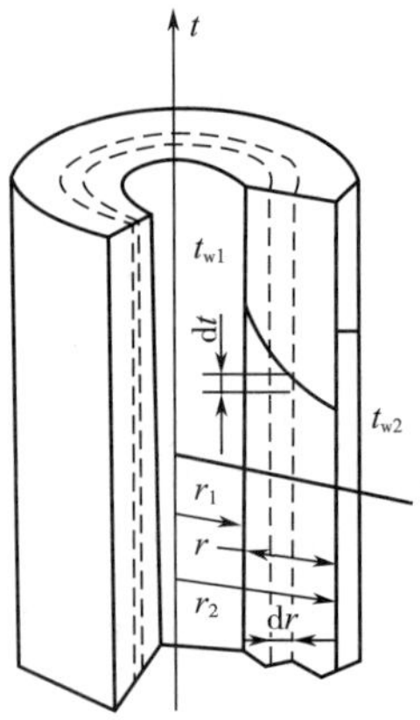

图 3-26 单层圆筒壁导热

如图3-26所示，设圆筒壁的内、外半径分别为 r_1 和 r_2，长度为 L，内、外表面温度分别为 t_1、t_2。在实际生产操作中，由于圆筒壁很薄，半径用 r_m 表示，其传热面积可视为定值，等于 $2\pi r_m L$；同时通过该薄层的温度变化为 $\Delta t=t_1-t_2$，则通过该薄层的导热速率可表示为：

$$Q=\frac{2\pi L\lambda(t_1-t_2)}{\ln\frac{r_2}{r_1}} \tag{3-10}$$

式（3-10）即为单层圆筒壁的导热速率方程式，该式也可以写成与平壁导热速率方程式相类似的形式，将上式改写成：

$$Q=\frac{\lambda A_m(t_1-t_2)}{\delta}=\frac{\lambda A_m(t_1-t_2)}{r_2-r_1} \tag{3-11}$$

比较式（3-10）和式（3-11），可解得平均传热面积 A_m 为：

$$A_m=\frac{2\pi L(r_2-r_1)}{\ln\frac{r_2}{r_1}}=2\pi r_m L \tag{3-12}$$

式中：

$$r_m=\frac{r_2-r_1}{\ln\frac{r_2}{r_1}} \tag{3-13}$$

上式：A_m——圆筒壁的内、外表面的对数平均传热面积，m^2；

r_m——圆筒壁的对数平均半径，m。

计算中，当 $r_2/r_1\leqslant 2$ 时，上式中半径的对数平均值可用算术平均值 $(r_1+r_2)/2$ 代替，与使用对数平均半径比较，误差不大于4%，在工程上是允许的。

（2）多层圆筒壁导热。以3层圆筒壁为例，如图3-27所示。假设各层之间接触良好，各层的热导率分别为 λ_1、λ_2 和 λ_3，厚度分别为 $\delta_1=r_2-r_1$，$\delta_2=r_3-r_2$，$\delta_3=r_4-r_3$，温度差分别为 $\Delta t_1=t_1-t_2$，$\Delta t_2=t_2-t_3$，$\Delta t_3=t_3-t_4$。参照多层平壁总温差、总热阻为各层壁面温差、热阻串联的规律，可写出3层圆筒壁的导热速率方程式为：

$$Q=\frac{2\pi L(t_1-t_{n+1})}{\frac{1}{\lambda_1}\ln\frac{r_2}{r_1}+\frac{1}{\lambda_2}\ln\frac{r_3}{r_2}+\frac{1}{\lambda_3}\ln\frac{r_4}{r_3}} \tag{3-14}$$

对 n 层圆筒壁：

$$Q=\frac{2\pi L(t_1-t_{n+1})}{\sum_{i=1}^{n}\frac{1}{\lambda_i}\ln\frac{r_{i+1}}{r_i}} \tag{3-14a}$$

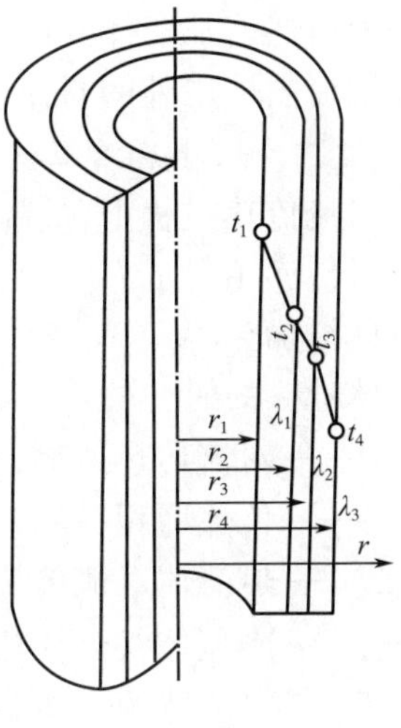

图 3－27　3 层圆筒壁导热示意图

【例 3－2】 在一个 ϕ60mm×3.5mm 的钢管外包有两层绝热材料，里层为 40mm 的氧化镁粉，平均热导率 λ＝0.07W/（m·K），外层为 20mm 的石棉层，其平均热导率 λ＝0.15W/（m·K）。现用热电偶测得管内壁的温度为 500℃，最外层表面温度为 80℃，管壁的热导率 λ＝45W/（m·K）。试求每米管长的热损失。

解：每米管长的热损失：

$$\frac{Q}{L}=\frac{2\pi(t_1-t_4)}{\frac{1}{\lambda_1}\ln\frac{r_2}{r_1}+\frac{1}{\lambda_2}\ln\frac{r_3}{r_2}+\frac{1}{\lambda_3}\ln\frac{r_4}{r_3}}$$

式中：t_1＝500℃，t_4＝80℃

λ_1＝45W/（m·K），λ_2＝0.07W/（m·K），λ_3＝0.15W/（m·K）

r_1＝（60－3.5×2）/2＝26.5mm，r_2＝60/2＝30mm，r_3＝30＋40＝70mm，r_4＝70＋20＝90mm

$$\frac{Q}{L}=\frac{2\times3.14(500-80)}{\frac{1}{45}\ln\frac{30}{26.5}+\frac{1}{0.07}\ln\frac{70}{30}+\frac{1}{0.15}\ln\frac{90}{70}}$$

$$\approx 191.4\ (\text{W/m})$$

（二）对流传热

1. 对流传热过程分析

工业上冷、热流体之间的换热通常都是通过间壁式换热器来完成的，热量通过固体壁面的传递是以导热的方式进行的，那么热量以怎样的方式从热流体传到固体壁面一侧，又怎样从固体壁面另一侧传到冷流体的呢？这一热量传递过程是通过对流方式进行的，下面就对流传热过程进行简要分析。

在讨论流体流动时曾经指出，当流体沿壁面流动时，无论其湍动程度有多大，在靠近壁面处总有一滞流层存在，层内分子之间极少有相对位移，热量以导热的方式传递。由于大多数流体的热导率较小，故热阻主要集中在紧贴壁面的层流内层里，温度差也集中在层流内层里。在层流内层和湍流主体之间有一个过渡层，在过渡层内的温度是逐步变化的。在湍流主体内，由于流体质点间剧烈混合、碰撞，所以在传热方向上，流体的温度差极小，各处的温度基本相同。热量传递主要依靠涡流传热，其热阻很小，传热速度极快。

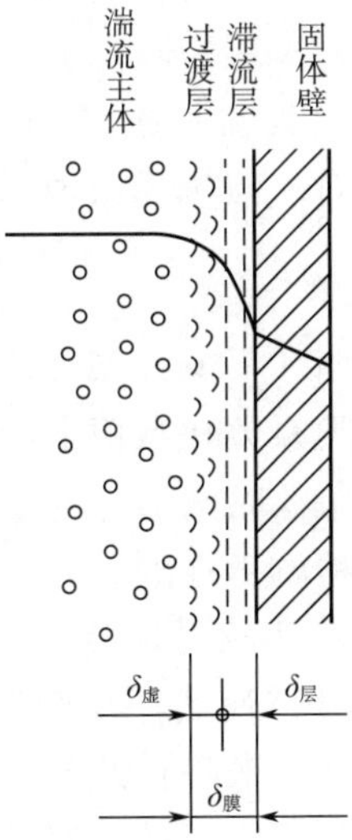

图 3－28　对流传热分布图

由此分析可见，对流传热过程的热阻主要集中在层流内层里，减小层流内层的厚度、减小其热阻是强化对流传热的重要途径。图 3－28 是和流体流动方向垂直截面上的温度分布图。

综上所述，从流体到固体壁或从固体壁到流体的传热过程，是一个以层流内层为主的导热和层流内层以外的对流传热的综合过程，我们把它称为对流传热过程。

2. 对流传热基本方程——牛顿冷却定律

在对流传热过程中，湍流主体主要为涡流传热，传热速度极快；而在过渡层及层流内层，热量传递主要依靠传导进行，热阻过程主要集中在该区域。

流体被加热时
$$Q = \alpha_{冷} A(t_{w2} - t) \tag{3-15}$$

流体被冷却时
$$Q = \alpha_{热} A(T - t_{w1}) \tag{3-16}$$

式中：Q——对流传热速率，W；

A——传热面积，m^2；

$\alpha_{热}$——热流体对流传热膜系数，W/（$m^2 \cdot ℃$）；

$\alpha_{冷}$——冷流体对流传热膜系数，W/（$m^2 \cdot ℃$）；

T——热流体的主体温度，℃；

t——冷流体的主体温度，℃；

t_{w1}——和热流体接触的壁温，℃；

t_{w2}——和冷流体接触的壁温，℃。

式（3-15）和式（3-16）是对流传热速率方程式，又称牛顿冷却定律。式中流体的主体温度和壁温都是流体流过某一指定的横截面上时流体的平均温度和壁面上的温度，对流传热膜系数 α 也只代表这一指定的横截面上的数值，是局部对流膜系数。

在整个换热器中流体的温度和壁温都随流体流动方向而改变，局部对流传热膜系数 α 也沿流体流动方向而变化。为了简化起见，在换热器计算中，都按流体和壁面的平均温度计算，而对传热膜系数也用平均温度下的平均对流膜系数的数值。此时，牛顿冷却定律可以表示为：

$$Q = \alpha A \Delta t \tag{3-17}$$

式中：α——平均对流传热膜系数，W/（$m^2 \cdot ℃$）；

A——总传热面积，m^2；

Δt——流体与壁面（或反之）温度差的平均值，℃。

3. 对流传热膜系数

对流传热膜系数是度量对流传热过程强烈程度的数值。

$$\alpha = \frac{Q}{A\Delta t} \tag{3-18}$$

当 $A = 1m^2$，$\Delta t = 1℃$ 时，则对流传热膜系数的数值等于对流传热速率数值，即对流体传热膜系数在数值上等于总传热面积为 $1m^2$，流体与壁面（或反之）温度差的平均值为 1℃ 时，单位时间流体与壁面之间的传热量，所以 α 值越大，所交换的热量就越多，即对流传热过程就越强烈。

4. 影响对流传热膜系数的因素

（1）流体流动产生的原因。流体流动产生的原因可分为自然对流和强制对流。自然对流是指原来静止的流体，由于某种原因，局部温度不同，导致各部分之间的密度改变，进而引起流体流动。温度差越大，流动越剧烈。强制对流是由于外力的作用，迫使流体剧烈流动。自然对流的膜系数比强制对流的膜系数要小。

（2）流体的流动状况。当流体呈湍流时，随着雷诺数的增加，滞流内层的厚度减小，所以对流传热膜系数增大。而当流体呈滞流时，流体在传热方向上基本没有混杂运动，此时对流传热膜系数值较湍流时小。

（3）流体有无相变化发生。当对流传热过程中流体发生相变化时，会给对流传热带来许多新的特点，与无相变化的对流传热有很大的差别。一般来说，对于同一种流体，有相变化时的对流传热膜系数比无相变化时的对流传热膜系数大得多。

（4）流体的物理性质。流体的物理性质，如比热容、热导率、密度、黏度等发生变化，会对流体的对流传热膜系数产生影响。

（5）传热面的形状。如传热管、板、管束等不同的传热面的形状；管子的排列方式；水平或垂直放置；管径、管长或板的高度等，都会影响流体在换热面的流动情况，所以都会影响对流传热膜系数。

（三）总传热系数

传热系数是评价换热器传热性能的重要参数，也是对传热设备进行工艺计算的依据。换热器的总传热系数 K 值主要取决于换热器的类型、流体的种类和性质以及操作条件等。在换热器的工艺计算中，为了计算传热面积，必须首先确定传热系数的数值。目前，确定传热总系数 K 主要有三种途径：一是选取经验值，即生产设备中所用的经过实践证实并总结出来的生产实践数据；二是实验测定 K 值；三是理论计算 K 值。这里将工业生产用列管式换热器中总传热系数 K 的大致范围列于表 3－1，可供使用中查阅。理论计算 K 值将在任务三中讨论。

表 3－1　　列管换热器中 K 值的大致范围

热流体	冷流体	传热系数 K /W·$(m^2 \cdot K)^{-1}$	热流体	冷流体	传热系数 K /W·$(m^2 \cdot K)^{-1}$
水	水	850～1700	低沸点烃类蒸气冷凝（常压）	水	455～1140
轻油	水	340～910	高沸点烃类蒸气冷凝（减压）	水	60～170
重油	水	60～280	水蒸气冷凝	水沸腾	2000～4250
气体	水	17～280	水蒸气冷凝	轻油沸腾	455～1020
水蒸气冷凝	水	1420～4250	水蒸气冷凝	重油沸腾	140～425
水蒸气冷凝	气体	30～300			

四、工业加热载体和冷却剂

1. 常用的热载体

（1）饱和水蒸气及热水加热。工业上普遍采用饱和水蒸气作为加热剂。它的主要优点是：①可以通过调节蒸气压力，准确地调节温度；②蒸气冷凝时的膜系数很大，换热器的传热面积可以小一些；③蒸气的汽化潜热很大，且加热均匀，在传热量一定时，所需蒸气用量较小。

饱和水蒸气加热的主要缺点是加热温度不高，通常不超过 180℃，相应的压力约为

1003kPa。由饱和蒸气温度与压力的关系可知，随着水蒸气温度的升高，饱和蒸气的压力急剧升高，要求设备能耐高压。所以，常在加热温度低于180℃时采用饱和水蒸气作为加热剂。

水蒸气加热的方法可分为直接加热和间接加热两种。

直接加热是将水蒸气直接通入冷流体中，两流体直接接触传热，传热效果好，但只适用两流体可以混合的场合。

间接加热则是由一个固体壁将水蒸气和冷流体隔开，两流体通过固体壁进行传热。适合两流体不能直接混合的场合，应用最广。

用饱和水蒸气加热时，应及时排除冷凝水及饱和水蒸气中所含不凝性气体，以免降低加热效果。

因热水的对流传热膜系数不是很高，加热温度有限，热水加热法的工业应用受到限制。一般用于利用饱和水蒸气的冷凝水和废热水的余热及某些需要缓慢加热的场合。

（2）矿物油加热。由于水蒸气加热的温度受到一定的限制，当物料加热需要超过180℃时，可考虑采用矿物油加热。生产上常用高温45#机油和高温60#机油，其加热温度可达250℃。矿物油的饱和蒸气压比水的低，其饱和蒸气来源较容易、加热均匀、不需加压；缺点是油的黏度大，且随使用时间的增加而增大，对流传热膜系数逐渐减小，热稳定性差，存在安全隐患（高于250℃易分解、易燃）。加热效果不如水蒸气，易着火，只能利用显热。

（3）有机载热体加热。由于上述两种加热法的局限，有时采用有机载热体加热剂。有机载热体即联苯混合物，它是26.5%联苯和73.5%二苯醚的混合物，俗称导生油。沸点高（258℃），在200℃和350℃时的蒸气压分别是25.3kPa和537kPa，约为同温下水蒸气的1/60和1/30。

导生油具有化学稳定性，在380℃以下可长期使用不变质（370℃可使用750～1100d），其加热温度范围很广，用常压液体加热可达255℃；用饱和蒸气加热可达380℃。导生油的黏度比矿物油小，故传热效果较好。

导生油具有可燃性，但无爆炸危险，其毒性很轻微，主要缺点是它极易渗透软性石棉填料，使用时所有管道的法兰连接处需用金属垫片。

（4）熔盐加热。常用的熔盐为7% $NaNO_3$、40% $NaNO_2$和53% KNO_3组成的低熔点混合物，其熔点为142℃，当要求加热温度超过380℃时，可考虑选用这种载热体。它的最高加热温度达530℃，但比热容小，仅为1.3kJ/（kg·K）。

（5）烟道气加热。烟道气加热法，又称炉灶加热法。这种加热方法是利用燃料在热炉中燃烧所产生的火焰和烟道气直接加入物料中进行加热。加热温度可达1000℃以上。通常以500～1000℃较为适宜。

烟道气容易获取且能产生高温，其缺点是温度不易控制，被加热物料易变质，且大部分热量被废气带走，烟道气的对流传热膜系数很小，烟道气的用量很大，输送比较困难，特别注意不能用于加热易燃易爆物料。使用烟道气加热应防止局部过热，当用气体或液体燃料时，可采用自控系统调节和控制温度。

（6）电加热。电加热法是将电能转变为热能加热物料。电加热的特点是清洁、方便，利用率高，加热温度可以精确调节。这种加热方法通常用于1000℃以上。

①电阻加热。将电阻丝绕在被加热的设备上，通电后能转变为热能，即达到加热的目的，其最高加热温度可达 1100℃，但在防火防爆的环境中使用很不安全。

②电感加热。当电流通过导体时，在导体周围产生磁场。若为交流电，则在导体四周产生的磁场为交变磁场。在交变磁场的感应下，金属表面产生感应的交变涡电流，涡电流损耗转变为热能，称为电感加热。

电感加热装置比较简单，将电阻较小的导线（铜或铝等）缠绕在金属（铸铁或钢）容器的外面，组成圆柱形的与金属容器不直接接触的螺旋线圈。当导线内通过交流电时，由于电磁感应作用使容器壁面产生热能，以加热容器内的物料。

电感加热施工简单，无明火，在防火防爆的环境中使用较电阻加热安全。通常加热温度在 500℃以下时，可考虑采用，其主要缺点是能量利用率不高。

2. 常用冷却剂与冷却方法

（1）水。水是化工生产中使用最广泛的冷却剂，用量很大，约占总耗水量的 80%。水的比热容和膜系数都比较大，能够将流体冷却到较低温度，因此得到广泛应用。冷却水可以是江水、河水、海水、井水或循环水等。水温随地区和季节而变化，所以只适用于冷却温度在 15 ~ 30℃以上的场合。为了防止溶解在水中的盐类析出，在换热器的传热表面形成水垢，一般控制冷却水的终温不超过 40 ~ 50℃。若需要将流体冷却到 5 ~ 10℃或更低的温度时，则需采用经冷却降温的低温水（如冷冻盐水或冷冻剂）作冷却剂。

（2）空气。空气是取之不竭的冷却剂，用空气代替水作冷却剂可以减少污水处理的问题。在水源不足的地区，更显出它的优越性。空气的温度随地区和季节而变化，所以只适用于冷却温度在 30℃以上的场合。由于空气的对流传热效果差，要求庞大的换热设备。大型企业中采用空气冷却在经济上是合理的，所以正得到逐步推广。

（3）冷冻盐水。若需要将流体冷却到 5 ~ 10℃或更低的温度时，则需采用经冷却降温的冷冻盐水或冷冻剂作冷却剂。由于盐的存在，使水的凝固点大为下降（其具体数值视盐的种类和含量而定），盐水的低温由制冷系统提供。

此外，若需得到更低的冷却温度或更好的冷却效果，还可使用沸点更低的制冷剂，例如液氨和氟利昂等，当然，也得借助于制冷技术。

任务三 换热器的工艺参数及控制

一、换热器的工艺参数

化工生产的传热过程主要需解决如下几个方面的问题：

（1）计算载热体的用量。生产中需要加热和冷却的物料量通常是已知的，过程中加热或冷却前后的温度差也是由工艺条件规定的，这就是说，工艺上要求通过加热剂与冷却剂之间交换的热量是一定的，故可根据工艺的要求来计算热负荷及加热剂或冷却剂的用量。

（2）计算换热器的传热面积。生产过程中的换热是通过换热器来进行的，计算换热器的传热面积是传热设备设计计算的核心问题。

（3）选择或设计换热器的结构。换热器的结构形式很多，根据一定的生产要求选择或设计一个合适的结构形式也是化工生产中经常要碰到的基本问题之一。

（4）研究强化传热的途径。所谓强化传热就是加大传热速率。研究出强化传热的途径对提高换热器的生产能力，节约能源和环保以及提高经济效益都有着十分重要的意义。

（一）传热基本方程式

图 3－29 为一个单程列管式换热器，两流体呈逆流流动，热流体在管内流动，进口温度为 T_1，出口温度下降到 T_2；冷流体在管外流动，进口温度为 t_1，出中温度上升到 t_2。这一总传热过程由下列步骤组成：首先是热流体和管内壁面之间的对流传热，将热量传给管内壁；然后，热量由管内壁面以传导的方式传给管的外壁面；最后，热量由管外壁面和冷流体间进行对流传热，将热量传给冷流体。上述两种流体间之所以能进行热交换，是由于热流体与冷流体之间存在温度差，即传热推动力，所以热量就从热流体自动经过管壁传给冷流体。管壁面称为换热器的传热面积。

图 3－29　单程列管式换热器

根据生产和科学实验总结可知：传热速率与传热面积成正比，与传热温度差成正比。

$$Q = KA\Delta t_m \tag{3-19}$$

式中：Q——单位时间内通过换热器传递的热量，即传热速率，W；

K——传热系数，W/（m^2·℃）；

A——换热器的传热面积，m^2；

Δt_m——冷、热流体间传热温度差的平均值，即传热推动力，℃。

上式为传热速率方程式。

$$K = \frac{Q}{A\Delta t_m} \tag{3-20}$$

传热系数 K 为当冷热两流体之间温度差为 1℃时，在单位时间内通过单位传热面积由热流体传给冷流体的热量。K 越大，在相同的温度差条件下，所传递的热量越多。因此在传热操作中，总是设法提高传热系数的数值以强化传热过程。

根据能量守恒定律，在两种流体之间进行稳定传热时，单位时间内热流体放出的热量 $Q_{热}$，一定等于冷流体吸收的热量 $Q_{冷}$ 和损失于周围介质中的热量 $Q_{损}$ 两者之和，即：

$$Q_{热} = Q_{冷} + Q_{损} \tag{3-21}$$

式中：$Q_{热}$——热流体放出的热量，J/s 或 W；

$Q_{冷}$——冷流体吸收的热量，J/s 或 W；

$Q_{损}$——热损失，kJ/s 或 W。

上式称为传热过程的热量衡算方程式。在生产中，换热器的传热面单位时间传递的热量也称为换热器的热负荷，表示生产任务对换热器提出的换热要求。若损失于周围介质的热量来自热流体，则热负荷为 $Q_{冷}$；若热损失在冷流体这一方，则热负荷为 $Q_{热}$。在保温良好的换热器中，$Q_{损}$ 为 $Q_{热}$ 的 2% ~5%。热损失可以忽略不计时，式（3-21）可变为：

$$Q_{热} = Q_{冷} \tag{3-22}$$

（二）热负荷

生产上的每一台换热器内，冷、热两股流体间每单位时间所交换的热量是根据生产上换热任务的需要提出的，因此，称为该换热器的热负荷。热负荷是要求换热器具有的换热能力。

能满足工艺要求的换热器，必须使其传热速率等于（或略大于）热负荷。所以，通过计算热负荷，便可确定换热器所应具有的传热速率。

必须注意，传热速率与热负荷虽然在数值上一般看作相等，但其含义却不同。热负荷是由工艺决定的，是对换热器的要求；传热速率是换热器本身的换热能力，是设备的特性。

（三）传热量的计算

$Q_{热}$ 和 $Q_{冷}$ 可以根据以下三种方法，从载热体的流量、比热容、温度变化和焓值计算。

1. 显热法

若流体在换热过程中没有相变化，且流体的比热容可视为定值或可取为流体进、出口平均温度下的比热容时，其传热量可按下式计算：

$$Q_{热} = q_{m热}c_{热}(T_1 - T_2) \tag{3-23}$$

$$Q_{冷} = q_{m冷}c_{冷}(t_2 - t_1) \tag{3-24}$$

式中：$q_{m热}$、$q_{m冷}$——热、冷流体的质量流量，kg/s；

$c_{热}$、$c_{冷}$——热、冷流体的定压比热容，kJ/（kg·K）；

T_1、T_2——热流体的进、出口温度，K；

t_1、t_2——冷流体的进、出口温度，K。

2. 潜热法

若流体在换热过程中仅仅发生恒温相变化，其传热量可按下式计算：

$$Q_{热} = q_{m热}R \tag{3-25}$$

$$Q_{冷} = q_{m冷}r \tag{3-26}$$

式中：R、r——热、冷流体的汽化潜热，kJ/kg。

3. 焓差法

由于工业换热器中流体的进、出口压力差不大，故可近似为恒压过程。根据热力学定律，恒压过程传热量等于物系的焓差，则有：

$$Q_{热} = q_{m热}(H_1 - H_2) \tag{3-27}$$

$$Q_{冷} = q_{m冷}(h_2 - h_1) \tag{3-28}$$

式中：H_1、H_2——热流体的进、出口焓，kJ/kg；

h_1、h_2——冷流体的进、出口焓，kJ/kg。

焓差法计算传热量较为简便，但仅适用于流体的焓值可查取的情况。通常气体和液体的焓取 0℃为计算基准，即规定 0℃的液体（或气体）的焓为零，蒸气的焓则取 0℃液体的焓为零作计算基准。

4. 两步法

若流体在换热过程中既有相变化又有温度变化，则可用前两种方法联合起来求取其传热量，称为“两步法”。例如：饱和蒸气冷凝后，冷凝液出口温度低于冷凝饱和温度时，其传热量可按下式计算：

$$Q_{热}=q_{m热}[R+c_{热}(T_{饱}-T_2)] \tag{3-29}$$

式中：$T_{饱}$——冷凝液的饱和温度，K。

（四）载热体用量的计算

载热体用量 $q_{m热}$ 和 $q_{m冷}$，其计算可根据某一载热体的流量及其状态变化，计算出传热量后，再利用热量衡算方程式计算另一载热体的流量。根据题目给出的条件，选用潜热法、显热法或焓差法进行计算。

【例 3-3】将 0.417kg/s、80℃的硝基苯，通过一个换热器冷却到 40℃，冷却水初温为 30℃，出口温度不超过 35 ℃。如热损失可以忽略，试求该换热器的热负荷及冷却水用量。

解：（1）$Q_{热}=q_{m热}c_{热}(T_1-T_2)$

式中：$q_{m热}=0.417\text{kg/s}$，$T_1=80℃$，$T_2=40℃$

查得硝基苯和水的比热容分别为 1.6kJ/（kg·K）和 4.187kJ/(kg·K)。

$$c_{热}=1.6\text{kJ/(kg·K)}=1.6\times10^3\text{J/(kg·K)}$$

$$Q_{热}=0.417\times1.6\times10^3\times(80-40)$$

$$\approx26.7\times10^3\ (\text{W})$$

（2）热损失忽略不计，则 $Q_{热}=Q_{冷}$：

$$Q_{热}=Q_{冷}=q_{m冷}c_{冷}(t_2-t_1)$$

式中：$c_{冷}=4.187\text{kJ/(kg·K)}=4.187\times10^3\text{J/(kg·K)}$

$26.7\times10^3=q_{m冷}\times4.187\times10^3\times(35-30)$

$q_{m冷}\approx1.275\text{kg/s}=4590\text{kg/h}$

【例 3-4】在一套管换热器内用 0.16MPa 的饱和蒸气加热空气，饱和蒸气的消耗量为 10kg/h，冷凝后进一步冷却到 100℃，空气流量为 420kg/h，进、出口温度分别为 30℃和 80℃。空气走管程，蒸气走壳程。试求：（1）热损失 $Q_{损}$；（2）换热器的热负荷。

解：（1）在本题中，要求热损失，必须先求出两流体的传热量：

①蒸气的放热量：

对于蒸气及冷凝水的放热量可用焓差法计算。

查得 $P=0.16\text{MPa}$ 的饱和蒸气的有关参数：$T_{饱}=113℃$，$H_1=2698.1\text{kJ/kg}$

100℃时水的焓 $H_2=418.68\text{kJ/kg}$。

$$Q_{热}=q_{m热}(H_1-H_2)=(10/3600)\times(2698.1-418.68)\approx6.33\ (\text{kW})$$

②空气的吸热量：

空气的进出口平均温度 $t_m=(30+80)/2=55℃$

查得 55℃下空气的比热容 $c_{冷}=1.005\text{kJ/(kg·K)}$

$$Q_{冷}=q_{m冷}c_{冷}(t_2-t_1)=(420/3600)\times1.005\times(80-30)\approx5.86\ (\text{kW})$$

故热损失为 $Q_{损}=Q_{热}-Q_{冷}=6.33-5.86=0.47\text{kW}$

（2）因为空气走管程，所以换热器的热负荷应为空气的吸热量，即：

$$Q=Q_{冷}=5.86\text{kW}$$

（五）传热平均温差

在传热基本方程式中，$\Delta t_{均}$ 为换热器的传热平均温度差，传热平均温度差的大小及计算方法与两流体间的温度变化及相对流动方向有关。

1. 恒温传热过程的传热平均温度差

当冷、热两流体在换热过程中均只发生恒温相变时，热流体温度 T 和冷流体温度 t 沿管壁始终保持不变，称为恒温传热。此时，各传热截面的传热温度差完全相同，并且流体的流动方向对传热温度差也没有影响。换热器的传热推动力可取任一传热截面上的温度差，$\Delta t_m = T - t$。

2. 变温传热过程的传热平均温度差

在大多数情况下，间壁一侧或两侧流体的温度通常沿换热器的管长而变化，对此类传热则称为变温传热。对于两侧流体的温度均发生变化的传热过程，传热平均温度差的大小还与两流体间的相对流动方向有关。

在间壁式换热器中，两流体间可以有四种不同的相对流动方式。若两流体的流动方向相同，称为并流；若两流体的流动方向相反，则称为逆流；若两流体的流动方向垂直交叉，称为错流；若一流体沿一方向流动，另一流体反复折流，称为简单折流；若两流体均作折流，或既有折流，又有错流，称为复杂折流。列管换热器中则可采用以上所介绍的各种流动形式，而套管换热器中可实现完全的并流或逆流。变温传热时，各传热截面的传热温度差不同。由于发生温度变化的两流体的流向不同，对平均温度差的影响也不相同，故需分别讨论。

在很多情况下，间壁一侧或两侧的流体温度要随传热过程的进行而改变。热流体从 T_1 被冷却至 T_2，而冷流体则从 t_1 被加热至 t_2。在壁面两侧流体成逆流［图 3－30（a）］或并流［图 3－30（b）］流动的情况下，工程上以换热器两端的温度差 Δt_1 和 Δt_2 为依据，按照下列公式来计算有效平均温度差：

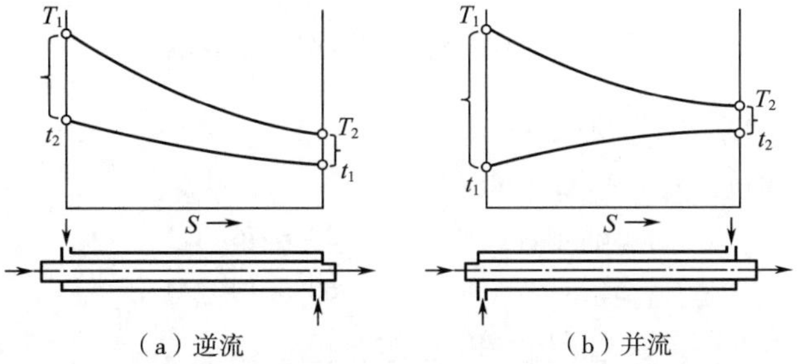

图 3－30　两侧流体变温传热过程的温差变化示意图

$$\Delta t_m = \frac{\Delta t_1 - \Delta t_2}{\ln \dfrac{\Delta t_1}{\Delta t_2}} \tag{3-30}$$

式中：Δt_m——传热对数平均温度差，K。

逆流时：$\Delta t_1 = T_1 - t_2, \Delta t_2 = T_2 - t_1$；

并流时：$\Delta t_1 = T_1 - t_1, \Delta t_2 = T_2 - t_2$。

当间壁一侧流体有相变时，如热流体侧为蒸气恒温冷凝或冷流体侧为液体沸腾汽化，也可利用式（3－30）来计算平均温度差，这时换热器两端的温差可分别表示如下：

热流体侧有相变时：$\Delta t_1 = T - t_1, \Delta t_2 = T - t_2$；

冷流体侧有相变时：$\Delta t_1 = T_1 - t, \Delta t_2 = T_2 - t$。

式中的 T 和 t 分别表示热流体的冷凝温度及冷流体的沸腾温度。

在进行传热平均温度差的计算时，要特别注意正确计算两流体不同流向时的换热器两端的温度差 Δt_1 和 Δt_2。为了避免错误，计算时最好先画出两流体的流向及温度变化图。为计算方便起见，通常可取换热器两端 Δt 中的数值较大者作为 Δt_1。

此外，当换热器两端温度差 $\Delta t_{大}/\Delta t_{小} \leqslant 2$ 时，可近似用算术平均值来代替对数平均值，即：

$$\Delta t_m = \frac{\Delta t_1 + \Delta t_2}{2} \tag{3-31}$$

这样计算的相对误差不超过4%。

【例3-5】在一个换热器内，用热水来加热某种溶液，已知热水的进口温度为90℃，出口温度为70℃，溶液的温度则从20℃上升至60℃。试计算：（1）两流体分别作逆流和并流流动时的传热平均温度差。（2）通过本题的计算，你有什么体会？

解：传热平均温度差：

逆流时，热流体温度：T_1　90℃→70℃ T_2

冷流体温度：t_2　60℃←20℃ t_1

$$\Delta t_1 = T_1 - t_2 = 90 - 60 = 30\ (℃)$$

$$\Delta t_2 = T_2 - t_1 = 70 - 20 = 50\ (℃)$$

$$\Delta t_m = \frac{\Delta t_1 - \Delta t_2}{\ln\dfrac{\Delta t_1}{\Delta t_2}} = \frac{30 - 50}{\ln\dfrac{30}{50}} \approx 39.2(℃)$$

或，由于 $\dfrac{\Delta t_{大}}{\Delta t_{小}} = \dfrac{50}{30} < 2$，也可以近似取算术平均值，即：

$$\Delta t_m = \frac{\Delta t_1 + \Delta t_2}{2} = \frac{30 + 50}{2} = 40℃$$

并流时，热流体温度：T_1　90℃→70℃　T_2

冷流体温度：t_1　20℃→60℃　t_2

$$\Delta t_1 = T_1 - t_1 = 90 - 20 = 70(℃)$$

$$\Delta t_2 = T_2 - t_2 = 70 - 60 = 10(℃)$$

$$\Delta t_m = \frac{\Delta t_1 - \Delta t_2}{\ln\dfrac{\Delta t_1}{\Delta t_2}} = \frac{70 - 10}{\ln\dfrac{70}{10}} \approx 30.8(℃)$$

通过这个例题说明，在同样的进出口温度下，逆流下的传热推动力比并流时要大。在热负荷一定的前提下，可减少所需传热面积（生产中一般都选择逆流操作，但当工艺上要求被加热流体的终温不得高于某一定值，或被冷却流体终温不能低于某一定值时，采用并流比较容易控制）。

3. 不同流向传热温度差的比较

从前面例题的计算可以知道，即便冷、热流体的进、出口温度相同，只要流向不同，传热的平均温度差便不同。在两流体的各种流动方式中，逆流流动时的传热平均温度差最大，并流时最小，而各种复杂流动因同时存在并流和逆流，其传热平均温度差居中。下面作简单比较。

（1）一侧恒温、一侧变温。此种情况下，平均温度差的大小与流向无关，即 $\Delta t_{m逆} = \Delta t_{m并}$。

（2）两侧均变温。此种情况下，若热、冷流体的进出口温度相同，平均温度差以逆流时最大，并流时最小，即 $\Delta t_{m逆} > \Delta t_{m并}$。

所以，从提高换热器的传热推动力出发，应尽可能采用逆流流动，但其他流向的换热方式也有它们的适用场合。如当工艺要求控制被加热流体或被冷却流体的终温不得高于（或低于）某定值时，采用并流就比较容易控制。且采用并流时，进口端的温差较大，对黏性冷流体较为适宜，因为冷流体进入换热器后温度可迅速提高，黏度降低，有利于提高传热效果。而采用错流或折流这样的多程结构，使换热器结构布置合理，有效地增大对流传热膜系数 α 和 K 值，从而提高传热速率。

【例 3－6】 在一个传热面积 S 为 $50m^2$ 的列管换热器中，采用并流操作，用冷却水将热油从 110℃冷却至 80℃。已知热油的放热速率为 400kW，冷却水的进、出口温度分别为 30℃和 50℃，热损失可忽略不计。（1）计算并流时冷却水的用量和传热平均温度差；（2）如果采用逆流，热油流量和进、出口温度不变，冷却水的进口温度不变，并假设两种情况下传热系数 K 不变。试求冷却水的出口温度。

解：（1）并流时：

$$Q_{热} = Q_{冷} = q_{m冷} c_{冷} (t_2 - t_1)$$

式中：$Q_{热} = 400kW = 400 \times 10^3 W$，$t_1 = 30℃$，$t_2 = 50℃$

水的定性温度 $t = (t_1 + t_2) = (30 + 50)/2 = 40℃$

$$c_{冷} = 4.174 kJ/kg \cdot K = 4.174 \times 10^3 J/kg \cdot K$$

$$400 \times 10^3 = q_{m冷} \times 4.174 \times 10^3 \times (50 - 30)$$

$$q_{m冷} \approx 4.79 kg/s$$

热流体温度：T_1　110℃　→　80℃　T_2

冷流体温度：t_1　30℃　→　50℃　t_2

$$\Delta t_1 = T_1 - t_1 = 110 - 30 = 80\ (℃)$$

$$\Delta t_2 = T_2 - t_2 = 80 - 50 = 30\ (℃)$$

$$\Delta t_m = \frac{\Delta t_1 - \Delta t_2}{\ln \frac{\Delta t_1}{\Delta t_2}} = \frac{80 - 30}{\ln \frac{80}{30}} \approx 51(℃)$$

（2）逆流时：根据题意，采用逆流后换热器的传热面积 A、传热系数 K 及热负荷 Q 不变，则此时的传热平均温度差也和并流时相同，即：

$$\Delta t_m = 51℃$$

假设此时 $\Delta t_1/\Delta t_2 \leqslant 2$，则可用算术平均值法计算 Δt_m：

$$\Delta t_m = \frac{\Delta t_1 + \Delta t_2}{2}$$

逆流时，热流体温度：T_1　110℃→80℃ T_2

冷流体温度：t_2　　←30℃ t_1

$$\Delta t_1 = T_1 - t_2 = 110 - t_2$$

$$\Delta t_2 = T_2 - t_1 = 80 - 30 = 50℃$$

$$51 = \frac{110 - t_2 + 50}{2}$$

$$t_2 = 58℃$$

验证假设：此时 $\Delta t_1 = 110 - 58 = 52℃$，$\Delta t_2 = 80 - 30 = 50℃$，则 $\Delta t_1/\Delta t_2 = 52/50 < 2$，假设正确。冷却水的出口温度为 $t_2 = 58℃$。

（六）传热面积

计算热负荷、平均温度差和传热系数的目的都在于最终确定换热器所需要的传热面积。换热器的传热面积可以通过传热速率公式得出：

$$A = \frac{Q}{K\Delta t_{m}} \tag{3-32}$$

在化工生产中使用广泛的套管式和列管式换热器：

$$A = n\pi d_{m}L \tag{3-33}$$

式中：n——管子的根数；

d_{m}——管子的平均直径，m；

L——管子的长度，m。

（七）传热系数

传热系数是表示间壁两侧流体间传热过程强弱程度的一个数值，是综合评价换热器性能的重要参数。在进行选用换热器时，为计算流体被加热或是被冷却所需要的传热面积，就必须要知道传热系数 K 的数值。K 值的大小取决于流体的性质、换热器的结构性能以及操作条件。可通过三种方法得到 K 值：①选取经验数据。有关手册有各种工艺条件下不同换热器的总传热系数 K 值的列表，可查阅使用。②现场设备测定。在缺乏可靠经验数据时，可通过实验测定有关数据，如设备尺寸大小、流体流量、温度等，用传热速率方程式求算得到。③公式计算法。本课程将重点介绍公式计算法。

1. 平壁传热系数

根据总的传热热阻等于各过程热阻之和得：

$$R = \frac{1}{K} = \frac{1}{\alpha_1} + \frac{\delta_1}{\lambda_1} + \frac{\delta_2}{\lambda_2} + \frac{\delta_3}{\lambda_3} + \cdots + \frac{1}{\alpha_2} + R_{污外} + R_{污内} \tag{3-34}$$

$$K = \frac{1}{\frac{1}{\alpha_1} + \sum_{i=1}^{n}\frac{\delta_i}{\lambda_i} + \frac{1}{\alpha_2} + R_{污外} + R_{污内}} \tag{3-34a}$$

式中：$R_{污外}$——表示平壁外表面垢层热阻，$m^2 \cdot K/W$；

$R_{污内}$——表示平壁内表面垢层热阻，$m^2 \cdot K/W$。

如果传热过程中无垢层存在，传热壁由很薄的金属材料构成，且导热系数很大，则间壁的导热热阻忽略时，上式化简为：

$$K = \frac{1}{\frac{1}{\alpha_1} + \frac{1}{\alpha_2}} = \frac{\alpha_1\alpha_2}{\alpha_1 + \alpha_2} \tag{3-35}$$

若 $\alpha_1 \gg \alpha_2$ 时，$K \approx \alpha_2$；

若 $\alpha_2 \gg \alpha_1$ 时，$K \approx \alpha_1$。

由此可知，总热阻由热阻大的那一侧的对流传热所控制，即当两个对流传热膜系数相差较大时，要提高 K 值，关键在于提高对流传热膜系数小的一侧的 α 值，即尽量设法减小其中最大的分热阻。若两侧对流传热膜系数相差不大时，则同时考虑提高两侧的对流传热膜系数值，以达到提高传热系数 K 值的目的。

2. 单层圆筒壁传热数

设管内热流体的温度为 T，管外冷流体的温度为 t，热流体一侧的壁面温度为 T_{w}，冷流体

一侧的壁面温度为 t_w，A_i 和 A_0 分别为内、外两侧的传热面积，A_m 为管壁的平均传热面积，d_i 为管子的内径，d_0 为管子的外径，d_m 为管子的平均直径，α_i 和 α_0 分别为热流体和冷流体的对流传热膜系数，λ 为管壁的热导率，δ 为壁厚。假设不考虑污垢的热阻。

单层圆筒壁传热速率的公式为：

$$Q = \frac{T - t}{\dfrac{1}{\alpha_i A_i} + \dfrac{\delta}{\lambda A_m} + \dfrac{1}{\alpha_0 A_0}} = \frac{\Delta t_m}{\dfrac{1}{\alpha_i A_i} + \dfrac{\delta}{\lambda A_m} + \dfrac{1}{\alpha_0 A_0}} \tag{3-36}$$

将上式与 $Q = KA\Delta t_m$ 比较，可得：

$$\frac{1}{KA} = \frac{1}{\alpha_i A_i} + \frac{\delta}{\lambda A_m} + \frac{1}{\alpha_0 A_0} \tag{3-36a}$$

①当 $\alpha_0 \ll \alpha_i$ 时，以外表面为基准面，$A = A_0$：

$$\frac{1}{KA_0} = \frac{1}{\alpha_i A_i} + \frac{\delta}{\lambda A_m} + \frac{1}{\alpha_0 A_0} \tag{3-37}$$

$$\frac{1}{K} = \frac{A_0}{\alpha_i A_i} + \frac{\delta A_0}{\lambda A_m} + \frac{1}{\alpha_0} \tag{3-37a}$$

$$\frac{1}{K} = \frac{d_0}{\alpha_i d_i} + \frac{\delta d_0}{\lambda d_m} + \frac{1}{\alpha_0} \tag{3-37b}$$

②当 $\alpha_0 \gg \alpha_i$ 时，以内表面为基准面，$A = A_i$：

$$\frac{1}{KA_i} = \frac{1}{\alpha_i A_i} + \frac{\delta}{\lambda A_m} + \frac{1}{\alpha_0 A_0} \tag{3-38}$$

$$\frac{1}{K} = \frac{1}{\alpha_i} + \frac{\delta A_i}{\lambda A_m} + \frac{A_i}{\alpha_0 A_0} \tag{3-38a}$$

$$\frac{1}{K} = \frac{1}{\alpha_i} + \frac{\delta d_i}{\lambda d_m} + \frac{d_i}{\alpha_0 d_0} \tag{3-38b}$$

③当 α_0、α_i 相差不大时，以平均传热面积为基准面，$A = A_m$：

$$\frac{1}{KA_m} = \frac{1}{\alpha_i A_i} + \frac{\delta}{\lambda A_m} + \frac{1}{\alpha_0 A_0} \tag{3-39}$$

$$\frac{1}{K} = \frac{A_m}{\alpha_i A_i} + \frac{\delta}{\lambda} + \frac{A_m}{\alpha_0 A_0} \tag{3-39a}$$

$$\frac{1}{K} = \frac{d_m}{\alpha_i d_i} + \frac{\delta}{\lambda} + \frac{d_m}{\alpha_0 d_0} \tag{3-39b}$$

【例 3-7】 在内管为 Φ105mm×2.5mm 的套管换热器中，流量为 0.14kg/s 的盐水从 293K 加热到 333K，采用常压蒸气在管外加热，蒸气温度为 373K，内管的热导率为 47W/（m·K），25% 盐水的传热系数为 417W/（m^2·K），蒸气在管外的传热系数为 1111 W/（m^2·K），求加热套管的长度应为多少 m？盐水的比热容为 2100J/（kg·K）。

解：$Q = q_{m冷} c_{冷} (t_2 - t_1)$

式中：$q_{m冷}$ = 0.14kg/s，$c_{冷}$ = 2100J/（kg·K），t_1 = 293K，t_2 = 333K

Q = 0.14×2100×（333－293）= 11760（W）

热流体的温度：T　373K

冷流体的温度：t_1　293K　→　t_2　333K

$$\Delta t_1 = T - t_1 = 373 - 293 = 80\text{K}$$

$$\Delta t_2 = T - t_2 = 373 - 333 = 40\text{K}$$

$$\Delta t_m = \frac{\Delta t_1 - \Delta t_2}{\ln\frac{\Delta t_1}{\Delta t_2}} = \frac{80 - 40}{\ln\frac{80}{40}} \approx 57.7\text{K}$$

由于热流体的传热膜系数比冷流体传热膜系数大，以内表面为基准面计算传热系数。

$$\frac{1}{K} = \frac{1}{\alpha_i} + \frac{\delta d_i}{\lambda d_m} + \frac{d_i}{\alpha_0 d_0}$$

式中：$\alpha_i = 417\text{W/m}^2\cdot\text{K}$，$\alpha_0 = 1111\text{W/(m}^2\cdot\text{K)}$，$d_i = 105 - 2.5\times2 = 0.1\text{m}$，$d_0 = 0.105\text{m}$

$$d_m = \frac{d_i + d_0}{2} = \frac{100 + 105}{2} = 0.1025\text{m}, \lambda = 47\text{W/(m}\cdot\text{K)}, \delta = 2.5\text{mm} = 0.0025\text{m}$$

$$\frac{1}{K} = \frac{1}{417} + \frac{0.0025\times0.1}{47\times0.1025} + \frac{0.1}{1111\times0.105}$$

$$K \approx 303.03(\text{W/m}^2\cdot\text{K})$$

$$A = \frac{Q}{K\Delta t_m} = \frac{11760}{303.03\times57.7} \approx 0.673(\text{m}^2)$$

$$A = \pi L d_i$$

$$L = \frac{A}{\pi d_i} = \frac{0.673}{3.14\times0.1} \approx 2.14(\text{m})$$

（八）强化换热器传热的途径

换热器传热过程的强化，就是设法提高换热器的传热速率，从传热基本方程 $Q = KA\Delta t_m$ 可以看出，增大传热面积 A、提高传热推动力 Δt_m 以及提高传热系数 K 都可以达到强化传热的目的。

1. 增大传热面积

增大传热面积，可以提高换热器的传热速率，但增大传热面积不能靠增大换热器的尺寸来实现，而是要从设备的结构入手，提高单位体积的传热面积。

（1）用翅片来增大传热面积，可以加剧流体湍动程度以提高传热速率。

（2）在管壳式换热器中采用小直径管，可以增加单位体积的传热面积。

（3）将传热面制成各种凹凸形、波纹形等，使流通截面的形状和大小均发生变化。

工业上往往通过改进传热面的结构来实现。可采用翅片或螺旋翅片管代替普通金属管，如图 3－31 所示。

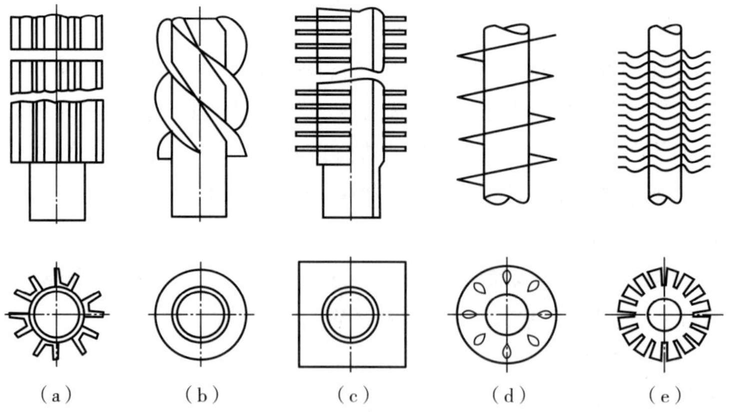

图 3－31　各类翅片

2. 提高传热推动力

传热推动力即传热平均温度差。生产中常用增大传热平均温度差的方法来提高换热器的传热速率。如采用传热温度差较大的逆流换热；又如用提高加热剂温度及降低冷却剂温度的方法增大传热温差。具体例子有：用饱和水蒸气作为加热剂时，增加蒸气压力可以提高其温度；在水冷器中增大冷却水流量或以冷冻盐水代替普通冷却水，可以降低冷却剂的温度等。但传热平均温度差的大小是由两流体的进、出温度大小及相对流向决定的。一般来说，物料的温度由工艺条件所决定，不能随意变动，而加热剂或冷却剂的温度，可以通过选择不同介质和流量加以改变。但需要注意的是，改变加热剂或冷却剂的温度，必须考虑到技术上的可行性和经济上的合理性。要提高加热蒸气温度，其压强也随之增大，必然对设备提出更高的要求，总体来说并不经济；降低冷却水初温和增大其流量可以降低出口温度、增大温度差，但却受到气候、水源及操作费用等经济上的制约。

总体来说，要提高传热推动力，必须从客观条件、经济效益、节约资源和环境保护等多方面全面考虑决定。

3. 提高传热系数

增大传热系数 K 值是提高换热器传热速率的重要途径。

由传热系数的关系式可知，增大传热系数，实际上就是降低换热器的总热阻。由平壁 K 值计算式（3－34a）：可以看出，要提高 K 值，必须降低总热阻，减小各项分热阻，或者说必须设法提高 α_1、α_2 和 λ，降低 δ 和 $R_{垢}$。一般来说，在金属换热器中，壁厚 δ 较小且热导率 λ 较大，不会成为主要热阻；这样，提高壁面两侧的 α 及减小污垢热阻 $R_{垢}$ 便成为主要问题。前已述及，当壁面两侧的 α 相差较大时，要提高 K 比提高较小侧的 α 更为有效，而当壁面两侧的 α 相近时，则应考虑同时提高壁面两侧的 α。根据对流传热的过程分析，对流传热的热阻主要集中在靠近管壁处的层流内层里，因此，要提高 α 乃至提高 K，必须减小层流内层的厚度。

针对以上的分析，为提高 K 值可采取的具体措施如下：

（1）为提高流体的 α 值，必须增加流体的湍动程度。

①加大流体的流速。例如，在列管换热器内可采取增加管、壳程数，在夹套式换热器内增加搅拌，这些都可以增加流速，并增加流体的湍动程度。但必须考虑由于流速增加引起的流体阻力增大，以及设备结构复杂、清洗和检修等困难。

②增加流体的湍动程度，以减薄层流内层厚度。例如采用螺旋板式换热器；采用各种异形管或在管内加麻花铁、螺旋圈或金属卷片等添加物；采用波纹状或粗糙的换热面等都可提高对流传热强度。在列管式换热器的壳程中安装折流挡板，使流体的流动方向不断改变，是提高壳程对流传热膜系数的重要方法。

（2）防止结垢，及时除垢。污垢的存在将使传热系数大大降低。对于刚投入使用的换热器，污垢热阻很小，可不予考虑，但随着使用时间的增加，垢层逐渐增厚，使其成为阻碍传热的主要因素。因此，防止换热器管壁的结垢和对换热器进行定期清洗除垢，也是强化传热的重要途径。

（3）在有流体相变的换热中，应尽量使蒸气在滴状冷凝下进行，或采取一些有效措施（如在垂直管外挂设金属线或开纵槽等）促使冷凝液迅速流下，使得冷凝膜系数显著提高，同时及时排除不凝性气体和排放冷凝水。

二、温度计

（一）温度的基本概念

温度是表征物体冷热程度的物理量。在工业生产中，许多化学反应或物理反应都必须在规定的温度下才能正常进行，否则将得不到合格的产品，甚至会造成生产事故。因此，温度的检测与控制是保证产品质量、降低生产成本、确保安全生产的重要手段。

（二）测温仪表的分类

（1）按测量范围可分为高温计（测量600℃以上温度）和温度计（测量600℃以下温度）。

（2）按工作原理分可分为膨胀式温度计、热电偶温度计、热电阻温度计、压力式温度计、辐射高温计和光学高温计等。

（3）按感温元件和被测介质接触与否分可分为接触式与非接触式两大类（表3－2）。

表3－2　测温仪表的分类及性能比较

测温范围		温度计名称	简单原理及常用测温范围	优点	缺点
接触式	热膨胀	玻璃温度计	液体受热时体积膨胀 －100～600℃	价廉、精度较高、稳定性较好	易破损，只能安装在易观察的地方
		双金属温度计	金属受热时线性膨胀 －50～600℃	示值清楚、机械强度较好	精度较低
		压力式温度计	温包内的气体或液体因受热而改变压力 －50～600℃	价廉、最易就地集中检测	毛细管机械强度差，损坏后不易修复
	热电阻	热电阻温度计	导体或半导体的阻值随温度而改变 －200～600℃	测量准确，可用于低温或低温差测量	和热电偶相比，维护工作量大，振动场合容易损坏
	热电偶	热电偶温度计	两种不同金属导体接点受热产生热电势 －50～1600℃	测量准确，和热电阻相比安装、维护方便，不易损坏	需要补偿导线，安装费用较高
非接触式	热辐射	光学高温计	加热体的亮度随温度高低而变化 700～3200℃	测温范围广，携带使用方便，价格便宜	只能目测，必须熟练才能测得比较准确的数据
		光电高温计	加热体的颜色随温度高低而变化 50～2000℃	反应速度快，测量较准确	构造复杂，价格高，读数麻烦
		辐射高温计	加热体的辐射能量随温度高低而变化 50～2000℃	反应速度快	误差较大

（三）温度测量仪表

1. 热电偶温度计

热电偶温度计的测温原理是基于热电偶的热电效应。测温系统包括热电偶、显示仪表和导线3部分，如图3－32所示。

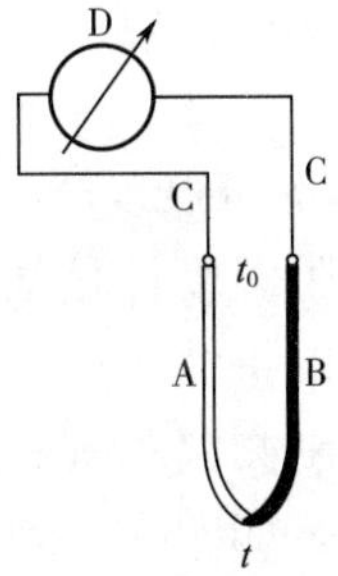

图3－32　热电偶测温系统

A，B—热电偶　C—导线
D—显示仪表　t—热端
t_0—冷端

热电偶是由两种不同材料的导体A和B焊接或铰接而成，连在一起的一端称作热电偶的工作端（热端、测量端），另一端与导线连接，叫作自由端（冷端、参比端）。导体A、B称为热电极，合称热电偶。

使用时，将工作端插入被测温度的设备中，冷端置于设备的外面，当两端所处的温度不同时（热端为t，冷端为t_0），在热电偶回路中就会产生热电势，这种物理现象称为热电效应。

热电偶回路的热电势只与热电极材料及测量端和冷端的温度有关，记作$E_{AB}(t, t_0)$。且$E_{AB}(t, t_0) = E_{AB}(t) - E_{AB}(t_0)$，若冷端温度$t_0$恒定、两种热电极材料一定时，$E_{AB}(t_0) = C$为常数，则$E_{AB}(t, t_0) = E_{AB}(t) - C = f(t)$，即只要组成热电偶的材料和参比端的温度一定，热电偶产生的热电势仅与热电偶测量端的温度有关，而与热电偶的长短和直径无关。所以只要测出热电势的大小，就能得出被测介质的温度，这就是热电偶温度计的测温原理。

当组成热电偶的两种导体材料相同时或热电偶两端所处温度一样时，热电偶回路的总热电势为零。当使用第三种材质的金属导线连接到测量仪表上时，只要第三导线与热电偶的两个接点温度相同，对原热电偶所产生的热电势没有影响。

组成热电极的材料不同，所产生的热电势也就不同，目前常用的热电偶及主要性能如表3－3所示。

表3－3　常用热电偶及主要性能

热电偶名称	代号	分度号	$E(100, 0)$/mV	主要性能	测温范围/℃	
					长期使用	短期使用
铂铑$_{10}$－铂	WRP	S	0.645	热电性能稳定，抗氧化性能好，适用于氧化性和中性气氛中测量，热电势小，成本高	20～1300	1600
铂铑$_{30}$－铂铑$_6$	WRR	B	0.033	稳定性好，测量温度高，参比端在0～100℃范围内可以不用补偿导线；适于氧化气氛中的测量；热电势小，价格高	300～1600	1800
镍铬－镍硅	WRN	K	4.095	热电势大，线性好，适于在氧化性和中性气氛中测量，且价格便宜，是工业上使用较多的一种	－50～1000	1200
镍铬－铜镍	WRK	E	6.317	热电势大，灵敏度高，价格便宜，中低温稳定性好，适用于氧化或弱还原性气氛中测量	－50～800	900
铜－铜镍	WRC	T	4.277	低温时灵敏度高，稳定性好，价格便宜，适用于氧化和还原性气氛中测量	－40～300	350

各种热电偶热电势与温度的一一对应关系都可以从标准数据中查得，这种表称为热电偶分度表。

2. 热电阻温度计

热电阻温度计是基于金属导体的电阻值随温度的变化而变化的特性来进行温度测量的。

热电阻测温系统由热电阻、显示仪表、连接导线三部分组成，如图3－33所示。

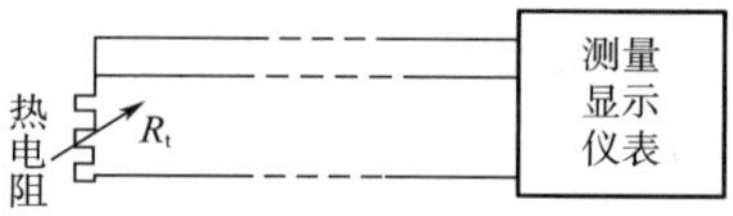

图3－33　热电阻测温系统

热电阻温度计适用于测量－200～500℃范围内液体、气体、蒸气及固体表面的温度。热电阻的输出信号大，比相同温度范围内的热电偶温度计具有更高的灵敏度和测量精度，而且无须冷端补偿；电阻信号便于远传，较电势信号易于处理和抗干扰。但其连接导线的电阻值易受环境温度的影响而产生测量误差，所以必须采用三线制接法。

作为热电阻材料，一般要求电阻率大、热容量小、在测量范围内有稳定的化学和物理性质以及良好的复现性，电阻值应与温度呈线性关系。

工艺上常用的热电阻有铜热电阻和铂热电阻，其性能比较见表3－4。

表3－4　工业常用热电阻的性能比较

名称	分度号	0℃时的电阻/Ω	特点	用途
铜电阻	C_U50	50	物理、化学性能稳定，特别是在－50～150℃，使用性能好；电阻温度系数大，灵敏度高，线性好；电阻率小，体积大，热惰性较大；价格低	适用于测量－50～150℃温度范围内各种管道、化学反应器、锅炉等工业设备中各种介质的温度，还可用于测量室温
	C_U100	100		
铂电阻	P_t50	50	物理、化学性能较稳定，复现性好；精确度高；测温范围为－200～650℃；在抗还原性介质中性能差，价格高	适用于－200～500℃范围内各种管道、化学反应器、锅炉等工业设备的介质温度测量；可用于精密测温及作为基准热电阻使用
	P_t100	100		

任务四　换热器的操作与维护

换热器是石油、化工生产中应用广泛的单元操作设备，属于压力容器范畴。因此，作为生产一线的操作者和技术管理者必须经过专业培训，懂得换热器的结构、原理、性能与用途，并具有安全操作知识；能熟练进行现场操作、设备维护保养和常见事故处理等。

一、列管式换热器的使用和维护

1. 列管式换热器的正确使用

（1）冷热流体流动通道的选择。

①不洁净或易结垢的液体宜在管程，因管内清洗方便，但 U 形管式的不宜走管程。

②腐蚀性流体宜在管程，以免管束和壳体同时受到腐蚀。

③压力高的流体宜在管内，以免壳体承受压力。

④饱和蒸气宜走壳程，饱和蒸气比较清洁，而且冷凝液容易排出。

⑤被冷却的流体宜走壳程，便于散热。

⑥若两流体温差大，对于刚性结构的换热器，宜将传热膜系数大的流体通入壳程，以减小热应力。

⑦流量小而黏度大的流体一般以壳程为宜。但这不是绝对的，如果流动阻力损失允许，将这种流体通入管内并采用多管程结构，反而会得到更高的给热系数。

以上各点常常不可能同时满足，而且有时还会相互矛盾，故应根据具体情况，抓住主要方面，做出适宜的决定。

（2）开、停车及正常操作步骤。

①开车前，应检查压力表、温度计、安全阀、液位计以及有关阀门是否完好。

②在通入热流体（如蒸气）之前，应先打开冷凝水排放阀门，排除积水和污垢；打开放空阀，排除空气和其他不凝性气体。

③换热器开车生产时，要先通入冷流体（打开冷流体进口阀和放空阀），待换热器中液位达到规定位置时，缓慢或分次通入热流体（如蒸气），做到先预热后加热，切忌骤冷骤热，以免换热器受到损坏，影响其使用寿命。

④进入换热器的冷热流体如果含有大颗粒固体杂质和纤维质，一定要提前过滤和清除，防止堵塞通道。

⑤根据工艺要求，调节冷热流体的流量，使其达到所需要的温度。

⑥经常检查冷热流体的进出口温度和压力变化情况，发现温度、压力有异常，应立即查明原因，及时消除故障。

⑦定期分析流体的成分，根据成分变化确定有无内漏，以便及时进行堵管或换管处理。

⑧定期检查换热器有无渗漏，外壳有无变形以及有无振动，若有应及时处理。

⑨定期排放不凝性气体和冷凝液，以免影响传热效果；根据换热器传热效率下降的情况，应及时对换热器进行清洗，以消除污垢。

⑩停车时，应先关闭热流体的进口阀门，然后关闭冷流体的进口阀门，并将管程及壳程流体排净，以防冻裂和产生腐蚀。

（3）具体操作要点。化工生产中对物料进行加热（沸腾）、冷却（冷凝），由于加热剂、冷却剂等的不同，换热器具体的操作要点也有所不同。

①蒸气加热。蒸气加热必须不断排除冷凝水，否则积于换热器中，部分或全部变为无相变传热，传热速率下降。同时还必须及时排放不凝性气体，以确保传热效果。

②热水加热。热水加热一般温度不高，加热速度慢，操作稳定，只要定期排放不凝性气体，就能保证正常操作。

③烟道气加热。烟道气一般用于生产蒸气或加热、汽化液体。烟道气的温度较高，且温度不易调节。在操作过程中，必须时时注意被加热物料的液位、流量和蒸气产量，还必须做到定期排污。

④导热油加热。导热油加热的特点是温度高、黏度较大、热稳定性差、易燃、温度调

节困难。操作时必须严格控制进出口温度，定期检查进出管口及介质流道是否结垢，做到定期排污，定期放空，过滤或更换导热油。

⑤水和空气冷却。操作时注意根据季节变化调节水和空气的用量。用水冷却时，还要注意定期清洗。

⑥冷冻盐水冷却。其特点是温度低，腐蚀性较大。在操作时应严格控制进出口的温度，防止结晶堵塞通道，要定期放空和排污。

⑦冷凝。冷凝操作需要注意的是，定期排放蒸气侧的不凝性气体，特别是减压条件下不凝性气体的排放。

2. 列管式换热器的维护与保养

列管式换热器的维护保养是建立在日常检查的基础上的，只有通过认真细致的日常检查，才能及时发现存在的问题和隐患，从而采取正确的预防和处理措施，使设备能够正常运行，避免事故的发生。

日常检查的主要内容有：是否存在泄漏，保温保冷层是否良好，无保温设备局部有无明显变形，设备的基础、支吊架是否良好，利用现场或总控制室仪表观察流量是否正常、是否超温超压，设备有安全附件的是否良好，用听棒判断异常声响以确认设备内换热器是否相互碰撞、摩擦等。

（1）日常维护的内容。列管式换热器的日常维护和监测应观察和调整好以下工艺指标。

①温度。温度是换热器运行中的主要控制指标，可从在线仪表测定、显示、检查介质的进、出口温度，依此分析、判断介质的流量大小及换热效果的好坏以及是否存在泄漏。判断换热器传热效率的高低，主要在传热系数上，传热系数低其效率也低，由工作介质的进、出口温度的变化可决定对换热器进行检查和清洗。

当将水作为冷却介质时，应将出口温度控制在50℃以内，若出口温度超过50℃，极易滋生微生物，引起列管的腐蚀穿孔。

②压力。通过对换热器的压力及进、出口压差进行测定和检验，可以判断列管的结垢、堵塞程度及泄漏等情况。若列管结垢严重，则阻力将增大，若堵塞则会引起节流及泄漏。对于有高压流体的换热器，如果列管泄漏，高压流体一定向低压流体泄漏，造成低压侧压力很快上升，甚至超压，并损坏低压设备或设备的低压部分，所以必须解体检修或堵管。

③泄漏。换热器的泄漏分为内漏和外漏。外漏的检查比较容易，轻微的外漏可以用肥皂水或发泡剂来检验，对于有气味的酸、碱等气体可凭视觉和嗅觉等感觉直接发现，有保温的设备则会引起保温层的剥落；内漏的检查，可以从介质的温度、压力、流量的异常，设备的声音及振动等其他异常现象发现。

④振动。换热器内的流体流速一般较高，流体的脉动及横向流动都会诱导换热管的振动，或者整个设备的振动。但最危险的是工艺开车过程中提压或加负荷较快，很容易引起加热管振动，特别是在隔板处，管子的振动频率较高，容易把管子切断，造成断管泄漏，遇到这种情况必须停机解体检查、检修。

⑤保温（保冷）。经常检查保温（或保冷）层是否完好，通常凭眼睛的直接观察就可发现保温（或保冷）层的剥落、变质及霉烂等损坏情况，应及时进行修补处理。

（2）保养措施。

①保持主体设备外部整洁，保温层和油漆完好。

②保持压力表、温度计、安全阀和液位计等附件齐全、灵敏、准确。

③发现法兰口和阀门有泄漏时，应抓紧消除。

④开停换热器时，不应将蒸气阀门和被加热介质阀门开得太猛，否则容易造成外壳与列管伸缩不一，产生热应力，使局部焊缝开裂或管子胀口松弛。

⑤尽量减少换热器的开停次数，停止时应将内部水和液体放净，防止冻裂和腐蚀。

⑥定期测量换热器的壁厚，应两年测量一次。

3. 常见故障及处理方法

列管式换热器的常见故障及处理方法汇总于表3－5，供参考。

表3－5　　列管式换热器的常见故障及处理方法

故障名称	产生原因	处理方法
传热效率下降	(1) 列管结疤和堵塞 (2) 壳体内不凝气或冷凝液增多 (3) 管路或阀门有堵塞	(1) 清洗管子 (2) 排放不凝气或冷凝液 (3) 检查清理
发生振动	(1) 壳程介质流速太快 (2) 管路振动所引起 (3) 管束与折流板结构不合理 (4) 机座刚度较小	(1) 调节进气量 (2) 加固管路 (3) 改进设计 (4) 适当加固
管板与壳体连接处发生裂纹	(1) 焊接质量不好 (2) 外壳歪斜，连接管线拉力或推力大 (3) 腐蚀严重，外壳壁厚减薄	(1) 清除补焊 (2) 重新调整找正 (3) 鉴定后修补
管束和胀口渗漏	(1) 管子被折流板磨破 (2) 壳体和管束温差过大 (3) 管口腐蚀或胀接质量差	(1) 用管堵死或换管 (2) 补胀或焊接 (3) 换新管或补胀
管子的腐蚀、磨耗	(1) 污垢腐蚀 (2) 流体为腐蚀性介质 (3) 管内壁有异物积累，发生局部腐蚀 (4) 管内流速过大，发生磨损；流速过小，则异物易附着管壁产生电位差而导致腐蚀 (5) 管端发生磨损	(1) 定期进行清洗 (2) 提高管材质量，如果缺乏适宜的材料，要增加管壁厚度或者在流体中加入腐蚀抑制剂 (3) 在流体入口前设置滤网、过滤器等将异物除去 (4) 使管内流速适当 (5) 在管入口端插入2mm长的合成树脂等保护管

二、板式换热器的使用和维护

板式换热器是一种新型的换热设备，由于其结构紧凑，传热效率高，所以在化工、食品和石油等行业中得到广泛使用，但其材质为钛材和不锈钢，致使其价格昂贵，因此要正确使用和精心维护，否则既不经济，又不能发挥其优越性。

1. 板式换热器的正确使用

（1）开停车及运行中的注意事项。

①开车前应确认设备管道已完好连接，温度计、压力表等仪表安装到位。

②开车时先打开高温介质进口阀，引高温介质，待升到一定压力后，引低温介质。操作时，应防止换热器骤冷骤热；应严格控制开启速度，防止水击；使用压力不可超过铭牌规定。

③引工艺介质时，如出现微漏现象，可观察运行1~2h，如仍有微漏，则用敲击扳手均匀再紧一遍。

④进入换热器的冷热流体如果含有大颗粒泥沙（1~2mm）和纤维质，一定要提前过滤，防止堵塞狭小的间隙。

⑤运行中，温差突变或阻力降增大，一般是入口处有杂物或换热板流体通道堵塞。应首先清理过滤器，如效果不明显，则应安排计划检修清洗换热板。

⑥经常察看压力表和温度计数值，及时掌握运行情况。

⑦当传热效率下降20%~30%时，要清理结疤和堵塞物，清理方法为用竹板铲刮或用高压水冲洗，冲洗时波纹板片应垫平，以防变形。严禁使用钢刷刷洗。

⑧使用中发现垫口渗漏时，应及时冲洗结疤，拧紧螺栓，如无效，应解体组装。

⑨根据需要对换热器保温，防止雨淋和节约能源，导轨和滑轮定期防腐。

⑩停车时，缓慢关闭低温介质入口阀门，待压力降至一定值后，关高温介质进口阀门。保持冷热流体压差不大。待流体压力降至常压、温度降至常温后，交付检修。

（2）过滤器的清洗。由于板式换热器的流体通道狭小，因此一般在流体进口都装有过滤器。过滤器的规格应根据流体介质的浑浊性、颗粒度等情况选取。考虑生产的连续性和便于清洗，过滤器设有副线，清洗时间由流体温差的情况决定。在线运行时，开副线，关过滤器前后截断阀，拆过滤器，清洗滤芯杂质，视滤芯情况更换滤芯，完毕回装，不需停车。

2. 板式换热器的维护与保养

（1）保持设备整洁，油漆完整。紧固螺栓的螺纹部分应涂防锈油并加外罩，防止生锈和黏结灰尘。

（2）保持压力表和温度计清晰，阀门和法兰无泄漏。

（3）定时检查设备密封的外漏情况；通过压力表或温度表监测流体进出口的压力、温度情况，无表记设备时可通过红外线测温仪监测进出口温度；对设备的内漏，可通过流体取样分析或电导分析仪监测。

（4）拆装板式换热器，螺栓的拆卸和拧紧应对面进行，松紧适宜。拆卸和组装波纹板片时，不要将胶垫弄伤或掉出，发现有脱落部分，应用胶质粘好。

（5）定期清理和切换过滤器，预防换热器堵塞。

（6）注意基础有无下沉不均匀现象和地脚螺栓有无腐蚀。

3. 板式换热器的常见故障与处理方法

板式换热器的常见故障及处理方法汇总于表3-6，供参考。

表 3－6　　板式换热器的常见故障及处理方法

故障名称	产生原因	处理方法
密封垫处渗漏	（1）胶垫未放正或扭曲歪斜 （2）螺栓紧固力不均匀或紧固力小 （3）胶垫老化或有损伤	（1）重新组装 （2）紧固螺栓 （3）更换新垫
内部介质泄漏	（1）波纹板有裂纹 （2）进出口胶垫不严密 （3）侧面压板腐蚀	（1）检查更新 （2）检查修理 （3）补焊、加工
传热效率下降	（1）波纹板结疤严重 （2）过滤器或管路堵塞	（1）解体清理 （2）清理

三、热管式换热器的使用和维护

1. 热管式换热器的开停车注意事项

当热管式换热器一旦安装完毕，注入液相工质时，换热器就处于工作状态，当外部热源能量相对稳定时，它本身所传的潜热基本稳定。初次开车时启动热回收介质要缓慢，避免介质过冷开启过快，使热输送工质无法完成自动循环。停车时要防止回收了热能的工质倒流，破坏输送热工质自动循环，引起其他故障。

2. 热管式换热器的常见故障及处理

（1）换热效率下降。其可能的原因有：热管外排的翅片有灰尘和污垢积存，热管内有部分工质泄漏，换热介质流量不足或换热介质管内结垢。对此类情况的处理，可用化学（水）清洗热管排外翅片和清洗换热介质管内垢层，或增加热介质流量补注液相工质并消除工质泄漏。

（2）不能换热。其原因主要有工质完全泄漏到了外界，热管真空被破坏。当热管不能完全换热时，一要检查工质是否泄漏；二要检查热管真空是否被破坏。工质泄漏要在查清并消除漏点后补充液相工质（查漏要购买专门的工质检漏仪）。若热管真空破坏，要更新补焊好漏点并抽真空，对于热管的处理最好请热管换热器的专业厂家处理。

四、换热器的除垢清理

换热器在运行中，往往会因流体介质的腐蚀、冲刷，在换热器各传热表面会有结垢或积污，甚至堵塞，从而降低换热器的传热能力，因此必须对换热器进行定期清洗，其清理方法主要有以下三种。

1. 机械除垢清理

以列管式换热器为例，当管束轻微堵塞或积渣积垢时，可以用不锈钢筋或低碳钢的圆管从一头插入，另一头拉出的方法，清除轻微的堵塞或积渣积垢。轻薄的积垢可以用专用清管刷（大小按管径选），一头穿粗铁丝，将清管刷从换热管中拉出，反复几次就可以除去与换热管结合不太紧密的积垢或堆积异物。当管子内结垢比较严重或全部堵死时，可以用软金属捅管清理，但也必须是列管式换热器。当管子的管口被结垢或异物堵塞时，可以用铲、削、刮、刷等手工方法处理。值得注意的是，对不锈钢管不能用钢丝刷而要用尼龙刷，对板式换热器也只能用竹板或尼龙刷，切忌用刮刀和钢丝刷。机械清理的方法缺点是清理效率低，工作量大，多次清理会对换热管有损害，并且不能处理U形管之类的换热器。

2. 高压水冲洗清理

高压水冲洗清理是利用高压清洗泵打出的高压水，通过专用清洗枪直接将高压水射在需清洗部位，它的压力调节范围是0～100MPa。当结垢不太紧密时，可选择压力在40MPa左右，当结垢坚硬紧密时，还可以将高合金喷头塞入管内采用更高的压力清洗。一般此方法主要用于清洗列管式换热器的管内垢层，或者冲洗可抽出管束的换热器的设备壳体及管束表面的结垢和异物。对于有污物、沉淀、结垢不紧密的其他管壳式换热器，视设备结构特点，也可以用20～30MPa的高压水冲洗管子，如U形管可以在两个管端冲洗，也能清理好。冲洗板式换热器中的板片时，注意将板片垫平，以防变形。使用高压水冲洗清理，比人工清理和机械清理效率高，清理效果明显，但对于设备存在结垢严重、垢层紧硬的换热器，此方法也不可取。另外，清洗时要针对设备本身的情况合理调节水压，并注意人身及设备安全，清洗人员要穿戴好劳动防护用品。试用水枪时，枪口严禁对人，在清洗时，水枪喷水的方向，若设备封头已拆开，要设立警戒范围，并有专人警戒。

3. 化学除垢清理

换热器管程或壳程结构，有因水质不好形成的水垢，也有油污引起的油垢，还有结焦沉淀和热附着结垢等形式。在化学法除垢前，首先应对结垢物质进行化学分析，弄清结垢物质的组成，决定采用哪种试剂，并做好挂片。一般对硫酸盐和硅酸水垢采用碱洗法清洗，对碳酸水垢则用酸洗涤剂清洗。对于一些流体介质的沉积物或有机物的分解产物、由几种金属形成的合金垢层，还应采用相应的活化剂。清洗时先用活化剂溶液加热浸泡，使垢层与换热器的表面张力减少或松脱，再根据垢层的化学特性决定酸洗或碱洗。在酸或碱洗前做好与被清洗表面材质相同或相近的挂片，在清洗时，放在清洗槽中，随时监测，以免由于清洗的配方不当对换热器造成过大的腐蚀，并按一定的时间对清洗液取样分析Fe^{3+}浓度的变化情况。

在实际清洗中，化学除垢最基本的方法有三种：浸泡法、喷淋法、强制循环法。但在实际应用中常是两种方法混合使用，如浸泡法与强制循环法常相结合，一般是先浸泡再强制循环。

浸泡法适用于垢层与换热器换热面结合不紧，容易脱落的小型换热设备，若加蒸气进行蒸煮及搅动，效果会更好。

喷淋法适用于大型容器，如容器内外壁清洗或一些风冷的空冷器带翅片的外表面清洗。假若喷淋法提高喷淋压力，先喷淋浸泡再高压冲洗，效果还会更好。

强制循环法是一种普遍采用的方法，它适用于清理结构紧凑，通道截面小的换热器，而且清洗液可反复利用，直到清洗合格后再排液，并在排清洗液前可以先进行中和处理，减小对环境的危害，有利于环境保护。

强制循环法所需设备主要是溶液槽，循环量适中的耐腐蚀泵（耐酸或耐碱），并根据实际情况配加热装置，常用电加热和蒸气加热两种。电加热的装置必须接好漏电开关，以免造成人员触电。溶液槽的容积与被清洗的设备大小和清洗泵的循环量大小有关，要以清洗液在设备中能进行循环为准，一般清洗槽的容积为$2m^3$左右，最好是耐酸碱的不锈钢溶液槽。

化学清洗时，还应注意以下几点：①由于换热器内各部分结垢情况往往是不均匀的，在化学清洗前应查清各部分的结垢情况，以确定配制酸碱溶液的浓度；②在准备清洗液时必须考虑加入相应的缓蚀剂，缓蚀剂的作用是不妨碍一般垢层的溶解，但能防止金属被腐蚀。一般在硝酸洗垢时，用 Lan－5 缓蚀剂，用盐酸洗垢时，常用 O^{2-} 缓蚀剂，而用铬酸洗垢可不加缓蚀剂；③清洗前应检查换热器各部位是否有渗漏，若有应采取措施消除；④在配制酸碱洗液时，要注意安全，需穿戴口罩、防护服、橡胶手套，并防止酸液洗液溅入眼中。

习题与思考

一、选择题

1. 对双层平壁的稳态导热过程，壁厚相同，各层的导热系数分别为 λ_1 和 λ_2，其对应的温差分别为 Δt_1 和 Δt_2，若 $\Delta t_1 > \Delta t_2$，则 λ_1 和 λ_2 的关系为（　　）。

A. $\lambda_1 < \lambda_2$　　B. $\lambda_1 = \lambda_2$　　C. $\lambda_1 > \lambda_2$　　D. 不确定

2. 冷、热流体进、出口温度均不变时，并流推动力（　　）逆流推动力。

A. 大于　　B. 小于　　C. 等于　　D. 不确定

3. 傅里叶定律是描述（　　）的基本定律。

A. 热传导　　B. 热对流　　C. 热辐射　　D. 对流传热

4. 多层平壁导热时，各层的温度差与各相应层的热阻所呈关系是（　　）。

A. 没关系　　B. 反比　　C. 正比　　D. 不确定

5. 在列管式换热器中，用常压饱和水蒸气加热空气，空气的进、出口温度分别为 20℃和 80℃，则管壁温度约为（　　）。

A. 20℃　　B. 80℃　　C. 50℃　　D. 100℃

6. 流体在圆形直管内作强制湍流时，其对流传热系数与雷诺数 Re 的 n 次方成正比，其中 n 的值为（　　）。

A. 0.5　　B. 0.8　　C. 1　　D. 2

7. 下列各种情况下对流传热系数由大到小的正确顺序应该是（　　）。

①空气流速为 30m/s 时的 α　　②水的流速为 1.5m/s 时的 α

③蒸气滴状冷凝时的 α　　④水沸腾时的 α

A. ③>④>①>②　　B. ④>③>②>①

C. ③>④>②>①　　D. ③>②>④>①

8. 若换热器两侧对流传热系数 $\alpha_i \gg \alpha_o$ 时，总传热系数 K 接近于（　　）。

A. α_o　　B. α_i　　C. $(\alpha_i + \alpha_o)/2$　　D. 无法确定

9. 传热实验时，在套管换热器中用饱和水蒸气冷凝来加热空气（空气走内管，蒸气走环隙），为强化传热决定加装翅片，翅片应装在（　　）侧更为有效。

A. 外管外　　B. 外管内　　C. 内管外　　D. 内管内

10. 计算液体在圆管内对流传热系数，若可采用 $N_u = 0.023Re^{0.8}P_r^n$，式中指数 n 为（　　）。

A. 0.4　　B. 0.3

C. 被加热时为 0.4，被冷却时为 0.3　　D. 被加热时为 0.3，被冷却时为 0.4

11. 工业生产中，沸腾传热应设法保持在（　　）。

A. 自然对流区　　B. 核状沸腾区　　C. 膜状沸腾区　　D. 过渡区

二、填空题

1. 热量的传递是由于__________引起的。

2. 由傅里叶定律知，热传导速率与温度梯度成__________比。

3. 圆筒壁的热传导中，通过各层的热传导速率__________，热通量__________。（填“相同、不同”）

4. 对流传热的热阻主要集中在____________________。

5. 传热的基本方式有__________、__________和__________三种。

6. 间壁式换热器的传热过程是__________、__________、__________。

7. 写出三种常用的间壁式换热器的名称_________、_________、_________。

8. 根据热补偿不同，列管式换热器可分为_________、_________、__________等。

9. 当流体在管内呈湍流流动时，对流传热热阻主要集中在__________，为了减小热阻以提高 α 值，可采用的措施是__________。

10. 蒸气冷凝有__________和__________两种方式。

11. 在卧式管壳式换热器中，用饱和水蒸气冷凝加热原油，则原油宜在__________程流动，总传热系数接近于__________的对流传热系数。

三、简答题

1. 强化传热的途径有哪些？

2. 计算热负荷的方法有哪些？热负荷与传热速率有哪些联系和区别？

3. 影响对流传热系数的因素有哪些？

4. 由两层不同材料组成的等厚平壁，温度分布如题图所示。试判断它们的热导和热阻的大小，并说明理由。

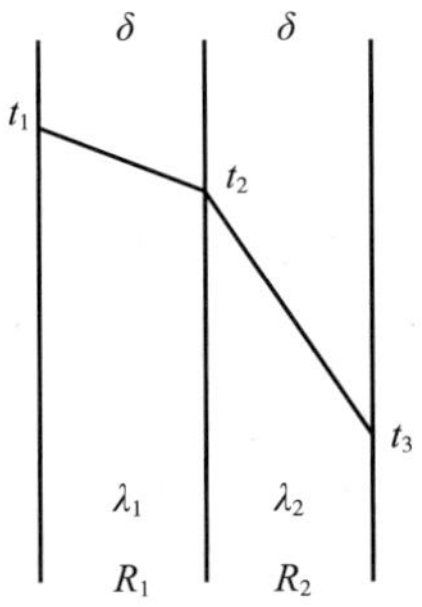

题 4

5. 当间壁两侧流体的给热系数 α 相差较大时，为提高传热系数 K，以提高哪一侧流体的给热系数更为有效？为什么？

6. 饱和蒸气冷凝时，传热膜系数突然下降，可能的原因是什么？解决的措施有哪些？

7. 试述温度检测仪表有哪些类型？各有什么特点？

四、计算题

1. 燃烧炉的平壁由三种材料的平砖砌成。内层为耐火砖，其厚度为 150mm，平均热导率为 11.5W/（m·℃）；中间层为绝热砖，其厚度为 130mm，平均热导率为 0.15W/（m·℃），外层为普通砖，其厚度为230mm，平均热导率为0.8W/（m·℃）。已知炉内、外壁表面温度分别为900℃和40℃，试求：

（1）耐火砖和绝热砖间界面温度 t_2，℃；

（2）绝热砖和普通砖间界面温度 t_3，℃；

（3）通过三层平壁的热传导通量，W/m^2。

2. 在套管换热器内，热流体温度由90℃冷却到70℃，冷流体温度由20℃上升到60℃。试分别计算：①两流体逆流和并流时的平均温度差；②若操作条件下，换热器的热负荷为585kW，其传热系数 K 为300W/（m^2·K），求两流体逆流和并流时所需的换热器的传热面积。

3. 在一套管换热器中，苯在管内流动，流量为3000kg/h，进出口温度分别为80℃和30℃，在平均温度下，苯的比热容可取1.9kJ/（kg·K）。水在环隙中流动，进出口温度分别为15℃和30℃。逆流操作，换热器的传热面积为$2m^2$，热损可以忽略不计。试求换热器的传热系数。

4. 在一传热外表面积为$10m^2$的单程列管式换热器中，热水走管内，冷水走管间，两者逆流流动。冷水进出口温度分别为20℃和40℃；热水进出口温度分别为70℃和30℃。冷水流量为1.1kg/s。热水和冷水的平均比热容均可取4.2kJ/（kg·℃）。假设换热器的热损失可忽略。试求换热器的总传热系数。

5. 温度为99℃的热水进入一个逆流式换热器，并将4℃的冷水加热到32℃。冷水的流量为1.3kg/s，热水的流量为2.6kg/s，总传热系数为830W/（m^2·K），试计算所需的换热器面积。[水的比热容为4.187kJ/（kg·℃）]

6. 有一套管换热器，内管为ϕ57mm×3.5mm，外管为ϕ108mm×4mm，有效长度为3m。流量为50kg/h的空气在内管中流过，套管中用饱和水蒸气加热，空气温度从20℃被加热至80℃。已知蒸气冷凝传热系数为10000W/（m^2·K），50℃下，空气的物性为：密度为1.093kg/m^3、黏度为19.6×10^{-6} Pa·s、热导率为0.0283W/（m·K）、比热容为1.005kJ/（kg·K）。热损失、管壁热阻及污垢热阻均可忽略不计。试求：

（1）传热速率 Q（kW）；

（2）空气对管壁的对流传热系数 α_i [W/（m^2·K）]；

（3）饱和水蒸气的温度（℃）。

7. 用一个传热面积为$3m^2$，由ϕ25mm×2.5mm的管子组成的单程列管式换热器，用初温为10℃的水将机油由200℃冷却到100℃，水走管内，油走管间，已知水和机油的质量流量分别为1000kg/h和1200kg/h，其比热容分别为4.18kJ/kg·K和2.0kJ/kg·K；水侧和油侧的对流传热系数分别为2000W/（m^2·K）和250W/（m^2·K），两流体呈逆流流动，忽略管壁和污垢热阻。

（1）试求冷却水的出口温度。

（2）计算说明该换热器是否适用。

8. 用一个列管式换热器来加热某溶液，加热剂为水，拟定水走管程，溶液走壳程。已知溶液的平均比热容为3.05kJ/（kg·℃），进出口温度分别为35℃和60℃，其流量为600kg/h；水的进出口温度分别为90℃和70℃。若热损失为热流体放出热量的5%，试求热水的消耗量和换热器的热负荷。

项目四　蒸发操作

学习指南

知识目标

1. 掌握蒸发操作的基本原理、单效蒸发流程与工艺计算、蒸发器的生产能力与生产强度及其影响因素；掌握蒸发器的安全操作要领、常见事故及其处理方法。

2. 理解溶液沸点升高及其确定方法，多效蒸发的流程及效数限制。

3. 了解蒸发操作的特点及其工业应用，各种典型蒸发器的结构特点、性能及应用范围；了解蒸发过程的经济性及节能措施；了解蒸发器的自动控制方案。

能力目标

1. 能根据生产任务对典型蒸发器实施基本操作与控制，并能根据生产任务和设备特点制定蒸发操作的安全操作规程。

2. 能根据工艺过程需要正确查阅和使用一些常用的工程计算图表、手册、资料等，并进行必要的工艺计算，如蒸发水量计算、加热蒸气用量计算、传热面积计算等。

素质目标

培养学生的团结协作精神，知识应用和创新意识，节能与环保的职业素质，安全生产和严格遵守操作规程的职业操守。

项目导言

一、蒸发操作的基本概念及其在工业中的应用

蒸发是将含有不挥发溶质的溶液加热至沸腾状态，使其中的挥发性溶剂部分汽化并除去以提高溶质浓度的操作，简单地说就是浓缩溶液的单元操作。

蒸发操作广泛应用于化工、石油化工、制药、制糖、造纸、深冷、海水淡化及原子能等工业中。工业上采用蒸发操作主要达到以下目的：

（1）直接得到经浓缩后的液体产品。例如由电解法制得的烧碱（NaOH）溶液中，只

含有大约10%的氢氧化钠，要达到工艺要求的约42%的质量分数必须用蒸发操作除去部分水分，或将浓缩液结合其他操作进一步加工处理以获取固碱；食糖、果汁、奶粉、抗生素等的生产也须利用蒸发操作使溶液得到浓缩。

（2）制取纯净溶剂。例如海水蒸发脱盐制取淡水。

（3）同时制备浓溶液和回收溶剂。例如中药生产中酒精浸出液的蒸发。

蒸发操作一般都是在溶液的沸点下进行。若在低于沸点下进行的蒸发汽化过程称为自然蒸发，例如海盐的晒制过程。因自然蒸发时，溶剂的汽化仅在溶液的表面进行，蒸发速率慢，生产效率低，工业上很少使用。而溶液处在沸腾状态时，汽化在溶液的表面和内部同时进行，蒸发速率大大提高，故工业生产中的蒸发几乎都是在沸腾状态下进行的，即沸腾蒸发。

二、蒸发操作的特点

蒸发过程的实质是传热壁面一侧的蒸气冷凝与另一侧的溶液沸腾间的传热过程，溶剂的汽化速率由传热速率控制，故蒸发属于热量传递过程，但又有别于一般传热过程，因为蒸发过程具有下述特点：

（1）溶液组成。蒸发操作过程处理的溶液，只有溶剂是挥发性的，而溶质是不挥发的。

（2）溶液沸点的升高。被蒸发的料液是含有不挥发溶质的溶液，在相同温度下，溶液的蒸气压较纯溶剂的低，即在相同压强下，溶液的沸点高于纯溶剂的沸点，故当加热蒸气一定时，蒸发溶液的传热温度差要小于蒸发溶剂时的温度差。溶液组成越高，这种现象越显著。

（3）传热性质。蒸发操作既是一个传热壁面两侧流体均有相变（一侧为加热蒸气冷凝，另一侧为溶液沸腾汽化）的传热过程，同时又是溶剂从液态转变为气态的相际传质过程，即蒸发是一个传热和传质同时进行的过程。

（4）物料的工艺特殊。由于溶液中有不挥发溶质的存在，在溶剂汽化过程中，溶质很容易在蒸发器的加热表面析出而形成垢层、析出晶体或产生泡沫，产生较大热阻影响传热，当溶质为热敏性物质时，还有可能因此而分解变质；随着浓度增大，溶液的黏度增大。因此，蒸发操作又不同于一般的传热过程。这种差别使得蒸发操作的工艺和蒸发设备具有特殊性。

（5）泡沫夹带。二次蒸气中常夹带大量液沫，冷凝前必须设法除去，否则不但损失物料，而且会污染冷凝设备。

（6）能量利用与回收。蒸发操作是使大量溶剂汽化的过程，必须提供大量的热能，同时及时排除汽化出的蒸气。因此，蒸发中的节能问题尤为突出。由于目前工业生产中蒸发的物料大都为水溶液，汽化出来的是水蒸气。为了与热源蒸气相区别，习惯上称加热蒸气为一次蒸气，蒸发出来的蒸气为二次蒸气。如何充分利用二次蒸气的热能，是蒸发操作中节约能源的主要途径。

三、蒸发操作的分类

（一）根据二次蒸气是否被利用分类

1. 单效蒸发

将蒸发中汽化出来的二次蒸气直接冷凝排放，即不再利用，这种操作称为单效蒸发。单效蒸发主要在小批量、间歇生产的情况下使用。

2. 多效蒸发

如果把前一个蒸发器中汽化出来的二次蒸气引到下一个蒸发器作为加热蒸气使用，并将多个这样的蒸发器串联起来进行操作，称为多效蒸发。多效蒸发中的每一个蒸发器称为一效，通入热源蒸气（或称生蒸气）的蒸发器称为第一效，用第一效的二次蒸气作为加热剂的蒸发器称为第二效，依次类推。大规模的、连续性的生产一般都采用多效蒸发。

（二）根据操作压强分类

1. 常压蒸发

常压蒸发就是所使用设备的分离室与大气相通，或采用敞口设备，二次蒸气直接排放到大气中，其特点是所用的设备和工艺条件都最为简单。

2. 加压蒸发

加压蒸发的操作在高于大气压的情况下进行，其目的主要是提高二次蒸气的温度，以提高热能的利用率；同时溶液沸点的升高还可增加溶液的流动性，改善传热效果。

3. 减压蒸发

减压蒸发（或称真空蒸发）是在低于大气压的条件下进行的。

化工生产中的蒸发操作大都采用减压蒸发，由于减压蒸发具有以下的一些优点：

（1）在加热蒸气压力相同的情况下，减压蒸发时溶液的沸点低，可以增大传热温度差；当热负荷一定时，蒸发器的传热面积可以相应减小。

（2）可以蒸发不耐高温的溶液，如高温下容易变质、聚合或分解的溶液。

（3）可以利用低压蒸气或废气作为加热剂。

（4）操作温度低，损失于外界的热量也相应地减小。

但是，减压蒸发也有一定的缺点，这主要是由于溶液的沸点降低，使得黏度增大，导致总的传热系数下降；同时还要求配置如真空泵、缓冲罐、气液分离器等辅助设备，使设备费用和操作费用相应增加。

（三）根据操作过程分类

1. 间歇蒸发

间歇蒸发是指分批进料或出料的蒸发操作。间歇操作的特点是：在整个过程中，溶液的浓度和沸点随时间不断改变，故间歇操作是一个不稳定操作过程，适合小批量、多品种的场合使用。

2. 连续蒸发

连续蒸发是连续加料、连续出料的稳定操作过程，适合于大规模的生产。

四、单效蒸发流程

蒸发既是一个传热过程，同时又是一个溶剂汽化，产生大量蒸气的传质过程。所以，要使蒸发连续进行，必须具备两个条件：①不断地向溶液提供热能，以维持溶剂的汽化；②及时移走产生的蒸气，否则，溶液上面空间的蒸气压强会逐步增大，不仅影响溶剂的蒸发速率，而且，当蒸气与溶液趋于平衡时，汽化便不能继续进行。

图 4-1 为单效真空连续蒸发流程的示意图。左面为其主体设备——蒸发器，由上下两部分组成。它的下面部分是由若干垂直加热管组成的加热室 1，是一个类似列管换热器的结构，上面部分称为分离室（又称蒸发室）4，它的作用是提供蒸发空间并分离蒸气中夹带的液滴。操作时，加热剂（通常为饱和水蒸气）在加热管外冷凝放热，加热管内溶液，使之沸腾汽化。经过浓缩的溶液（称为完成液）从蒸发器底部排出；产生的蒸气经分离室和除沫器将夹带的

液滴分离后，至冷凝器由冷却水冷凝后排放。

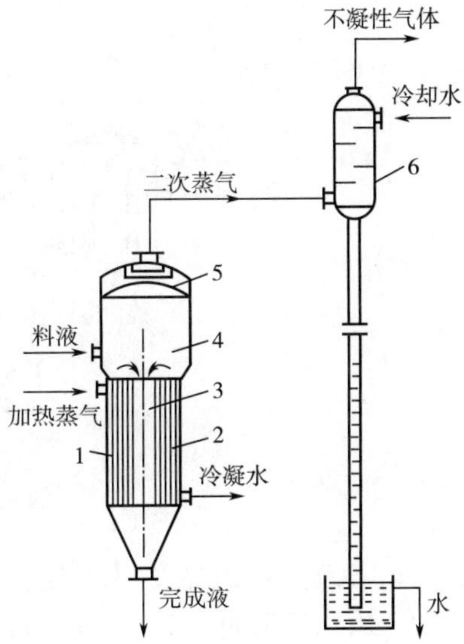

图 4－1 单效真空连续蒸发流程

1—加热室 2—加热管 3—中央循环管 4—蒸发室 5—除沫器 6—冷凝器

五、多效蒸发流程

在大规模的工业生产中，蒸发大量的水一定会消耗大量的加热蒸气。为了减小加热蒸气的消耗量，多采用多效蒸发。

根据原料液加入方式不同，多效蒸发操作流程可分为三种，即并流、逆流和平流。

1. *并流加料流程*

并流加料也称顺流加料，是工业中常用的方法，其流程如图 4－2 所示。原料液与加热蒸气分别加入第一效的蒸发室和加热室，原料液被加热浓缩，二次蒸气进入第二效加热室作为加热蒸气。第二效的二次蒸气进入第三效的加热室作为加热蒸气。在第一效被浓缩的原料液，依次进入第二和第三效的蒸发室被浓缩，完成液由第三效底部排出。同时，后一个蒸发器作为前一个蒸发器的冷凝器。

并流加料的优点是：各效的压力依次降低，即 $p_1 > p_2 > p_3$，溶液可以自动地由前一效流入后一效，具有自吸现象，不需用泵输送。各效溶液沸点依次降低，即 $t_1 > t_2 > t_3$，前一效溶液进入后一效时，将发生自蒸发而蒸发出更多的二次蒸气。同时，由于最后一效溶液沸点最低，完成液温度较低，热损失少。

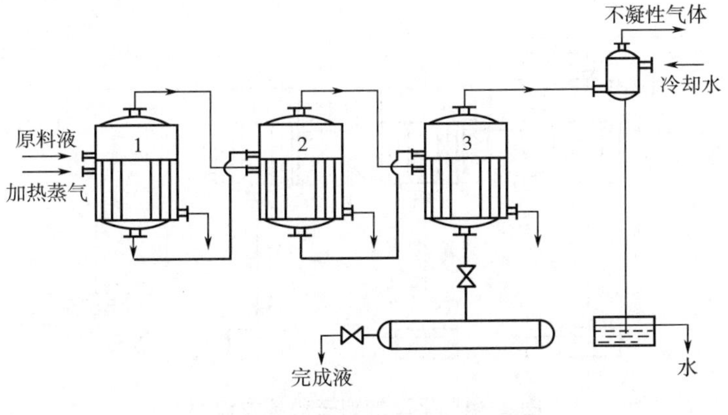

图 4－2 并流加料三效蒸发流程

并流加料的缺点是：随着溶液的逐渐蒸发，温度逐渐降低，溶液黏度逐渐增大，致使溶液传热系数降低。因此，对于黏度随浓度的增加而迅速增加的溶液不适于并流加料操作。

2. *逆流加料流程*

逆流加料操作的流程如图 4－3 所示，原料液从末效加入，然后用泵送入前一效，最后从第一效取出完成液。加热蒸气流向与并流相同，顺序流过一、二、三效。

逆流加料的优点是：随着溶液的浓度增大，温度也在升高，最后的溶液在最高的温度

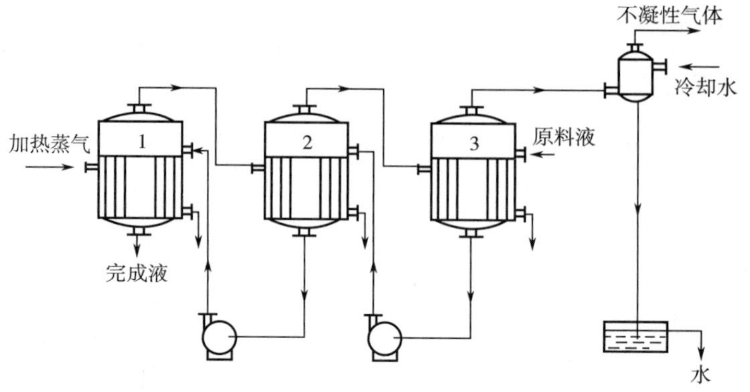

图 4 -3　逆流加料三效蒸发流程

下蒸发，各效溶液的黏度相差不大，传热系数不致太小，有利于提高整个系统的生产能力。各效的压力依次降低，即 $p_1 > p_2 > p_3$，各效溶液的沸点依次降低，即 $t_1 > t_2 > t_3$。

逆流加料的缺点是：料液输送必须用泵，进料没有自蒸发现象。一般适用于溶液黏度随温度变化较大的场合。

3. 平流加料流程

平流加料操作流程如图 4 -4 所示，在每一效中都加入原料液，放出完成液。其特点是蒸气的走向与并流相同，但原料液和完成液则分别从各效加入和排出。这种流程适用于处理易结晶的物料，可避免结晶体在效间输送时堵塞管道。此流程缺点是每效都处于最大浓度下蒸发，所以溶液黏度大，溶液传热系数小，各效温度差损失较大，降低了蒸发设备的生产能力。

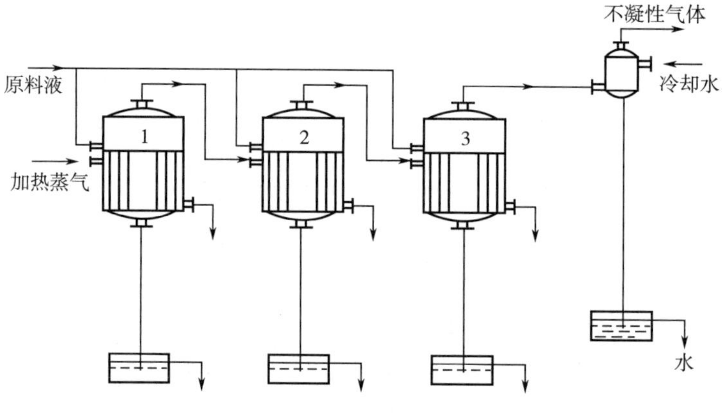

图 4 -4　平流加料三效蒸发流程

多效蒸发可以提高加热蒸气的利用率，节省了加热蒸气的经济程度，所以多效蒸发的操作费用随着效数的增加而减少。但随着效数的增加，单位蒸气消耗量不断减小，所节省的加热气量随之减小，例如从一效改为双效，可节省加热蒸气量约为 50%，而从四效增为五效，可节省加热蒸气量已降为 10%。另一方面，增加效数需要增加设备费用，当增加设备费用不能与所节省的加热蒸气的收益相抵时，就没有必要增加效数。效数越多，温度差损失越大，所以多效蒸发的效数是有一定限度的，必须对设备费和操作费进行权衡以决定最适宜的效数。

任务一 认识常见蒸发设备

蒸发主要体现传热规律，但蒸发过程又具有不同于一般传热过程的特殊性。在蒸发操作中，需要不断移除产生的二次蒸气，并分离出由二次蒸气夹带的一些溶液液滴。因此，它除了需要进行热交换的加热室外，还要有一个进行气液分离的蒸发室。蒸发器的形式尽管各种各样，但都包括加热室和分离室这两个基本部分。此外，蒸发设备还包括使液沫进一步分离的除沫器、除去二次蒸气的冷凝器以及真空蒸发中采用的真空泵等辅助设备。

下面分别介绍常用的蒸发器及其辅助设备。

蒸发器可采用直接加热的方法，也可采用间接加热。工业上经常采用的是间接（间壁）蒸气加热的蒸发器。对于间接加热蒸发器，根据溶液在加热室的流动情况大致可分为循环型蒸发器和单程型（膜式）蒸发器两大类。

一、蒸发器的形式与结构

（一）循环型蒸发器

循环型蒸发器的特点是溶液在蒸发器内循环流动。根据引起循环的原因不同，又分为自然循环型蒸发器和强制循环型蒸发器。前者是由于蒸发器中各部分溶液受热程度不同，产生密度差而引起循环；后者则是利用外加动力迫使溶液进行循环。常用的循环型蒸发器有下列几种。

1. 自然循环型蒸发器

（1）中央循环管式蒸发器。又称标准式蒸发器，是目前应用广泛的蒸发器形式，其结构如图4－5所示。加热室由1～2m长的垂直管束构成，称为加热管或沸腾管，在管束中央有一根直径较大的管子，称为中央循环管，其截面积一般为加热管束总截面积的40%～100%。溶液在加热管和中央循环管内循环流动，加热蒸气在管外冷凝放热。由于加热管内单位体积溶液的传热面积大于循环管内溶液的传热面积，加热管内溶液的受热程度较高，形成的气液混合物的密度相对较小，从而产生循环管与加热管内溶液的密度差，由于密度差的作用，加上二次蒸气上升的抽吸作用，溶液自加热管上升，再由中央循环管下降，形成自然循环。溶液的循环速度取决于产生的密度差的大小以及管子的长度等，密度差越大，管子越长，则循环速度越大。由于受蒸发器总高的限制，加热器长度较短，一般为1～2m，其直径为25～75mm，长径比为20～40。蒸发器上部为分离室，加热室内沸腾溶液产生的蒸气夹带的大量液滴，进入蒸发室后，小液滴相互碰撞结成较大的液滴，在重力作用下落回到加热室，二次蒸气和液滴分开，蒸气从蒸发器

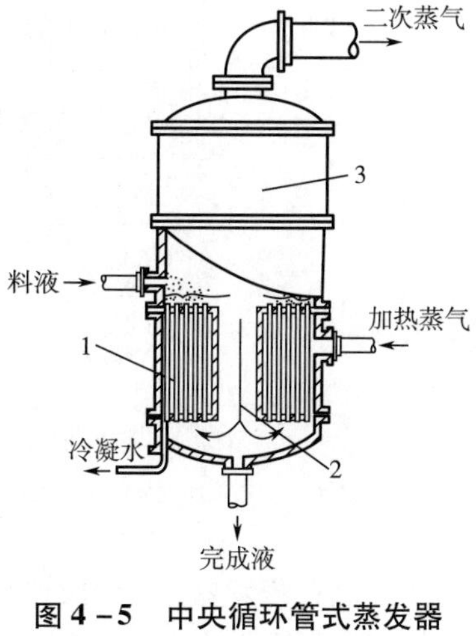

图4－5 中央循环管式蒸发器

1—加热室 2—中央循环管 3—蒸发室

顶部排出；经浓缩后的完成液则从下部排出。

中央循环管式蒸发器具有结构紧凑、制造方便、投资较少、操作可靠等优点。但由于结构上的限制，其循环速度较低（一般在 0.5m/s 以下），故传热系数较小，且由于溶液在加热室中不断循环，操作中蒸发器内溶液浓度总是接近完成液浓度，因而溶液的沸点高、黏度大，影响了传热效果；此外，清洗和检修也不太方便。它适用于大量稀溶液的蒸发及不易结晶、腐蚀性小的溶液的蒸发。

（2）悬筐式蒸发器。结构如图 4-6 所示。它是中央循环管式蒸发器的改进形式，其加热室像个篮筐，悬挂在蒸发器壳体的下部，溶液循环原理与中央循环管式蒸发器相同，加热蒸气从悬筐的上部中央加入到加热管的管隙之间，溶液在管内流动上升，而后沿着加热室外壁与蒸发器内壁之间的环隙向下流动形成循环。通常环隙截面积为加热管截面积的 100%～150%。悬筐式蒸发器的优点是循环速度较高（为 1～1.5m/s），传热系数较大；由于与壳体接触的是温度较低的溶液，其热损失较小；此外，由于悬挂的加热室可以由蒸发器上方取出，故其清洗和检修都比较方便。其缺点是结构复杂，金属消耗量大。适用于处理蒸发中易结垢或有结晶析出的溶液。

（3）外加热式蒸发器。结构如图 4-7 所示。外加热式蒸发器的结构特点是把管束较长的加热室和分离室分开，其加热室安装在蒸发器外面。这样，一方面降低了整个设备的高度，便于清洗和更换加热室；另一方面由于循环管没有受到蒸气加热，加大了溶液的密度差，且由于管子较长，因此溶液的循环速度较大，但一般不超过 1.5m/s。总的传热系数为 1400～3500W/（m^2·℃）。

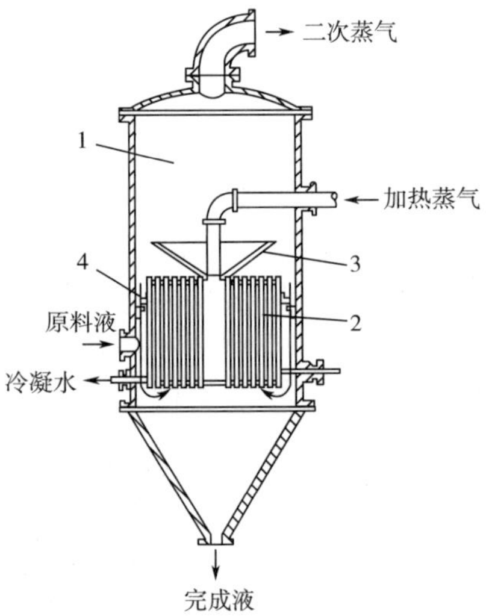

图 4-6 悬筐式蒸发器

1—蒸发室 2—加热室 3—除沫器 4—液沫回流管

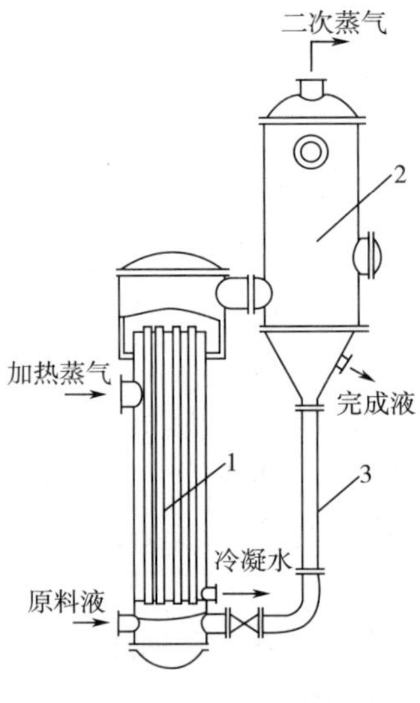

图 4-7 外加热式蒸发器

1—加热室 2—蒸发室 3—循环管

（4）列文蒸发器。结构如图 4-8 所示。列文蒸发器是自然循环蒸发器中比较先进的一种形式，其主要的结构特点是在加热室的上部增设一个沸腾室。这样，加热室内的溶液由于受到上方沸腾室液柱产生的压力，在加热室内不能沸腾。通过工艺条件的控制，使溶液在脱离加热管时才沸腾汽化，把溶液的沸腾层移到了沸腾管外（故也称管外沸腾式蒸发器），大大减小了溶液在加热管内因沸腾浓缩而析出结晶和结垢的机会。此外，由于列文蒸发器的循环管截面积较一般自然循环蒸发器的截面积都要大，通常为加热管总截面积的200%～350%，这样，溶液循环时的阻力减小；加之加热管和循环管都相当长（通常可达7～8m），循环管不受热，使得两个管段中的温度差、密度差较大，造成了比一般自然循环蒸发器更大的循环推动力，溶液的循环速度可达2～3m/s，其传热系数接近于强制循环型蒸发器的传热系数。

列文蒸发器的优点是循环速度大，传热效果好，不易结垢和析出结晶。

列文蒸发器的主要缺点是：设备庞大，金属消耗量大，需要高大的厂房；由于管子较长，产生的静压力引起的温度差损失较大，因此要求加热蒸气有较高的压力。列文蒸发器适用于易结晶或结垢的溶液。

2. 强制循环型蒸发器

在一般的自然循环型蒸发器中，由于循环速度比较低（一般小于1m/s），导致传热系数较小。为了处理黏度较大或容易析出结晶与结垢的溶液，以提高传热系数，可采用如图4－9所示的强制循环型蒸发器。

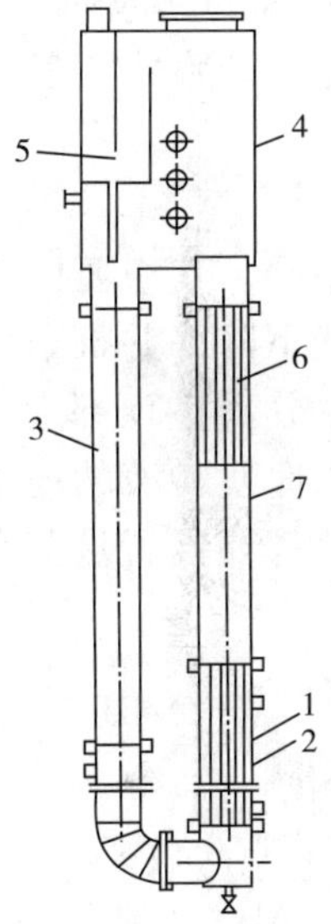

图4－8　列文蒸发器

1—加热室　2—加热管　3—循环管　4—蒸发室　5—除沫器　6—挡板　7—沸腾室

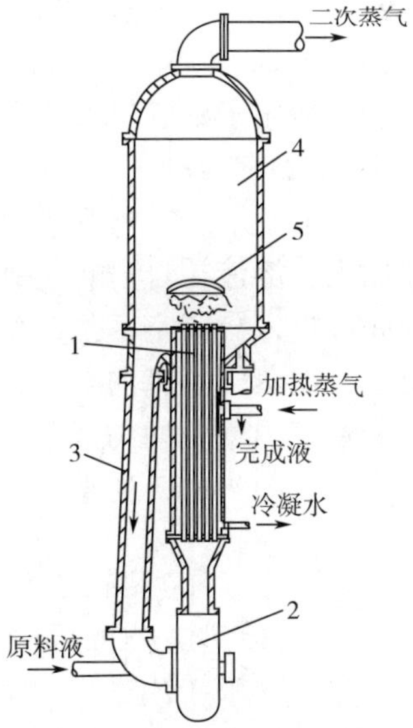

图4－9　强制循环型蒸发器

1—加热管　2—循环泵　3—循环管　4—蒸发室　5—除沫器

所谓强制循环，就是利用外加动力（循环泵）促使溶液沿一定方向循环，其循环速度可达2.5～3.5m/s。循环速度的大小可通过调节循环泵的流量来控制。这种强制循环型蒸发器的优点是传热系数较一般自然循环蒸发器大得多，因此传热速率和生产能力较高。在相同的生产任务下，蒸发器的传热面积比较小。适于处理黏度大、易析出结晶和结垢的溶液。其缺点是需要消耗动力和增加循环泵，每平方米加热面积需要0.4～0.8kW。

（二）单程型蒸发器

在循环型蒸发器中，溶液在蒸发器内停留的时间较长，即受热时间较长，对热敏性物料，容易造成分解和变质。单程型蒸发器的特点是溶液沿加热管呈膜状流动（上升或下降)，蒸发速度极快，溶液只需通过加热室一次即可浓缩到要求的浓度，在加热管内的停留时间很短（几秒至十几秒），故又称膜式蒸发器。

膜式蒸发器的优点是传热效率高，蒸发速度快，溶液受热时间短。特别适用于热敏性物料的蒸发，对黏度大和容易起泡的溶液也较适用，是目前被广泛使用的高效蒸发设备。

按溶液在加热管内的流动方向以及成膜原因的不同，膜式蒸发器可分为以下几种类型。

1. 升膜式蒸发器

结构如图 4 - 10 所示。它也是一种将加热室和蒸发室分离开的蒸发器。其加热室实际上就是一个加热管很长的立式列管换热器，预热后的料液由底部进入加热管，加热蒸气在管外冷凝，料液受热沸腾后迅速汽化，产生的二次蒸气在管内以很高的速度（常压操作时加热管出口蒸气速度可达 20 ~ 50m/s，减压操作时则更大，可达 100 ~ 160m/s 或更高）上升，带动溶液沿管内壁呈膜状向上流动，上升的液膜因不断受热而继续汽化，溶液自底部上升至顶部就浓缩到要求的浓度。气、液一起进入分离室，经分离后二次蒸气从分离室上部排出，完成液则从分离室下部引走。加热管一般采用直径为 25 ~ 50mm 的无缝钢管，管长与管径比在常压下为 100 ~ 150，在减压下为 130 ~ 180。

升膜式蒸发器适用于处理蒸发量大（即稀溶液）、热敏性和易起泡的溶液。如果从原料液中蒸发的水分量不多，就难以达到上述要求的气速。因此，升膜式蒸发器不适用于较浓溶液的蒸发，也不适用于黏度较大、易结晶或结垢的物料。

2. 降膜式蒸发器

结构如图 4 - 11 所示。它与升膜式蒸发器的结构基本相同，其主要区别在于原料液由加热管的顶部加入。溶液在自身重力作用下沿管内壁呈膜状下降，并被蒸发浓缩，气液混合物由加热管底部进入分离室，经气液分离后，二次蒸气由分离室顶部逸出，完成液则从底部排出。由于二次蒸气的流向与溶液的流向一致，所以能促使料液的向下运动并形成薄膜。为使溶液能在管内壁上均匀成膜，在每根加热管的顶部都要设置液膜分布器。液膜分布器的形式有多种，图 4 - 12 列举了常用的几种。

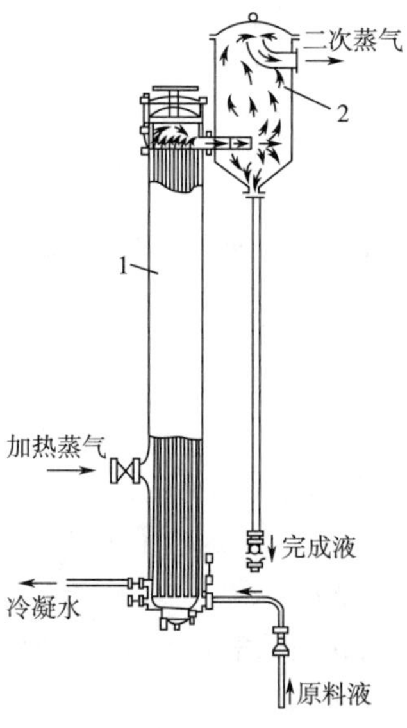

图 4 - 10　升膜式蒸发器

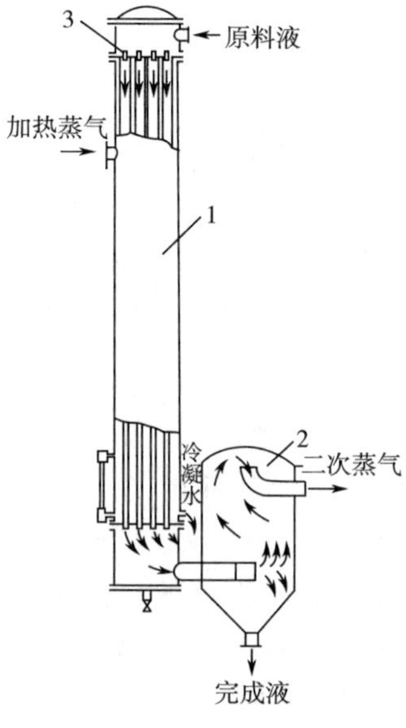

图 4 - 11　降膜式蒸发器

1—蒸发器　2—分离室　3—液膜分布器

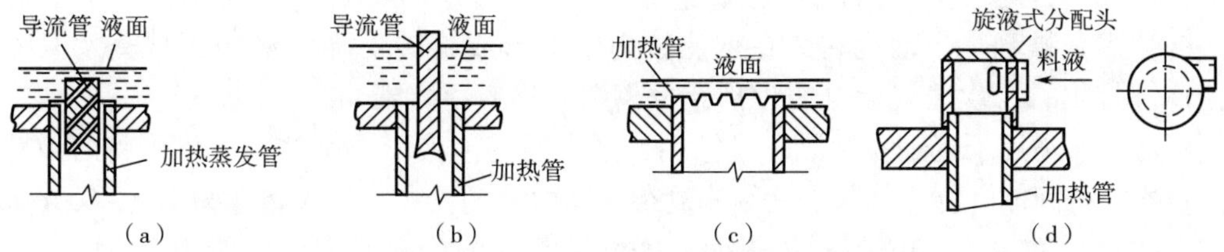

图 4 – 12 降膜式蒸发器的液膜分布器

降膜式蒸发器同样适用于蒸发热敏性物料，而不适用于易结晶、结垢或黏度很大的物料。

3. 升 – 降膜式蒸发器

将升膜和降膜蒸发器装在一个壳体中，即构成升 – 降膜式蒸发器，如图 4 – 13 所示。预热后的原料液先经升膜加热管上升，然后由降膜加热管下降，再在分离室中和二次蒸气分离后即得完成液。

这种蒸发器多用于蒸发过程中溶液黏度变化大，水分蒸发量不大和厂房高度受到限制的场合。

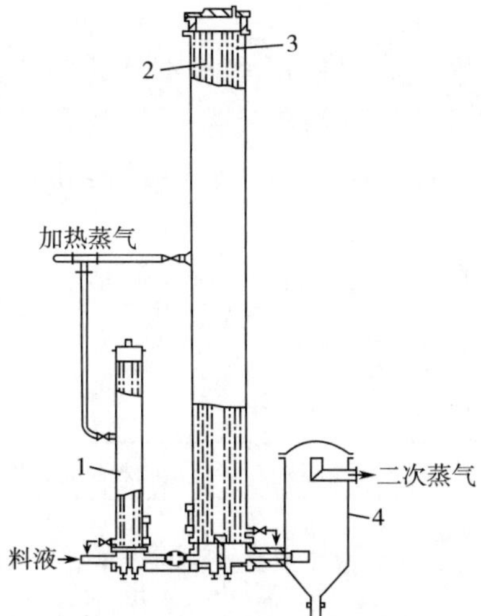

图 4 – 13 升 – 降膜式蒸发器

1—预热器 2—升膜加热室

3—降膜加热室 4—分离室

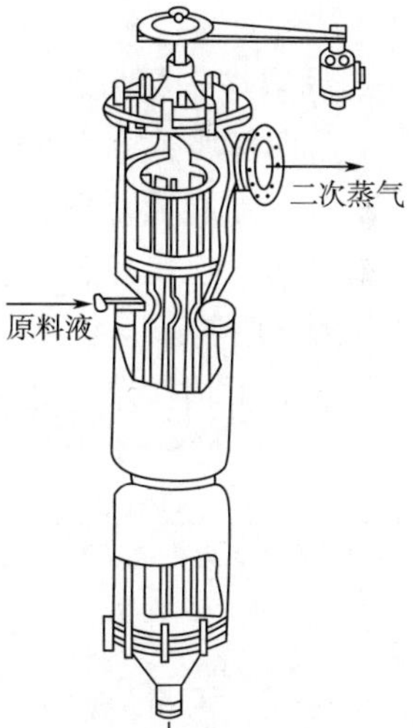

图 4 – 14 旋转刮板薄膜式蒸发器

4. 旋转刮板式蒸发器

在这类蒸发器中，依靠旋转刮片的作用使液体分布在加热管壁上，它们专用于高黏度溶液的蒸发。旋转刮片有固定的和活动的两种。图 4 – 14 所示为刮片固定的旋转刮片式薄膜蒸发器，其加热管为一根粗圆管，它的中下部装有加热蒸气夹套，内部装有可旋转的搅拌刮片，刮片端部与加热管内壁的间隙固定为0.75～1.5mm。原料液由蒸发器上部沿切线方向进入器内，被刮片带动旋转，在加热管内壁上形成旋转下降的液膜而被蒸发浓缩，完成液由底部排出，二次蒸气上升至顶部经分离器后进入冷凝器。

这种蒸发器适用于处理易结晶、易结垢、高黏度的溶液。在某些情况下可将溶液蒸干而由底部直接获得固体产物。其缺点是结构复杂，动力消耗较大，刮板转速为100～600r/min的范围内，动力消耗定额为$3kW/m^2$传热面。这类蒸发器传热面不大，一般为$3\sim4m^2$/台，最大不超过$20m^2$，故其处理量较小。

（三）蒸发器性能的比较与选型

在选择蒸发器时，除了要求结构简单、易于制造、清洗和维修方便外，更主要的是看它能否满足物料的工艺特性，包括物料的黏性、热敏性、腐蚀性、结晶和结垢性等，然后全面综合考虑才能做出决定。表4－1列举了常见蒸发器的主要性能，供选型时参考。

（1）溶液的黏度。蒸发过程中溶液黏度变化的范围是选型首要考虑的因素。各类蒸发器适用于溶液黏度的范围见表4－1。

（2）溶液的热稳定性。长时间受热易分解、易聚合以及易结垢的溶液蒸发时，应采用滞料量少、停留时间短的蒸发器。

（3）有晶体析出的溶液。对蒸发时有晶体析出的溶液应采用外热式蒸发器或强制循环蒸发器。

（4）易发泡的溶液。易发泡的溶液在蒸发时会生成大量层层重叠不易破碎的泡沫，充满了整个分离室后即随二次蒸气排出，不但损失物料，而且污染冷凝器。蒸发这种溶液宜采用外热式蒸发器、强制循环蒸发器或升膜蒸发器。若将中央循环管蒸发器和悬筐蒸发器的分离室设计大一些，也可用于这种溶液的蒸发。

（5）有腐蚀性的溶液。蒸发腐蚀性溶液时，加热管应采用特殊材质制成，或内壁衬以耐腐蚀材料。若溶液不怕污染，也可采用浸没燃烧蒸发器。

表4－1　常见蒸发器的主要性能

蒸发器型式	造价	传热系数		溶液在管内流速/(m/s)	停留时间	完成液浓度能否恒定	浓缩比	处理量	能否适应物料工艺特性					
		稀溶液	高黏度						稀溶液	高黏度	易起泡	易结垢	热敏性	析出结晶
标准式	最廉	良好	低	0.1～0.5	长	能	良好	一般	适	适	适	尚适	尚适	稍适
悬筐式	较高	较好	低	1～1.5	长	能	良好	一般	适	适	适	适	尚适	适
外热式	廉	高	高	0.4～1.5	较长	能	良好	较大	适	尚适	较好	尚适	尚适	稍适

续表

蒸发器型式	造价	传热系数		溶液在管内流速/(m/s)	停留时间	完成液浓度能否恒定	浓缩比	处理量	能否适应物料工艺特性					
		稀溶液	高黏度						稀溶液	高黏度	易起泡	易结垢	热敏性	析出结晶
列文式	高	高	良好	1.5～2.5	较长	能	良好	较大	适	尚适	较好	尚适	尚适	稍适
强制循环	高	高	高	2.0～3.0	较长	能	较高	大	适	好	好	适	尚适	适
升膜式	廉	高	良好	0.4～1.0	短	较难	高	大	适	尚	好	尚适	良好	不适
降膜式	廉	良好	高	0.4～1.0	短	尚能	高	大	较适	好	适	不适	良好	不适
刮板式	最高	高	高	—	短	尚能	高	小	较适	好	较适	适	适	良好

(6) 易结垢的溶液。无论蒸发何种溶液，蒸发器长久使用后，传热面上总会有污垢生成。垢层的导热系数小，因此对易结垢的溶液，应考虑选择便于清洗和溶液循环速度大的蒸发器。

(7) 溶液的处理量。溶液的处理量也是选型应考虑的因素。要求传热面大于10m^2时，不宜选用刮板搅拌薄膜蒸发器，要求传热面在20m^2以上时，宜采用多效蒸发操作。

总之，应视具体情况选用适宜的蒸发器。

二、蒸发器的辅助装置

1. 除沫器

蒸发操作中产生的二次蒸气夹带大量的液沫和液滴，经分离室分离后，蒸气中仍夹带有一定量的液沫和液滴。为了减少液体产品的损失和冷凝液被污染，在蒸发器顶部蒸气出口附近需要设置除沫器，用来进一步除去二次蒸气中夹带的液沫。除沫器的型式很多，图4－15列举了几种常见的除沫器，其中（a）～（d）直接装在蒸发器内分离室的顶部外，（e）～（g）则要装在蒸发器的外部，它们主要是利用液沫的惯性以达到气液分离的目的。

2. 冷凝器和真空装置

要使蒸发操作连续进行，除了必须不断地提供溶剂汽化所需要的热量外，还必须及时排除二次蒸气。通常采用的方法是使二次蒸气冷凝。因此，冷凝器是一般蒸发操作中不可缺少的辅助设备之一，其作用是将二次蒸气冷凝成液态水后排出。冷凝器有间壁式和直接接触式两类。除了二次蒸气是有价值的产品需要回收，或会严重污染冷却水的情况下，应采用间壁式冷凝器外，大多采用气液直接接触的混合式冷凝器来冷凝二次蒸气。常见的逆流高位冷凝器的结构如图4－16所示。二次蒸气自进气口进入，冷却水自上部进水口引入，

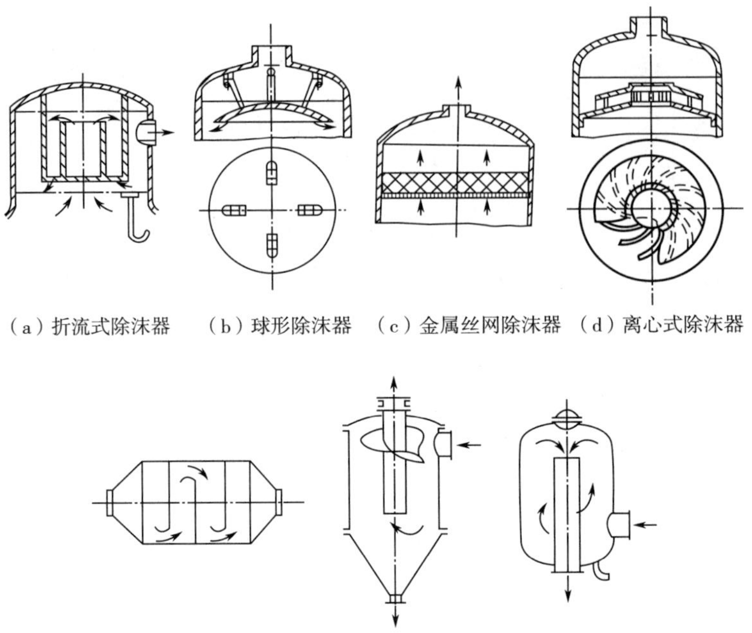

（a）折流式除沫器　（b）球形除沫器　（c）金属丝网除沫器　（d）离心式除沫器

（e）冲击式除沫器　（f）旋风式除沫器　（g）离心式除沫器

图 4-15　除沫器的主要型式

依次经淋水板小孔和溢流堰流下，在和底部进入并逆流上升的二次蒸气的接触过程中，使二次蒸气不断冷凝。不凝性气体经分离罐由真空泵抽出。冷凝液沿气压管排出。因蒸气冷凝时，冷凝器中形成真空，所以气压管需要有一定的高度才能使管中的冷凝水依靠重力的作用而排出。

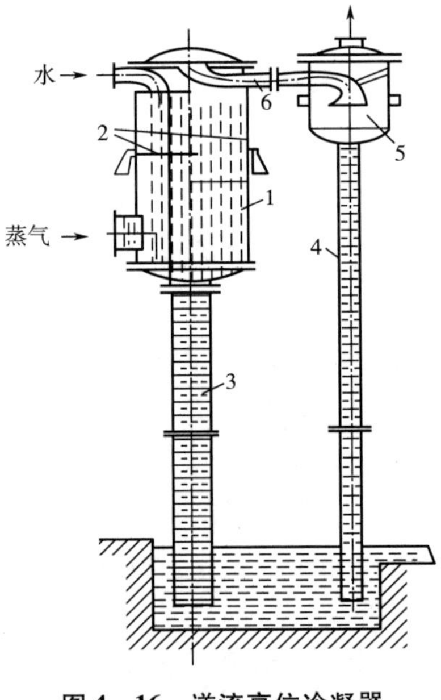

图 4-16　逆流高位冷凝器

1—外壳　2—淋水板　3，4—气压管　5—分离罐　6—不凝性气体管

当蒸发器采用减压操作时，无论采用哪一种冷凝器，均需在冷凝器后设置真空装置，不断排除二次蒸气中的不凝性气体，从而维持蒸发操作所需的真空度。常用的真空装置有喷射泵、往复式真空泵以及水环式真空泵等。

3. 冷凝水排除器

加热蒸气冷凝后生成的冷凝水必须要及时排除，否则冷凝水积聚于蒸发器加热室的管外，将占据一部分传热面积，降低传热效果。排除的方法是在冷凝水排出管路上安装冷凝水排除器（又称疏水器）。它的作用是在排除冷凝水的同时，阻止蒸气的排出，以保证蒸气的充分利用。冷凝水排除器有多种形式，其结构和工作原理这里不作介绍，读者可参考有关资料。

任务二　蒸发操作的基础知识

工程上虽然主要采用多效蒸发，但由于单效蒸发的计算比较简单，且可以把多效蒸发看作是多个单效蒸发的组合，故本任务主要讨论单效蒸发的计算。

单效蒸发的工艺计算通常是在给定的生产任务和操作条件下（如需处理的原料液的流量、浓度和温度，要求达到的完成液的浓度，所用加热蒸气的压力以及冷凝器的操作压力等），计算下面的 3 项内容：

（1）水分蒸发量。

（2）加热蒸气消耗量。

（3）蒸发器的传热面积。

这 3 个计算内容可分别依据对蒸发器的物料衡算、热量衡算和传热基本方程来确定。

一、单效蒸发的工艺计算

（一）水分蒸发量

在蒸发操作中，单位时间内从溶液中蒸发出来的水分量（即二次蒸气的流量），可以通过物料衡算求得。图 4－17 为单效蒸发时进行物料衡算和热量衡算的示意图。

设：W——单位时间内从溶液中蒸发出来的水分量，kg/h；

F——单位时间内进入蒸发器的原料液的质量，kg/h；

w_1——原料液的浓度（溶质的质量分数）；

w_2——完成液的浓度（溶质的质量分数）。

因蒸发前后溶液中溶质的量不变，故原料液带入的溶质量应等于完成液中的溶质量。

则有：

$$Fw_1 = (F - W)w_2 ; \tag{4-1}$$

将式（4－1）整理后，可得到单位时间蒸发出来的水分量及完成液浓度的计算式：

$$W = F\left(1 - \frac{w_1}{w_2}\right) \tag{4-2}$$

$$w_2 = \frac{Fw_1}{F - W} \tag{4-3}$$

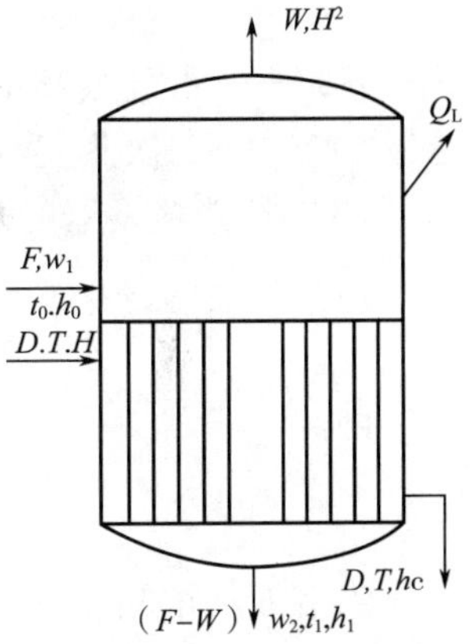

图 4－17　单效蒸发的物料衡算和热量衡算

【**例 4－1**】今欲用一单效蒸发器将浓度为 11.6%（质量分数，下同）的 NaOH 溶液浓缩至 18.3%，已知每小时的处理量为 10t，求所需要蒸发的水分量。

解：$W = F\left(1 - \frac{w_1}{w_2}\right)$

式中：$F = 10\text{t/h} = 10000\text{kg/h}$

$$w_1 = 0.116$$

$$w_2 = 0.183$$

$$W = F\left(1 - \frac{w_1}{w_2}\right) = 10000 \times \left(1 - \frac{0.116}{0.183}\right) \approx 3660(\text{kg/h})$$

（二）加热蒸气消耗量

加热蒸气消耗量可通过热量衡算求得。稳定传热时，根据热量衡算公式，在单位时间内，输入系统的热量应该与输出系统的热量相等。对图 4－17 所示的单效蒸发器作热量衡算。

当加热蒸气为饱和蒸气，冷凝液在饱和温度下排出时，单位时间内加热蒸气放出的热量为：

$$Q = DR \tag{4-4}$$

式中：D——加热蒸气消耗量，kg/s，

R——加热蒸气汽化潜热，J/kg。

加热蒸气放出的热量主要用于以下 3 个方面：

（1）将原料液由进料温度 t_0 升温到沸点 $t_{沸}$，所需的热量为 Q_1：

$$Q_1 = Fc\ (t_{沸} - t_0) \tag{4-5}$$

式中：F——原料液进料量，kg/s；

c——溶液的比热容，J/（kg·℃）；

$t_{沸}$——溶液的沸点，℃；

t_0——溶液进料初温，℃。

（2）使水在 $t_{沸}$ 温度下汽化成二次蒸气，所需的热量为 Q_2：

$$Q_2 = Wr \tag{4-6}$$

式中：W——水分蒸发量，kg/s；

r——二次蒸气汽化潜热，J/kg。

（3）补偿蒸发器的热损失 Q_L。

根据热量衡算原则，有：

$$Q = Q_1 + Q_2 + Q_L \tag{4-7}$$

即

$$DR = Fc(t_{沸} - t_0) + Wr + Q_L \tag{4-7a}$$

$$D = \frac{Fc(t_{沸} - t_0) + Wr + Q_L}{R} \tag{4-7b}$$

当溶液的浓缩热的热效应不大时，其溶液的比热容可近似按线性加和原则求取，即：

$$c = c_{剂}(1 - w_1) + c_{质} w_1 \tag{4-8}$$

式中：$c_{剂}$——溶剂的比热容，kJ/（kg·℃）；

$c_{质}$——溶质的比热容，kJ/（kg·℃）。

对于稀溶液，即当 $w_1 < 0.2$ 时，溶液的比热容 c 可近似按下式估算：

$$c = c_{剂}(1 - w_1) \tag{4-9}$$

表 4－2 列出了某些溶质的比热容，可供参考。

表 4－2　某些无水盐的比热容［kJ/（kg·K）］

物质	$CaCl_2$	KCl	NH_4Cl	NaCl	KNO_3
比热容	0.687	0.679	1.52	0.838	0.926
物质	$NaNO_3$	Na_2CO_3	$(NH_4)_2SO_4$	糖	甘油
比热容	1.09	1.09	1.42	1.295	2.42

从式（4－7b）可以看出，蒸发器中加热蒸气所提供的热量主要是用来预热原料（至沸点），提供二次蒸气汽化所需要的潜热，以及补偿损失于周围的热量。

下面根据式（4－7b）进一步讨论不同加料温度时，加热蒸气量的消耗情况。

（1）沸点进料时，即原料液温度等于沸点，$t_0=t_{沸}$，则式（4－7b）变为：

$$D=\frac{Wr+Q_L}{R} \tag{4-10}$$

若热损失 Q_L 可以忽略不计，则上式又可以写成：

$$\frac{D}{W}=\frac{r}{R}$$

式中，D/W 表示每蒸发 1kg 水（溶剂）所需要的加热蒸气量（kg），称为单位蒸气消耗量。由于蒸气的汽化潜热受压力变化的影响较小，二次蒸气与加热蒸气的潜热相差不大，故单效蒸发时，$D/W\approx1$。但实际生产中，由于存在热损失等原因，实际的单位蒸气消耗量大约为 1.1 或更大一些。也就是说，要蒸发 1kg 的水，就必须消耗 1kg 以上的蒸气。

（2）冷液进料时，即原料液在低于沸点下进料，$t_0<t_{沸}$，由于要消耗一部分热量来预热原料液（至沸腾），致使单位蒸气消耗量增加，$\frac{D}{W}>\frac{r}{R}$。

（3）过热进料时，即原料液在高于沸点下进料，$t_0>t_{沸}$，此时，当溶液进入蒸发器后，温度迅速降到沸点，放出多余热量而使一部分溶剂汽化，$\frac{D}{W}<\frac{r}{R}$。这种由于溶液的初温高于蒸发器压力下溶液沸点的情况，在减压蒸发中是完全可能的。这种原料液放出热量使部分溶剂自动汽化的现象称为自蒸发。

【例 4－2】设例【4－1】中溶液的沸点为 337.2K，加热蒸气的压强为 0.2MPa，原料液的比热容为 3.7kJ/（kg·K）。设备的热损失按热负荷的 5% 计算，试分别计算原料液温度为 293K、337.2K、367.2K 时的加热蒸气消耗量和单位蒸气消耗量。

解：加热蒸气量可根据（4－7b）求得：

$$D=\frac{Fc(t_{沸}-t_0)+Wr+Q_L}{R}$$

$$Q=DR, Q_L=0.05Q=0.05DR$$

$$D=\frac{Fc(t_{沸}-t_0)+Wr}{0.95R}$$

式中：$F=10000\text{kg/h}$

$W=3660\text{kg/h}$

$c=3.7\text{kJ/（kg·K）}$

$t_{沸}=337.2\text{K}$

$t_0=293\text{K}$

查得加热蒸气压强为 0.2MPa 时的汽化潜热 $R=2202.7\text{kJ/kg}$，温度为 337.2K 时二次蒸气的汽化潜热 $r=2344.7\text{kJ/kg}$。将以上数值代入上式，得：

（1）原料液温度为 293K 时：

$$D=\frac{Fc(t_{沸}-t_0)+Wr}{0.95R}=\frac{10000\times3.7\times(337.2-293)+3660\times2344.7}{0.95\times2202.7}$$

$$\approx4883\ (\text{kg/h})$$

$$单位蒸气消耗量\ \frac{D}{W}=\frac{4883}{3660}\approx 1.33$$

（2）原料液温度为 337.2K 时：

$$D=\frac{Fc(t_{沸}-t_0)+Wr}{0.95R}=\frac{10000\times 3.7\times(337.2-337.2)+3660\times 2344.7}{0.95\times 2202.7}$$

$$\approx 4101\ (\mathrm{kg/h})$$

$$\frac{D}{W}=\frac{4101}{3660}\approx 1.12$$

（3）原料液温度为 367.2K 时：

$$D=\frac{Fc(t_{沸}-t_0)+Wr}{0.95R}=\frac{10000\times 3.7\times(337.2-367.2)+3660\times 2344.7}{0.95\times 2202.7}$$

$$\approx 3571\ (\mathrm{kg/h})$$

$$\frac{D}{W}=\frac{3571}{3660}\approx 0.98$$

以上计算结果表明，进料温度越高，加热蒸气消耗量越少，单位蒸气消耗量也越小。

（三）蒸发器的传热面积

蒸发器的传热面积可以依据传热速率方程来计算确定，即：

$$A=\frac{Q}{K\Delta t_m}=\frac{DR}{K(T-t_{沸})} \tag{4-11}$$

式中：A——蒸发器的传热面积，m^2；

Q——蒸发器的热负荷或传热速率，W；

K——蒸发器的传热系数，W/（$m^2\cdot K$）；

Δt_m——传热平均温度差（$\Delta t_m=T-t_{沸}$），K。

式（4－11）中的热负荷 Q 依据热量衡算求取，显然 $Q=DR$。式中的传热系数 K 亦可按蒸气冷凝和液体沸腾对流传热求出间壁两侧的传热系数，及按经验估计的垢层热阻进行计算，但沸腾对流传热系数关联式的准确性较差。所以，在蒸发器的设计中，传热系数 K 值大多根据实测数据或经验值来选定。选用时应注意两者工艺条件的相似，以尽量使 K 值较为合理可靠。表 4－3 列出了几种不同类型蒸发器 K 值的大致范围，可供参考。对于蒸发器的传热温度差，因蒸发过程是间壁两侧皆有相变的恒温传热，$\Delta t_m=T-t_{沸}$，其中 T 为加热蒸气的饱和温度，$t_{沸}$为蒸发器中溶液的沸点。

表 4－3　　蒸发器的传热系数范围

蒸发器形式	总传热系数 K /W（$m^2\cdot k$）$^{-1}$	蒸发器形式	总传热系数 K /W（$m^2\cdot k$）$^{-1}$	蒸发器形式	总传热系数 K /W（$m^2\cdot k$）$^{-1}$
水平沉浸加热式	600～2300	悬筐式	600～3000	升膜式	1200～6000
标准式（自然循环）	600～3000	外加热式（自然循环）	1200～6000	降膜式	1200～3500
标准式（强制循环）	1200～6000	外加热式（强制循环）	1200～7000	蛇管式	350～2300

【例 4－3】今欲用一个单效蒸发器将质量分数为 68% 的硝酸铵水溶液浓缩至 90%，每小时的处理量为 10t。已知加热蒸气的压强为 689.5kPa，蒸发室内的压强为 20.68kPa，假设

溶液的沸点为334K，沸点进料，蒸发器的传热系数为1200W/（$m^2 \cdot K$），热损失以5%考虑，试求蒸发器所需要的传热面积。

解：

$$A = \frac{Q}{K\Delta t_m} = \frac{DR}{K(T - t_{沸})}$$

$$D = \frac{Fc(t_{沸} - t_0) + Wr + Q_L}{R}$$

式中：$F = 10t = 10000kg/h$

$$W = F\left(1 - \frac{w_1}{w_2}\right)$$

$w_1 = 0.68$

$w_2 = 0.9$

$$W = 10000 \times \left(1 - \frac{0.68}{0.9}\right) \approx 2444(kg/h)$$

$$t_{沸} = t_0 = 334K$$

$$Q_L = 0.05Q = 0.05DR$$

$$D = \frac{Wr}{0.95R}$$

从水蒸气表上查得加热蒸气压强为689.5kPa时：

$$R = 2069.4kJ/kg \quad T = 437.6K$$

二次蒸气压强为20.68kPa时：

$$r = 2356.7kJ/kg \quad T' = 334K$$

$$D = \frac{2444 \times 2356.7}{0.95 \times 2069.4} = 2929.8(kg/h)$$

$$A = \frac{DR}{K(T - t_{沸})} = \frac{\frac{2929.8}{3600} \times 2069.4 \times 10^3}{1200 \times (437.6 - 334)} = 13.54(m^2)$$

（四）蒸发器中传热温度差的确定

蒸发操作中的传热是间壁两侧流体皆有相变的传热过程，一侧为加热蒸气的冷凝，另一侧为溶液的沸腾汽化，在连续而稳定操作的情况下，两侧流体的温度均不发生变化，是一个典型的恒温传热过程。此时的传热平均温度差Δt_m为加热蒸气温度T与溶液沸点$t_{沸}$的差值，称为有效温度差，即：

$$\Delta t_m = T - t_{沸} \tag{4-12}$$

而在实际生产中，由于溶液的真实沸点不便于测量，常以二次蒸气冷凝器进口附近处的压强所对应的饱和蒸气温度T'来代替，由此得出的温度差（$T - T'$）称为视温度差，用$\Delta t_{视}$表示。由于T'这个温度比溶液的实际沸点$t_{沸}$要低，使得有效温度差Δt_m要小于视温度差$\Delta t_{视}$，两者的差值称为温度差损失，用符号Δ表示，即：

$$\Delta = \Delta t_{视} - \Delta t_m = (T - T') - (T - t_{沸}) = t_{沸} - T' \tag{4-13}$$

或

$$t_{沸} = T' + \Delta \tag{4-13a}$$

式（4－13）表明，温度差损失等于溶液的沸点$t_{沸}$与二次蒸气的饱和温度T'之差。

在蒸发操作中，产生温度差损失主要有以下3方面的原因：由于溶液沸点升高引起的温度差损失Δ'；由于蒸发器中溶液的静压力引起的温度差损失Δ''；由于管路流体阻力引起的温度差损失Δ'''。总温度差损失为：

$$\Delta = \Delta' + \Delta'' + \Delta''' \qquad (4-14)$$

（1）由于溶液沸点升高引起的温度差损失 Δ'。溶液中由于溶质的存在，使得溶液的蒸气压强比纯溶剂（水）的蒸气压强要低，因此，在同样的外压下，溶液的沸点比纯溶剂（水）的沸点要高，即比根据二次蒸气压力所查得的温度 T' 要高，两者的差值称为由于溶液沸点升高引起的温度差损失 Δ'。

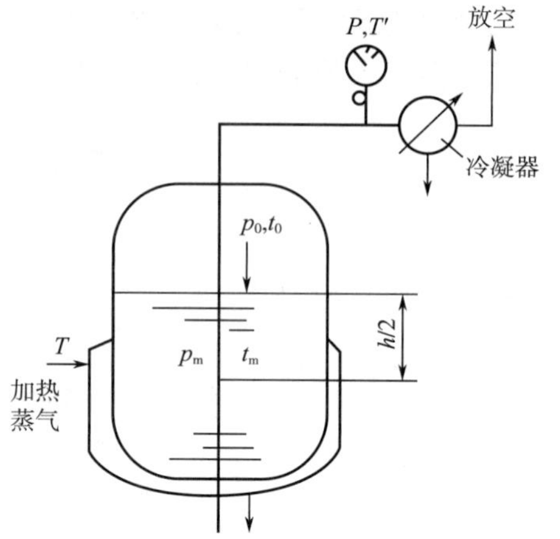

图 4－18　蒸发器温度差损失的分析

溶液沸点升高的程度与溶质的性质、浓度和蒸发室的压强有关。例如常压下，50% 的 NaOH 水溶液的沸点为 416K，即溶液沸点升高为 $\Delta_{常}' = 416 - 373 = 43$（K）；又如常压下 50% 的食糖水溶液的沸点为 374.8K，即沸点升高为 $\Delta_{常}' = 374.8 - 373 = 1.8$（K）。一般电解质溶液的沸点升高很大，不能忽视。

在一般的手册中，常列出各种溶液在常压下的沸点升高数据，非常压下溶液的沸点升高可用下式近似计算：

$$\Delta' = f\Delta_{常}' \qquad (4-15)$$

式中：Δ'——任意指定压强下的溶液沸点升高，K；

$\Delta_{常}'$——常压下的溶液沸点升高，K；

f——校正系数，其值可按下式计算：

$$f = 0.0162\frac{T'^2}{r} \qquad (4-16)$$

式中：T'——某压强下二次蒸气的温度，K；

r——某压强下二次蒸气的汽化潜热，kJ/kg。

【例 4－4】浓度为 18.32% 的 NaOH 水溶液在 50kPa 下沸腾，试求溶液沸点升高的数值。

解：查得 18.32% 的 NaOH 水溶液在常压下的沸点为 107 ℃，故：

$$\Delta_{常}' = 107 - 100 = 7\ (℃)$$

再由水蒸气表查得 50kPa 时饱和蒸气的温度（即纯水的沸点）$T' = 81.2$ ℃，汽化潜热为 2304.5kJ/kg，故校正系数为：

$$f = 0.0162\frac{T'^2}{r} = 0.0162 \times \frac{(81.2 + 273)^2}{2304.5} \approx 0.882$$

溶液的沸点升高为：

$$\Delta' = f \cdot \Delta_{常}' = 0.882 \times 7 \approx 6.17\ (℃)$$

（2）由于液柱静压力引起的温度差损失 Δ''。蒸发器内的溶液需要维持一定的液面高度，因而蒸发器中溶液内部的压力要大于液面上的压力，致使内部溶液的沸点较液面处的为高，两者之差即为由于液柱静压力引起的温度差损失 Δ''。工程上，为了估计液柱静压力引起的温度差损失 Δ''，常采取简化的方法，即溶液内部的沸点以溶液中层处的平均压强来计算，即：

$$p_{均} = p_0 + \frac{\rho g h}{2} \qquad (4-17)$$

式中：$p_{均}$——溶液中层处的压强，Pa；

p_0——溶液液面压强（二次蒸气压强），Pa；

ρ——溶液的平均密度，kg/m^3；

h——溶液的液面高度，m；

g——重力加速度，m/s^2。

从水蒸气表中分别查得 $p_{均}$ 下水的沸点 $T_{P_{均}}$ 和 p_0 下水的沸点 T_{P_0}，则由于液柱静压力引起的温度差损失：

$$\Delta'' = T_{P_{均}} - T_{P_0} \tag{4-18}$$

应当指出，由于溶液在沸腾时形成气液混合物，因而溶液的密度较静态时大为减小，其值不易测定，故由上式计算出的温度差损失 Δ'' 之值较实际值偏大。此外，当蒸发器加热管中溶液的流速较大时，因流体阻力而使溶液的平均压力增大，从而 Δ'' 也要加大，而上式并未考虑此项影响。可见由式（4－18）计算得到的 Δ'' 仅是估计值。Δ'' 的数值一般在 1～2K。在外加热式和列文蒸发器中，因液柱较高，Δ'' 较大；在液膜蒸发器中，由于液体作膜状流动，可以不考虑 Δ''；在真空蒸发时，液柱静压力的影响要比常压蒸发和加压蒸发时为大，能使 Δ'' 达到 8～10K 或更高。

（3）由于管道阻力引起的温度差损失 Δ'''。二次蒸气由蒸发器流到冷凝器的过程中，因流体阻力使其压力降低，对应的饱和蒸气温度也相应降低，使得视温度差加大，由此引起的温度差损失即 Δ'''。

Δ''' 值的大小与二次蒸气在管道中的流速、物性、管道尺寸及除沫器的阻力等有关，计算较为复杂。常根据经验取 $\Delta''' = 1 \sim 1.5K$。

对于多效蒸发，则由于前效至后效的阻力，使二次蒸气温度降低，从而减小了后效的传热温度差。根据经验，各效间因管道阻力引起的温度差损失约为 1K。

【例 4－5】 若设【例 4－4】中的溶液在沸腾状态下的密度为 $1200kg/m^3$，加热管内液面的高度为 2.4m，试求由于液柱静压力引起的沸点升高。若取 $\Delta''' = 1K$，求溶液的沸点。

解：（1）先根据式（4－17）求出溶液的平均压力：

$$p_{均} = p_0 + \frac{\rho g h}{2} = 50 \times 10^3 + \frac{1200 \times 9.81 \times 2.4}{2} \approx 64.13 \times 10^3 (Pa)$$

从水蒸气表上查得 $p_{均}$ 下水的沸点 $T_{P均} = 87.4℃$

从上例中已查得 $T_{P_0} = 81.2℃$

$$\Delta'' = T_{P_{均}} - T_{P_0} = 87.4 - 81.2 = 6.2(℃)$$

（2）
$$t_{沸} = T' + \Delta = T' + \Delta' + \Delta'' + \Delta'''$$

由【例 4－4】已查得 $T' = 81.2℃$，已求得 $\Delta' = 6.17℃$，故：

$$t_{沸} = 81.2 + 6.17 + 6.2 + 1 = 94.57\ (℃)$$

由以上计算可知，对于电解质溶液，其温度差损失较大，不可忽略。

二、蒸发器的生产能力和生产强度

在研究一个蒸发器时，应关注蒸发器加热蒸气的经济性和生产能力，而在评价蒸发器的性能时，多用蒸发器的生产强度作为衡量的标准。

（一）蒸发器的生产能力

通常，蒸发器的生产能力用单位时间蒸发的水分量，即蒸发量来表示，其单位为 kg/h。

蒸发器的蒸发量大小取决于蒸发器传热速率的大小。因此，也可以用蒸发器的传热速率来衡量其生产能力。

对于单效蒸发，如果忽略蒸发器的热损失及浓缩热且在沸点下进料，由式（4－7b）及传热基本方程可得其生产能力：

$$W=\frac{Q}{r}=\frac{KA\Delta t_m}{r} \tag{4-19}$$

式中：W——蒸发器的生产能力，kg/h；

Q——蒸发器的传热速率，kJ/h；

r——操作压力下二次蒸气的汽化潜热，kJ/kg；

K——蒸发器的传热系数，kJ/（kg·K）；

A——蒸发器的传热面积，m^2；

Δt_m——蒸发器的有效传热温度差，K。

上式表示，若通过蒸发器传热面所传递的热量全部用于蒸发水分，这时蒸发器的生产能力和传热速率成正比，即蒸发器的生产能力仅与蒸发器的传热面积、传热温度差及传热系数有关。如果冷液进料，则需要消耗部分热量使冷溶液升温到沸点，因而降低了蒸发器的生产能力；若原料液在高于沸点下进入蒸发器，则由于部分溶液的自蒸发，使蒸发器的生产能力有所增加。

应当指出，蒸发器的生产能力只能粗略地表示一个蒸发器生产量的大小，并不能反映其传热性能的优劣。而要表达蒸发器的传热性能，则需采用生产强度的概念。

（二）蒸发器的生产强度

蒸发器的生产强度是指单位时间内单位传热面积上所能蒸发的水量，以 U 表示，单位为 kg/（m^2·h），即：

$$U=\frac{W}{A} \tag{4-20}$$

蒸发器的蒸发强度是评价蒸发器传热效果的一个重要指标。对于一定的蒸发量，蒸发强度越大，则所需传热面积越小，因此蒸发设备的投资越小。

同样，对于单效蒸发，当沸点进料并忽略热损失及浓缩热时，则其蒸发强度为：

$$U=\frac{Q}{Ar}=\frac{KA\Delta t_m}{Ar}=\frac{K(T-t_{沸})}{r} \tag{4-21}$$

由上式可知，要提高蒸发器的生产强度，必须设法提高蒸发器的传热温度差和传热系数 K 值。

（1）提高传热温度差。传热温度差的大小取决于加热蒸气的压力和冷凝器的操作压力。加热蒸气压力越高，其饱和温度也越高。但加热蒸气压力的提高，常常受供气条件的限制，一般为 0.3～0.5MPa，必要时可达到 0.6～0.8MPa。而若提高冷凝器中的真空度，使溶液的沸点降低，也可以增大传热温度差，但这样不仅增加真空泵的动力消耗，而且因溶液的沸点降低，其黏度增大，导致沸腾传热系数下降；同时，真空度还受到冷凝水温度的限制。因此，冷凝器的操作压力一般不低于 10～20kPa。

由以上分析可知，传热温度差的提高是有限制的。

（2）增大传热系数。增大传热系数是提高蒸发器生产强度的主要途径。在蒸发器中，其传热系数 K 的计算式可表示为：

$$K=\frac{1}{\frac{1}{\alpha_1}+\frac{\delta}{\lambda}+\frac{1}{\alpha_2}+R_{垢内}+R_{垢外}} \tag{4-22}$$

式中：α_1——管外加热蒸气的冷凝传热膜系数，W/（m^2·K）；

α_2——管内溶液沸腾传热膜系数，W/（m^2·K）；

δ/λ——管壁的热阻，m^2·K/W；

$R_{污内}$、$R_{污外}$——管内、外壁面的污垢热阻，m^2·K/W。

通常，管壁热阻 δ/λ 很小，可忽略不计。在垢层热阻中，主要要关注管内溶液侧垢层对传热系数 K 的影响。因为在蒸发操作中，管壁上结垢是不可避免的，尤其在处理容易结垢或结晶的物料时，管壁上很容易形成垢层，使传热系数和传热速率急剧降低。因此，为减小污垢热阻，必须定期清洗换加热管。此外，还可以改进蒸发器的结构，如采用强制循环蒸发器或列文蒸发器以加大溶液的循环速度；或者在溶液中添加微量阻垢剂以阻止垢层的形成；在溶液中加入晶种，使要结晶的物料在晶种上结晶而不沉淀在管壁上等。

在间壁两侧的传热膜系数中，蒸气冷凝的膜系数 α_1 要比管内溶液的沸腾膜系数 α_2 大得多。从强化传热的讨论中已知，在这种情况下，提高 K 值的关键在于提高膜系数较小一侧的 α（即 α_2），主要方法是增大溶液的循环速度和湍动程度等。

此外，还必须及时排除加热蒸气中的不凝性气体和冷凝水。蒸气冷凝侧的热阻虽然很小，但即便其中含有少量的不凝性气体和冷凝水，其传热膜系数也会大大降低。据有关资料介绍，当蒸气中含有1%的不凝性气体时，总传热系数将下降60%。因此，在蒸发器的设计及实际操作中都应该考虑不凝性气体的排除问题。

任务三　蒸发器的操作与维护

蒸发操作是化工生产中常用的单元操作之一，操作中所使用的主要设备蒸发器属于压力容器的范畴。因此，必须要求操作人员做到“四懂”“四会”，才能上岗进行操作。所谓“四懂”是指操作人员要懂得蒸发器的结构、原理、性能和用途；而“四会”则是指操作人员要会操作、会保养、会检查及会排除故障。除此之外，还须具有蒸发器的安全操作知识，才能使蒸发器安全正常运行，使其发挥最大的效益。蒸发器根据其工作时溶液循环原理及用途等不同，有多种结构形式，但其基本的操作和维护还是具有一些共同的规律。

一、蒸发系统日常运行操作与维护

1. 蒸发系统的日常运行操作

蒸发系统的日常运行操作包括系统开车、设备运行及停车等方面。

（1）开车。严格执行操作规程。开车前，要认真检查加热室是否有水，避免在通入蒸气时剧热，或水击引起蒸发器的整体剧振。检查并准备好泵、仪表、蒸气和冷凝气管路，通常用加料管路为装置加料。根据物料、蒸发设备及所附带的自控装置的不同，按照事先设定好的程序，通过控制室依次按规定的开度、规定的顺序开启加料阀、蒸气阀，并依次查看各效分离罐的液位显示。当液位达到规定值时再开启相关输送泵；设置有关仪表设定值，同时置其为自动状态；对需要抽真空的装置进行抽真空；监测各效温度，检查其蒸发情况；通过有关仪表观测产品浓度，然后增大有关蒸气阀门开度以提高蒸气流量；当蒸气流量达到期望值时，调节加料流量以控制浓缩液浓度，一般来说，减少加料流量则产品浓度增大，而增大加料流量时浓度降低。

在开车过程中由于非正常操作常会出现许多故障，最常见的是蒸气供给不稳定。这可能是因为管路或冷凝液管路内有空气所致。应注意检查阀、泵的密封及出口，当达到正常操作温度时，就不会出现这种问题，也可能是由于空气漏入二效、三效蒸发器所致。

（2）操作运行。设备运行中，必须精心操作，严格控制。注意监测蒸发器各部分的运行情况及规定指标。通常情况下，操作人员应按规定的时间间隔检查调整蒸发器的运行情况，并如实做好操作记录。当装置处于稳定运行状态下，不要轻易变动性能参数，否则会使装置处于不平衡状态，并需花费一定时间调整以达平缓，这样就造成生产的损失或者出现更坏的影响。

控制蒸发装置的液位是关键，目的是使装置运行平稳，从一效到另一效的流量更趋合理、恒定。有效地控制液位也能避免泵的“气蚀”现象，大多数泵输送的是沸腾液体，所以不可忽视发生“汽蚀”的危险。只有控制好液位，才能保证泵的使用寿命。

为确保故障条件下连续运转，所有的泵都应配有备用泵，并在启动泵之前，检查泵的工作情况，严格按照要求进行操作。

按规定时间检查控制室仪表和现场仪表读数，如超出规定，应迅速查找原因。

如果蒸发料液为腐蚀性溶液，应注意检查视镜玻璃，防止腐蚀。一旦视镜玻璃腐蚀严重，当液面传感器发生故障时，会造成危险。

（3）停车。

①完全停车。蒸发器装置长时间不启动或因维修需要排空的情况下，应完全停车。

②短期停车。对装置进行小型维修只需短时间停车时，应使装置处于备用状态。

③紧急停车。对于事故停车，很难预知每一种可能情况，一般应遵循如下几条：

a. 当事故发生时，首先用最快的方式切断蒸气（或关闭控制室气动阀，或现场关闭手动截止阀），以避免料液温度继续升高。

b. 考虑停止料液供给是否安全，如果安全，应用最快方式停止进料。

c. 再考虑破坏真空会发生什么情况，如果判断出不会发生不利情况，应该打开靠近末效真空器的开关，以打破真空状态，停止蒸发操作。

d. 要小心处理热料液，避免造成伤亡事故。

2. 蒸发系统的日常维护

（1）对主要设备蒸发器的维护通常采用“洗效”（又称洗炉）的方法。蒸发装置内易积存污垢，特别是当操作不正常时，会较快积存污垢。不同类型的蒸发器在不同的运转条件下结垢情况也不一样，因此要根据生产实际和经验积累定期进行洗效。洗效周期的长短直接和生产强度及蒸气消耗紧密相关。因此要特别重视操作质量，延长洗效周期。

洗效方法分大洗和小洗两种。

①大洗。即排出洗效水的洗效方法。首先降低进气量，将效内料液出尽，然后将冷凝水加至规定液面，并提高蒸气压力，使水沸腾以溶解效内污垢，开启循环泵冲洗管道，当达到洗涤要求时，降低蒸气压力，再排出洗效水。若结垢严重，可进行两次洗涤。

②小洗。小洗就是不排出洗效水的方法。一般蒸发器加热室上方易结垢，在未整体结垢前可定时水洗，以清除加热室局部垢层，从而恢复正常蒸发强度。方法是降低蒸气量之后，将加热室及循环管内料液出尽，然后循环管内进水达一定液位时，再提高蒸气压，并恢复正常生产，让洗效水在效内循环洗涤。

（2）经常观察各台加料泵、过料泵、强制循环泵的运行电流及工况。

（3）蒸发器周围环境要保持清洁无杂物，设备外部的保温保护层要完好，如有损坏，应及时进行维护，以减小热损。

（4）严格执行大、中、小修计划，定期进行拆卸检查修理，并做好记录，积累设备检查修理的数据，以利于加强技术改进。

（5）蒸发器的测量及安全附件，温度计，压力表，真空表及安全阀等都必须定期校验，要求准确可靠，确保蒸发器的正确操作控制及安全运行。

（6）蒸发器为一类压力容器，日常的维护和检修必须严格执行压力容器规程的规定；对蒸发室主要进行外观和壁厚检查。加热室每年进行一次外观检查和壳体水压试验；定期对加热管进行无损壁厚测定，根据测定结果采取相应措施。

二、蒸发系统常见操作事故与防止

1. 蒸发单元操作生产特点

（1）高温蒸气运行。蒸发系统操作是在高温、高压蒸气加热下进行的，所以要求蒸发设备及管路具有良好的外部保温和隔热措施。在设计、制造及安装过程中要充分考虑设备管路的热胀冷缩因素，所有管路连接处应留有足够的补偿系数，以防在开停车和运行过程中因热胀冷缩而使管路开裂及发生设备损坏事故。如高温蒸气外泄，极易发生人身烫伤事故，因此要严格操作，杜绝“跑、冒、滴、漏”现象。

（2）有些要增浓的溶液是腐蚀性溶液，例如烧碱、硫酸等。对于腐蚀性物料的蒸发一定要穿戴好防护衣物（包括护目镜），避免腐蚀性液体触及皮肤和眼睛，以免造成不可恢复的损害。

2. 蒸发单元操作安全要点

（1）严格控制各效蒸发器的液面，使其处于工艺要求的适宜位置。

（2）在蒸发容易析出结晶的物料时，易发生管路、加热室、阀门等的结垢堵塞现象。因此需定期用水冲洗保持畅通，或者采用真空抽拉等措施补救。

（3）经常调校仪表，使其灵敏可靠。如果发现仪表失灵要及时查找原因并处理。

（4）经常对设备、管路进行严格检查、探伤，特别是视镜玻璃要经常检查、适时更换，以防因腐蚀造成事故。

（5）检修设备前，要泄压泄料，并用水冲洗降温，去除设备内残存腐蚀性液体。

（6）操作、检修人员应穿戴好防护衣物，避免热液、热蒸气造成人身伤害。

（7）拆卸法兰螺丝时应对角拆卸或紧固，而且按步骤执行，特别是拆卸时，确认已经无液体时再卸下，以免液体喷出，并且注意管口下面不能有人。

（8）检修蒸发器要将物料排放干净，并用热水清洗处理，再用冷水进行冒顶洗出处理。同时要检查有关阀门是否能关死，否则加盲板，以防检修过程中物料窜出伤人。蒸发器放水后，打开人孔应让空气置换并降温至36℃以下，此时检修人员方可穿戴好衣物进入检修，外面需有人监护，便于发生意外时及时抢救。

3. 蒸发操作常见事故及预防

（1）高温腐蚀性液体或蒸气外泄。泄漏处多发生在设备和管路焊缝、法兰、密封填料、膨胀节等薄弱环节。产生泄漏的直接原因多是开、停车时由于热胀冷缩而造成开裂；或者是因管道腐蚀而变薄，当开、停车时因应力冲击而破裂，致使液体或蒸气外泄。要预防此类事故，在开车前要严格进行设备检验，试压、试漏，并定期检查设备腐蚀情况。

（2）管路、阀门堵塞。对于蒸发易晶析的溶液，常会随物料增浓而出现结晶造成管路、阀门、加热器等堵塞，使物料不能流通，影响蒸发操作的正常进行。因此要及时分离盐泥，并定期洗效。一旦发生堵塞现象，则要用加压水冲洗，或采用真空抽吸补救。

（3）蒸发器视镜破裂，造成热溶液外泄。如烧碱这种高温、高浓度溶液极具腐蚀性，易腐蚀玻璃，使其变薄，机械强度降低，受压后易爆裂，使内部热溶液喷溅出伤人。应及时检查，定期更换。

总之，要根据蒸发操作的生产特点，严格制定操作规程并严格执行，以防止各类事故发生，确保操作人员的安全以及生产的顺利进行。表4－4列出了氯碱生产中常见的故障及处理方法。

表4－4　　常见的故障及其处理方法

故障现象	原因	处理方法
真空度低	（1）管道、法兰漏 （2）双槽循环水断水或上水量小 （3）蒸发器顶部导管结盐 （4）真空管堵塞 （5）大气冷凝器及下水道结垢 （6）上水阀头子脱落 （7）停第三效循环泵时真空度变小	（1）紧法兰及捉漏等 （2）与供水工段联系或通知调度室 （3）用水冲洗 （4）冲通真空管，调真空表 （5）清理大气冷凝器及下水管 （6）停车修理 （7）关闭旋分器或出碱阀
大气冷凝器水带碱（NaOH）	（1）第三效蒸发器液面太高 （2）蒸发器集沫帽脱落	（1）调整液位 （2）停车检修
蒸发器冷凝水含碱（即回气水桶含碱）	（1）蒸发器液面太高 （2）蒸发器加热室漏 （3）电解液预热器漏	（1）调整液位 （2）停车检修 （3）停车检修
蒸发器加热室压力升高	（1）蒸发器加热室结盐 （2）真空度下降 （3）蒸发器液面不正常 （4）碱浓度太高 （5）冷凝水管路排水不畅	（1）洗炉 （2）提高真空度 （3）保持正常液面 （4）及时出碱 （5）检查后处理
蒸发器过料不畅	（1）循环泵坏 （2）蒸发器罐底或管道被异物堵塞 （3）管道或阀门被盐堵塞 （4）进出口所用阀门坏	（1）调换备泵 （2）停车取出异物 （3）用冷凝水冲洗 （4）停车调换

续表

故障现象	原因	处理方法
蒸发器效率不佳	（1）加热室壁管结垢 （2）蒸气压力低 （3）真空度低 （4）加热管漏、冷凝水渗出 （5）电解液 NaOH 浓度低 （6）蒸发器液面太高 （7）加热室积水 （8）蒸发器内结晶盐太多，影响传热效率	（1）洗炉 （2）通知调度室提高压力 （3）检查真空系统，提高真空度 （4）视情况停车处理 （5）提高电解液 NaOH 浓度 （6）调节好液面 （7）及时排出冷凝水 （8）保持旋液分离器通畅，离心机岗位抓紧处理
自控失灵不畅	（1）液面计或液位管堵 （2）油压系统故障 （3）油压阀被盐堵死 （4）仪表电器故障	（1）负压炉子可用回气水冲通；正压炉子则必须翻料进水洗炉 （2）检查电磁阀是否动作，若不动作须拆下，排除异物或清理电磁阀液压油不合格时，需换油 （3）通知司泵岗位用回气水冲通 （4）通知调度请仪表检修工来维修
蒸发器内有杂声	（1）加热室内有空气 （2）加热管漏 （3）冷凝水排出不畅 （4）部分加热管堵塞 （5）蒸发器部分元件脱落	（1）开放空阀排除 （2）停车修理 （3）检查冷凝水管路 （4）清洗蒸发器 （5）停车修理

习题与思考

一、选择题

1. 多效蒸发的效数是有一定限度的，原因是（　　）。

A. 此时已无二次蒸气产生　　B. 占据过多空间

C. 难以选择加料方式　　D. 经济上不合算

2. 提高蒸发器生产强度的主要措施是（　　）。

A. 提高蒸发器的传热面积　　B. 提高蒸发器的传热速率

C. 提高蒸发器的传热系数　　D. 提高蒸发器的传热温度差

3. 蒸发器的传热方程式 $Q=KA\Delta t$ 中的 Δt 指（　　）的温差。

A. 蒸发器的蒸气与外界空气　　B. 一次蒸气与二次蒸气

C. 一次蒸气与溶液沸点　　D. 二次蒸气与溶液沸点

4. 溶液在低于沸点下的蒸发称为（　　）。

A. 自蒸发　　B. 自然蒸发　　C. 沸腾蒸发　　D. 真空蒸发

5. 对于高温易分解变质的热敏性物料，浓缩时应采用（　　）。

A. 加压蒸发　　B. 减压蒸发　　C. 常压蒸发　　D. 逆流多效蒸发

6. 在蒸发过程中，有结晶析出的场合适用的流程是（　　）。

A. 并流　　B. 逆流　　C. 平流　　D. 以上都不适合

7. 采用多效蒸发的目的是提高（　　）。

A. 完成液的浓度　　B. 加热蒸气经济程度

C. 生产能力　　D. 传热温度差

8. 标准式蒸发器适用于（　　）的溶液的蒸发。

A. 易于结晶　　B. 黏度较大及易结垢

C. 黏度较小　　D. 腐蚀性

9. 中央循环管式蒸发器属于（　　）蒸发器。

A. 自然循环　　B. 强制循环　　C. 升膜式　　D. 降膜式

10. 原料液分别以20℃、120℃、140℃进入蒸发器内，何种情况下 D/W 最小（　　）。

A. 20℃　　B. 120℃　　C. 140℃　　D. 无法确定

11. 为了蒸发某种黏度随浓度和温度变化比较大的溶液，应采用（　　）。

A. 并流蒸发　　B. 逆流蒸发　　C. 平流蒸发　　D. 并流或平流蒸发

12. 在蒸发操作中，若使溶液在________下沸腾蒸发，可降低溶液沸点而增大蒸发器的有效温度差。

A. 减压　　B. 常压　　C. 加压　　D. 以上都可以

13. 蒸发装置中，效数越多，温度差损失（　　）。

A. 越少　　B. 越大　　C. 不变　　D. 以上都可以

14. 多效蒸发时后一效的操作压力和溶液温度较前一效为（　　）。

A. 低　　B. 高　　C. 相等　　D. 不一定

15. 平流加料的多效蒸发流程，浓缩液____________排出。

A. 在第一效　　B. 在末效　　C. 分别在各效　　D. 在中间

16. 蒸发操作中，下列措施中不能显著提高传热系数 K 的是（　　）。

A. 及时排除加热蒸气中的不凝性气体　　B. 定期清洗除垢

C. 提高加热蒸气的湍流速度　　D. 提高溶液的速度和湍流程度

二、填空题

1. 按溶液在加热室内循环方式分类，蒸发器分为________和________两大类。

2. 在同样条件下蒸发同样任务的溶液时，多效蒸发的总温度差损失____单效的。

3. 蒸发器的主体由__________________和__________________组成。

4. 蒸发操作根据产生的二次蒸气是否被利用分为______________和__________。

5. 蒸发过程实质上是____________________________，因此，蒸发器也是一种________________。

6. 造成蒸发器温度差损失的原因有：（1）______________________________；（2）____________________________；（3）____________________________。

7. 蒸发器生产能力是指____。

8. 蒸发器的生产强度是指________________________________。

9. 根据加料方式不同，多效操作的流程可分为________、______和________。

三、简答题

1. 减压蒸发有哪些优点？
2. 何谓蒸发器的生产能力和生产强度？提高生产强度的途径有哪些？
3. 什么叫蒸发操作中的温度差损失？它是由哪些因素引起的？
4. 什么叫多效蒸发？多效蒸发的常用流程有哪几种？各有何优缺点？
5. 简述采用多效蒸发的意义以及其效数受到限制的原因。
6. 在蒸发操作的流程中，一般在最后都配备有真空泵，其作用是什么？
7. 蒸发操作中应注意哪些问题？怎样强化蒸发器的传热速率？

四、计算题

1. 在一单效蒸发器中，将某水溶液从浓度为10%浓缩至40%（均为质量分数，下同），每小时处理的原料量为2000kg。试求：（1）蒸发水量；（2）若实际蒸发水量为1200kg/h，完成液的浓度为多少？

2. 某单效蒸发器将1200kg/h的某水溶液，从8%浓缩至36%，溶液的沸点为85℃，加热蒸气的压强为200kPa，汽化潜热为1943kJ/kg，原料液的比热容为3.8kJ/（kg·℃），热损失为12kW，试求：（1）单位时间内蒸发的水分量；（2）求50℃进料时加热蒸气的消耗量。

3. 在单效蒸发器中，将5%的$CaCl_2$水溶液连续浓缩到25%，原料液流量为2000kg/h，温度为75℃，蒸发操作的压力为49kPa，溶液的沸点为87.5℃，加热蒸气绝压为196kPa，若蒸发器的总传热系数K为1000W/m^2·℃，热损失为蒸发器的总传热量的5%，试求蒸发器的传热面积和加热蒸气的消耗量，已知在49kPa、196kPa下蒸气的汽化潜热为2305kJ/kg、2203kJ/kg，196kPa下饱和蒸气的温度为119.6℃。

4. 在单效蒸发器中，将5000kg/h的NaOH水溶液从10%浓缩到30%。原料液温度为50℃，蒸发器室内压强为33.5kPa，NaOH的比热容为1.31kJ/（kg·℃），加热蒸气的压强为150kPa，传热系数为2000W/m^2·℃，热损失为加热蒸气放出热量的5%，由溶质的存在，温度升高14.4℃，由液柱的影响，温度升高9℃，水的比热容为4.2kJ/（kg·℃），已知33.5kPa饱和水蒸气的温度为70℃，汽化潜热为2300kJ/kg，150kPa饱和水的温度为111℃，汽化潜热为2200kJ/kg。试求（1）水分蒸发量；（2）加热蒸气消耗量；（3）单位蒸气消耗量；（4）蒸发器的传热面积。

5. 在2×10^4Pa下蒸发10t/h的20% NH_4NO_3溶液在单效蒸发器中浓缩到40%，原料液的温度是293K，传热系数K为1200W/m^2·K，热损失为100kW，液柱静压力引起沸点升高4.5K，溶质存在使沸点升高5.3K，求加热蒸气消耗量和蒸发器的传热面积。（$c_{质}$ = 1.37kJ/（kg·K），$c_{水}$ = 4.2kJ/（kg·K），加热蒸气的汽化潜热为2244kJ/kg，二次蒸气的汽化潜热为2358kJ/kg）

6. 在单效蒸发器中，将3×10^3kg/h的NaOH水溶液由10%浓缩至42%，原料液的温度为323K，冷凝器的压力为33.5kPa，器内溶液的深度为2m，溶液密度为1290kg/m^3，无水NaOH的比热容为1.3kJ/（kg·K）。加热蒸气的压力为150kPa，蒸发器K值为2000W/（m^2·K）。热损失为加热蒸气放热量的5%。试求单位蒸气消耗量和蒸发器的传热面积。

项目五　干燥操作

学习指南

知识目标

1. 掌握湿空气的性质、湿度图及其应用，固体物料中湿分的性质，干燥过程的物料衡算；掌握典型干燥器的操作维护、常见故障及处理方法。

2. 理解干燥过程的传热与传质机理，干燥速率及其影响因素；理解干燥过程的物料衡算计算方法。

3. 了解固体物料去湿与干燥的基本概念，干燥的类型、特点及工业应用；了解干燥曲线的测定及干燥曲线的应用；了解不同干燥方式与典型干燥设备的结构特点、工作原理及适用场合。

能力目标

1. 能根据生产任务和物料性质对典型干燥设备（如气流干燥设备）实施基本操作，并能根据生产任务和干燥系统特性制定干燥操作的安全操作规程。

2. 能运用干燥基本理论与工程技术观点对典型干燥器操作过程中出现的故障进行初步分析和排除。

3. 能根据工艺过程需要正确查阅和使用一些常用的工程计算图表、手册、资料等，并进行必要的工艺计算和设备的选型。

素质目标

1. 培养学生的工程技术观念、独立思考、逻辑思维和运用干燥理论解决实际问题的能力。

2. 增强干燥操作节能、环保意识和严格按操作规程实施安全生产的职业操守。

项目导言

一、固体湿物料的去湿方法

化工生产中为了满足产品输送、贮存或使用过程中的要求，常常需要除去悬浮液、膏状物料或各种形状湿物料中过多的水分或有机溶剂（常称为湿分），这种操作统称为“去湿”。除去湿分的方法有很多，化工生产中常用的去湿方法主要有三类。

（1）机械去湿法。当物料中含湿量较大时，可先用沉降、过滤、压榨、离心分离等机械方法除去大部分湿分。此法脱水快且经济，但去湿程度不高，如离心分离后水分含量为5%～10%（质量分数），板框压滤后水分含量为50%～60%（质量分数）。此类方法能耗较低，但除湿不彻底，一般用于初步去湿。

（2）化学去湿法。又称吸附去湿法。它用吸湿性物料吸附湿物料中的水分，如生石灰、浓硫酸、磷酸酐、无水氯化钙、硅胶、片状烧碱、分子筛等。该法只能除去少量湿分，而且操作费用高，操作麻烦，通常用在小批量固体物料的去湿，如液体或气体中水分的除去。

（3）热能去湿法。即用热能使湿分从物料中汽化，并排除所生成的蒸气来以除去湿分的方法。这种去湿操作称为固体的干燥操作，简称干燥。该法除湿较彻底，能除去湿物料中的大部分湿分，但能耗较高。

化工生产中为使去湿操作经济有效，去湿的做法是先用比较经济的机械去湿方法（如蒸发、过滤、离心分离等）除去湿物料中的大部分湿分，然后再进行热能去湿（干燥操作），以制成符合规定的产品。

二、工业干燥方法

工业干燥方法的分类方式很多，通常可按以下方式进行分类。

（1）按传热方式来分，可将干燥方法分为传导干燥、对流干燥、辐射干燥、介电加热干燥，以及上述两种或多种方式组合成的联合干燥。

①传导干燥。又称为间接加热干燥，湿物料与加热介质不直接接触，热能以传导的方式通过固体壁面传给湿物料。此法热能利用率高，但物料温度不易控制，易过热而变质。

②对流干燥。又称为直接加热干燥，载热体（即干燥介质，常为热气流）将热能以对流传热的方式传给与其接触的湿物料，使水分汽化并被带走。在对流干燥中，干燥介质的温度易于调节，物料不易过热，但干燥介质离开干燥器时，将相当大的一部分热能带走，热能的利用率低。

③辐射干燥。热能以电磁波形式由辐射器发射到湿物料表面，被湿物料吸收再转变为热能，将水分加热汽化而达到干燥的目的。辐射器可分为电能的（如红外线灯泡）和热能的（如金属或陶瓷红外线发射板）两种。辐射干燥比上述的传导干燥或对流干燥的生产强度要大几十倍，产品干燥均匀而洁净，但能耗高。

④介电加热干燥。此法是将待干燥物料置于高频电场内，由于高频电场的交互作用，使物料内部的极性分子（如水分子）产生振动，其振动能量使物料发热而达到干燥的目的。根据电场频率的不同，可将介电加热干燥分为两类：电场频率低于300MHz的称为高频加热；频率在300MHz～300GHz的超高频加热称为微波加热。此法加热速度快，加热均匀，热量利用率高，但投资大，操作费用较高。

（2）按操作压力来分，可将干燥分为常压干燥与真空干燥。真空干燥具有操作温度低，干燥速度快，蒸气不易泄漏，热能利用的经济性好等特点，适用于热敏性产品（如维生素、抗生素等）、易燃易爆及在空气中易氧化的物料，含有溶剂或有毒气体的物料以及要求低含水量产品的干燥。

（3）按操作方式来分，可将干燥分为连续干燥和间歇干燥。连续干燥具有生产稳定、生产能力大、产品质量均匀、热效率高以及劳动条件好等优点，主要用于大型工业化生产，工业干燥多属此类。间歇干燥适用于处理小批量、多品种或要求干燥时间较长的场合。

化工生产中以连续操作的对流干燥应用最为普遍，超过85%的工业干燥设备是以热空气或直接燃烧气体作为干燥介质的对流型设备，被除去的湿分为水或其他化学溶剂，其中超过99%的应用涉及水分的去除，所以本项目主要讨论以不饱和热空气为干燥介质，湿分为水的干燥过程，亦即空气－水系统，其他系统的干燥原理与此完全相同。

三、干燥在工业生产中的作用

一般而言，干燥在工业生产中的作用主要有以下几个方面：

（1）对原料或中间产品进行干燥以满足工艺要求。如以湿矿（俗称尾砂）生产硫酸时，为满足反应要求，首先要对湿砂进行干燥，尽可能除去其水分；再如涤纶切片的干燥，是为了防止后期纺丝出现气泡而影响丝的质量。

（2）对产品进行干燥以提高产品中的有效成分和产品质量。如化工生产中的尿素、聚氯乙烯，食品加工中的奶粉、饼干，药品制造中的很多药剂，其生产过程中的最后一道工序都是干燥，其干燥的好坏直接影响到产品的性能、形态和质量等。如尿素优等品的含水量不能超过0.3%，若为0.35%则只能降为一等品，如果达到0.6%，等级又降低为合格品；而一等品聚氯乙烯的含水量不能超过0.3%（以上均为质量分数）。此外，对产品进行干燥，也是为了满足运输、贮藏和使用等的需要。

任务一　认识干燥设备

一、工业干燥设备的要求

实现物料干燥过程的机械设备称为干燥器。由于物料的多样性，为了满足各种物料的干燥要求，干燥器的形式和干燥操作的组织也是多种多样的。为确保优化生产、提高效益，选用的干燥器一般都应具备如下特性：

（1）能满足生产的工艺要求。即达到规定的干燥程度；干燥均匀；保证产品具有一定的形状和大小等。由于不同物料的物理、化学性质以及外观形状等差异很大，对干燥设备的要求也就各不相同，干燥器必须根据物料的这些不同特征而确定不同的结构。

（2）生产能力要高。设备的生产能力取决于物料达到规定干燥程度所需的时间。干燥速率越快，所需的干燥时间越短，同样大小设备的生产能力越大。

（3）热效率要高。在对流干燥中，提高热效率的主要途径是减少废气带走的热量。干燥器的结构应有利于气－固接触、有较大的传热和传质推动力，以提高热能的利用率。

（4）干燥系统的流动阻力要小，以降低动力消耗。

（5）操作控制方便，劳动条件良好，附属设备简单。

二、工业干燥设备的分类

干燥器通常按照加热方式的不同进行分类，可以将干燥器分为以下几类：

（1）对流干燥器——厢式干燥器、转筒干燥器、带式干燥器、气流干燥器、流化床干燥器、喷雾干燥器等。

（2）传导干燥器——滚筒式干燥器、耙式干燥器、间接加热干燥器。

（3）辐射干燥器——红外线干燥器。

（4）介电加热干燥器——微波干燥器。

三、常用的工业干燥器

1. 厢式干燥器

厢式干燥器又称盘式干燥器，一般将小型的称为烘箱，大型的称为烘房，它们是典型的常压间歇操作干燥设备，也是古老的干燥器之一，目前仍广泛应用在工业生产中。根据物料的性质、状态和生产能力大小分为：水平气流厢式干燥器、穿流气流厢式干燥器、真空厢式干燥器、隧道（洞道）式干燥器、网带式干燥器等。

图 5－1 为水平气流厢式干燥器的结构示意图。它主要由外壁为砖坯或包以绝热材料的钢板所构成的厢形干燥室和放在小车支架上的物料盘等组成。物料盘分为上、中、下 3 组，每组有若干层，盘中物料层厚度一般为 10～100mm。空气加热至一定程度后，由风机送入干燥器，沿图中箭头指示方向进入下部几层物料盘，热风水平通过物料表面，再经中间加热器，加热后进入中部几层物料盘，最后经另一中间加热器加热后进入上部几层物料盘，废气一部分排出，另一部分则经上部加热器加热后循环使用。空气分段加热和废气部分循环使用，可使厢内空气温度均匀，提高热量利用率。

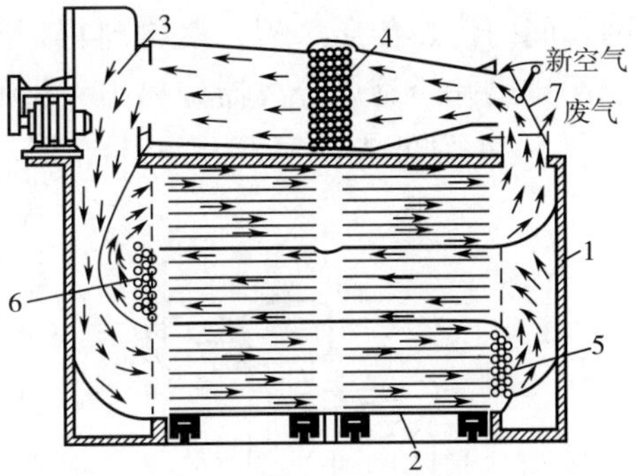

图 5－1　厢式干燥器

1—干燥室　2—小车　3—风机
4～6—加热器　7—蝶形阀

厢式干燥器结构简单，适应性强，干燥程度可以通过改变干燥时间和干燥介质的状态来调节，但厢式干燥器具有物料不能翻动、干燥不均匀、装卸劳动强度大、操作条件差等缺点，可用于干燥小批量的粒状、片状、膏状、不允许粉碎和较贵重的物料。

2. 气流干燥器

气流干燥是一种连续式高效固体流态化干燥方法。它把呈泥状、粉粒状或块状的湿料送入热气流中，与之并流，从而得到分散成粒状的干燥产品。目前，气流干燥器在化工、医药、染料以及塑料等工业中得到了广泛的应用。

气流干燥的基本流程如图 5－2 所示。它是利用高速流动的热空气，使物料悬浮于空气中，在气力输送状态下完成干燥过程。操作时，热空气由鼓风机经加热器加热后送入气流管下部，以 20～40m/s 的速度向上流动，湿物料由加料器加入，悬浮在高速气流中，并与热空气一起向上流动，由于物料与空气的接触非常充分，且两者都处于运动状态，因此，气固之间的传热和传质系数都很大，使物料中的水分很快被除去。被干燥后的物料和废气一起进入气流管出口处的旋风分离器，废气由分离器的升气管上部排出，干燥产品则由分离器的下部引出。气流干燥器有直管型、脉冲管型、倒锥型、套管型、环型和旋风型等。

气流干燥器具有结构简单、造价低、占地面积小、干燥时间短（通常不超过5~10s）、操作稳定、便于实现连续化操作与自动化控制等优点。特别适合于热敏性物料的干燥。其缺点是气流阻力大，动力消耗多，设备太高（气流管通常在10m以上），产品易磨碎，旋风分离器负荷大。气流干燥器广泛用于化肥、塑料、制药、食品和染料等工业部门。

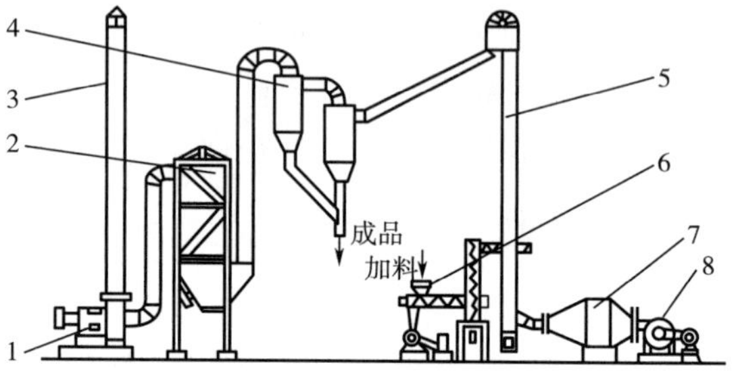

图5-2 气流干燥流程示意图

1—抽风机 2—袋滤器 3—排气管 4—旋风分离器 5—干燥管 6—螺旋加料器 7—加热器 8—鼓风机

3. 流化床干燥器

流化床干燥器又称为沸腾床干燥器，是流态化技术在干燥领域的应用。图5-3为单层圆筒流化床干燥器，散粒状湿物料从加料口加入，热气体穿过流化床底部的多孔气体分布板，形成许多小气流射入物料层，当控制操作气速在一定范围时，颗粒物料即悬浮在上升的气流中，但又不被带走，料层呈现流化沸腾状态，料层内颗粒物料上下翻滚，彼此间相互碰撞，剧烈混合，从而大大强化了气、固两相间的传热传质过程，使物料得以干燥。干燥后的产品经床侧出料管卸出，废气从床层顶部排出并经旋风分离器分离出夹带的少量细微粉粒后，由引风机抽出排空。

图5-4为卧式多室流化床干燥器。干燥器为一个长方形箱式流化床，底部为多孔筛板，筛板的开孔率一般为4%~13%，孔径为1.5~2.0mm。筛板上方有竖向挡板，将流化床分隔成8个小室，每块挡板可上下移动，以调节其与筛板的间距。每个小室的下部有一个进气支管，支管上有调节气体流量的阀门。湿物料由摇摆颗粒机连续加料于干燥器的第1室内，由第1室逐渐向第8室移动。干燥后的物料由第8室卸料口卸出。而空气经过滤器到加热器加热后，分别从8个支管进入8个室的下部，通过多孔板进入干燥室，流化干燥物料。其废气由干燥器顶部排出，经旋风除尘器、袋式除尘器，由抽风机排到大气。卧式多室流化床干燥器对多种物料适应性较大。它较厢式干燥器占地面积小，生产能力大，热效率高，干燥后产品湿度也较均匀。同气流式干燥器比较，可调节物料在床层内的停留时间，易于操作控制，而且物料颗粒粉碎率较小，因此应用较为广泛。但它的热效率比多层流化床干燥器低，特别是采用较高热风温度时更为明显。若在不同室调整进风量及风温，逐室

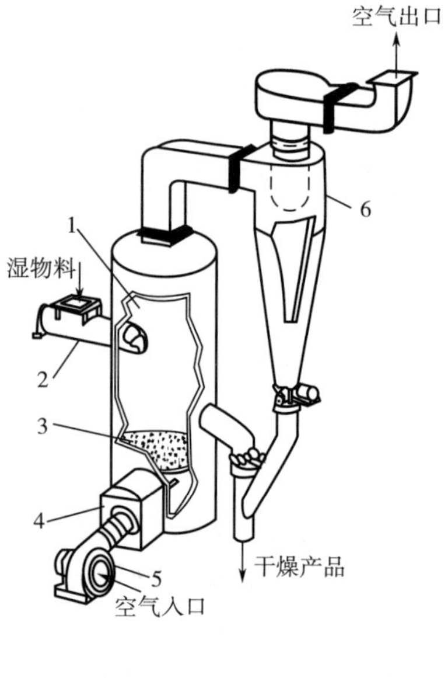

图5-3 单层圆筒流化床干燥器

1—沸腾室 2—进料器 3—多孔分布板 4—加热器 5—风机 6—旋风分离器

降低风量、风温和热风串联通过各室，可提高热效率。另外，物料过湿会在第1、2室内易产生结块，需经常清扫。

工业上应用较多的流化床干燥还有多层流化床、振动流化床等形式。

流化床干燥器结构简单，造价较低，可动部件少，维修费用低，物料磨损较小，气、固分离比较容易，传热传质速率快，热效率较高，物料停留时间可以任意调节，因而这种干燥器在工业上获得了广泛的应用，已发展成为粉粒状物料干燥的主要手段。应予指出，流化床干燥器仅适用于散粒状物料的干燥，如果物料因湿含量高而严重结块，或在干燥过程中黏结成块，就会塌床，破坏正常流化，则流化床不能适用。

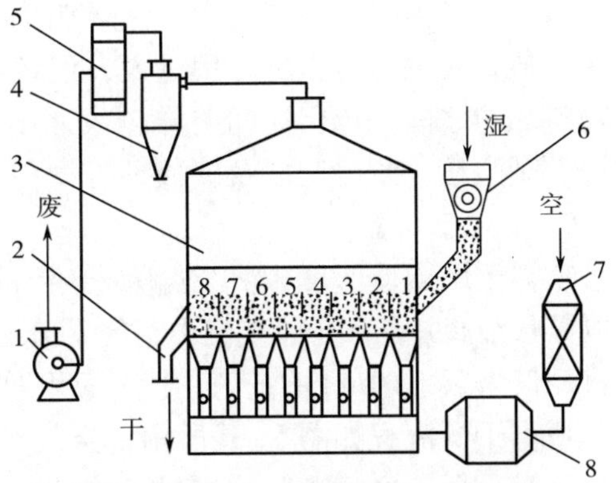

图5-4　卧式多室流化床干燥器

1—抽风机　2—卸料管　3—干燥器　4—旋风除尘器　5—袋式除尘器　6—摇摆颗粒机　7—空气过滤器　8—加热器

4. 转筒干燥器

按照物料和热载体的接触方式，转筒干燥器分为三种类型：直接加热式、间接加热式、复合加热式。直接加热式是指被干燥的物料与热风直接接触，以对流的方式进行干燥。间接加热式是指载热体不直接与被干燥的物料接触，整个干燥筒砌在炉内，用烟道气加热外壳，干燥所需的全部热量都是经过圆筒传热壁传给被干燥的物料。复合加热转筒干燥器由转筒和中央内筒组成，热风进入内筒加热筒壁后，折入内外筒环隙与物料直接接触。干燥所需的热量一部分由内筒热壁面以热传导方式传给物料，另一部分由热空气通过对流的方式直接传给物料。

图5-5所示的是用热空气直接加热的逆流操作转筒干燥器，又称回转圆筒干燥器，俗称转窑。干燥器的主体为一个倾斜角度为0.5°~6.0°的横卧旋转圆筒，直径为0.5~3.0m，长度从几米到几十米不等。圆筒的全部质量支承在托轮上，筒身被齿轮带动而回转，转数一般为1~8r/min。物料从转筒高的一端进入，与低端进入的热空气逆流接触。物料在转筒的旋转过程中被壁面上的抄板不断抄起、撒落，使得物料与热空气充分接触，同时在撒落的过程中受重力和转筒倾斜角的作用，物料逐渐向低端运动，至低端时干燥完毕而排出。为防止物料在筒壁粘连，往往在转筒干燥器的外侧筒身错落安装有衡铁，随转筒的旋转自动击打筒体。

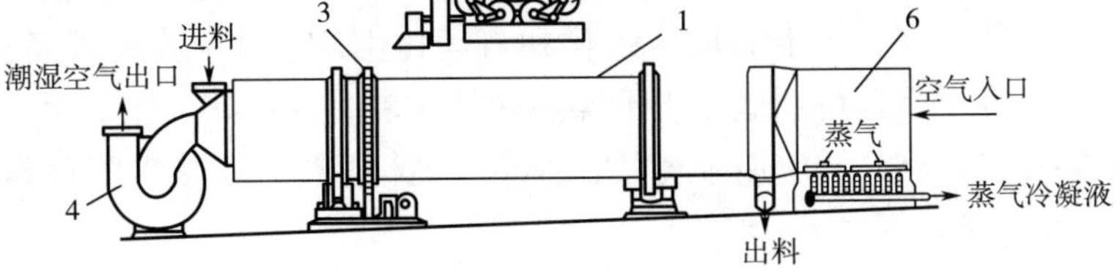

图5-5　转筒干燥器

1—转筒　2—托轮　3—齿轮（齿圈）　4—风机　5—抄板　6—蒸气加热器

转筒干燥器的生产能力大，气体阻力小，操作方便，操作弹性大，可用于干燥粒状和块状物料，其缺点是钢材耗用量大，设备笨重，基建费用高。物料在干燥器内停留时间长，且物料颗粒之间的停留时间差异较大，不适合对湿度有严格要求的物料，主要用于干燥硫酸铵、硝酸铵、复合肥以及碳酸钙等物料。

5. 喷雾干燥器

喷雾干燥器是干燥溶液、浆液或悬浮液的装置，其工作原理是先将液状物料通过雾化器喷成雾状细滴并分散于热气流中，使水分迅速汽化而获得微粒状干燥产品。由于料液被雾化成直径仅为 30 ~ 60μm 的细滴，其表面积增加了数千倍，因此，干燥时间很短，仅需 5 ~ 30s。

喷雾干燥流程如图 5 - 6 所示，空气经预热器预热后通入干燥室的顶部，料液由送料泵压送至雾化器，经喷嘴喷成雾状而分散于热气流中，雾滴在向下运动的过程中得到干燥，干晶落入室底，由引风机吸至旋风分离器回收产品。废气经引风机抽出排空。

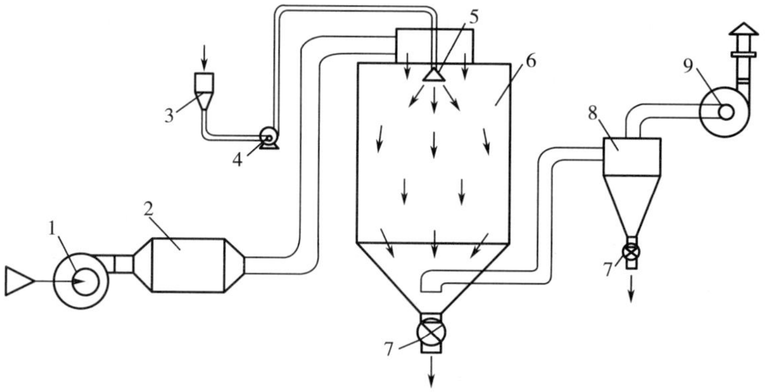

图 5 - 6　喷雾干燥器

1—送风机　2—预热器　3—料液槽　4—泵　5—雾化器　6—干燥器筒体
7—卸料阀　8—分离器　9—引风机

将料液分散为雾滴的雾化器是喷雾干燥的关键部件，目前常用的有三种雾化器。

①离心式雾化器。如图 5 - 7（a）所示，料液在高速转盘（圆周速度 90 ~ 160m/s）中受离心力作用从盘边缘甩出而雾化。

②压力式雾化器。如图 5 - 7（b）所示，用高压泵使液体获得高压，高压液体通过喷嘴时，将压力能转变为动能而高速喷出时分散为雾滴。

③气流式雾化器。如图 5 - 7（c）所示，采用压缩空气或蒸气以很高的速度（≥300m/s）从喷嘴喷出，靠气液两相间的速度差所产生的摩擦力，使料液分裂为雾滴。

喷雾干燥器的优点是：干燥速率快，可以从料浆直接得到粉末产品；能够避免粉尘飞扬，改善了劳动条件；操作稳定，便于实现连续化和自动化生产。其缺点是设备庞大，能量消耗大，热效率较低。喷雾干燥器特别适合于干燥热敏性物料，如牛奶、蛋制品、血浆、洗衣粉、抗生素、酵母和染料等，已广泛应用于食品、医药、燃料、塑料及化学肥料等行业。

6. 双锥回转真空干燥器

双锥回转真空干燥器的干燥室为双锥形，常用的结构形式有双斜锥回转真空干燥器和双锥式回转真空干燥器。

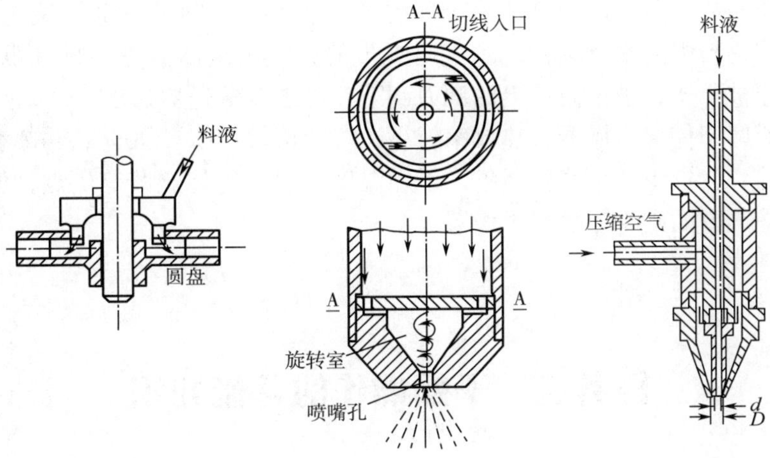

（a）离心式　　（b）压力式　　（c）气流式

图5－7　喷雾器

图5－8所示为双锥回转真空干燥器，双锥体外壁焊有夹套，用以通蒸气加热或通水冷却。双锥体对称轴两端焊有法兰，加热蒸气或冷却水从法兰连接回转轴处流入、流出锥体夹套，进出料口设置在筒体圆锥的顶部。此类干燥器是使双锥形容器回转，并借助内部的提升器或锥体本身的倾斜度使物料不断搅拌，通过回转接头由回转轴的一侧送入蒸气或载热体，并借助设于另一端的轴中心的带过滤网的排气管排气，一面保持所定的真空度，另一面利用间接和辐射加热进行干燥。

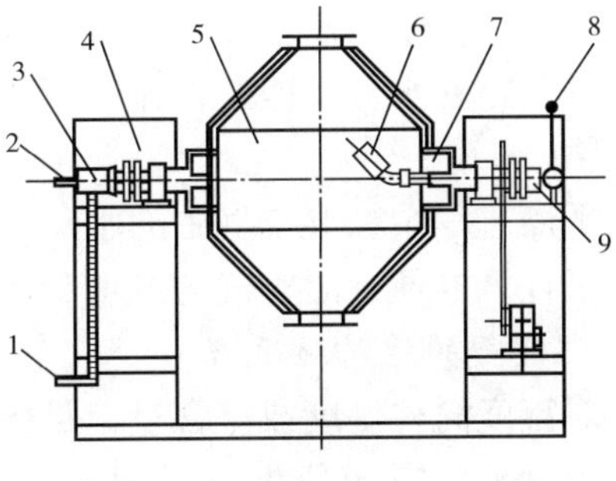

图5－8　双锥回转真空干燥器

1—冷凝水或回流水　2—进热源
3，9—旋转接头　4—机架　5—罐体
6—真空过滤器　7—密封座　8—真空压力表

7. 滚筒干燥器

滚筒干燥器是间接加热的连续干燥器。可按多种方式分类，按滚筒数量可分为单滚筒、双滚筒（或对滚筒）、多滚筒三类；按操作压力可分为常压和真空操作两类；按滚筒的布膜方式又可分为浸液式、喷溅式、对滚筒间隙调节式和铺辊式等类型。一般单滚筒和双滚筒适用于流动性物料的干燥，如溶液、悬浮液、膏糊状物料等，而多滚筒则适用于薄层物料，如纸、织物等的干燥，不适用于含水量过低的热敏性物料的干燥。

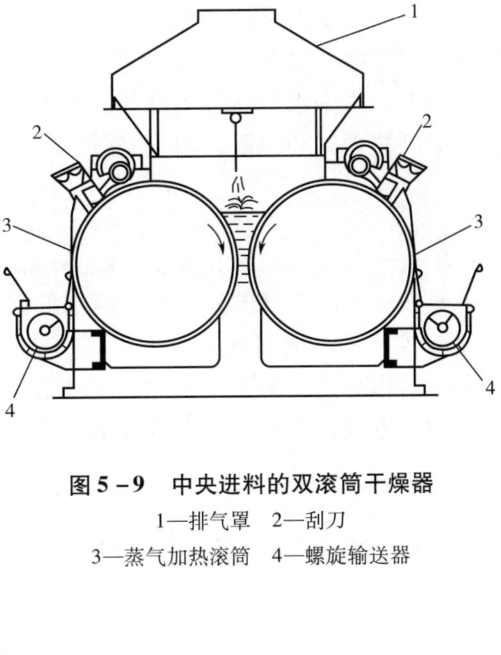

图5－9　中央进料的双滚筒干燥器

1—排气罩　2—刮刀
3—蒸气加热滚筒　4—螺旋输送器

图5－9所示为双滚筒干燥器，滚筒为中空的金属圆筒。干燥时，两滚筒以相反方向旋转，部分表面浸在料槽中，从料槽中转

出来的那部分表面沾上了厚度为0.3～5mm的薄层料浆。加热蒸气通入滚筒内部，通过筒壁的热传导，使物料中的水分蒸发，水气与夹带的粉尘由滚筒上方的排气罩排出。滚筒转动一周，物料即被干燥，被滚筒壁上的刮刀刮下，经螺旋输送器送出。

滚筒干燥器属于传导干燥器，热效率较高，一般可达70%～90%，与喷雾干燥器相比，具有动能消耗低，投资少，维修费用省，干燥温度和时间容易调节等优点，但在生产能力、劳动强度和条件等方面则不如喷雾干燥器。

任务二　干燥操作的基础知识

一、湿空气的性质与湿度图

（一）湿空气的性质

在干燥操作中，不饱和湿空气既是载热体又是载湿体。用空气干燥固体物料时，由于空气含有一定的水分，因此，作为干燥介质的空气实际上是湿空气，即是干空气与水蒸气的混合物。

在干燥过程中，湿空气中的水蒸气量是不断变化的，而其中绝对干空气的质量是不变的，为了计算方便，湿空气的各项参数都以单位质量的干空气为基准。

1. 湿空气的绝对湿度 H

绝对湿度简称湿度或湿含量，是指湿空气中单位质量绝对干空气所带有的水蒸气的质量。以 H 表示，其单位为kg水/kg干空气。即：1kg干空气所带有 Hkg水蒸气。

$$H = 0.622\frac{p_v}{P - p_v} \tag{5-1}$$

式中：P——湿空气的总压，Pa；

p_v——湿空气中水蒸气的分压，Pa。

由式（5－1）可知，湿空气的湿度与总压及其中的水蒸气分压有关，当总压一定时，则空气的湿度由其水蒸气分压决定。

如果湿空气中水蒸气分压与同温度下的饱和蒸气压相等时，则表明湿空气呈饱和状态，此时的湿度称为饱和湿度，用 H_s 表示。

$$H_s = 0.622\frac{p_s}{P - p_s} \tag{5-2}$$

式中：H_s——湿空气的饱和湿度，kg水/kg干空气；

p_s——在湿空气的温度下，纯水的饱和蒸气压，Pa。

2. 湿空气的相对湿度

空气的相对湿度是指在一定温度和总压下，湿空气中的水蒸气分压与同温度饱和水蒸气分压的比值或百分数，用符号 ϕ 表示：

$$\phi = \frac{p_v}{p_s} \times 100\% \tag{5-3}$$

由上式可知：当 $p_v = 0$ 时，$\phi = 0$，表示该空气为绝对干空气，吸水能力最大；当 $p_v =$

p_s时，$\phi=100\%$，表示湿空气中的水蒸气含量已达饱和，该湿空气已失去了吸水能力。可见，相对湿度表明了空气吸收水蒸气的能力，ϕ值越大，该湿空气越接近饱和，其吸收水蒸气能力就越差；反之，ϕ值越小，该湿空气吸收水蒸气的能力就越强，所以相对湿度大小反映出湿空气吸收水蒸气的能力。

由式（5－2）和式（5－3）可得：

$$H = 0.622\frac{\phi p_s}{P - \phi p_s} \tag{5-4}$$

式（5－4）表明，当总压一定时，湿空气的湿度H随空气的相对湿度ϕ和空气的温度t而变。

3. 湿空气的湿容积

1kg干空气及其所带Hkg水汽的总体积称为湿空气的湿容积，用符号V_H表示，单位为m^3/kg（干空气）。

$$V_H = (0.772 + 1.244H)\frac{t+273}{273} \tag{5-5}$$

由式（5－5）可知，湿空气的湿容积与湿空气温度及湿度有关，温度越高，湿度越大，湿容积越大。

4. 湿空气的比热容

常压下，将1kg干空气及其所带有的Hkg水汽的温度升高1K所需要的热量，称为湿空气的比热容，简称湿热容，用符号C_H表示，单位为kJ/（kg干气·K）。

$$C_H = 1.01 + 1.88H \tag{5-6}$$

由式（5－6）可知，湿空气的比热容仅与湿度有关。

5. 湿空气的焓

1kg干空气的焓及其所带有的Hkg水气所具有的焓，称为湿空气的焓，简称为湿焓，用符号I_H表示，单位为kJ/kg干气。

$$I_H = (1.01 + 1.88H)t + 2490H \tag{5-7}$$

式中：t——温度，℃。

由式（5－7）可知，湿空气的焓与其温度和湿度有关，温度越高，湿度越大，焓越大。

6. 空气的干球温度和湿球温度

干球温度是空气的真实温度，即用普通温度计的感温球露在空气中，所测出的湿空气的温度。为了与湿球温度加以区别，称这种真实温度为干球温度，简称温度，用t表示。

湿球温度是将温度计的感温球用纱布包裹，纱布用水保持湿润（图5－10），这样的温度计称为湿球温度计，它在空气中所达到的平衡或稳定的温度称为空气的湿球温度，用符号t_W表示。

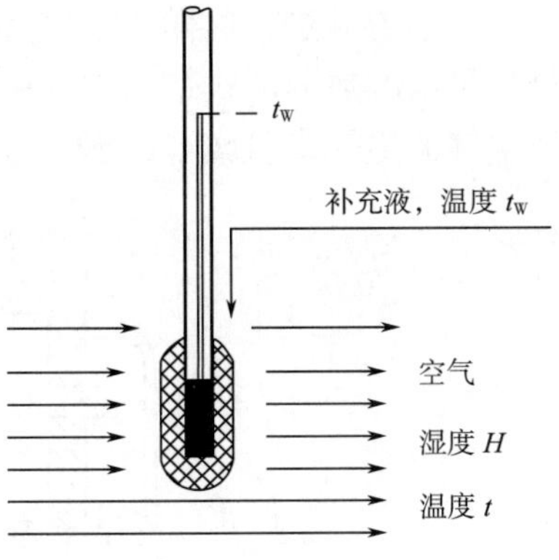

图5－10 湿球温度计的测量原理

测定空气湿球温度的机理如下：设有大量的不饱和空气，其温度为t，水汽分压为p，湿度为H。该空气以高速（通常气速＞5m/s，以减少辐射和热传导的影响）通过湿球温度计的湿纱布表面。假设开始时湿纱布水分的初温与空气温度相同，由于空气是不饱和的，必然会发生湿纱布中的水分汽化并向空气流中扩散的过程。同时，由于空气和水分间没有温度差，因此，水分汽化所需的潜热不可能来自空气，只能取自水分本身，从而使水的温度下降。当水温低于空气的干球温度时，热量则由空气传向纱布中的水分，其传热速率随着两者温差增大而增大，当由空气传入纱布的传热速率恰好等于自纱布表面汽化水分所需的传热速率时，则两者达到平衡状态，湿纱布中的水温即保持恒定。此时湿球温度计所指示的平衡温度称为该空气的湿球温度。因湿空气的流量大，故自湿纱布表面向空气汽化的水分量对湿空气的湿度影响很小，可以忽略不计。同理，因湿空气是大量的，纱布中少部分水汽化所需的热量对湿空气的温度影响也很小，通常可认为湿空气的 t 和 H 均不发生变化。应当指出：湿球温度实际上是湿纱布中水分的温度，而并不代表空气的真实温度，只是表明空气状态和性质的一种参数。湿球温度由空气的干球温度和相对湿度所决定。对于一定干球温度的空气，如空气的湿度越低，则水分从湿纱布表面汽化到空气中的速率越快，汽化时吸取湿纱布中的热量越大，湿球温度就越低。反之，空气的湿度越大，则湿球温度越接近干球温度。通常不饱和空气的湿球温度总是低于其干球温度，当空气达到饱和时（即相对湿度为100%时），湿球温度才与干球温度相等。所以，人们常常根据干、湿球温度差来测定空气的湿度。

在干燥过程中，对于表面保持湿润的湿物料，其表面温度即可看作空气的湿球温度。空气与湿物料表面的传热温度差为干湿球温度的差值。

7. 露点

使不饱和的湿空气在总压和湿度不变的情况下冷却降温达到饱和状态时的温度称为该湿空气的露点，用符号 t_d 表示，单位为℃或 K。

湿空气在露点温度时的湿度为饱和湿度，其数值等于未冷却前原空气的湿度，若将已达到露点的湿空气继续冷却，则会有水珠凝结析出，湿空气中的湿含量开始减少。冷却停止后，每千克干气析出的水分量等于湿空气原来的湿度与终温下的饱和湿度之差。

8. 绝热饱和温度

图 5－11 所示为绝热饱和器，设温度为 t，湿度为 H 的不饱和空气在绝热饱和器内与大量的水密切接触，水用泵循环，若设备保温良好，则热量只是在气、液两相之间传递，而对周围环境是绝热的。这时可认为水温完全均匀，故水在空气中汽化时所需的潜热，只能取自空气中的显热，这样，空气的温度下降，而湿度增加，即空气失去显热，而水气将此部分热量以潜热的形式带回空气中，故空气的焓值可视为不变（忽略水气的显热），这一过程为空气的绝热降温增湿过程，也称等焓过程。

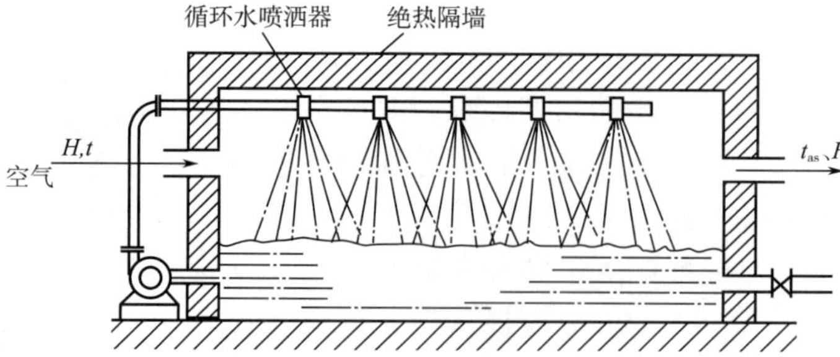

图 5－11　绝热饱和器

绝热增湿过程进行到空气被水气所饱和，则空气的温度不再下降，且等于循环水的温度，此时该空气的温度称为绝热饱和温度，用符号 t_{as}表示。

绝热饱和温度 t_{as}、湿球温度 t_W是两个完全不同的概念，但是两者都是湿空气 t 和 H 的函数。特别是对于空气－水蒸气系统，两者在数值上近似相等，给干燥的计算带来一定方便。在计算空气湿度 H 时，可先测定湿球温度 t_W，利用 $t_{as}=t_W$，就可以根据空气的温度 t 和绝热饱和温度 t_{as}，从空气的湿度图中，很快查得空气的湿度 H。

从以上的讨论可以看出，表示空气性质的三个温度，即干球温度 t、湿球温度 t_W（或绝热饱和温度 t_{as}）和露点 t_d之间存在如下关系：对于不饱和的湿空气，有：$t>t_{as}=t_W>t_d$，而对于已达到饱和的湿空气，则有：$t=t_{as}=t_W=t_d$。

【例5－1】 某常压空气的温度为30℃、湿度为0.0256kg/kg 绝干气，试求：

（1）相对湿度、水汽分压、比热容及焓；

（2）若将上述空气在常压下加热到50℃，再求上述各性质参数。

解：（1）30℃时的性质参数：

相对湿度：

由手册查得30℃时水的饱和蒸气压 $p_s=4.2464$kPa。用式（5－4）求相对湿度，即：

$$H=0.622\frac{\phi p_s}{P-\phi p_s}$$

$$0.0256=0.622\frac{4.2464\phi}{101.3-4.2464\phi}$$

解得 $\phi\approx94.3\%$

$$\text{水汽分压}\ p=\phi p_s=0.943\times4.2464\approx4.004\text{kPa}$$

$$C_H=1.01+1.88H=1.01+1.88\times0.0256=1.058\text{kJ/(kg 绝干气·℃)}$$

$$\begin{aligned}I_H&=(1.01+1.88H)t+2490H\\&=(1.01+1.88\times0.0256)\times30+2490\times0.0256=95.49(\text{kJ/kg 绝干气})\end{aligned}$$

（2）50℃时的性质参数：

查出50℃时水蒸气的饱和蒸气压为12.340kPa。当空气被加热时，湿度并没有变化，若总压恒定，则水蒸气的分压也将不变，故：

$$\phi=\frac{p}{p_s}\times100\%=\frac{4.004}{12.34}\times100\%\approx32.44\%$$

水蒸气分压：因空气湿度没变，故水蒸气分压仍为4.004kPa。

比热容：湿空气的比热容只是湿度的函数，因此，湿空气被加热后，其比热容不变，为1.058kJ/(kg 绝干气·℃)。

焓：
$$\begin{aligned}I_H&=(1.01+1.88H)t+2490H\\&=(1.01+1.88\times0.0256)\times50+2490\times0.0256=116.7(\text{kJ/kg 绝干气})\end{aligned}$$

由以上计算可看出，湿空气被加热后虽然湿度没有变化，但相对湿度降低了，所以在干燥操作中，总是先将空气加热后再送入干燥器内，目的是降低相对湿度以提高吸湿能力。

（二）湿空气的湿度图——*H*－*I*图

1. 湿度图

用公式计算湿空气的性质比较烦琐。若将湿空气的各种性质绘成图，利用图查取湿空气的有关参数则比较简便。另外，空气的状态变化过程在图中表示亦比较形象直观。

在总压 P 一定时，上述湿空气的各个参数（t、p、H、ϕ、I、t_W等）中，只有两个参数是独立的，即规定两个互相独立的参数，湿空气的状态即被唯一地确定。工程上为方便起见，将诸参数之间的关系在平面坐标上绘制成湿度图。

常用的图有湿度－焓（$H-I$）图、温度－湿度（$t-H$）图等，本项目介绍 $H-I$ 图。

图 5－12 为常压下湿空气的 $H-I$ 图，为使各关系曲线分散开，采用两坐标夹角为 135° 的坐标图，以提高读数的准确性。同时为了便于读数及节省图的幅面，将斜轴（图中没有将斜轴全部画出）上的数值投影到辅助水平轴上。图 5－12 是按总压为常压（即 1.0133×10^5 Pa）制得的，若系统总压偏离常压较远，则不能应用此图。

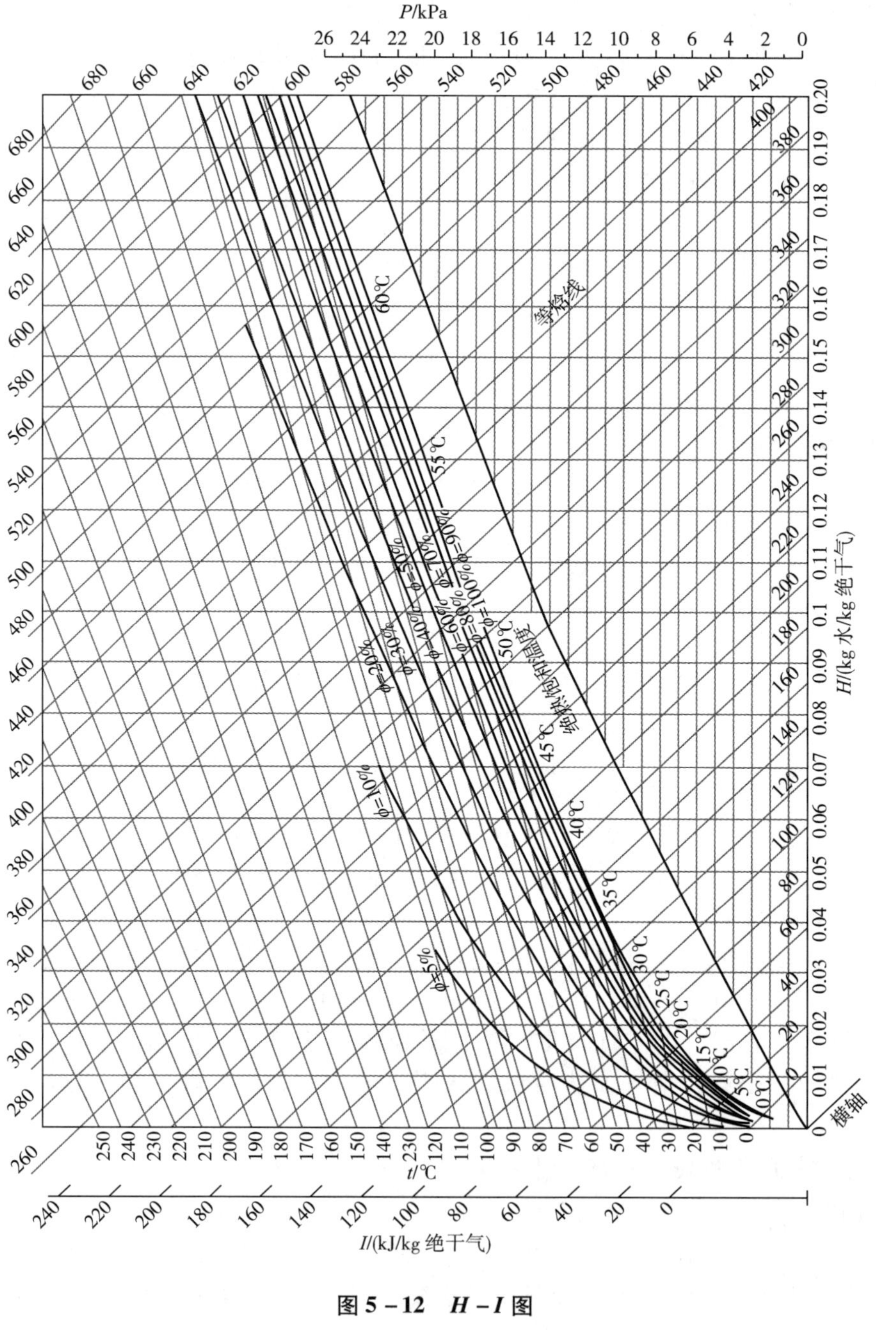

图 5－12　$H-I$ 图

湿空气的 $H-I$ 图由下列线群组成：

（1）等湿度线（等 H 线）群。等湿度线是平行于纵轴的线群，图 5-12 中 H 的读数范围为 0~0.20kg 水/kg 绝干气。在同一条等 H 线上不同点所代表的湿空气的状态不同，但具有相同的湿度。

（2）等焓线（等 I 线）群。等焓线是平行于斜轴的线群，图 5-12 中 I 的读数范围为 0~680kJ/kg绝干气。在同一条等 I 线上有相同的焓，绝热增湿过程可近似认为等 I 过程，所以等 I 线也是绝热增湿过程中空气状态点变化的轨迹线。

（3）等干球温度线（等 t 线）群。将式（5-7）改写成：

$$I = (1.88t + 2490)H + 1.01t \tag{5-8}$$

在固定的总压下，任意规定温度 t 值，则式可简化为 I 和 H 的关系式，按此式算出若干组 I 与 H 的对应关系，并标绘于 $H-I$ 坐标图中，所得的关系曲线即为等 t 线。因此规定一系列的温度值，可得到等 t 线群。

因式（5-8）为线性方程，斜率 $1.88t+2490$ 是温度的函数，故各等 t 线是不平行的。图 5-12 中 t 的读数范围为 0~250℃。

（4）等相对湿度线（等 ϕ 线）群。根据式（5-3），当总压一定时，任意规定相对湿度 ϕ 值，将上式简化为 H 与 p_s 的关系式，而 p_s 又是温度 t 的函数。按式（5-3）算出若干组 H 与 t 的对应关系，并标绘于 $H-I$ 坐标图中，关系线即为等 ϕ 线，如规定一系列的 ϕ 值，可得等 ϕ 线群。图 5-12 中共有 11 条等 ϕ 线，从 $\phi=5\%$ 到 $\phi=100\%$。$\phi=100\%$ 的等 ϕ 线称为饱和空气线，此时空气为水蒸气所饱和。

（5）蒸气分压线。由式 $p_v=\dfrac{HP}{0.622+H}$ 可以看出，在总压一定时，表示水蒸气分压 p_v 与湿度 H 间的关系，按此式算出若干组 p_v 与 H 的对应关系，并标绘于 $H-I$ 图上，得到蒸气分压线。为了保持图面清晰，蒸气分压线标绘在 $\phi=100\%$ 曲线的下方。

应当指出，在有些湿空气的性质图上，还绘出比热容与湿度、绝干空气比体积与温度、饱和空气比体积与温度之间的关系曲线。

2. $H-I$ 图的应用

根据湿空气任意两个独立参数，我们就可以在 $H-I$ 图上确定其他参数。应该指出，并非所有的参数都是独立的，例如 t_d-H、p_v-H、t_d-p_v、t_{as}（t_W）$-I$ 间都不是彼此独立的，它们都在同一条等 H 线或等 I 线上，因此根据上述各组数据不能在 $H-I$ 图上确定空气状态点。

湿空气的两个独立参数常取为：$t-\phi$、$t-H$、$t-t_{as}$（t_W）、$t_{as}-I$、t_d-I 等，先通过两个独立参数确定空气状态点 A 后，即可查出其他参数，如图 5-13 所示。

干球温度 t、露点 t_d 和湿球温度 t_W（或绝热饱和温度 t_{as}）都是由等 t 线确定的。露点是在湿空气湿度 H 不变的条件下冷却至饱和时的温度，因此，通过等 H 线与 $\phi=100\%$ 的饱和湿度线交点所对应的等 t 线温度即为露点，如图 5-13 所示。

对于水蒸气-空气系统，湿球温度 t_W 与绝热饱和温度 t_{as} 近似相等，因此由通过空气状态点（图 5-13 中的 A 点）的等 I 线与 $\phi=100\%$ 的饱和湿度线交点的等 t 线温度即为 t_W 或 t_{as}。

由湿空气状态点 A 查空气其他参数的方法如图 5-14 所示。若已知湿空气的一对参数各为 $t-t_{as}$（或 t_W），$t-t_d$，$t-\phi$，这 3 种条件下湿空气的状态点 A 的确定方法分别示于图 5-14 中。

已知空气状态点A

- t的确定：由通过A点的等t线读出
- H的确定：由通过A点的等H线读出
- I的确定：由通过A点的等I线读出
- 露点t_d的确定：等H线与ϕ=100 %的饱和空气线的交点所对应的等t线所示的温度
- 水蒸气分压的确定：由通过A点的等H线与水蒸气分压线的交点读出
- 湿球温度或绝热饱和温度的确定：通过A点的等I线与ϕ=100 %的饱和空气线交点所对应的等t线所示的温度

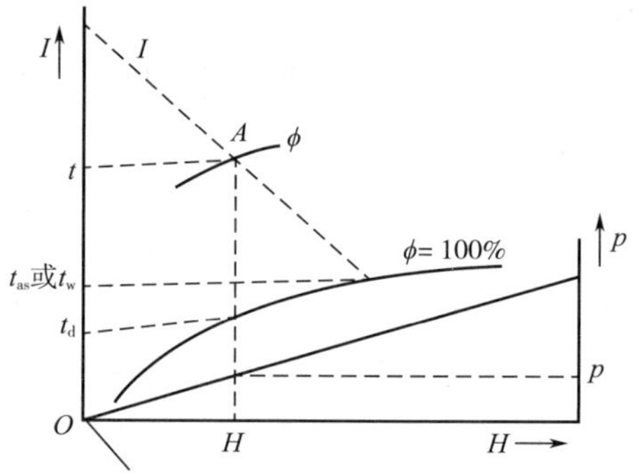

图 5－13　H－I 图的应用

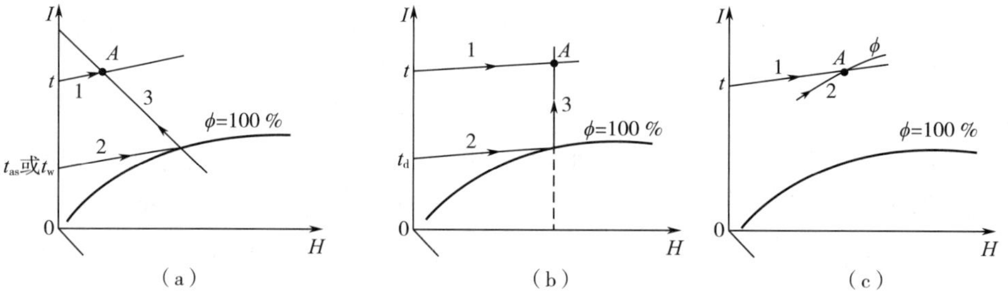

图 5－14　在 H－I 图中确定湿空气的状态点

二、对流干燥过程分析

目前化工生产中使用最广泛的是对流干燥。对流干燥是一个传热和传质相结合的过程。图 5－15 为典型对流干燥流程框图。空气经预热器预热至一定温度后进入干燥器，干燥器内热空气与湿物料直接接触，气－固两相间进行着热量、质量传递。

图 5－16 是用热空气除去湿物料中水分的干燥原理示意图，它表达了对流干燥过程中干燥介质与湿物料之间传热与传质的一般规律。在对流干燥过程中，温度较高的热空气将热量传给湿物料表面，大部分在此供水分汽化，还有一部分再由物料表面传至物料内部，

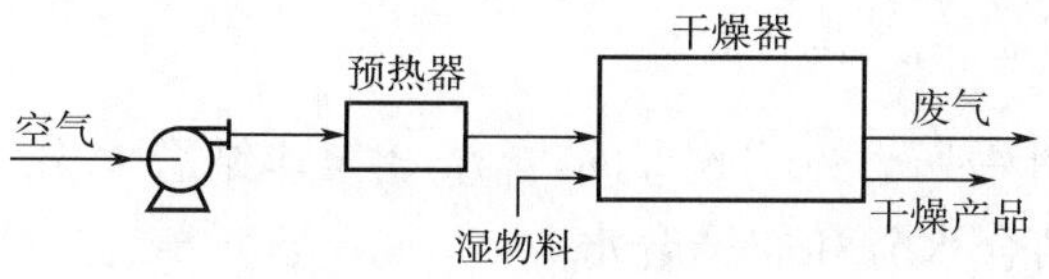

图 5－15 典型对流干燥流程框图

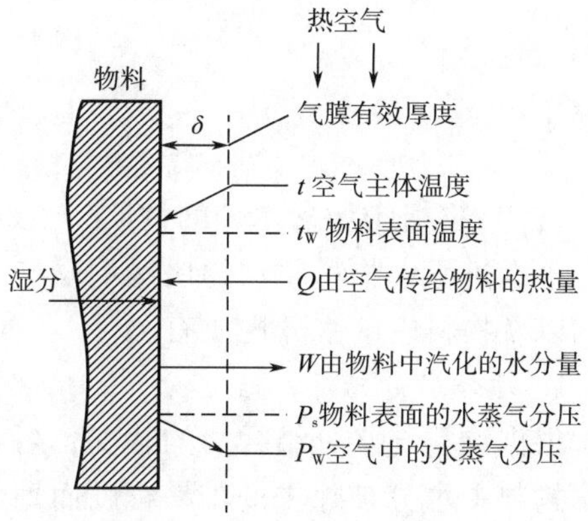

图 5－16 湿物料与空气间的传热和传质过程

这是一个热量传递过程，传热的方向是由气相到固相，热空气与湿物料的温差是传热的推动力；与此同时，由于物料表面水分受热汽化，使得水在物料内部与表面之间出现了浓度差，在此浓度差作用下，水分从物料内部扩散至表面并汽化，汽化后的蒸气再通过湿物料与空气之间的气膜扩散到空气主体内，这是一个质量传递过程，传质的方向是由固相到气相，传质的推动力是物料表面的水蒸气分压与热空气中水蒸气分压之差。由此可见，对流干燥过程是一个传热和传质同时进行的过程，两者传递方向相反、相互制约、相互影响。因此，干燥过程进行得快慢与好坏是由湿物料和热空气之间的传热、传质速率共同控制、决定的。

干燥操作的必要条件是物料表面的水蒸气压强必须大于干燥介质中水蒸气的分压，两者差别越大，干燥进行得越快，所以干燥介质应及时将汽化的水蒸气带走，以维持一定的传质推动力。若干燥介质为水蒸气饱和，则推动力为零，干燥操作无法进行。

三、干燥过程的物料衡算

（一）物料含水量的表示方法

在干燥过程中，物料的含水量通常用湿基含水量或干基含水量表示。

1. 湿基含水量

湿基含水量是以湿物料为基准的水分含量表示，用符号 w 表示。

$$w = \frac{\text{湿物料中水分的质量}}{\text{湿物料的总质量}} \times 100\% \tag{5-9}$$

2. 干基含水量

不含水分的物料通常称为绝对干物料或干料。以绝对干物料为基准时湿物料中的含水量称为干基含水量，即湿物料中水分的质量与绝对干料的质量之比，用符号 X 表示，即：

$$X = \frac{\text{湿物料中水分的质量}}{\text{湿物料中绝对干料的质量}} \times 100\% \tag{5-10}$$

在工业生产中，通常用湿基含水量来表示物料中含水分的多少。但湿物料的质量因在干燥过程中失去水分而逐渐减少，故不能将干燥前后物料的湿基含水量直接相减来表示干燥所除去的水分。而绝对干料的质量在干燥过程中不变，故用干基含水量计算较为方便。

这两种含水量之间的换算关系如下：

$$X = \frac{w}{1-w} \tag{5-11}$$

或

$$w = \frac{X}{1+X} \tag{5-11a}$$

（二）物料中所含水分的性质

干燥过程中物料脱水的快慢不仅与干燥介质（空气）的状态有关，而且还与物料本身结构以及物料中的水分性质有关。

1. 结合水分与非结合水分

根据物料与水分结合力的状况，可将物料中所含水分分为结合水分与非结合水分；或根据物料中水分被除去的难易程度而划分为结合水分和非结合水分。

（1）结合水分。包括物料细胞壁内的水分、物料内毛细管中的水分及以结晶水的形态存在于固体物料之中的水分等。这种水分与物料的结合力强，因此，其蒸气压低于同温度下纯水的饱和蒸气压，致使干燥过程的传质推动力降低，故除去结合水分较困难。

（2）非结合水分。包括机械地附着于固体表面的水分，如物料表面的吸附水分、较大孔隙中的水分等。物料中非结合水分与物料的结合力弱，其蒸气压与同温度下纯水的饱和蒸气压相同，因此，干燥过程中除去非结合水分较容易。

2. 平衡水分与自由水分

根据物料在一定干燥条件下其所含水分能否用干燥方法除去划分，可分为平衡水分和自由水分。

当湿物料与一定状态的湿空气接触时，若湿物料表面所产生的水蒸气分压大于空气中的水蒸气分压，湿物料中的水分将向空气中转移，干燥可以顺利进行；当湿物料表面所产生的水蒸气分压小于空气中的水蒸气分压，则物料将吸收空气中的水分，产生所谓“返潮”现象；若湿物料中表面产生的水蒸气分压等于空气中的水蒸气分压时，两者处于动态平衡状态，湿物料中的水分不会因为与湿空气接触时间的延长而有增减，湿物料中的水分含量为定值，该含水量就称为该物料在此空气状态下的平衡含水量，又称平衡水分，用 X^* 表示，单位为 kg 水/kg 干料。湿物料中所含的水分大于平衡水分的那一部分，称为自由水分。

湿物料的平衡水分可由实验测得。图 5－17 为实验测得的几种物料在 25℃ 时的平衡水分 X^* 与湿空气相对湿度 ϕ 之间的关系——干燥平衡曲线。从图 5－17 中可以看出，不同的湿物料在相同的空气相对湿度下，其平衡水分不同；同一种湿物料的平衡水分随着空气相对湿度的减小而降低，当空气的相对湿度减小为零时，各种物料的平衡水分均为零。即要想获得一个干物料，就必须有一个绝对干燥的空气（$\phi = 0$）与湿物料进行长时间的充分接触，实际生产中是很难做到的。因此平衡水分是在一定的空气状态下物料可能被干燥的最大极限。

如图 5－18 所示，可以看出 4 种水分之间的定量关系。从图中看出，结合水分、非结合水分的含量与空气的状态无关，是由物料自身的性质决定的；而平衡水分与自由水分的含量与空气状态有关，是由物料性质及空气状态共同决定的。图中 B 点为平衡曲线与 $\phi = 100\%$ 垂线的交点，B 点以下的水分是结合水分，而大于 B 点的水分是非结合水分。平衡曲线上的 A 点表示在空气的相对湿度 $\phi = 70\%$ 时物料的平衡水分，而大于 A 点的水分是自由水分。

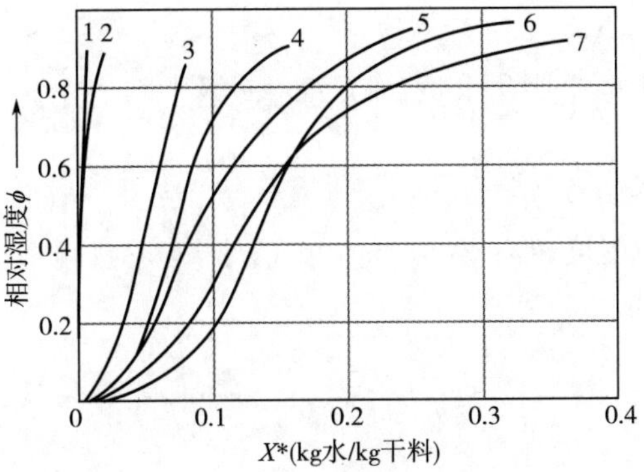

图 5－17　某些物料的平衡曲线（25℃）

1—石棉纤维板　2—聚氯乙烯（50℃）

3—木炭　4—牛皮纸　5—黄麻

6—小麦　7—土豆

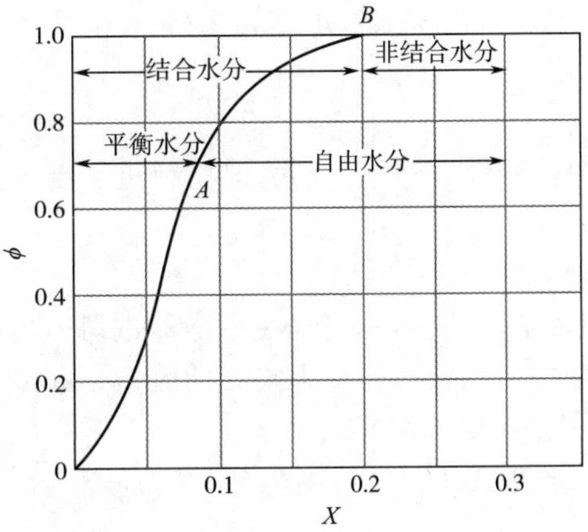

图 5－18　固体物料中的水分性质

（三）干燥过程的物料衡算

物料衡算要解决的问题是：①从物料中除去水分的数量，即水分蒸发量；②空气消耗量；③干燥产品的流量。

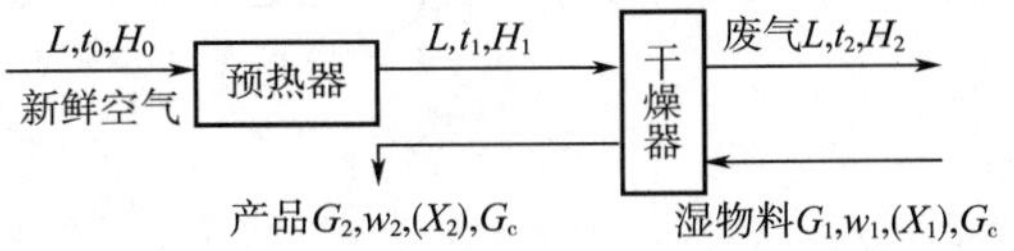

图 5－19　逆流干燥器的示意图

1. 水分蒸发量

在干燥过程中，湿物料的含水量不断减少，但绝对干料量却不会改变。用如图 5－19 所示的连续干燥器作水分的物料衡算。

设：L——绝对干空气的消耗量，kg/h；

t_0、t_1、t_2——分别为湿空气进预热器前、进出干燥器前后的温度，℃；

H_0、H_1、H_2——分别为湿空气进预热器前、进出干燥器前后的湿度，kg 水/kg 干空气；

X_1、X_2——分别为湿物料进出干燥器的干基含水量；

w_1、w_2——分别为湿物料进出最初和最终干燥器的湿基含水量；

G_1、G_2——分别为湿物料进出干燥器的质量流量，kg/h；

G_c——湿物料中为绝对干料的质量流量，kg/h。

若不计干燥过程中的物料损失量，即：

$$G_c = G_1(1 - w_1) = G_2(1 - w_2) \tag{5-12}$$

干燥器的总物料衡算式是：

$$G_1 = G_2 + W \tag{5-13}$$

式中：W——单位时间水分蒸发量，kg/h。

水分的物料衡算式是：

$$W = G_1 - G_2 \tag{5-14}$$

从以上方程式可以很容易地算出水分蒸发量为：

$$W = G_1 - G_2 = G_1 \frac{w_1 - w_2}{1 - w_2} = G_2 \frac{w_1 - w_2}{1 - w_1} \tag{5-15}$$

若已知物料最初和最终的干基含水量用 X_1 和 X_2 表示，则水分蒸发量可用下式计算，即：

$$W = G_c(X_1 - X_2) \tag{5-16}$$

式中：X_1、X_2——分别为湿物料进、出干燥器时的干基含水量，kg 水/kg 绝干料。

若从湿空气角度来考虑，有：

$$W = L(H_2 - H_1) \tag{5-17}$$

式中：H_2、H_1——空气在干燥器进口、出口处的湿度，kg 水分/kg 干气；

L——绝干空气的流量，kg 绝干气/h。

2. 干空气消耗量

整理式（5－17）得：

$$L = \frac{W}{H_2 - H_1} \tag{5-18}$$

蒸发 1kg 水所需消耗的干空气量为 I，称为单位空气消耗量，单位为 kg 干空气/kg 水分，即：

$$I = \frac{L}{W} = \frac{1}{H_2 - H_1} \tag{5-19}$$

因空气经预热前、后的湿度不变，故 $H_0 = H_1$，则式（5－18）和式（5－19）可改写为：

$$L = \frac{W}{H_2 - H_0} \tag{5-20}$$

$$I = \frac{L}{W} = \frac{1}{H_2 - H_0} \tag{5-21}$$

式中：H_0、H_1、H_2——分别为湿空气在预热器进口、干燥器进出口时的湿度，kg 水/kg 绝干气。

由式（5－21）可知，空气单位消耗量仅与 H_2、H_0 有关，与路径无关。而 H_0 越大，I 亦越大。而 H_0 是由空气的初温 t_0 及相对湿度 ϕ_0 所决定，所以在其他条件相同的情况下，单位空气消耗量 I 将随 t_0 及相对湿度 ϕ_0 的增加而增大。对于同一干燥过程，夏季的空气消耗量比冬季的大，故选择输送空气的风机等装置须按全年最热月份的空气消耗量决定。

风机输送的是干空气和水蒸气的混合物，而前面我们计算的是干燥操作所需干空气的量，所以干燥装置中风机所需提供的风量要由干空气的量进行转换。鼓风机所需风量根据湿空气的体积流量 V 而定，湿空气的体积流量可由干空气的质量流量 L 与比体积的乘积来确定，即：

$$V = Lv_H = L(0.772 + 1.244H) \times \frac{t + 273}{273} \times \frac{1.013 \times 10^5}{P} \tag{5-22}$$

式中，空气的湿度 H、温度 t 和压力 P 与风机所安装的位置有关。

【例 5－2】在一个连续干燥器中，每小时处理湿物料 1000kg，经干燥后物料的含水量由 10% 降至 2%（均为湿基）、以热空气为干燥介质，初始湿度 H_0 为 0.008kg 水/kg 绝干气，离开干燥器时湿度 H_2 为 0.05kg 水/kg 绝干气。假设干燥过程中无物料损失，试求：（1）水分蒸发量；（2）空气消耗量；（3）干燥产品量。

解：（1）水分蒸发量 W：

$$W = G_1 \frac{w_1 - w_2}{1 - w_2}$$

式中：$G_1=1000\text{kg/h}$，$w_1=0.1$，$w_2=0.02$

$$W=1000\frac{0.1-0.02}{1-0.02}\approx 81.63(\text{kg/h})$$

（2）空气消耗量：

$$L=\frac{W}{H_2-H_0}$$

$H_0=0.008$kg 水/kg 绝干气，$H_2=0.05$kg 水/kg 绝干气

$$L=\frac{81.63}{0.05-0.008}\approx 1943.57(\text{kg 干气/h})$$

（3）干燥产品量：

$$G_2=G_1-W=1000-81.63=918.37\ (\text{kg/h})$$

（四）干燥速率曲线

物料的干燥速率由实验测定。干燥实验采用大量空气干燥少量湿物料，因此，空气进出干燥器的状态、流速以及与湿物料的接触方式均可视为恒定，即认为实验是在恒定干燥条件下进行的。

干燥速率是指单位时间内在干燥面积上被干燥物料所能汽化的水分质量。

图 5－20 为恒定干燥条件下的干燥速率曲线图：①湿物料的初始状态点为 A，在干燥开始的短时间内，若物料温度低于热空气温度，则物料从热空气中由于温差接收的热量主要用于物料的预热，物料的表面温度逐渐升高，从而传热速率降低而传质速率（即干燥速率）增高，含水量 X 降低，即图中的 AB 段，称为预热段。②自 B 点起，传热速率与传质速率达到动态平衡，物料的表面温度趋于恒定，空气传给物料的热量均用于水分的汽化，如同湿球温度计上的湿纱布一样，其表面温度即为该空气的湿球温度，即图中的 BC 段。此阶段中空气与物料表面的温差一定，故传热速率恒定；相应地物料表面的饱和湿度与空气的湿度差也为恒定值，即传质速率也恒定，故 BC 段的斜率不变，$U-X$ 线中的 BC 段为一条水平线。在此阶段中，干燥速率不随 X 的减小而变，因此 BC 段称为恒速干燥阶段。③到 C 点以后，物料含水量的减少越来越慢，与此同时物料表面温度逐渐升高，在 $U-X$ 线上表现出随 X 的降低，干燥速率 U 也不断减小；干燥速率曲线与横轴的交点（E 点）为干燥终点，与该点对应的物料含水量为平衡含水量（X^*），此点对应的干燥速率为零。此阶段由图中的 CDE 曲线所表示，称为降速干燥阶段。

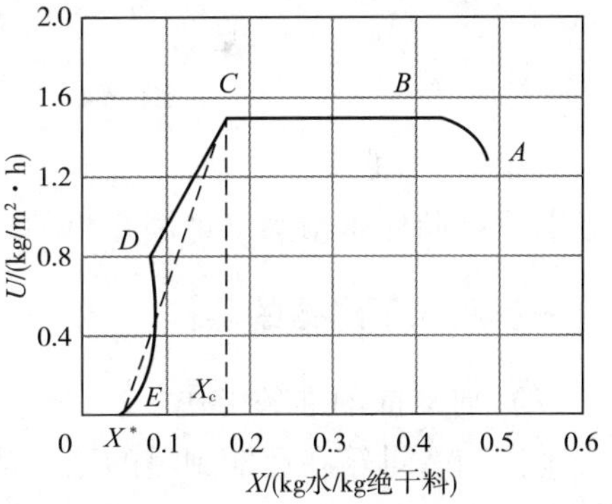

图 5－20　恒定干燥条件下的干燥速率曲线图

由此可知，在恒定干燥条件下，干燥过程主要包括两个阶段：恒速干燥阶段和降速干燥阶段。

（1）恒速干燥阶段。此阶段中物料表面充满着非结合水分，这是由于物料内部水分向表面的扩散速率大于表面水分的汽化速率，使物料表面始终被非结合水分充分润湿，物料表面的温度近似等于热空气的湿球温度，汽化的水分全部为非结合水分。因此，恒速干燥

阶段的干燥速率只取决于物料表面水分的汽化速率，即取决于物料表面水分的汽化速率和空气的性质等物料外部的干燥条件，与物料的性质和含水量多少无关，因而恒速干燥阶段又称为表面汽化控制阶段。

（2）降速干燥阶段。当物料的含水量降至 C 点（对应的含水量为 X_c）之后，便转入降速阶段，故 C 点是一个临界点，X_c 称为临界水分或临界含水量。此时水分自物料的内部向表面的扩散速率开始低于物料表面水分的汽化速率，物料表面逐渐出现“干区”，结合水分开始发生汽化，物料的温度也随之上升，随着物料内部含水量的不断减少，水分向表面的扩散速率也不断降低，于是，汽化表面逐渐向物料内部移动，干燥速率也就越来越低。在此阶段中，干燥速率的大小取决于物料本身的结构、形状和尺寸，而与外部的干燥介质条件关系不大，所以降速干燥阶段又称为物料内部扩散控制阶段，此阶段除去的水分为剩余的部分结合水分。

（五）临界含水量 X_c

一般物料在干燥过程中要经历预热阶段、恒速干燥阶段和降速干燥阶段，而上述后两个阶段是以湿物料中临界含水量来区分的。

临界含水量随物料的性质、厚度及干燥速率的不同而异。例如，无孔吸水性物料的临界含水量值比多孔物料的大；在一定的干燥条件下，物料层越厚，临界含水量越大。如减小物料层厚度，对物料增强搅动，则既可增大干燥面积，又可减小临界含水量。

临界含水量是划分非结合水分和结合水分的临界点。

任务三　干燥操作与维护

以热风循环烘箱操作为例介绍厢式干燥器的操作。

一、厢式干燥器的操作

（1）启动前的准备工作。

①清扫。烘箱在运输到目的地后应进行一次仔细的清扫，在通电测试运行前也要进行清扫。

②电源供电。检查烘箱的电线是否接好，仔细检查烘箱电气控制箱中所有的保险丝和电路是否有短路现象，检查轴流风机的转向是否与电机的转向标牌一致。

③检查排湿阀。检查烘箱排湿手柄开关是否正常，通电前应打开排气阀门，以防爆炸。

④检查总开关。在烘箱的控制板上安装有一个总开关，它提供电源给其他所有的电器。使用前要先检查自控装置是否失灵。

（2）操作运行。

①装入物料。打开烘箱门放入所需干燥的物料，关上烘箱门。使用非防爆电烘箱时，严禁带挥发性的物件进入烘箱内。

②开始工作。总电源开关闭合，根据需要设置设定加热温度及报警温度，报警温度大于设定温度；打开循环风机开关；加热切换至自动状态。

③运行指示。在电气控制箱上，装有烘箱运行进程指示灯，更详细地标明烘箱的工作进程。总电源指示灯显示总电源开关状态，同时注意观察循环风机指示灯、加热指示灯、电磁阀或电加热开关状态、温度显示、显示加热温度、报警指示灯。当新设定的温度低于100℃时，用二次升温方式可杜绝温度“过冲”现象，假设50℃，第一次设40℃，等温度过冲开始回落后再设定至50℃。加温过程中操作者不得离开。

④干燥。当温度达到设定值时，排湿，开始进行干燥，随时观察并调整箱内温度，应符合烘件工艺要求。

⑤冷却。干燥运行烘箱至需要的时间后，将电磁阀或电加热关闭，进入冷却阶段，排湿口打开，箱内空气流出烘箱，带走大量热量，使得箱内温度降低，关闭加热器，关循环风机。

⑥停止。当达到预置停止温度时，烘箱将停止工作，打开烘箱门，搬出干燥后的物料。打开烘箱门时必须先断电。

二、厢式干燥器的维护保养

（1）每年至少检查一次门缝，当烘箱损坏、移位时更须检查。

（2）进风口设有初、中、高效过滤器。过滤器每月检查一次，2～3个月清洗一次。

（3）每月检查一次加热器。

（4）干燥箱外壳必须良好、有效接地，以保证安全，电器箱内所有的接线柱每年检查一次。

（5）保持烘箱内清洁，检查和清除烘箱内电阻丝旁的氧化皮。烘箱在工作时不得进行清洁工作，更不得用汽油擦拭。

（6）干燥箱内不得放入易腐、易燃、易爆物品干燥。经过汽油、煤油、酒精、香蕉水等易燃液体洗涤过的零件及喷漆过的产品应在室温下停放15～30min，待绝大部分易燃液体挥发后，才能放入烘箱内烘烤。室内应注意通风。

三、厢式干燥器的常见故障及处理方法

厢式干燥器的常见故障及处理方法见表5－1。

表5－1　厢式干燥器的常见故障及处理方法

故障名称	产生原因	处理方法
无电源	（1）插头未插好或断电 （2）熔断器烧断	（1）插好插头或接好线 （2）更换熔断器
箱内温度不升	（1）设定温度低 （2）电热器坏 （3）控温仪坏 （4）循环风机坏	（1）调整设定温度 （2）换电热器 （3）换控温仪 （4）换风机
设定温度与箱内温度误差大	（1）温度传感器坏 （2）控温仪坏	（1）换传感器 （2）换控温仪

习题与思考

一、选择题

1. 物料的平衡水分一定是（　　）。

A. 非结合水分　　B. 自由水分　　C. 结合水分　　D. 临界水分

2. 已知湿空气的下列哪两个参数，利用 $H-I$ 图可以查得其他未知参数（　　）。

A. 水蒸气分压 P，湿度 H　　B. 露点 t_d，湿度 H

C. 湿球温度 t_w，干球温度 t　　D. 焓 I，湿球温度 t_w

3. 湿空气通过换热器预热时，该过程的经历为（　　）。

A. 等焓过程　　B. 等相对湿度过程　　C. 等温过程　　D. 等湿度过程

4. 空气的饱和湿度 H_s 是湿空气的如下参数的函数（　　）。

A. 总压及干球温度　　B. 总压及湿球温度　　C. 总压及露点　　D. 湿球温度及焓

5. 对于一定干球温度的空气，当其相对湿度越低时，其湿球温度（　　）。

A. 越高　　B. 越低　　C. 不变　　D. 不一定

6. 露点是指湿空气在（　　）达到饱和时的温度。

A. 等温增湿　　B. 等湿降温　　C. 等湿升温　　D. 等温减湿

7. 当空气的相对湿度 $\phi=60\%$ 时，则其 3 个温度：干球温度 t、湿球温度 t_w、露点 t_d之间的关系为（　　）。

A. $t=t_w=t_d$　　B. $t>t_w>t_d$　　C. $t<t_w<t_d$　　D. $t>t_w=t_d$

8. 欲从牛奶料液中直接得到奶粉制品，应选用（　　）。

A. 沸腾床干燥器　　B. 气流干燥器　　C. 转筒干燥器　　D. 喷雾干燥器

9. 已知物料的临界含水量为 0.18（干基含水量，下同），现将该物料从初始含水量 0.45 干燥至 0.12，则干燥终了时物料表面温度 θ 为（　　）。

A. $\theta>t_W$　　B. $\theta=t_W$　　C. $\theta=t_d$　　D. $\theta=t$

10. 在恒定条件下将含水量为 0.2（干基含水量，下同）的湿物料进行干燥，当干燥至含水量为 0.05 时干燥速率开始下降，再继续干燥至恒重，测得此时含水量为 0.004，则物料的临界含水量为（　　）。

A. 0.05　　B. 0.20　　C. 0.004　　D. 0.196

11. 同一种物料在一定干燥速率下，物料越厚，则其临界含水量（　　）。

A. 低　　B. 不变　　C. 高　　D. 不定

二、填空题

1. 干燥是指______________的化工单元操作。

2. 在干燥操作中，常根据物料中所含的水分被除去的难易程度而划分为__________水分和__________水分，还可根据物料中所含水分在一定条件下能否用对流干燥的方法将其除去划分为__________水分和__________水分。

3. 如图是干燥速率曲线，图中 AB 段称为干燥的预热阶段，BC 段称为__________阶段，CDE 段称为__________阶段。物料平衡含水量为________，临界含水量为__________，自由含水量为________，结合水分含水量为________。

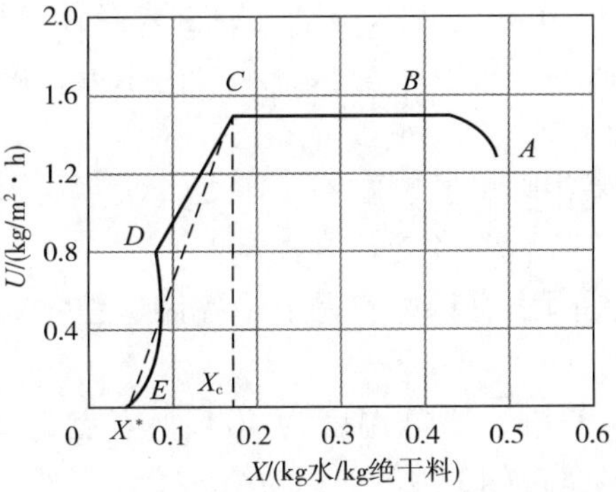

4. 用热空气干燥固体湿物料中的水分，此干燥操作能够进行的必要条件为：____________________________。

5. 已知在 $t=50℃$、$P=1atm$ 时，空气中水蒸气分压 $P_V=55.3mmHg$，则该空气的湿含量 $H=$__________；相对湿度 $\Phi=$________。（50℃时，水的饱和蒸气压为 92.51mmHg）

6. 恒定干燥条件下，恒速干燥阶段属于__________控制阶段，降速干燥阶段属于____________控制阶段。

7. 对于不饱和湿空气，湿球温度______露点温度；而对于饱和湿空气，绝热饱和温度________干球温度。

8. 在 101.33kPa 的总压下，将饱和空气的温度从 t_1 降至 t_2，则该空气下列状态参数的变化趋势是：温度：___________，相对湿度：___________，露点 t_d___________。

9. 在 101.33kPa 的总压下，已知空气温度为 40℃，其相对湿度为 60%，且 40℃下水的饱和蒸气压为 7.38kPa，则该空气的湿度为___________ kg/kg 绝干气，其焓为___________ kJ/kg 绝干气。

10. 在恒速干燥阶段，湿物料表面的温度近似等于___________。

11. 写出 3 种对流干燥器的名称___________、___________、___________。

12. 恒速干燥阶段又称为表面汽化阶段，此阶段汽化的水分为________水分，干燥速率取决于________________。

13. 降速干燥阶段又称为物料内部水分扩散阶段，此阶段汽化的水分为________水分，干燥速率取决于_______________。

三、简答题

1. 若你是某生产企业的干燥工段工段长，你会如何给你的新员工介绍干燥操作？常用的干燥方法有哪些？

2. 对流干燥过程的实质是什么？干燥过程得以进行的必要条件是什么？

3. 真空干燥有何特点？一般适用于什么场合？

4. 常用对流干燥器有哪些？各有什么特点？

5. 喷雾干燥的雾化器常有哪些类型？各有何特点？

6. 如果让你选择一套干燥器，你会从哪几个方面考虑？

7. 什么叫空气的相对湿度？它与湿度有何区别？对干燥操作有何意义？在干燥操作中如何来降低相对湿度？

8. 湿空气的性质有哪些？

9. 在一个通常的干燥工艺中，为什么湿空气通常要经预热后再送入干燥器？

10. 湿物料中水分是如何划分的？平衡水分和自由水分，结合水分和非结合水分体现了物料的什么性质？

11. 何为干燥速率？受哪些因素的影响？

12. 干燥过程分为哪几个阶段？各受什么控制？

13. 影响干燥操作的主要因素有哪些？调节、控制应注意哪些问题？

四、计算题

1. 湿空气总压力为101.33Pa，干球温度为40℃，露点为25℃，试求：（1）水蒸气分压；（2）湿度；（3）相对湿度；（4）焓。

2. 湿空气的总压为101.3kPa，温度为30℃，其中水蒸气分压为2.5kPa，试求湿空气的体积、焓和相对湿度。

3. 某湿空气的总压为100kPa，温度为40℃，相对湿度为85%，试求其露点温度；若将该湿空气冷却至30℃，是否有水析出？若有，每千克干气析出的水分为多少？

4. 用连续干燥器干燥某物料，已知湿物料处理量为0.3kg/s，物料由含水量40%干燥到5%（均为湿基），试求绝干物料量 G_c、水分蒸发量 w 及干燥产品量 G_2。

5. 温度为20℃，湿度为0.01kg/kg绝干气的常压新鲜空气在预热器中被加热到75℃后送入干燥器，进行等焓干燥，离开时温度为40℃，绝干空气流量为2000kg/h，湿物料含水量由2.5%降至0.5%（均为湿基含水量），求：（1）水分汽化量（kg/s）；（2）干燥产品量（kg/s）；（3）新鲜空气消耗量（kg/s）。

6. 在一个连续干燥器中，每小时处理湿物料1000kg，经干燥后物料含水量由8%降至2%（均为湿基）。温度为20℃，湿度为0.009kg水/kg绝干气的新鲜空气经预热器预热到90℃后进入干燥器，离开干燥器时空气湿度为0.022kg水/kg绝干气。试求：（1）原新鲜空气的消耗；（2）预热器内的传热量。

7. 在常压连续干燥器中干燥某固体湿物料。已知新鲜空气温度为15℃，湿度为0.0073kg水/kg干空气，该空气在预热器中预热至90℃后送入干燥器，离开干燥器的废气温度为50℃，湿度为0.023kg水/kg干空气，固体湿物料初始含水量为13%（湿基，下同），干燥产品含水量为0.99%，干燥产品为237kg/h。试求：（1）绝干空气消耗量（kg/h）；（2）预热器的传热量（kW）。

8. 常压下，某干燥器处理湿物料1800kg/h，湿物料含水量由20%减至5%，以空气为干燥介质，初温是20℃，相对湿度是60%，出口温度是45℃，相对湿度达到80%。

试求：（1）水分蒸发量（kg/s）；

（2）空气耗用量（kg干气/s）；

（3）新鲜空气进口处风机的风量（m^3 湿气/s）。

（20℃、45℃时水的饱和蒸气压分别为2.32kPa和9.56kPa）

项目六　蒸馏操作

学习指南

知识目标

1. 掌握蒸馏操作的基本知识、两组分理想溶液的气液相平衡关系；掌握精馏的工艺计算；掌握回流比及其确定；掌握理论塔板数的计算；掌握蒸馏过程的操作、常见事故及其处理。

2. 理解间歇精馏与特殊精馏的操作特点，理解板式塔的流体力学性能，理解精馏塔的控制与调节。

3. 了解非理想溶液的相平衡关系，了解精馏操作的分类、精馏装置的结构和特点、精馏塔新型的塔板结构。

能力目标

1. 能够进行精馏塔的工艺计算，并确定其工艺参数。

2. 能够对精馏塔实施基本的操作，常见事故及其处理。

3. 能对精馏操作过程中的影响因素进行分析，并运用所学知识解决实际生产问题。

4. 能根据正确查阅和使用一些常用的工程计算图表、手册、资料等进行必要的工艺计算。

素质目标

1. 树立工程观念，培养学生严谨治学、勇于创新的科学态度。

2. 培养学生安全生产的职业意识，敬业爱岗、严格遵守操作规程的职业准则。

3. 培养学生团结协作、积极进取的团队精神。

项目导言

一、概述

蒸馏是分离液体混合物的单元操作，是最早实现工业化的典型单元操作。它广泛应用于化工、石油、医药、食品、冶金及环保等领域。

蒸馏是利用混合物中各组分间挥发度、沸点或饱和蒸气压不同的性质，通过加入或移出热量的方法，使混合物形成气液两相，并让它们相互接触进行质量传递和热量传递，致使易挥发组分在气相中增浓，难挥发组分在液相中增浓，实现混合物的分离。其中低沸点的组分称为易挥发组分或轻组分，高沸点的组分称为难挥发组分或重组分。

二、蒸馏操作的分类

1. 按照操作流程可分为间歇蒸馏和连续蒸馏

按照操作方式是否连续可分为间歇蒸馏和连续蒸馏，生产中以后者为主。间歇蒸馏主要应用于小规模、多品种或某些有特殊要求的场合。

2. 按蒸馏操作方式可分为简单蒸馏、平衡蒸馏（闪蒸）、精馏和特殊蒸馏

对于易分离的物系或对分离要求不高的物系，可采用简单蒸馏或平衡蒸馏；对于较难分离的物系或分离要求较高的物系可采用精馏；很难分离的或用普通方法不能分离的物系可采用特殊蒸馏。特殊蒸馏包括水蒸气蒸馏、恒沸蒸馏、萃取蒸馏等。

3. 按操作压力可分为常压、加压和减压操作

工业生产上一般都采用常压操作，沸点小于150℃的混合物通常在常压下进行蒸馏操作；在常压下为气态混合物，则采用加压蒸馏，在常压下沸点较高或在高温下易发生分解、聚合等易变质的物系，则可采用减压蒸馏。

4. 按混合物中组分的数目可分为双组分和多组分精馏

工业生产上以多组分精馏为多，但双组分精馏的原理及计算原则同样适用于多组分精馏，只是处理多组分精馏过程时更为复杂，因此常以双组分精馏为基础。

任务一　认识精馏设备——板式塔

板式塔早在1813年已应用于工业生产，是使用量大、应用范围广的气液传质设备。其结构如图6－1所示，它是由圆柱形壳体、塔板、溢流堰、降液管、受液盘等部件组成的。在操作时，塔内液体依靠重力作用，由上层塔板的降液管流到下层塔板的受液盘，然后横向流过塔板，从另一侧的降液管流至下一层塔板。气体则在压力差的推动下，自下而上穿过各层塔板上的升气道，分散成小股气流，鼓泡通过塔板的液层。在塔板上，气液两相密切接触，进行质量和热量的交换。

一、板式塔的类型和特点

按塔内液体流动情况，板式塔可分为有溢流装置和无溢流装置；根据塔板结构特点，分为泡罩塔、浮阀塔、筛板塔等。

（一）塔板类型

有溢流塔板和无溢流塔板如图6－2所示。

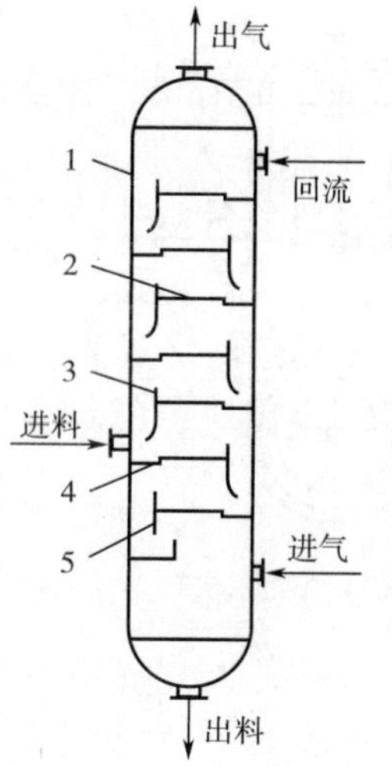

图6－1　板式塔的结构示意图

1—塔壳体　2—塔板　3—溢流堰
4—受液盘　5—降液管

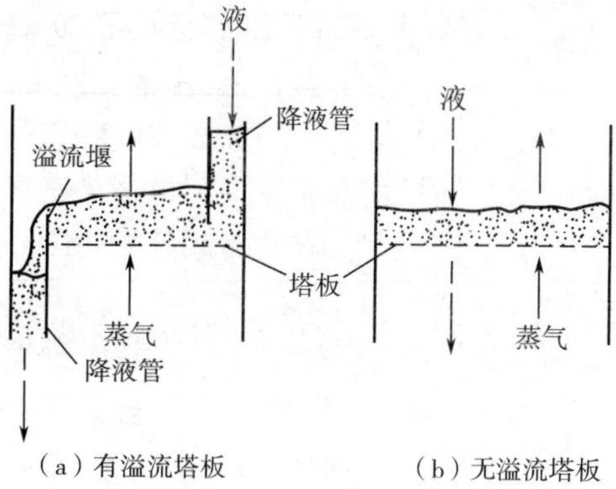

图6－2　塔板的分类

1. 有溢流塔板（溢流塔板）

板间有专供液体流通的“降液管”，又称“溢流管”。适当地安排降液管的位置及堰的高度，可以控制板上液体的流动路径与液层厚度，从而获得较高的效率。但是，由于降液管占塔板面积的20%，从而影响了塔的生产能力。而且，液体通过塔板时要克服各种阻力，因而使板上液层出现位差，称为“液面落差”。液面落差大，能引起板上液体分布不均匀，降低分离效率。

2. 无溢流穿流塔板（穿流塔板）

板间不设降液管，气液两相同时由板上孔道穿流而过，这种塔板结构简单、板上无液面落差、气体分布均匀、板面利用率充分、可增大处理量及减少压力降，但需要较高的气速才能维持板上液层。操作弹性差，效率低。

（二）几种典型的溢流塔板

1. 泡罩塔

泡罩塔板是工业蒸馏操作最常采用的塔板，如图6－3所示，每层塔板上装有若干个短管作为上升蒸气通道，称为“升气管”。由于升气管高出液面，故板上液体不会从中漏下。升气管上覆以泡罩，泡罩周边开有许多齿缝，操作条件下，齿缝浸没于板上液体中，形成液封。上升气体通过齿缝被分散成细小的气泡进入液层。板上的鼓泡液层或充分的鼓泡沫体为气液两相提供了大量的传质界面，液体通过降液管流下，并依靠溢流堰以保证塔板上存有一定厚度的液层。

优点：不易发生漏液现象；有较好的操作弹性；当气液负荷有较大波动时，仍能维持几乎恒定的板效率；不易堵塞；对各种物料的适应性强。

缺点：结构复杂；金属消耗量大；造价高；压降大；液沫夹带现象比较严重；限制了气速的提高，生产能力不大。

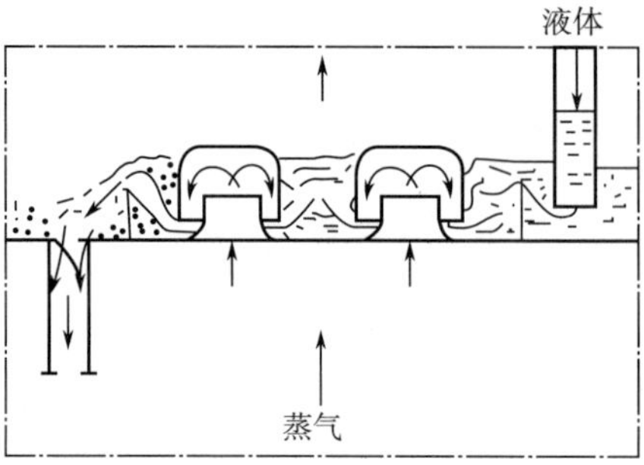

(a) 塔板结构示意

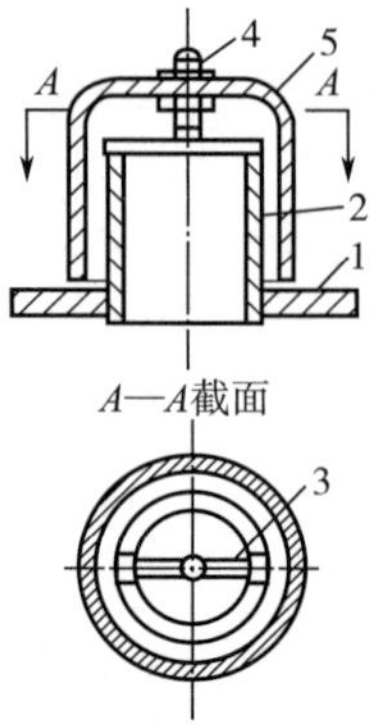

(b) 冲压圆形泡罩构造

图 6－3 泡罩塔

1—塔板 2—蒸气通道 3—窄平板 4—螺栓 5—泡罩

2. 筛板塔

筛孔塔板是结构最简单的塔板，在塔板上有许多均匀分布的筛孔，如图 6－4 所示。上升气体通过筛孔分散成细小的流股，在板上液层中鼓泡而出与液体密切接触。筛孔在塔板上有一定的排列方式，其直径一般为 3～8mm，孔心距与孔径之比常为 2.5～4。塔板上设置溢流堰，以使板上维持一定厚度的液层。在正常操作范围内，通过筛孔上升的气流，应能阻止液体经筛孔泄漏，液体通过降液管逐板流下。

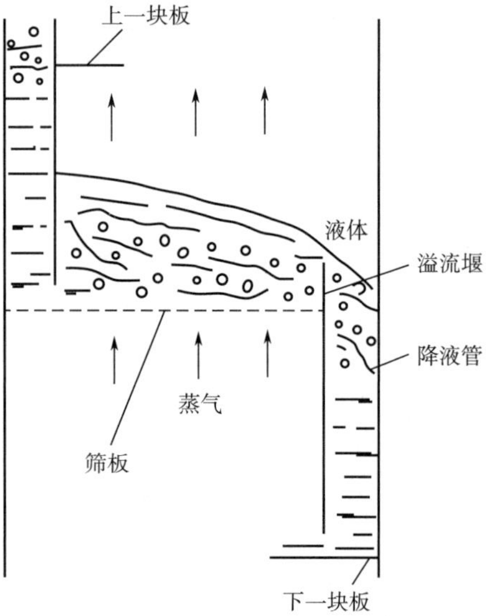

图 6－4 筛板塔

优点：结构简单；金属耗量少；造价低廉；气体压降小，板上液面落差也较小；其生产能力及板效率较泡罩塔高。

缺点：操作弹性范围较窄，小孔筛板容易堵塞。

3. 浮阀塔

20 世纪 50 年代才在工业上广泛应用，在带有降液管的塔板上开有若干大孔（标准孔径为 39mm），每孔装有一个可以上、下浮动的阀片，由孔上升的气流经过阀片与塔板的间隙，而与板上横流的液体接触，目前常用的型号有：F1 型、V－4 型、T 型，如图 6－5 所示。

以 F1 型浮阀为例，阀片本身有 3 条腿，插入阀孔后将各腿底脚扳转 90°角，用以限制操作时阀片在板上上升的最大高度（8.5mm），阀片周边又冲出 3 块略向下弯的定距片，使阀片处于静止位置时仍与塔板留有一定的缝隙（2.5mm）。这样当气量很小时，气体仍能通过缝隙均匀地鼓泡，而且由于阀片与塔板板面是点接触，可以防止阀片与塔板的黏着与腐蚀。

V－4 型浮阀：阀孔被冲压成向下弯曲的文丘里形，用于减少气体通过塔板时的压力降（适用于减压系统）。

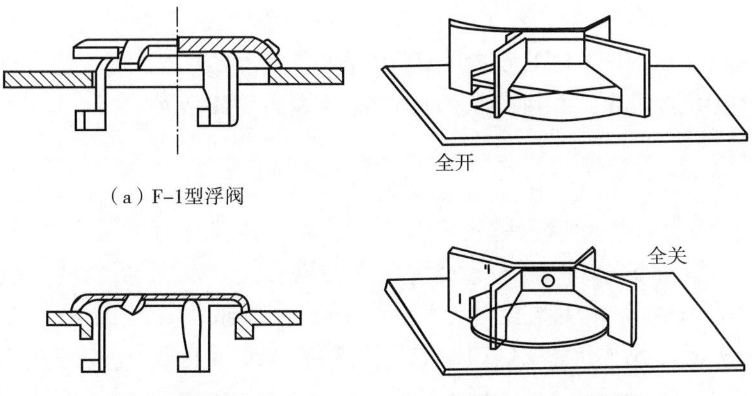

（a）F-1型浮阀

（b）V-4型浮阀

（c）T型浮阀

图 6-5 几种浮阀形式

T 型浮阀：结构复杂，借助于固定在塔板的支架以限制拱形阀片的运动范围（适用于易腐蚀、含颗粒或易聚合的介质）。

优点：生产能力大，由于浮阀安排比较紧凑，塔板上的开孔面积大于泡罩塔板，其生产能力比泡罩塔板高 20% ~40%，而与筛板塔相似。操作弹性大，由于阀片可以自由地伸缩以适应气量的变化，故其维持正常操作所允许的负荷波动范围比泡罩塔和筛板塔都宽。塔板效率高，由于上升蒸气以水平方向吹入液层，故气、液接触时间较长，而液沫夹带量较小，塔板效率较高。气体压降及液面落差较小，因气液流经塔板时所遇到的阻力较小，故气体的压力降及板上液面落差都比泡罩塔小。结构简单，安装方便，浮阀塔的造价约为具有同等生产能力的泡罩塔的 60% ~80%，而为筛板塔的 120% ~130%。

浮阀对材料的抗腐蚀性要求很高，一般都采用不锈钢。

天津大学在 1992 年和 1994 年对浮阀塔板进行了改进，发明了具有导向作用的梯形浮阀塔板，如图 6-6 所示。这种具有导向作用的梯形浮阀塔板，从阀片两侧喷射出的气体的流动方向与塔板上的液体主流方向构成一定角度的锐角，具有导向作用，这种结构具有操作稳定、弹性高、处理能力大、塔板压降小、塔板效率高等突出优点。

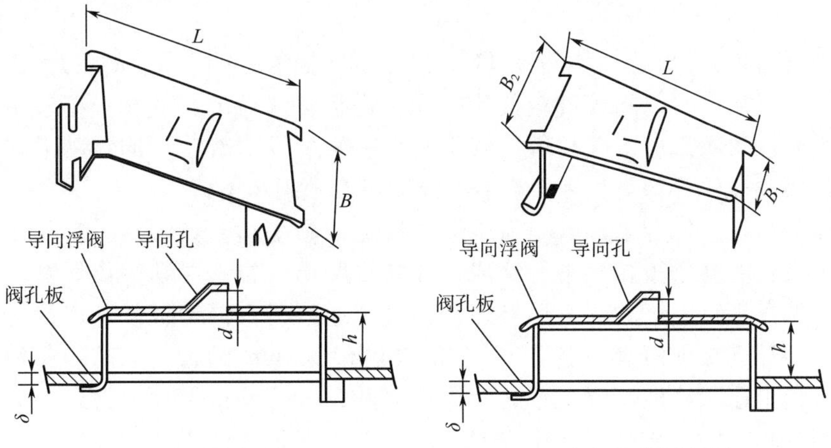

（a）矩形导向浮阀

（b）梯形导向浮阀

图 6-6 两种导向浮阀塔板

泽华公司和美国AMT公司开发了一种微分浮阀，如图6－7所示。它是在F1型浮阀的基础上开发的，在阀顶上开小阀孔，充分利用浮阀上部的传质空间，使气体分散得更加细密均匀，气液接触更加充分，并可降低液面梯度，提高传质效率。

4. 喷射型塔板

喷射型塔板的特点是蒸气以喷射状态斜向通入液层，使气液两相接触加强，主要有舌形塔板、浮动舌形塔板和浮动喷射塔板等。

①舌形塔板。如图6－8所示，主要特点是在塔板上冲出一系列的舌孔，舌片与塔板呈一定倾角（一般为20°），舌形尺寸一般为25mm×25mm。另一个特点是塔板上不设溢流堰，但保留降液管。操作时，蒸气以较大的速度通过舌孔喷出，将液体分散成液滴或流束，形成了很大的接触界面，并造成了流向的湍动，大大强化了传质过程。由于气流在水平方向的分速度推动着液体向降液管方向流动，因而加大了液体的处理量。没有溢流堰，板上的液层较薄，压力降减少。由于气流从倾斜方向喷出，气流中雾沫夹带减少，其分离效率高。舌形塔板的优点是气液相的处理量都比较大，压强降小，一般只有泡罩塔的1/3～1/2，结构简单，金属耗用量小，在一定负荷范围内效率较高。缺点是操作弹性小，稳定性较差。

图6－7　微分浮阀

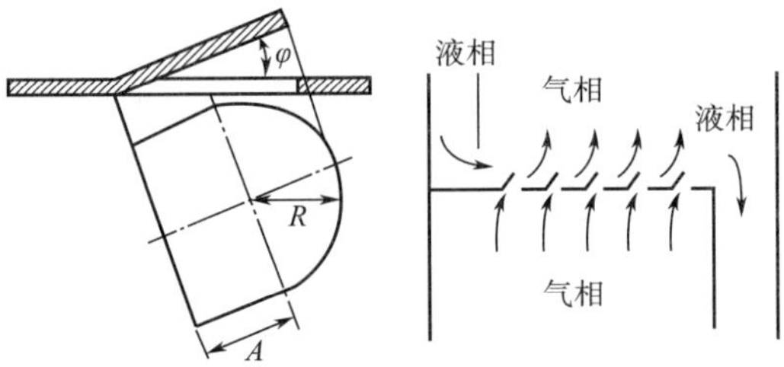

（a）　（b）

图6－8　舌形塔板

②浮动舌形塔板。浮动舌形塔板是将固定的舌形板改成可以浮动的舌片，如图6－9所示。浮动舌片的开启度可以随着气相负荷的变化进行自动调节，气相负荷较大时，浮舌全开，此时相当于一个舌形塔；气相负荷较小时，它又可以随着舌片的浮动而自动调整气流通道的大小，又类似于浮阀塔，因而它兼有浮阀塔和喷射塔的优点。

③浮动喷射塔板。综合了舌形塔和浮阀塔特点的新塔型，如图6－10所示。每层塔板上由一组彼此平行的浮动板相互重叠组成，如同百叶窗一样。浮动板依靠两端的突出部分作支架，装在两条平行支架的三角形槽内，当气流通过时，浮动板以其后缘为支点可以转动一定角度，在浮动板前沿有一定下弯的齿缝成45°×5mm的臂，以防止相邻板之间黏结或完全关闭。由上层板降液管流下来的液体在百叶窗式浮动板上面流过，上升气流则沿浮动板间的缝隙喷出，喷出方向与液流方向一致。由于浮动板的张开程度能随上升蒸气的流量而变化，使气流喷出速度保持在较高的适宜值，因而扩大了操作弹性范围。浮动喷射塔的优点是生产能力大，操作弹性大，压力降小，对不同物料适应性强等优点。缺点是结构

复杂，浮动板易磨损，各浮板易互相重叠，互相牵制。

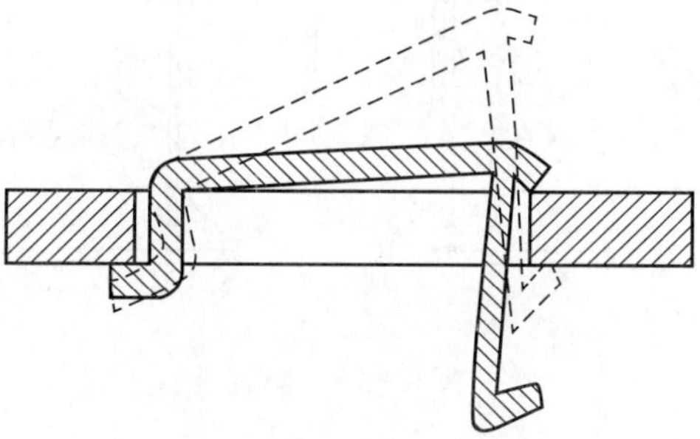

图 6－9　浮动舌塔板

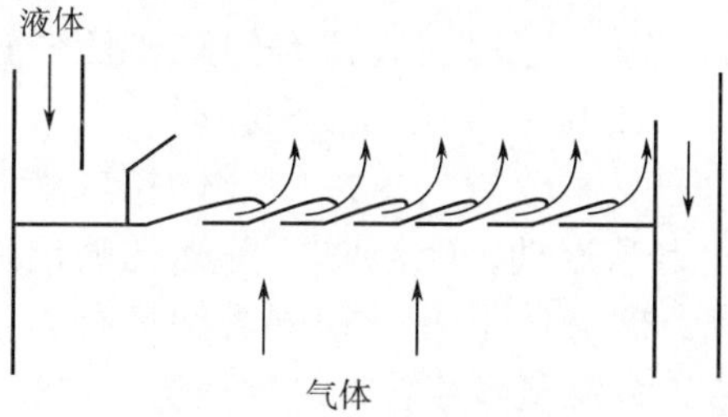

图 6－10　浮动喷射塔板

5. 斜孔塔板

如图 6－11 所示，也是在舌形塔板上发展的塔板，舌孔的开口方向与液流垂直且相邻两排的开孔方向相反，既保留了气体水平喷出，气液高度湍动的优点，又避免了液体连续加速，可维持板上均匀的低液面，从而既能获得大的生产能力，又能达到好的传质效果。

6. 网孔塔板

网孔塔板由冲有倾斜开孔的薄板制成，具有舌形塔板的优点，如图 6－12 所示。这种塔板上装有倾斜开孔的挡沫板的作用是避免液体被直接吹过塔板，并提供气、液分离和气、液接触的表面。网孔塔板具有生产能力大，压降低，容易加工制造的特点。

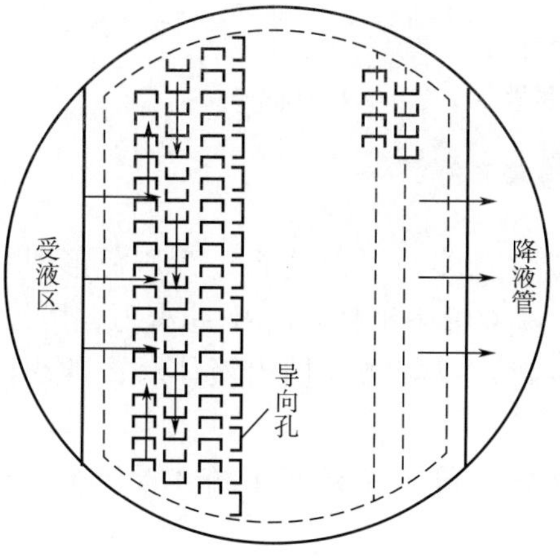

图 6－11　斜孔塔板

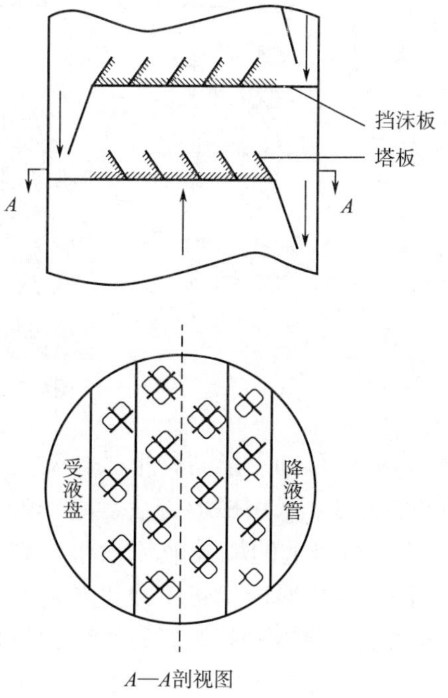

图 6－12　网孔塔板

7. 垂直塔板

垂直塔板是在塔板上开有若干大孔（直径为100～200mm），孔上设置侧壁开有许多筛孔的泡罩，泡罩底边留有间隙供液体进入罩内，如图6－13所示。操作时，上升的气流将由泡罩底隙进入罩内的液体拉成液膜形成两相上升流动，经泡罩侧壁筛孔喷出后两相分离，即气体上升，液体落回塔板。液体从塔板入口流至降液管将多次经历上述过程。

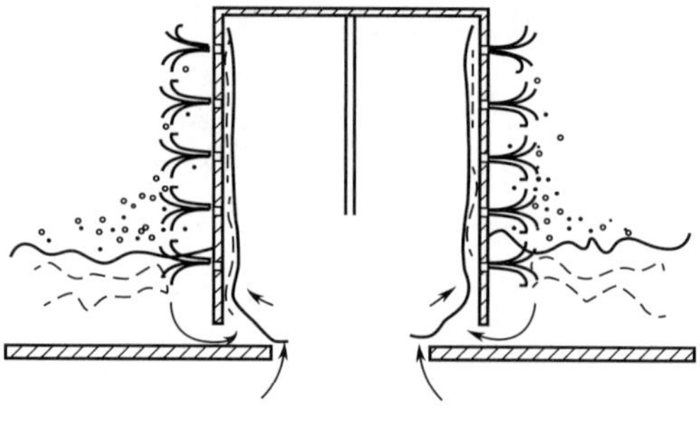

图6－13　垂直塔板

二、塔板结构

1. 溢流装置

板式塔的溢流装置包括溢流堰、降液管和受液盘等几部分，其结构和尺寸对塔的性能有着重要的影响。

降液管是塔板间流体流动的通道，也是使溢流液中所夹带的气体得以分离的场所。降液管有圆形与弓形两类，如图6－14所示。通常圆形降液管制造方便，但流通截面积较小，一般只用于小直径塔，对于直径较大的塔，常用弓形降液管。

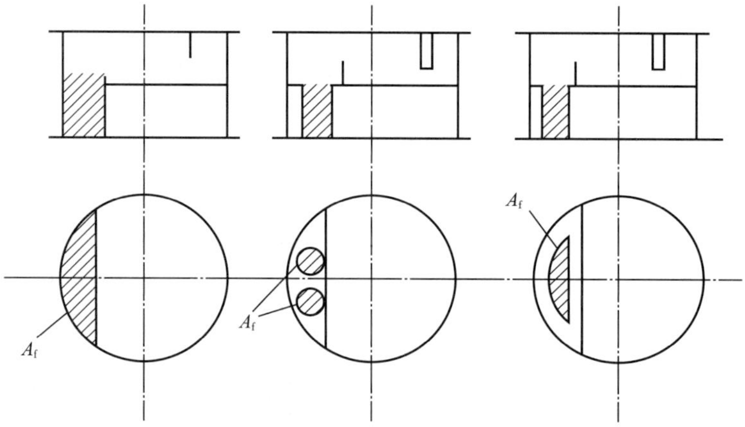

图6－14　降液管形式

受液盘有凹形和平形两种形式。对易聚合或含悬浮粒子的物系，为避免形成死角，应采用平形受液盘。采用平形受液盘时，为了减少降液管中液体的水平冲击力，可设进口堰。对于直径为1m以上的塔或液流量小，为造成液封，或需测线抽出液体时，常用凹形受液盘。采用凹形受液盘时，可不设进口堰。

溢流方式与降液管的布置有关。常用的降液管布置方式有U形流、单溢流、双溢流及阶梯流等，见图6－15。

（1）U形流。U形流也称回转流，其结构是将弓形降液管用挡板隔成两半，一半作受液盘，另一半作降液管，降液和受液装置安排在同一侧。此种溢流方式液体流径长，可以

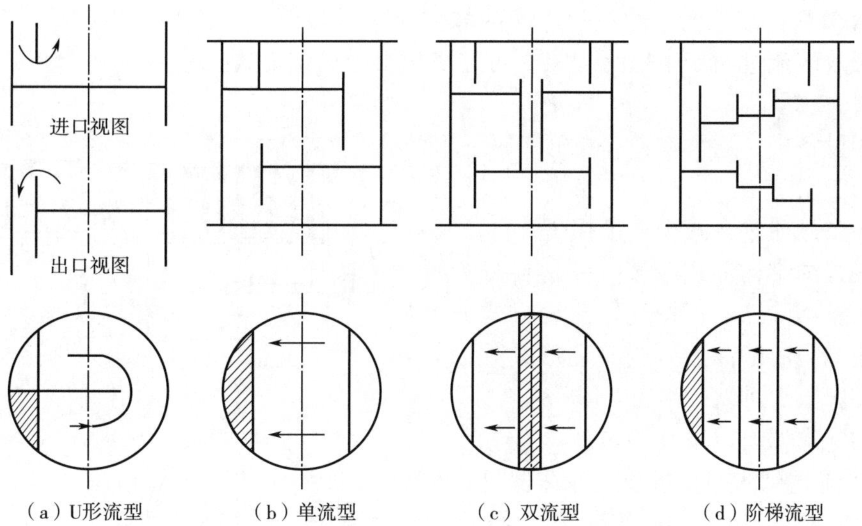

图 6－15　有溢流塔板上的溢流形式

提高塔板效率，只适用于小塔及液体流量小的场合。

（2）单溢流。单溢流又称直径流，液体自受液盘横向流过塔板至溢流堰，这种方式的液体流径长，塔板效率高，塔板结构简单，加工方便，在小于 2.2m 的塔径中被广泛采用。

（3）双溢流。双溢流又称半径流，其结构是降液管交替设在塔截面的中部和两侧，来自上层塔板的液体分别从两侧的降液管进入塔板，横过半块塔板而进入中部降液管，到下层塔板则液体由中央向两侧流动。这种溢流方式液体流动的路程短，可降低液面落差，但塔板结构复杂，板面利用率低，一般用于直径大于 2m 的塔中。

（4）阶梯流。阶梯式双溢流的塔板做成阶梯形式，每一阶梯均有溢流。这种方式可在不缩短液体流径的情况下减少液面落差，结构最为复杂，只适用于塔径很大，液体流量很大的特殊场合。

2. 塔盘及布置

塔板有整块式和分块式两种，整块式即塔板为一整块，多用于直径小于 1m 的塔。当塔径较大时，整块式的塔板刚性差，安装检修不便，为便于通过人孔装拆塔板，故多采用由几块板合并而成的分块式塔板。

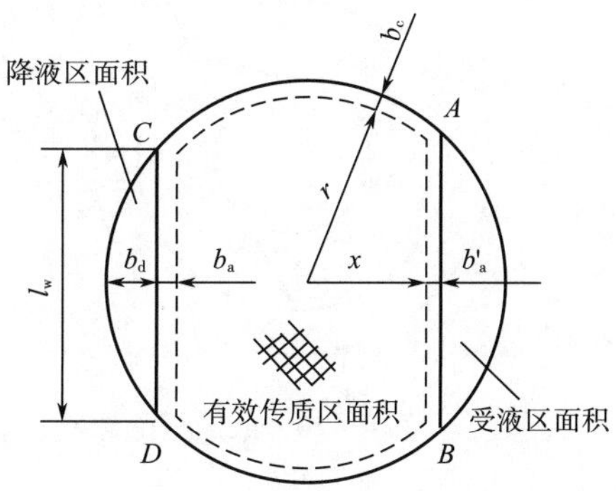

图 6－16　单溢流塔板布置图

塔板板面根据所起作用不同分为 4 个区域，如图 6－16 所示（单溢流塔板）。

（1）鼓泡区。图中虚线以内的区域，为塔板上气液两相接触的有效面积。

（2）溢流区。降液管及受液盘所占的区域。

（3）安定区。溢流区和鼓泡区之间的不开孔区域称为安定区，又称破沫区。其作用是在液体进入降液管之前有一段不鼓泡的安定地带，以免液体大量夹带气泡进入降液管。

（4）无效区。靠近塔壁的一圈边缘区域供支承塔板的边梁之用，也称边缘区。为了防止液体经无效区流过而产生短路现象，可在塔板上沿塔壁设置挡板。

3. 除沫装置

在精馏设备中，通常在设备的顶部设有除沫装置，用于分离出口气中夹带的液沫和液滴，以提高产品质量，减少夹带损失。

除沫装置的结构形式较多，按材料分为板式、填料、丝网除沫器；按气体流动方式分为折流、旋流、离心除沫器；按安装形式分为立式、平放和斜放3种。

常用的除沫器有以下几种。

（1）折流式除沫器。折流式除沫器是一种利用惯性使液滴得以分离的装置，结构见图6－17，其结构简单，除沫效率低，主要用于大液滴和要求不严格的分离场合，能除去50μm以上的液滴。

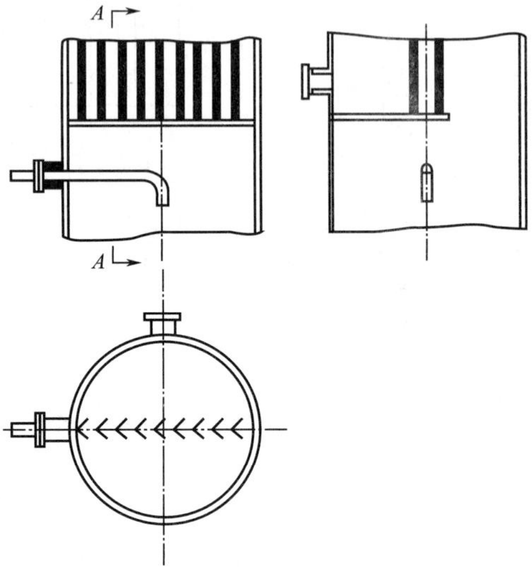

图6－17　折流式除沫器

（2）旋流板除沫器。该除沫器由几块固定的旋流板片组成，见图6－18。气体通过旋流板时，产生旋转流动，造成了一个离心力场，液滴在离心力作用下，向塔壁运动，实现了气液分离。这种除沫器，效率较高，但压降稍大，适用于大塔径，净化要求高的场合。

（3）丝网除沫器。丝网除沫器是常用的除沫器，由金属丝网卷成高度为100～150mm的盘状使用，也是利用惯性使液滴得以分离的装置，其安装方式有多种，如图6－19所示。气体通过除沫器的压降稍大，丝网除沫器的直径由气体通过丝网的最大气速决定。

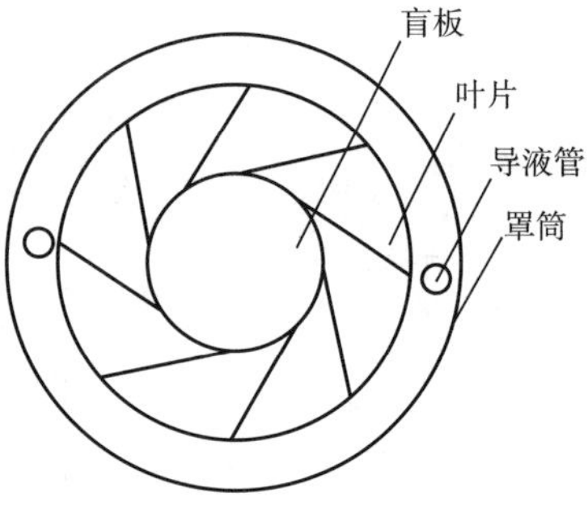

图6－18　旋流板除沫器

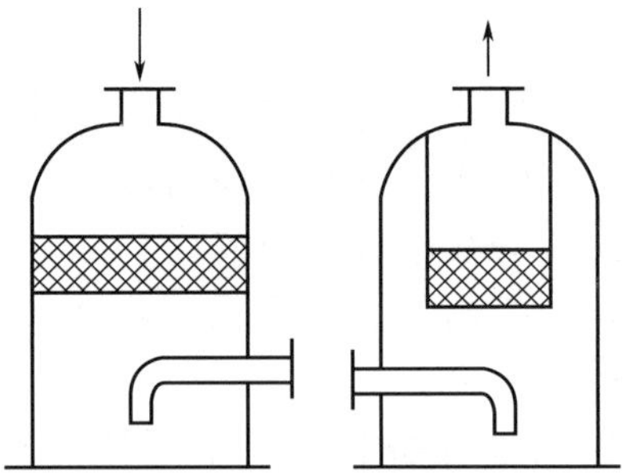
图6－19　丝网除沫器

4. 容器接管

化工容器的接管是连接容器与工艺管线的附件，还可以安装测量仪表，设置分析取样口等。

（1）流体进出口接管。接管直径的大小，由输送流体的流量和管内常用流速确定。根据物料的流量、密度、黏度等选择安全适宜的流速，由流量和流速计算出所需的管径，根据管径的计算值，查管材手册确定管的规格。

接管的结构形式，根据不同用途而有所差异。液体进料管往往伸入容器内，以避免液体沿内壁流下；对易腐蚀或堵塞的流体应采用可拆卸结构；底部出料口要使液体毫无困难地排出，若有气体时，还需防止气体倒流，有时需装防涡流挡板等。

接管长度与接管连接方式有关，一般用途的接管一端焊上法兰，另一端焊接在设备上。接管长度为设备外壁至管法兰密封面之间的距离，该距离的长度要便于上紧螺栓，要考虑设备保温层的厚度。位于靠近设备法兰的接管，应将接管伸长到设备法兰外，使设备法兰和接管法兰互不影响安装。对于倾斜接管，应按法兰最外缘与壳体外壁或保温层外壁之间的距离不少于25mm来决定接管长度。

（2）仪表接口管。设备内部的压力或温度需要测量时，要慎重选择位置，测点位置要能真正反映设备内部的情况，同时要操作、维修方便。

①压力计接口。压力计接管一般都是带法兰的接管，并附带法兰盖。其接管较小，大都为DN10～40mm。低压情况下，可采用刚性较好的DN25mm接管；中压以上多采用DN10mm的接管；在衬胶、衬铅设备上，或易堵塞的物系，就采用DN40mm的接管。

②温度计接口。安装温度计时，可以用法兰连接固定，也可以用螺纹连接固定，视具体情况而定。

5. 视镜或液面计

（1）视镜。视镜除用来观察设备内部情况外，也可用作液面指示镜。视镜既受工作压力，还要能承受高温、热应力和化学腐蚀的作用。压力容器的视镜多为圆形，常用的圆形视镜有带颈和不带颈的，有的视镜附加衬膜，有的加安全保护装置，有的加保温装置或冲洗装置。

视镜的公称直径一般为DN50～150mm。DN50mm用于小设备；DN80mm只能供一只眼睛窥视；DN125mm可供两只眼睛窥视；DN150mm用于较大容器或塔设备。现有视镜已标准化。

视镜用作液面指示时，应根据要求的指示范围，设置一个或多个视镜。

（2）液面计。液面计是用来观察设备内部液位变化的一种装置。一般塔设备底部需要控制液位起液封作用时可设液面计。

化工生产中常用的液面计，按结构形式可分为玻璃管液面计、玻璃板液面计、浮标液面计、浮子液面计、磁性浮子及防霜液面计等。塔设备内采用的是玻璃管的玻璃板液面计。

玻璃液面计有反射式和透光式两种。反射式使气液之间有明显的界面，适用于稍有色泽的液体，且环境光线较好的场合；透光式又叫双平板式，适用于无色透明液体，要求有较好的观察位置及光线较好的场合，光线较差时可在背后加照明装置。这类液面计都可带加热或冷却装置，板式液面计的强度好，但制造麻烦，适用于高压或制造严格的场合。玻璃管液面计是一种直读式液位测量仪表，两端各装有一个针形阀，将液位计与设备隔开，以便清洗检修，更换零件，常用于低压设备。液面计玻璃管不得任意增长，否则会降低玻璃管的耐压能力。常用的玻璃管为DN15～40mm。

液面计的选用应根据操作温度、压力、物系的性质、安装位置及环境条件等因素确定。玻璃液面计与设备可采用法兰或螺纹连接，连接时要保证液面计的垂直与同心度，避免安装应力。

6. 人孔与手孔

由于工艺过程和安装、检修的需要，在容器筒体或封头上需要开孔和安装接管。在设备上允许开孔的尺寸也有一定的限制。

（1）人孔或手孔允许开孔的范围。在设备筒体上开孔的最大直径 d 不得超过以下数值：

①设备内径 $D \leqslant 1500\text{mm}$ 时，则 $d \leqslant D/2$，且 $d \leqslant 500\text{mm}$；

②设备内径 $D > 1500\text{mm}$ 时，则 $d \leqslant D/3$，且 $d \leqslant 1000\text{mm}$；

③在凸形封头和球壳上开孔的最大直径为 $d \leqslant D/2$。

（2）允许不另外补强的最大开孔直径。在筒体、球体和凸形封头上开孔时，满足下述要求时，可不进行补强。

①两相邻开孔中心的间距不小于两孔径之和的两倍；

②当壳体壁厚大于 12mm 时，接管公称直径小于或等于 80mm；当壳体壁厚小于或等于 12mm 时，按管公称直径小于或等于 50mm。

（3）人孔与手孔的类型。在化工设备中，为了便于设备内部附件的安装、修理、防腐、检查和清洗，往往要开设人孔或手孔。

按压力可分为常压人孔与受压人孔；按形状分为圆形、椭圆形和矩形人孔；按法兰结构有平焊法兰人孔与对焊法兰人孔；按开启难易有一般人孔与快开人孔；按盖的结构有平盖人孔与拱形盖人孔等。

任务二　蒸馏操作的基础知识

一、气、液相平衡

在蒸馏或精馏设备中，气体自沸腾液体中产生，可近似地认为气体和液体处于平衡状态。下面讨论两相共存的平衡物系中气液两相组成之间的关系。

1. 气、液相组成表示

发生在相与相之间的质量传递，组分在各相中的含量也会发生变化，各组分在各相中的含量表示方法常用以下几种。在传质计算中，通常以 x 表示液相组成，以 y 表示气相组成。

（1）质量分数。混合物中某组分的质量与混合物的总质量之比称为该组分的质量分数。若混合物的总质量为 m，而其中所含组分 A、B、C……的质量分别为 m_A、m_B、m_C……，则各组分的质量分数为：

$$w_A = \frac{m_A}{m}; w_B = \frac{m_B}{m}; w_C = \frac{m_C}{m} \tag{6-1}$$

$$w_A + w_B + w_C + \cdots = 1 \tag{6-1a}$$

式中：w_A、w_B、w_C……——分别表示组分 A、B、C……的质量分数。

如果是双组分溶液，则有 $w_A + w_B = 1$，$w_B = 1 - w_A$。

（2）摩尔分数。混合物中某组分的摩尔数与混合物的总摩尔数之比称为该组分的摩尔分数。若混合物的总摩尔数为 n，其中所含组分 A、B、C……的摩尔数分别为 n_A、n_B、

n_C……，则各组分的摩尔分数为：

$$x_A = \frac{n_A}{n}; x_B = \frac{n_B}{n}; x_C = \frac{n_C}{n} \tag{6-2}$$

$$x_A + x_B + x_C + \cdots\cdots = 1$$

式中：x_A、x_B、x_C……——分别表示组分 A、B、C……的摩尔分数。

如果是双组分溶液，则有 $x_A + x_B = 1$，$x_B = 1 - x_A$。

（3）气体混合物组成。气体混合物组成，除了可用上述方法表示外，还可以用组分的分压和分体积表示。

理想气体混合物中某一组分的摩尔分数等于该组分的分压与混合气体总压之比，即压力分数；还等于该组分的分体积与混合气体总体积之比，即体积分数。

$$y_A = \frac{p_A}{P} = \frac{V_A}{V}; y_B = \frac{p_B}{P} = \frac{V_B}{V}; \cdots\cdots \tag{6-3}$$

$$y_A + y_B = 1 \tag{6-3a}$$

式中：y_A、y_B——混合气体中 A、B 组分的摩尔分数；

P——混合气体的总压，Pa；

p_A、p_B——混合气体中组分 A 和 B 的分压，Pa；

V——混合气体的总体积，m^3；

V_A、V_B——混合气体中组分 A 和 B 的分体积，m^3。

在蒸馏操作中为了方便起见，在表示其组成时，通常用易挥发组分的组成来表示，不再加下标。例如，x，y 即分别表示易挥发组分 A 在液相中和气相中的摩尔分率。

2. 气液相平衡的概念

体系内部物理性质和化学性质完全均匀一致的部分称为“相”。相与相之间有明显的分界面，例如水和水蒸气混合在一起，水和其上方的水蒸气也是具有不同物理性质有明显界面的两相，水为液相，水蒸气为气相。蒸馏过程的混合物，虽然是多组分的，但不同组分的液体没有分界面，是一个液相，混合液上方的蒸气虽然也是多组分，也是没有分界面，是一个气相，但与液体有明显的分界面。这种气液两相达到平衡状态时的关系称为气液相平衡状态。把这种气液两相在平衡状态下的浓度关系，称为气液平衡关系。相平衡时，混合物液面上的蒸气压是各组分的蒸气压的和。

3. 理想溶液的气液相平衡关系

根据溶液中的分子间作用力与不同分子间的作用力的差异，可将溶液分为理想溶液和非理想溶液。所谓理想溶液，是指在这种溶液内，组分 A、B 的分子间作用力 f_{AB}，与纯组分 A 的分子间作用力 f_{AA} 或纯组分 B 的分子间作用力 f_{BB} 相等。反之，纯组分间作用力 f_{AA} 及 f_{BB} 与组分 A、B 分子间作用力 f_{AB} 不相等，则称该溶液为非理想溶液。实验表明，理想溶液气液相平衡关系服从拉乌尔定律。

对于理想溶液，在一定温度下，气液相平衡时，气相中任一组分的分压等于该纯组分在该温度下的饱和蒸气压乘以它在液相中的摩尔分数。

$$p = p^0 \times x \tag{6-4}$$

式中：p——溶液上方某组分的平衡分压，Pa；

p^0——在当时温度下该纯组分的饱和蒸气压，Pa；

x——溶液中该组分的摩尔分数。

对于由A（易挥发组分）和B（难挥发组分）所组成的理想溶液，当溶液上方平衡总压p（p_A+p_B）时，$p_A=p_A^0x_A$，$p_B=p_B^0x_B=p_B^0$（$1-x_A$），所以总压$p=p_A+p_B=p_A^0x_A+p_B^0(1-x_A)$。

则：溶液中易挥发组分的浓度：

$$x_A=\frac{p-p_B^0}{p_A^0-p_B^0} \tag{6-5}$$

同时溶液上方蒸气的组分：

$$y_A=\frac{p_A}{p}=\frac{p_A^0}{p}x_A \tag{6-6}$$

式（6-5）与式（6-6）就是用饱和蒸气压表示的双组分理想溶液的气液相平衡关系。

4. 气液平衡相图

用相图来表达气液平衡关系较为直观，尤其对两组分蒸馏的气液平衡关系的表达更为方便，影响蒸馏的因素可在相图上直接反映出来。蒸馏中常用的相图为恒压下的沸点—组成图及气相-液相组成图。

（1）沸点—组成图（$t-x-y$）。$t-x-y$图在恒定的总压下，溶液的平衡温度随组成而变，将平衡温度与液（气）相的组成关系标绘成曲线图，该曲线图即为沸点-组成图或$t-x-y$图。

图6-20所示为总压101.3kPa下，苯-甲苯混合液的平衡沸点-组成图。图中以x（或y）为横坐标，以t为纵坐标。图中有两条曲线，上方的曲线为$t-y$线，表示混合物的平衡温度t与气相组成y之间的关系，称为饱和蒸气线或露点线；下方的曲线为$t-x$线，表示混合物的平衡温度t与液相组成x之间的关系，称为饱和液相线或泡点线。上述的两条曲线将$t-x-y$图分成3个区域。饱和液相线以下的区域代表未沸腾的液体，称为液相区；饱和蒸气线上方的区域代表过热蒸气，称为过热蒸气区；两曲线包围的区域表示气液两相同时存在，称为气液相共存区。

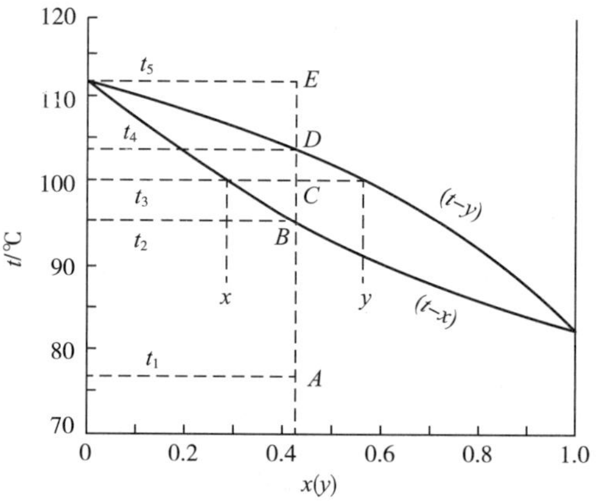

图6-20　苯-甲苯混合液的$t-x-y$图

在恒定的压力下，若将温度为t_1、组成为x_1（图中点A）的混合液加热，当温度升高到t_2（点B）时，溶液开始沸腾，此时产生第一个气泡，该温度即为泡点温度t_B。继续升温到t_3（点C）时，气液两相共存，其气相组成为y、液相组成为x，两相互成平衡。同样，若将温度为t_5、组成为y_1（点E）的过热蒸气冷却，当温度降到t_4（点D）时，过热蒸气开始冷凝，此时产生第一个液滴，该温度即为露点温度t_D。继续降温到t_3（点C）时，气液两相共存。

由图6-20可见，气液两相呈平衡时，气液两相的温度相同，气相组成（易挥发组分）大于液相组成；若气液两相组成相同时，则露点温度总是大于泡点温度，故气相线位于液相线之上。

（2）气－液相组成图（$x-y$ 图）。$x-y$ 图直观地表达了在一定压力下，处于平衡状态的气液两相组成的关系，在蒸馏计算中应用最为普遍。

图 6－21 所示为总压 101kPa 下，苯—甲苯混合物系的 $x-y$ 图。图中以 x 为横坐标，y 为纵坐标。图中的曲线代表液相组成和与之平衡的气相组成间的关系，称为平衡曲线。若已知液相组成 x_1，可由平衡曲线得出与之平衡的气相组成 y_1，反之亦然。图中的直线为对角线（$x=y$），该线作为参考线供计算时使用。对于理想物系，气相组成 y 恒大于液相组成 x，故平衡线位于对角线上方。平衡线偏离对角线越远，表示该溶液越易分离。

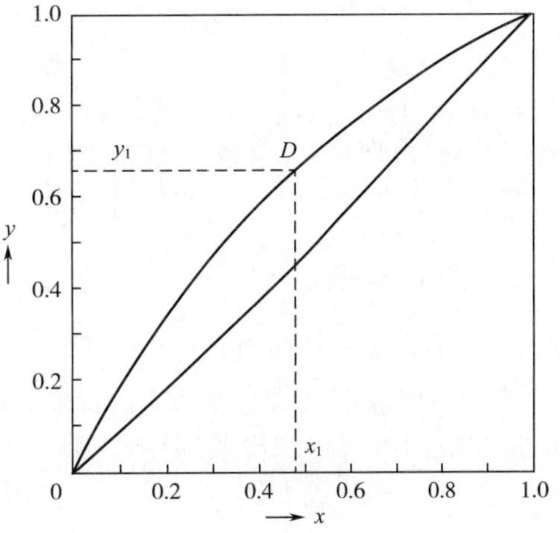

图 6－21　苯－甲苯混合液的 $x-y$ 图

二、相对挥发度

溶液的气、液相平衡关系除了用相图表示外，还可以用相对挥发度来表示。

1. 挥发度

挥发度是表示某种液体容易挥发的程度。对于纯组分通常用它的饱和蒸气压来表示，而溶液中各组分的蒸气压因组分间的相互影响要比纯态时低。故溶液中各组分的挥发度则用它在一定温度下蒸气中的分压和与之平衡的液相中该组分的摩尔分数之比来表示。

组分 A 的挥发度：
$$v_A=\frac{p_A}{x_A} \tag{6-7}$$

组分 B 的挥发度：
$$v_B=\frac{p_B}{x_B} \tag{6-8}$$

式中：v_A、v_B——组分 A、B 的挥发度，Pa；

x_A、x_B——组分 A、B 在平衡液相中的摩尔分数；

p_A、p_B——组分 A、B 在平衡气相中的分压，Pa。

组分挥发度的大小需通过实验测定。对于理想溶液，符合拉乌尔定律。

则：$v_A=\frac{p_A}{x_A}=\frac{p_A^0 x_A}{x_A}=p_A^0$，同理：$v_B=\frac{p_B}{x_B}=p_B^0$

2. 相对挥发度

挥发度表示某组分挥发能力的大小，随温度而变，在使用上不太方便，习惯上将易挥发组分的挥发度与难挥发组分的挥发度之比称为相对挥发度，以 α_{AB} 表示。

对于两组分溶液，气液相平衡关系式为：

$$y_A=\frac{\alpha_{AB}x_A}{1+(\alpha_{AB}-1)x_A} \tag{6-9}$$

根据相对挥发度值 α_{AB} 的大小可判断某混合液是否能用一般蒸馏方法分离及分离的难易程度。

若 $\alpha_{AB}>1$，此时 $p_A^0>p_B^0$，当 x_A一定时，α 越大，则气相中的 y_A就越大，说明该溶液中两组分容易用蒸馏方法分离，组分 A 较组分 B 易挥发。

若 $\alpha_{AB}=1$，$v_A=v_B$，$p_A^0=p_B^0$，$y_A=x_A$，其气相组成等于其液相组成，即不能用普通的蒸馏方法将 A、B 两组分分离，而需要用特殊蒸馏的方法分离。

若 $\alpha_{AB}<1$，$p_A^0<p_B^0$，说明组分 A 较组分 B 难挥发，与 $\alpha_{AB}>1$ 相反。

三、精馏原理

1. 简单蒸馏和平衡蒸馏

（1）简单蒸馏（微分蒸馏）。简单蒸馏是使混合物在蒸馏釜中逐次地部分汽化，并不断地将生成的蒸气移去冷凝器中冷凝，可使组分部分地分离，这种方法称为简单蒸馏，又称微分蒸馏，其装置如图 6－22 所示。操作时，将原料液送入一个密闭的蒸馏釜中加热，使溶液沸腾，将所产生的蒸气通过颈管及蒸气引导管引入冷凝器 2，冷凝后的馏出液送入贮槽 3 内。这种蒸馏方法由于不断地将蒸气移去，釜中的液相易挥发组分的浓度逐渐降低，馏出液的浓度也逐渐降低，故需分罐贮存不同组成范围的馏出液。当釜中液体浓度下降到规定要求时，便停止蒸馏，将残液排出。

简单蒸馏是间歇操作。简单蒸馏适用于分离相对挥发度相差较大，分离程度要求不高的互溶混合物的粗略分离，例如石油的粗馏。

（2）平衡蒸馏（闪蒸）。平衡蒸馏又称闪蒸。料液连续地加入加热釜，加热至一定温度后，经减压阀减压至预定压强送入分离器，由于压强的降低使过热液体在减压情况下大量自蒸发，这时部分液体汽化，气相中含易挥发组分多，气相沿分离器上升至塔顶冷凝器全部冷凝成塔顶产品。未汽化的液相中难挥发组分浓度增加，此液相沿分离器下降至塔底引出，成为塔底产品，如图 6－23 所示。

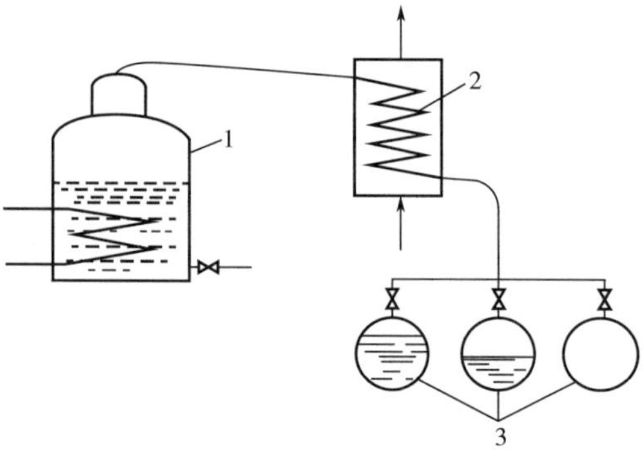

图 6－22　简单蒸馏装置

1—蒸馏釜　2—冷凝器　3—贮槽

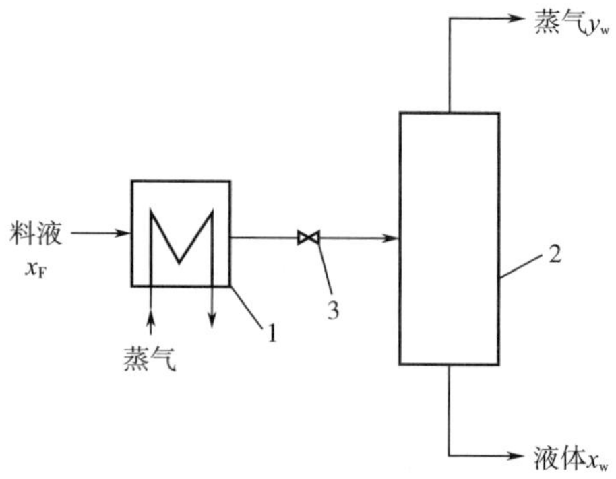

图 6－23　闪蒸装置

1—加热器　2—闪蒸罐　3—减压阀

这种蒸馏方法可以连续进料，连续移出蒸气和液相，是一个连续的稳定过程，所以可以得到稳定浓度的气相和液相，但分离程度仍然不高。所形成的气液两相可认为达到平衡，所以叫平衡蒸馏。

2. 精馏

（1）多次部分汽化和部分冷凝。如图 6－24、图 6－25 所示，将组成为 x_F、温度为 t_F 的

混合物加热到 t_1 使其部分汽化后，气相和液相分开，所得到的气相组成为 y_1，液相组成为 x_1，由 $t-x-y$ 图可以看出：$y_1 > x_F > x_1$。

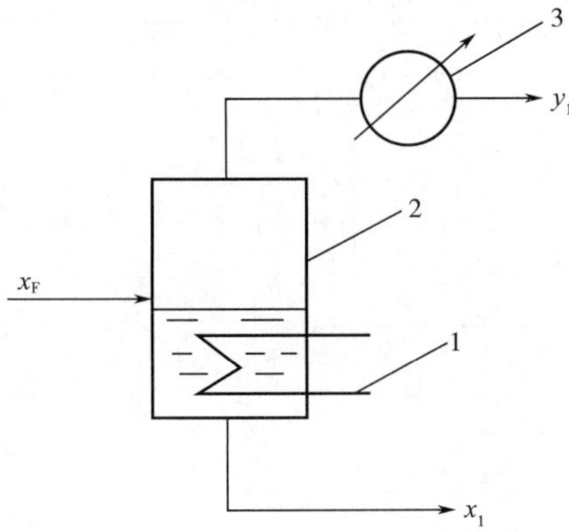

图 6－24 一次部分汽化示意图

1—加热器 2—分离器 3—冷凝器

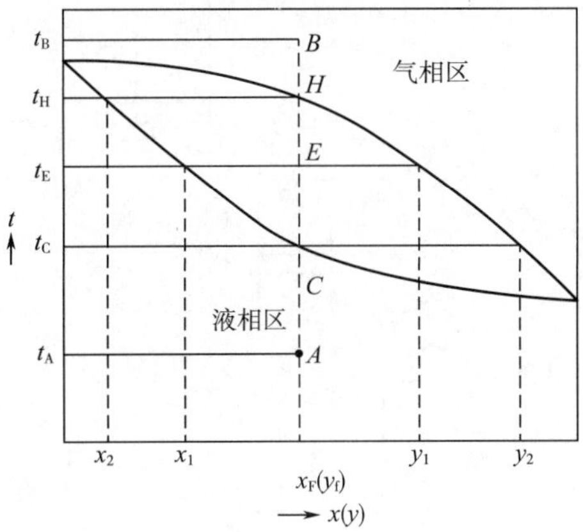

图 6－25 一次部分汽化 $t-x-y$ 示意图

可见，将液体混合物进行一次部分汽化的过程，只能起到部分分离的作用。显然，要使混合物得到完全分离，必须进行多次部分汽化和部分冷凝的过程。图 6－26 所示为一个多级分离过程，若将第一级溶液部分汽化所得到的气相产品在冷凝器中加以冷凝，然后再将冷凝液在第二级中部分汽化，此时所得到的气相组成为 y_2，且 $y_2 > y_1$，这样部分汽化的次数越多，所得到的蒸气浓度也越高，最后可得到几乎纯态的易挥发组分。同理若将从各分离器所得到的液相产品分别进行多次部分汽化和分离，这种次数越多，得到的液相浓度也越低，最后可得到几乎纯态的难挥发组分。

应当指出，这种操作存在着如下问题：收率低、中间馏分未加利用、热能利用率不高、消耗了大量的加热蒸气和冷却水、操作不稳定。

针对上述流程，将图 6－26 进行改进得出了图 6－27 所示的流程。将每一级的中间产品返回到下一级中去，图示将 y_1 与 x_3 相混合，这样就消除了中间产品，气相（温度为 t_1）与液相混合（温度为 t_3），$t_1 > t_3$，它们同时进行着热量和质量的传递，使液相中易挥发组分部分汽化为蒸气，气相中难挥发组分部分冷凝为液相，结果 $y_2 > y_1$，$x_2 < x_3$。且省去了中间加热器和冷凝器，补充了各釜的易挥发组分，使塔板上的液相组成保持稳定，提高了产品收率。对于最上一级而言，将 y_3 冷凝后不是全部作为产品，而将其中的一部分返回作为液相回流。对增浓难挥发组分来说，道理是完全相同的。如图 6－27 所示，在进行质量传递和热量传递的同时，液相中难挥发组分的浓度增加，气相中易挥发组分的浓度增加。只要选定适当的釜数，即可从最后一釜的液相得到较纯的难挥发组分。最下面一个釜的蒸气只能由该釜液体汽化得到，汽化所需的热量由加热器供给。即，精馏是将由挥发度不同的组分所组成的混合液，在精馏塔中同时进行多次的部分汽化和部分冷凝操作，使其分离成几乎纯态组分的过程。

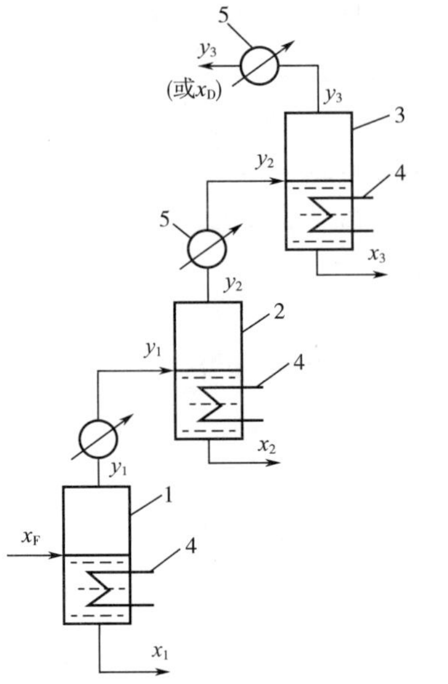

图 6－26　多次部分汽化的分离示意图

1，2，3—分离器　4—加热器　5—冷凝器

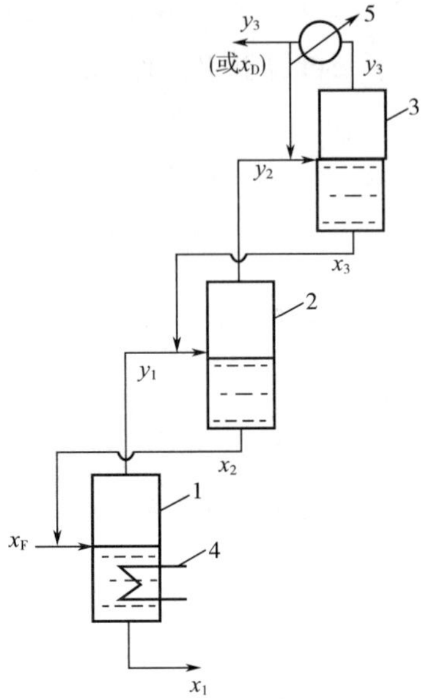

图 6－27　无中间产品的部分汽化示意图

1，2，3—分离器　4—加热器　5—冷凝器

（2）精馏模型。上述的多次部分汽化和冷凝过程是在精馏塔内进行的。在精馏塔内通常装有一些塔板或一定高度的填料，前者称为板式塔，后者则称为填料塔。现以板式塔为例，说明在塔内进行的精馏过程。

图 6－28 所示为精馏塔中任意第 n 层塔板上的操作情况。在塔板上，设置升气道（筛孔、泡罩或浮阀等），由下层塔板（$n+1$ 板）上升蒸气通过第 n 板的升气道；而上层塔板（$n-1$ 板）上的液体通过降液管下降到第 n 板上，在该板上横向流动而流入下一层板。蒸气鼓泡穿过液层，与液相进行热量和质量的交换。

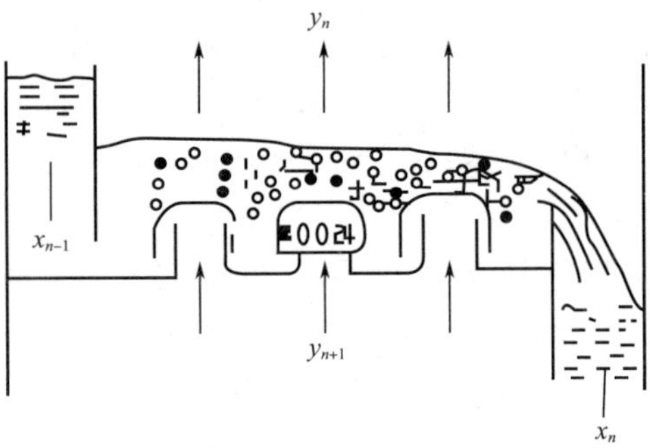

图 6－28　塔板上的操作情况

设进入第 n 板的气相组成和温度分别为 y_{n+1} 和 t_{n+1}，液相组成和温度分别为 x_{n-1} 和 t_{n-1}，且 t_{n+1} 大于 t_{n-1}，x_{n-1} 大于与 y_{n+1} 呈平衡的液相组成 x_{n+1}。由于存在温度差和浓度差，气相发生部分冷凝，因难挥发组分更易冷凝，故气相中部分难挥发组分冷凝后进入液相；同时液相发生部分汽化，因易挥发组分更易汽化，故液相中部分易挥发组分汽化后进入气相。其结果是离开第 n 板的气相中易挥发组分的组成较进入该板时增高，即 $y_n > y_{n+1}$，而离开该板的液相中易挥发组分的组成较进入该板时降低，即 $x_n < x_{n-1}$。由此可见，气体通过一层塔板，即进行了一次部分汽化和冷凝过程。当它们经过多层塔板后，则进行了多次部分汽化和冷凝过程，最后在塔顶气相中获得较纯的易挥发组分，在塔底液相中获得较纯的难

挥发组分，从而实现了液体混合物的分离。

塔板是气液两相进行传热与传质的场所，每层塔板上必须有气相和液相的流过。为实现上述操作，必须从塔顶引入回流液和从塔底产生上升蒸气，以建立气液两相体系。因此，塔顶液体回流和塔底上升蒸气流是精馏过程连续进行的必要条件，回流是精馏与普通蒸馏的本质区别。

加料板将精馏塔分成两段，加料板以上的部分称为精馏段，加料板以下的部分（含加料板）称为提馏段。精馏段的作用是浓缩轻组分，提馏段的作用是浓缩重组分。

总而言之，全塔各板中，易挥发组分在气相中的浓度自下而上逐板增加，而其在液相中的浓度自上而下逐板下降；由塔顶可得到几乎纯的易挥发组分；难挥发组分在液相中的浓度自上而下逐板增加，而在其气相中的浓度自下而上逐板下降，由塔底可得到几乎纯的难挥发组分。温度是自上而下逐板增加，塔顶温度最低，塔釜温度最高。当某一块上的浓度与原料液的浓度相同或相近时，原料液由此引入。

3. 精馏操作流程

根据精馏原理可知，单有精馏塔尚不能完成精馏操作，还必须有提供回流液的塔顶冷凝器、提供上升蒸气流的塔底再沸器及其他附属设备。将这些设备进行安装组合，即构成了精馏操作流程。精馏过程根据操作方式的不同，分为连续精馏和间歇精馏两种流程。

（1）连续精馏操作流程。图 6－29 所示为典型的连续精馏操作流程。操作时，原料液连续地加入精馏塔内。连续地从再沸器取出部分液体作为塔底产品（称为釜残液）；部分液体被汽化，产生上升蒸气，依次通过各层塔板。塔顶蒸气进入冷凝器被全部冷凝，将部分冷凝液用泵（或借重力作用）送回塔顶作为回流液体，其余部分作为塔顶产品（称为馏出液）采出。

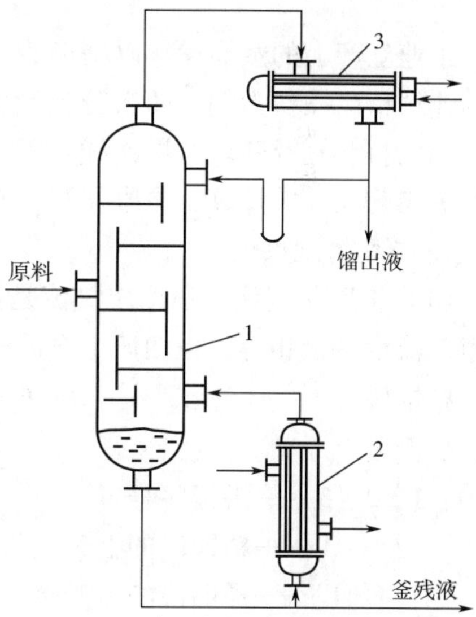

图 6－29　连续精馏操作流程

1—精馏塔　2—再沸器　3—冷凝器

通常，将原料液加入的那层塔板称为进料板。在进料板以上的塔段，上升气相中难挥发组分向液相中传递，易挥发组分的含量逐渐增高，最终达到了上升气相的精制，因而称为精馏段。进料板以下的塔段（包括进料板），完成了下降液体中易挥发组分的提出，从而提高塔顶易挥发组分的收率，同时获得高含量的难挥发组分塔底产品，因而将之称为提馏段。

（2）间歇精馏操作流程。图 6－30 所示为间歇精馏操作流程。与连续精馏不同之处是：原料液一次加入精馏釜中，因而间歇精馏塔只有精馏段而无提馏段。在精馏过程中，精馏釜的釜液组成不断变化，在塔底上升蒸气量和塔顶回流液量恒定的条件下，馏出液的组成也逐渐降低。当精馏釜的釜液达到规定组成后，精馏操作即被停止。

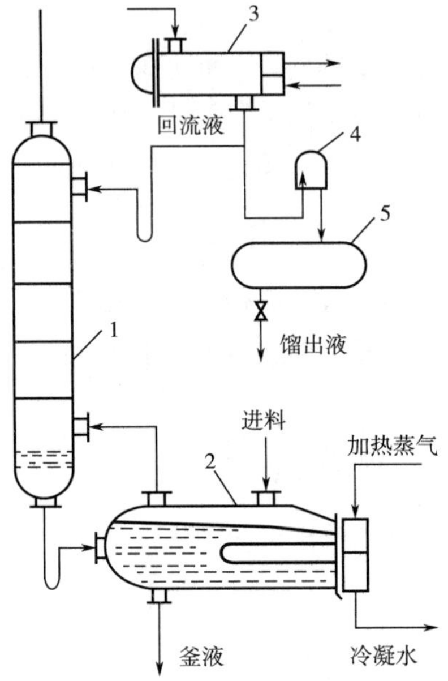

图 6-30　间歇精馏操作流程

1—精馏塔　2—再沸器　3—全凝器　4—观察罩　5—贮槽

四、精馏过程的物料衡算及操作线方程

工业生产上的蒸馏操作以精馏为主，在大多数情况下采用连续精馏操作。以二元混合物的连续精馏操作为例，两组分连续精馏过程的计算，包括全塔的物料衡算、精馏段和提馏段的物料衡算及两段的操作线方程、理论塔板数及实际塔板数的计算、塔的类型的确定及相关工艺尺寸的计算、冷凝器和再沸器的计算等。

1. 恒摩尔流假设

（1）恒摩尔气流。恒摩尔气流是指在精馏塔内，从精馏段或提馏段每层塔板上升的气相摩尔流量各自相等，但两段上升的气相摩尔流量不一定相等。即：

精馏段　$$V_1 = V_2 = V_3 = \cdots = V \qquad (6-10)$$

提馏段　$$V_1' = V_2' = V_3' = \cdots = V' \qquad (6-11)$$

式中：1、2、3——塔板序号；

V——精馏段的上升蒸气量，kmol/h；

V'——提馏段的上升蒸气量，kmol/h。

（2）恒摩尔溢流。恒摩尔溢流是指在精馏塔内，从精馏段或提馏段每层塔板下降的液相摩尔流量分别相等，但两段下降的液相摩尔流量不一定相等。即：

精馏段　$$L_1 = L_2 = L_3 = \cdots = L \qquad (6-12)$$

提馏段　$$L_1' = L_2' = L_3' = \cdots = L' \qquad (6-13)$$

式中：1、2、3——塔板序号；

L——精馏段的回流液体量，kmol/h；

L'——提馏段的回流液体量，kmol/h。

2. 理论塔板

所谓理论塔板是指离开该板的气液两相互成平衡，而且塔板上的液相组成可视为均匀一致。实际上由于塔板上气、液之间的接触面积和接触时间有限，气液两相难以达到平衡状态。也就是说实际塔板与理论塔板有差距，但理论塔板可以作为衡量实际塔板分离效率的标准。通常在设计中总是先求得理论板数，然后再求得实际板数。引入理论塔板的概念，对精馏过程的分析和计算是非常有用的。

3. 塔顶的冷凝器为全凝器

塔顶引出的蒸气在塔顶的冷凝器中被全部冷凝，其冷凝液的一部分在泡点温度下回流入塔。因此：

$$x_D = y_1 = x_L \tag{6-14}$$

式中：x_L——回流液中易挥发组分的摩尔分数；

x_D——塔顶产品（馏出液）中易挥发组分的摩尔分数；

y_1——塔顶引出蒸气中易挥发组分的摩尔分数。

4. 物料衡算

（1）全塔的物料衡算。为了求出塔顶产品、塔底产品的流量和组成与原料液流量和组成之间的关系，对全塔作物料衡算，如图6－31所示，衡算式如下：

全塔总物料衡算式：

$$F = D + W \tag{6-15}$$

易挥发组分的物料衡算式：

$$Fx_F = Dx_D + Wx_W \tag{6-16}$$

塔顶采出率和塔底采出率：

塔顶采出率：
$$\frac{D}{F} = \frac{x_F - x_W}{x_D - x_W} \tag{6-17}$$

塔底采出率：
$$\frac{W}{F} = \frac{x_D - x_F}{x_D - x_W} \tag{6-18}$$

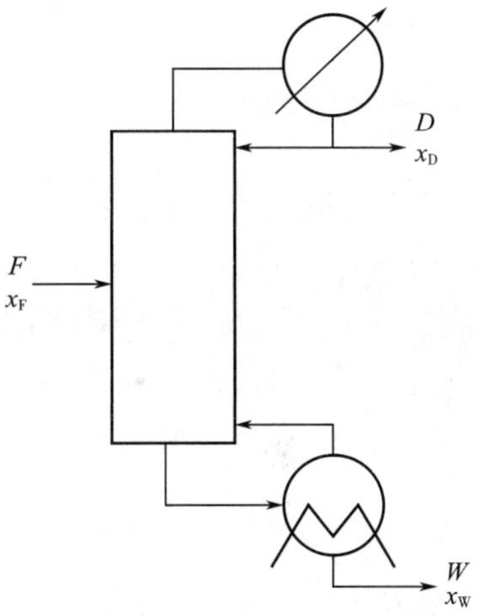

图6－31 全塔的物料衡算

式中：F——进塔的原料液流量，kmol/h；

x_F——料液中易挥发组分的摩尔分数；

D——塔顶产物（馏出液）的流量，kmol/h；

x_D——馏出液中易挥发组分的摩尔分数；

W——塔底产物（残液）的流量，kmol/h；

x_W——残液中易挥发组分的摩尔分数。

在精馏计算中，分离程度除塔顶、塔底产品的浓度表示外，有时还用回收率来表示：

馏出液中易挥发组分的回收率：

$$\frac{Dx_D}{Fx_F} \times 100\% \tag{6-19}$$

釜液中难挥发组分的回收率：

$$\frac{W(1 - x_W)}{F(1 - x_F)} \times 100\% \tag{6-20}$$

（2）精馏段的物料衡算及操作线方程。在连续精馏塔中，因原料不断进入塔中，故精馏段和提馏段的操作关系是不同的，应分别予以讨论。按图 6－32 虚线范围内（包括精馏段的第 $n+1$ 层板以上的塔段及冷凝器）作物料衡算。

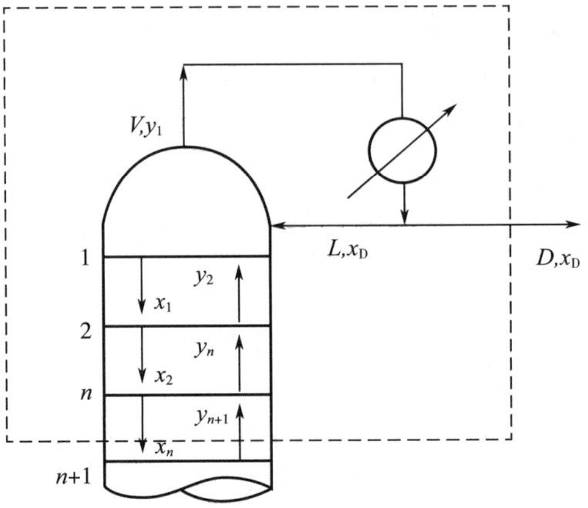

图 6－32　精馏段操作线方程推导示意图

总物料衡算式：

$$V = L + D \tag{6-21}$$

易挥发组分物料衡算式：

$$Vy_{n+1} = Lx_n + Dx_D \tag{6-22}$$

式中：x_n——精馏段第 n 层板下降液体中易挥发组分的摩尔分数；

y_{n+1}——精馏段第 $n+1$ 层板上升蒸气中易挥发组分的摩尔分数。

由式（6－21），式（6－22）整理得：

$$y_{n+1} = \frac{L}{L+D}x_n + \frac{D}{L+D}x_D \tag{6-23}$$

令 $R = \frac{L}{D}$，R 称为回流比，

则：

$$y_{n+1} = \frac{R}{R+1}x_n + \frac{1}{R+1}x_D \tag{6-24}$$

式（6－23）和式（6－24）均称为精馏段操作线方程，表示了在精馏塔的精馏段内，进入任一块塔板的气相组成与离开此塔板的液相组成之间的关系。该式在 $y-x$ 直角坐标图上为一条直线，其斜率为 $\frac{R}{R+1}$，截距为$\frac{x_D}{R+1}$，过定点（x_D，x_D）。

（3）提馏段的物料衡算及操作线方程。按图 6－33 虚线范围内（包括提馏段第 m 层板以下塔段及再沸器）作物料衡算。

总物料衡算式：

$$L' = V' + W \tag{6-25}$$

易挥发组分的物料衡算式：

$$L'x_m = V'y_{m+1} + Wx_W \tag{6-26}$$

式中：x_m——提馏段第 m 层板下降液体中易挥发组分的摩尔分数；

y_{m+1}——提馏段第 $m+1$ 层板上升蒸气中易挥发组分的摩尔分数。

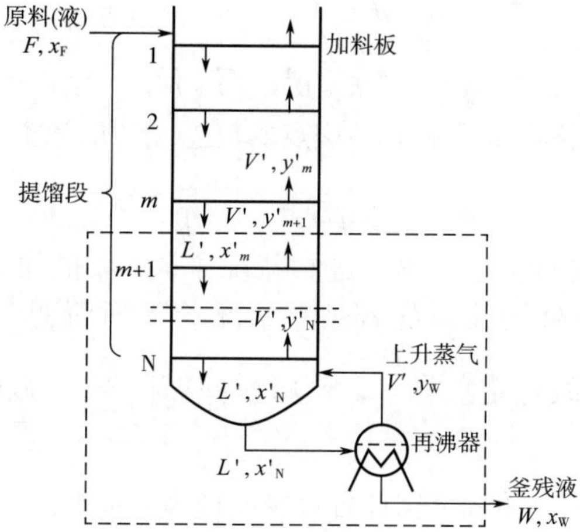

图 6－33　提馏段操作线方程推导示意图

L'——提馏段内每一块塔板向下的回流液量，kmol/h；

V'——提馏段内每一块塔板向上的蒸气量，kmol/h。

由式（6－25），式（6－26）整理得：

$$y_{m+1} = \frac{L'}{L'-W}x_m - \frac{W}{L'-W}x_W \tag{6-27}$$

式（6－27）为提馏段操作线方程。表示了在精馏塔的提馏段内，进入任一块塔板的气相组成与离开此塔板的液相组成之间的关系。该式在 $y-x$ 直角坐标图上也是一条直线，其斜率为 $\frac{L'}{L'-W}$，截距为 $-\frac{W}{L'-W}x_W$，过定点(x_W, x_W)。

五、进料状态

1. 进料状态参数

为了定量地分析进料量及其热状况对于精馏操作的影响，现引入进料热状况参数的概念。

以 q 表示各种进料状况下的液化分率，若进料总量为 F，则引入加料板的量为 qF。

$$q = \frac{\text{将 1kmol 进料变为饱和蒸气所需热量}}{\text{原料液每 kmol 汽化潜热}} \tag{6-28}$$

q 值称为进料的热状况参数。式（6－28）为进料热状况参数的定义式，由该式可计算各种进料热状况的 q 值。

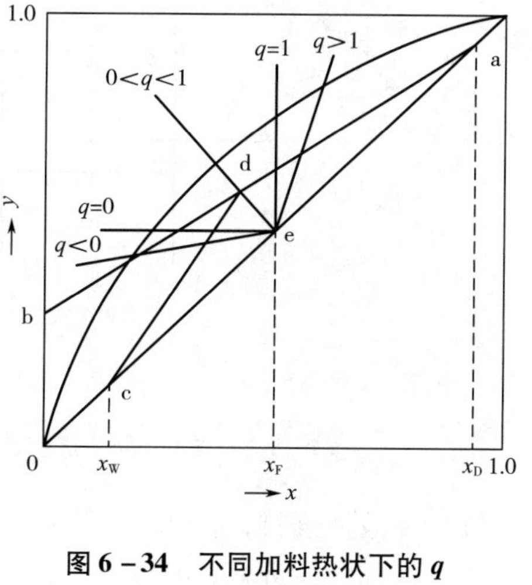

图 6－34　不同加料热状下的 q

2. q 线方程（两操作线交点的轨迹方程）

对加料板作物料衡算：

$$L' = L + qF \tag{6-29}$$

$$V = V' + (1-q)F \tag{6-30}$$

则提馏段操作线方程可改写为：

$$y_{m+1} = \frac{L + qF}{L + qF - W} x_m - \frac{W}{L + qF - W} x_W \tag{6-31}$$

$$y_{n+1} = \frac{L}{L + D} x_n + \frac{D}{L + D} x_D \tag{6-32}$$

q 线是由精馏段操作线和提馏段操作线交点的轨迹，解方程组（6－31）和（6－32）得：

$$y = \frac{q}{q-1} x - \frac{x_F}{q-1} \tag{6-33}$$

此式称为操作线交点的轨迹方程。进料状况不同，q 值便不同，q 线的斜率也就不同，故 q 线与精馏段操作线的交点随着进料状况的不同而变动，提馏段操作线也随之而变动，见图 6－34。q 线过定点（x_F，x_F），斜率为 $\frac{q}{q-1}$，截距为 $-\frac{x_F}{q-1}$。

3. q 值

进料热状况不同，q 值就不同，因此直接影响精馏塔内两段上升蒸气和下降液体量之间的关系，如图 6－35 所示。

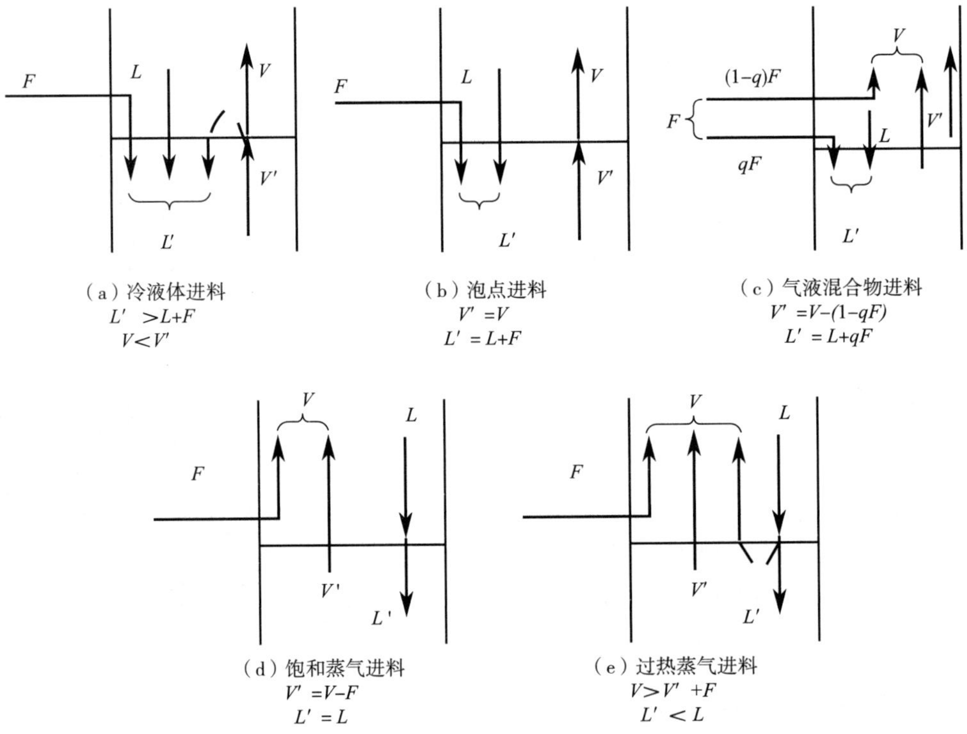

图 6－35　进料热状况对进料板上下各股流的影响

（1）冷液体进料，$q>1$。

（2）饱和液体进料，$q=1$。

（3）气液混合物进料，$q=0\sim1$。

（4）饱和蒸气进料，$q=0$。

（5）过热蒸气进料，$q<0$。

4. 加料板上的物料衡算

$$L' = L + qF \tag{6-34}$$

$$V = V' + (1-q)F \tag{6-35}$$

由于$L' = L + qF$，则提馏段操作线方程式另一种表达式为：

$$y_{m+1} = \frac{L+qF}{L+qF-W}x_m - \frac{W}{L+qF-W}x_W \tag{6-36}$$

【例6-1】 连续精馏塔的操作线方程有精馏段：$y=0.75x+0.205$；提馏段：$y=1.25x-0.020$，试求泡点进料时，原料液、馏出液、釜液组成及回流比。

解：$y = 0.75x + 0.205$

$\frac{R}{R+1} = 0.75, R = 3$

$\frac{x_D}{R+1} = 0.205 \qquad x_D = 0.82$

$y = 1.25x - 0.020$

$x_W = 1.25x_W - 0.020 \qquad x_W = 0.08$

$y = 0.75x + 0.205, y = 1.25x - 0.020$

$0.75x_F + 0.205 = 1.25x_F - 0.020, x_F = 0.45$

答：泡点进料时，原料液的组成为0.45，馏出液的组成为0.82，釜液组成为0.08，回流比为3。

【例6-2】 在连续精馏塔中分离某理想二元混合物。已知原料液流量为100kmol/h，组成为0.5（易挥发组分的摩尔分数，下同），饱和蒸气进料，馏出液组成为0.98，回流比为2.6。若要求易挥发组分回收率为96%，试计算：

（1）残液的摩尔流量；

（2）提馏段操作线方程。

解：（1）残液的摩尔流量：

$$\eta = \frac{Dx_D}{Fx_F}$$

式中：$\eta=0.96$，$x_D=0.98$，$F=100$kmol/h，$x_F=0.5$

$$\frac{0.98D}{100\times 0.5} = 0.96$$

$$D \approx 48.98\ (\text{kmol/h})$$

$$F = D + W \quad W = F - D$$

$$W = 100 - 48.98 = 51.02\ (\text{kmol/h})$$

（2）提馏段操作线方程：

$$y_{m+1} = \frac{L'}{L'-W}x_m - \frac{W}{L'-W}x_W$$

$$V = L + D = (R+1)D = (2.6+1)\times 48.98 \approx 176.33(\text{kmol/h})$$

$$L = RD \approx 127.35(\text{kmol/h})$$

饱和蒸气进料，$q = 0$

$$L' = L + qF = 127.35(\text{kmol/h})$$

$$V' = V - (1-q)F = 176.33 - 100 = 76.33(\text{kmol/h})$$

$$Fx_F = Dx_D + Wx_W$$

$$100 \times 0.5 = 48.98 \times 0.98 + 51.02x_W$$

$$x_W \approx 0.039$$

$$y_{m+1} = \frac{127.35}{127.35 - 51.02}x_m - \frac{51.02}{127.35 - 51.02}x_W$$

$$y_{m+1} \approx 1.668x_m - 0.026$$

六、理论塔板数的确定

板式精馏塔理论塔板数的计算是精馏计算的重要内容之一。通常，采用逐板计算法或图解法。求解理论塔板数时，必须利用气液平衡关系和操作线方程。

1. 逐板法求理论塔板数

从最上一块塔板上升的蒸气进入冷凝器中被全部冷凝，因此塔顶馏出液及回流液的组成均与第一块板上的上升蒸气组成相同，即：$x_D = y_1$。而离开每层块板的气液相组成互成平衡关系。$y_1 = \frac{\alpha x_1}{1+(\alpha-1)\ x_1}$，可求得 x_1，则第一块板上的相组成（x_1，y_1）即求出；对第二块板而言，其板上上升蒸气的组成 y_2 与 x_1 符合精馏段操作线方程，$y_2 = \frac{R}{R+1}x_1 + \frac{x_D}{R+1}$，由 x_1 可求得 y_2，同理由相平衡关系 $y_2 = \frac{\alpha x_2}{1+(\alpha-1)x_2}$ 可求得 x_2，即第二块板上的相组成（x_2，y_2）即求出；如此重复计算，直至 $x_n \leqslant x_F$（认为料液是饱和液体进料），则说明第 n 层塔板为加料板，则精馏段所需的理论塔板数为 $n-1$。

接着改在提馏段操作线方程与平衡线之间求理论塔板数。此时，$x_1' = x_n$，$y_1' = y_n$，加料板作为提馏段的第一块塔板，其相组成为（x_1'，y_1'）；对提馏段第二块板而言，其板上上升蒸气组成 y_2' 与 x_1' 符合提馏段操作线方程，$y_2' = \frac{L'}{L'-W}x_1' - \frac{W}{L'-W}x_W$，由 x_1' 可求得 y_2'，同理由相平衡关系 $y_2' = \frac{\alpha x_2'}{1+(\alpha-1)\ x_2'}$ 可求得 x_2'，即提馏段第二块板上的相组成（x_2'，y_2'）即求出；如此重复计算，直至 $x_m' \leqslant x_W$ 为止，由于塔釜相当于一块理论板，则提馏段的理论塔板数为 $m-1$，则总的理论塔板数为 $n+m-2$。

用这种逐板法求理论塔板数，计算结果较准确，并且同时求得每一层板上的气、液相组成。

2. 图解法求理论塔板数

图解法是以逐板计算法的基本原理为基础，用平衡曲线和操作线代替平衡方程和操作线方程，用简便的图解法求解理论板层数，该方法在两组分精馏计算中得到广泛应用。

（1）相平衡线。在直角坐标图上绘出混合物的气液相平衡曲线及对角线 $y = x$。

（2）操作线。精馏段和提馏段的操作线方程在 $x-y$ 图上均为直线。作图时，先找出操作线与对角线的交点，然后根据已知条件求出操作线的斜率（或截距），即可做出操作线。

①精馏段操作线的作法。将精馏段操作线方程与对角线方程 $y = x$ 联解，可得出精馏段操作线与对角线的交点 a（x_D，x_D）；再根据已知的 R 和 x_D，求出精馏段操作线在 y

轴的截距$\frac{1}{R+1}x_D$，依此值在 y 轴上标出点 b，直线 ab 即为精馏段操作线，如图 6－36 所示。

②提馏段操作线的作法。将提馏段操作线方程与对角线方程 $y=x$ 联解，可得出提馏段操作线与对角线的交点 c（x_W，x_W）；再找出提馏段操作线与精馏段操作线的交点 d，直线 cd 即为提馏段操作线。两操作线的交点可由联解两操作线方程而得。

精馏段操作线方程和提馏段操作线交点轨迹方程为：

$$y=\frac{q}{q-1}x-\frac{x_F}{q-1} \tag{6-37}$$

上式又称 q 线方程或进料方程。该式也是直线方程，过定点（x_F，x_F），如图 6－37 上的点 e 所示。过点 e 作斜率为$\frac{q}{q-1}$的直线与精馏段操作线交于点 d，连接 cd 即得提馏段操作线。

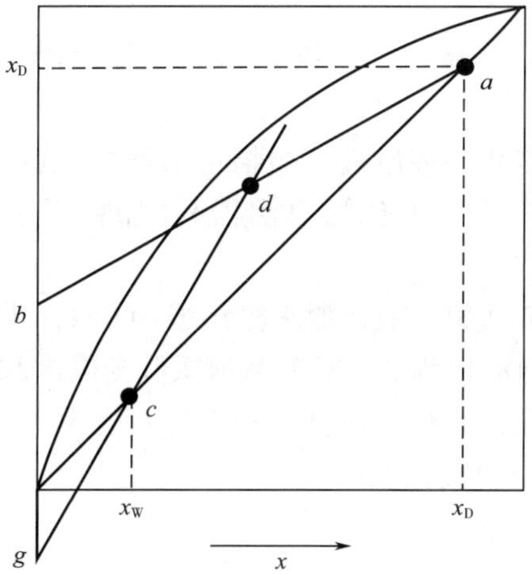

图 6－36　精馏塔操作线

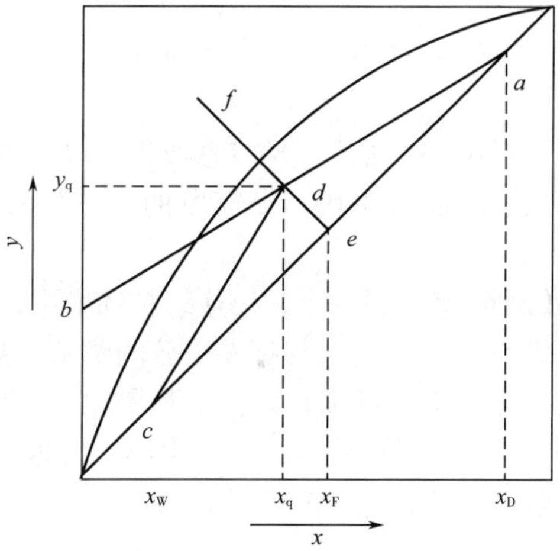

图 6－37　操作线的作法

③进料热状况对 q 线及操作线的影响。进料热状况参数 q 值不同，q 线的斜率也就不同，q 线与精馏段操作线的交点随之而变动，从而影响提馏段操作线的位置。当进料组成 x_F、操作回流比 R 及两产品组成 x_D、x_W 一定时，5 种不同进料热状况对 q 线及操作线的影响示于图 6－38 中。

（3）梯级图解法求理论板数。理论板层数的图解方法如图 6－39 所示。自对角线上的点 a 开始，在精馏段操作线与平衡线之间作由水平线和垂直线构成的阶梯，即从点 a 作水平线与平衡线交于点 1，该点即代表离开第一层理论板的气液相平衡组成（x_1，y_1），故由点 1 可确定 x_1。由点 1 作垂直线与精馏段操作线的交点 1′可确定 y_2。再由点 1′作水平线与平衡线交于点 2，由此点定出 x_2。如此，重复在平衡线与精馏段操作线之间作阶梯。当阶梯跨过两操作线的交点 d 时，改在提馏段操作线与平衡线之间绘阶梯，直至阶梯的垂线达到或跨过点 c（x_W，x_W）为止。平衡线上每个阶梯的顶点即代表一层理论板。跨过点 d 的阶梯为加料板，最后一个阶梯为再沸器。总理论板层数为阶梯数减 1（不含再沸器）。

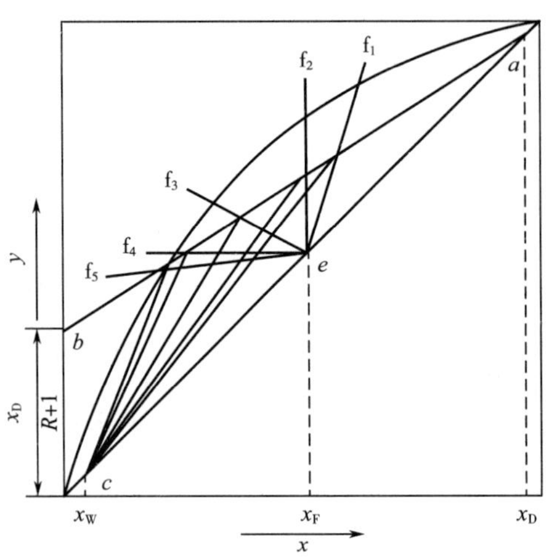

图 6－38　进料状况对操作线的影响

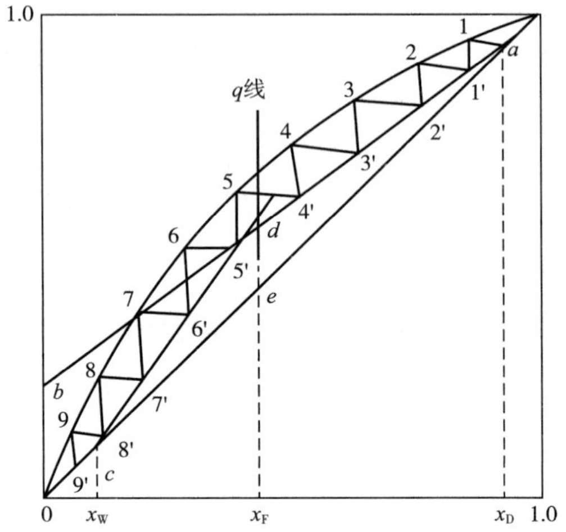

图 6－39　梯级图解法求理论板数

如图 6－39 所示，梯级总数为 9 块，表示共需 9 块理论板（包括再沸器），其中精馏段的理论塔板数为 4 块，提馏段的理论塔板数为 4 块（不包括再沸器），加料板位置为第 5 块。

【例 6－3】 在一个常压连续精馏塔中，分离某理想溶液，原料液组成为 0.4，塔顶馏出液组成为 0.95（均为易挥发组分的摩尔分数）。回流比为 3。每千摩尔原料变成饱和蒸气所需热量等于原料液的千摩尔汽化潜热的 1.2 倍。操作条件下溶液的相对挥发度为 2，塔顶采用全冷器，泡点回流。试计算由第二块理论板上升的气相组成。

解：$\alpha=2$，$x_D=0.95$，$R=3$

气液相平衡关系：$y=\dfrac{\alpha x}{1+(\alpha-1)x}=\dfrac{2x}{1+x}$

$y_1=x_D=0.95\qquad y_1=\dfrac{2x_1}{1+x_1}\qquad x_1\approx 0.905$

精馏段操作线方程：$y_{n+1}=\dfrac{R}{R+1}x_n+\dfrac{1}{R+1}x_D$

$y_{n+1}=\dfrac{3}{3+1}x_n+\dfrac{1}{3+1}\times 0.95=0.75x_n+0.2375$

$y_2=0.75x_1+0.2375=0.75\times 0.905+0.2375\approx 0.916$

答：精馏段第二块塔板的气相物料组成为 0.916。

3. 适宜的加料位置

前已述及，进料位置对应于两操作线交点 d 所在的梯级，这一位置即为适宜的进料位置。因为若实际进料位置下移（梯级已跨过两操作线交点 d，而仍在精馏段操作线和平衡线之间绘梯级）或上移（未跨过两操作线交点 d 而过早更换操作线），所需的理论板层数增多，只有在跨过两操作线交点 d 即更换操作线所需的理论板层数最少，如图 6－40 所示。

七、回流比

1. 回流比对理论塔板数的影响

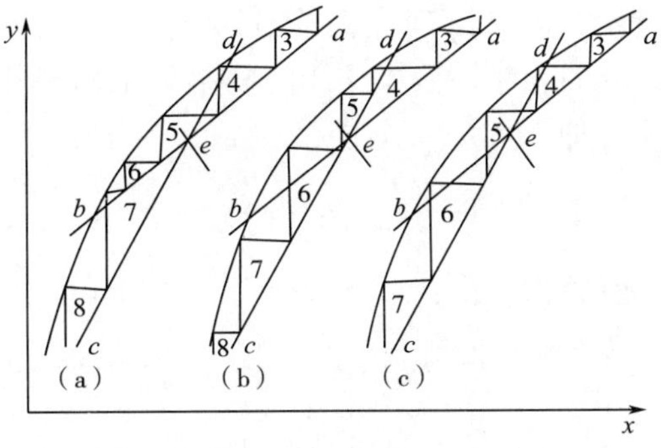

图 6－40　适宜的进料位置

回流是保证精馏塔连续稳定操作的必要条件。回流液的多少对整个精馏塔的操作有很大影响，因而选择适宜的回流比是非常重要的。对精馏段而言，进料状况和馏出液组成一定，即 q 线一定，（x_D，x_D）也是一定的。随着回流比的增加，精馏段操作线的截距 $\frac{x_D}{R+1}$ 越小，则其操作线偏离平衡线越远，或越接近于对角线，那么所需的理论塔板数越少，这就减少了设备费用。反之，回流比 R 减小，理论塔板数增加。但另一方面，随着回流比的增加，回流量 L 及上升蒸气量 V 均随之增大，塔顶冷凝器和塔底再沸器的负荷随之增大，这就增加了操作费用。反之，回流比 R 减小，则冷凝器、再沸器、冷却水用量和加热蒸气消耗量都减少。R 过大和过小从经济观点来看都是不利的。因此应选择适宜的回流比，使精馏操作的效果为最佳。回流比有两个极限值，全回流和最小回流比。

2. 全回流

若塔顶蒸气经冷凝后，全部回流至塔内，这种方式称为“全回流”。此时，塔顶产物为0。通常在这种情况下，既不向塔内进料，也不从塔内取出产品。

即：

$$D = F = W = 0, R = \frac{L}{D} \to \infty \tag{6-38}$$

此时塔内也无精馏段和提馏段之分，两段的操作线方程合二为一，即 $y_{n+1} = x_n$。操作线与对角线相重合，操作线和平衡线的距离最远，此时所需的理论塔板数最少，见图 6－41。

应予指出，在全回流操作下，$F = D = W = 0$，既不向塔内进料，也不从塔内取出产品，装置的生产能力为零，因此对正常生产并无实际意义。但在精馏的开工阶段或实验研究时，采用全回流操作可缩短稳定时间并便于过程控制。

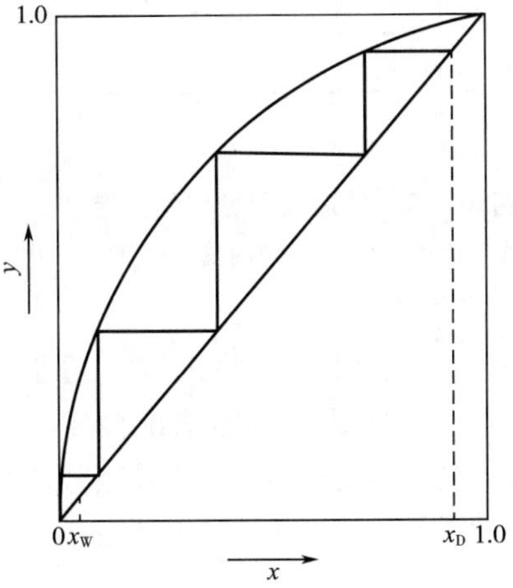

图 6－41　全回流时的理论塔板数

3. 最小回流比

从平衡线和操作线之间可以看出，当回流从全回流逐渐减少时，精馏段操作线的截距 $\frac{x_D}{R+1}$ 随之逐渐增大。两操作线的位置逐渐向平衡线靠近，即达到相同分离程度时所需的理论塔板数也逐渐增多。当回流比减少到使两操作线的交点正好落在平衡线上时（或使操作线之一与平衡线相切），此时所需的理论塔板数为无限多，这种情况下的回流比称为“最小回流比”，如图 6－42 所示。

若平衡曲线为正常曲线，如图 6－42 中的平衡曲线所示，d 点出现在两操作线与平衡线的交点，此时由精馏段操作线的斜率可求出最小回流比，即：

$$\frac{R_{min}}{R_{min}+1}=\frac{x_D-y_q}{x_D-x_q}$$

经整理，得：

$$R_{min}=\frac{x_D-y_q}{y_q-x_q} \tag{6-39}$$

式中，x_q、y_q是 q 线与平衡线的交点坐标，由图中读得或解 q 线方程式和气液相平衡曲线方程组求 x_q、y_q。

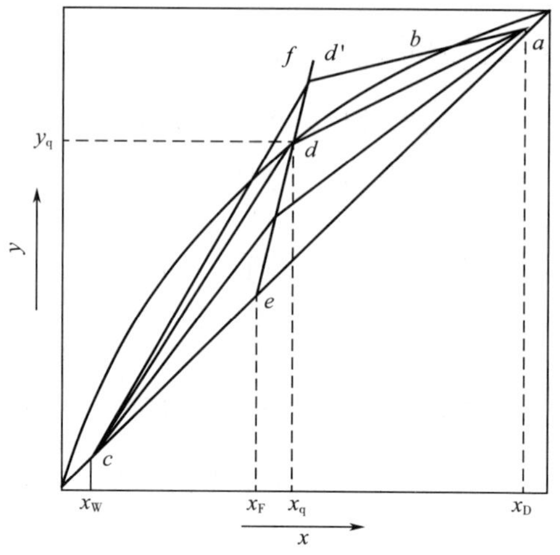

图 6-42　最小回流比的确定

4. 适宜回流比的选择

从回流比的讨论中可知，在全回流下操作时，虽然所需的理论塔板数最少，但是得不到产品；而在最小回流比下操作时，所需的理论塔板数无限多。

适宜回流比的确定，一般是经济衡算来确定，即操作费用和设备折旧费用之总和为最小时的回流比为适宜的回流比。

精馏的操作费用主要取决于再沸器的加热蒸气消耗量及冷凝器的冷却水的消耗量，而这两个量均取决于塔内上升蒸气量 V 和 V'。而上升蒸气量又随着回流比的增加而增加，当回流比 R 增加时，加热和冷却介质消耗量随之增多，操作费用增加。设备的折旧费是指精馏塔、再沸器、冷凝器等设备的投资乘以折旧率。当 $R=R_{min}$，达到分离要求的理论塔板数为 $N=\infty$，相应的设备费用也为无限大，当 R 稍稍增大，N 即从无限大急剧减少，设备费用随之降低，当 R 再增大时，塔板数减少的速度缓慢。另一方面，随着 R 的增加，上升蒸气量也随之增加，从而使塔径、再沸器、冷凝器的尺寸相应增加，设备费用反而上升，见图 6-43。将这两种费用综合起来考虑总费用值随 R 的变化也是一个最低点的曲线，以最低点的 R 操作最经济。

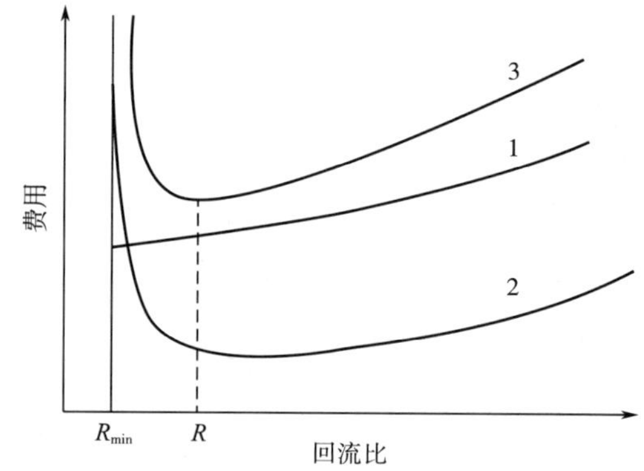

图 6-43　最适宜回流比的确定

1—操作费用线　2—设备费用线　3—总费用线

在精馏塔的设计中，一般并不进行详细的经济衡算，而是根据经验选取。通常取操作回流比为最小回流比的 1.1~2 倍，$R=(1.1\sim2)\ R_{min}$。有时要视具体情况而定，对于难分离的混合物应选用较大的回流比；有时为了减少加热蒸气的消耗量，可采用较小的回流比。

5. 回流方式

生产装置中回流方式按内、外来分可分为内回流和外回流；按是否使用动力来分可分为自然回流和强制回流；按温度来分可分为热回流和冷回流。

（1）自然回流。自然回流时，回流冷凝器放于塔顶，回流液借重力自然回流到塔内，如图6－44所示。冷凝器需放在塔顶以上一定高度处，以保证液体能流入塔内。自然回流时不用回流泵，节省动力。回流液量靠分配流量的计量装置来控制。自然回流时回流液量的大小还受塔内压强变化的影响，所以回流比的控制有波动，不够严格。因此自然回流通常只用于小型精馏塔。

（2）强制回流。强制回流是用泵将回流液打入塔内，不需将冷凝器放在塔顶。回流量易于控制，但需消耗一定的动力。大型精馏塔多采用这种方式，如图6－45所示。

（3）内回流。有些冷凝器直接放在塔顶，如图6－46所示。上升蒸气进入冷凝器进行部分冷凝，冷凝液直接回流入塔，没有冷凝的部分蒸气从冷凝器的上方出塔。这种回流方式称为“内回流”。内回流的流量不易控制。

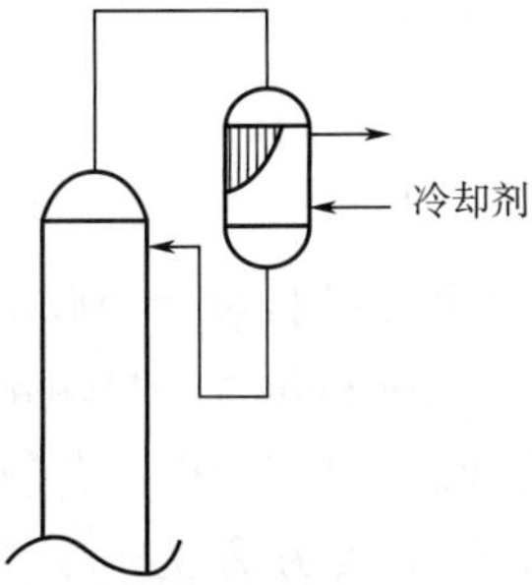

图6－44　自然回流

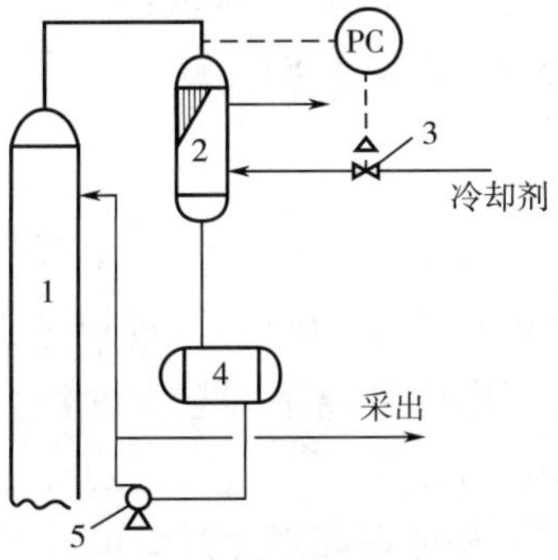

图6－45　强制回流

1—精馏塔　2—塔顶冷凝器
3—塔压调节阀　4—回流液贮槽　5—回流泵

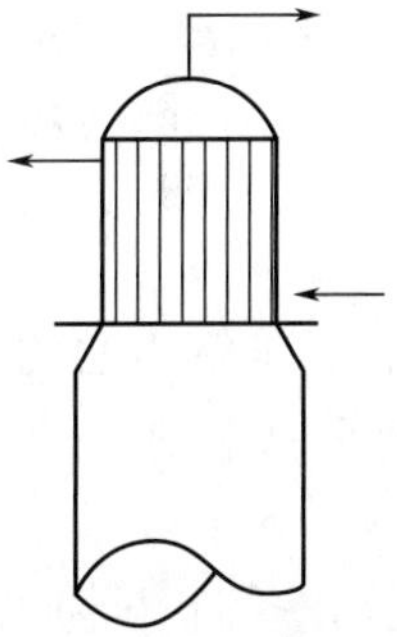

图6－46　内回流

（4）冷回流和热回流。回流液的温度处于泡点温度时，称为泡点回流，又称热回流。自然回流都属于热回流。回流液的温度低于泡点时，称为冷回流。强制回流都属于冷回流。冷回流时，回流液进入塔顶后，会使部分上升蒸气冷凝而变成液体，与塔顶回流液一同向下回流，这部分回流液也称内回流。冷回流使塔内的真正回流量加大，也就是塔内的实际回流量比选择的回流量要大一些。此外，若塔的保温不好，蒸气沿塔体上升时由于热量的散失，使部分蒸气冷凝成液体，这部分液体也向下回流，也称为内回流。但这种内回流如果太大，会破坏塔的正常操作。

【例6－4】 在一个连续精馏塔内分离某理想二元混合物。已知进料组成为0.4（易挥发组分的摩尔分数，下同），泡点进料；馏出液组成为0.9；塔顶易挥发组分的收率为90%；塔顶采用全凝器，操作回流比为最小回流比的1.5倍；操作条件下物系的平均相对挥发度为2.5。试计算：（1）残液组成；（2）精馏段操作线方程。

解：（1）残液组成 x_W：

设进料量为 $F = 100\text{kmol/h}$，由物料衡算可得：

$$x_W = \frac{Fx_F - Dx_D}{W}$$

$$D = \eta \frac{Fx_F}{x_D} = 40\text{kmol}$$

$$W = F - D = 100 - 40 = 60(\text{kmol/h})$$

则 $x_W \approx 0.0667$。

（2）精馏段操作线方程：

先求最小回流比，由 $R_{min} = \dfrac{x_D - y_q}{y_q - x_q}$

对于泡点进料，有 $x_q = x_F = 0.4$

由气液平衡方程式：

$$y = \frac{\alpha x}{1 + (\alpha - 1)x} = \frac{2.5 \times 0.4}{1 + (2.5 - 1) \times 0.4} = 0.625$$

$$R_{min} = \frac{x_D - y_q}{y_q - x_q} = \frac{0.9 - 0.625}{0.625 - 0.4} \approx 1.22$$

依题意，$R = 1.5R_{min} = 1.5 \times 1.22 = 1.83$

精馏段操作线方程为：

$$y = \frac{R}{R+1}x + \frac{x_D}{R+1} = \frac{1.83}{1.83+1}x + \frac{0.9}{1.83+1} \approx 0.647x + 0.318$$

分析：求解本题的关键是理解所求的问题与进料量无关，故可设进料量为100kmol/h。

【例6－5】 在一个连续精馏塔内分离某理想二元混合物。已知进料量为100kmol/h，进料组成为0.5（易挥发组分的摩尔分数，下同），泡点进料；残液组成为0.05；塔顶采用全凝器；操作条件下物系的平均相对挥发度为2.303；精馏段操作线方程为 $y = 0.72x + 0.275$。试计算：

（1）塔顶轻组分的收率；（2）所需的理论板层数。

解：（1）塔顶轻组分的收率：

$$\eta = \frac{Dx_D}{Fx_F} \times 100\%$$

其中 x_D 可由精馏段操作线方程求出，即：

$$\frac{R}{R+1} = 0.72 \qquad R \approx 2.571$$

$$\frac{x_D}{R+1} = 0.275 \qquad x_D \approx 0.982$$

再计算馏出液流量 D，由总物料衡算方程可得：

$$D = \frac{F(x_F - x_W)}{x_D - x_W} = \frac{100(0.5 - 0.05)}{0.982 - 0.05} \approx 48.28(\text{kmol/h})$$

故
$$\eta = \frac{Dx_D}{Fx_F} \times 100\% = \frac{48.28 \times 0.982}{100 \times 0.5} \times 100\% \approx 94.82\%$$

（2）所需的理论板层数 N_T：

气液平衡方程为：

$$y = \frac{\alpha x}{1 + (\alpha - 1)x} = \frac{2.303x}{1 + 1.303x}$$

给定一系列 x 值，依上式可计算出与之平衡的 y 值，计算结果如下表：

x	0.1	0.2	0.3	0.4	0.5	0.6	0.7	0.8	0.9	1.0
y	0.204	0.365	0.497	0.606	0.697	0.776	0.843	0.902	0.954	1.0

将以上数据绘成 $x-y$ 图，得到气液相平衡曲线，如右下图所示。

作精馏段操作线：过定点 a（x_D，x_D）即（0.982，0.982），在 y 轴上的截距 $b=0.275$，连接 ab，则 ab 为精馏段操作线。

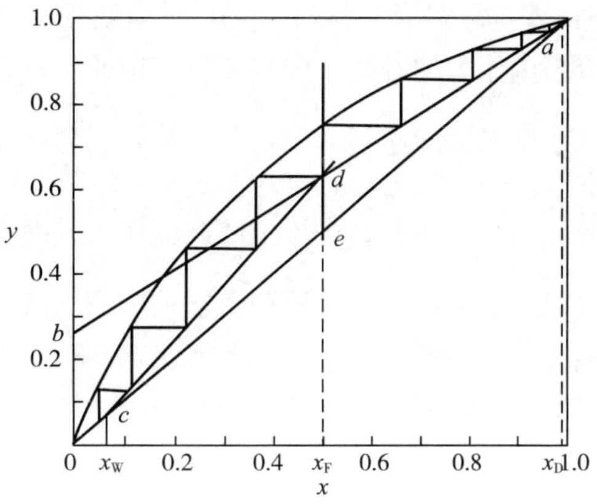

作 q 线：由于泡点进料，q 线方程为 $x_F=0.5$，作 $x_F=0.5$ 交 ab 于 d 点。

作提馏段操作线：过定点 c（x_W，x_W）即（0.05，0.05），连接 cd，则 cd 线为提馏段操作线。

在操作线和平衡曲线间从 a 点画直角梯级，过 d 点更换操作线，直至 c 点，如右图所示。

理论板层数 $N=9$（包括再沸器）

进料板位置 $N_F=5$

分析：求解本题的关键是由已知的精馏段操作线方程求出 R 及 x_D。

任务三 精馏塔的操作与维护

一、精馏塔的开停车操作

1. 开车操作

一般包括下列步骤：

（1）制定出合理的开车步骤、时间表和必需的预防措施，准备好必要的原材料和水、电、气供应，配备好人员编制，并完成相应的培训工作等，编妥有关的操作手册，操作记录表格。

（2）完成相关的开车准备工作，此时塔的结构必须符合设计要求，塔中整洁，无固体杂物，无堵塞，并清除了一切不应存在的物质，例如塔中含氧量和水分含量需符合要求，机泵和仪表调试正常，安全设施已调试好。

（3）对塔进行加压或减压，达到正常操作压力。

（4）对塔进行加热或冷却，使其接近操作温度。

（5）向塔中加入原料。

（6）开启再沸器和各加热器的热源，开启塔顶冷凝器和各冷却器的冷源。

（7）对塔的操作条件和参数逐步调整，使塔的负荷、产品质量逐步又尽快地达到正常操作值，转入正常操作。

对于停车后的开车，一般是指检修后的开车，需检查各设备、管道、阀门、各取样点、电气及仪表等是否完好正常；然后对系统进行吹扫、冲洗、试压及对系统置换，一切正常合格后，按开车操作步骤进行。

精馏塔开车时，进料要平稳，当塔釜中见到液位后，开始通入加热蒸气使塔釜升温，同时开启塔顶冷凝器的冷却水。升温一定要缓慢，因为这时塔的上部分开始还是空的，没有回流，塔板上没有液体，如果蒸气上升太快，没有气液接触，就可能把过量的难挥发组分带到塔顶，塔顶产品很长时间会达不到要求，造成开车时间过长，要逐渐将釜温升到工艺指标。随着塔内压力的升高，应当开启塔顶通气口，排除塔内空气或惰性气体，进行压力调节。等到回流液槽中的液面达到1/2以上，就开始打回流，并保持回流液槽中的液面。当塔釜液面维持$\frac{1}{2}$～$\frac{2}{3}$时，可停止进料，进行全回流操作。同时对塔顶塔釜产品进行分析，待达到预定的分离要求，就可以逐渐加料，从塔顶和塔釜采出馏出液和釜残液，调节回流量选择适宜的回流比，调节好加热蒸气量，使塔的操作在一平衡状态下稳定而正常地进行，即可转入正常的生产。

2. 精馏塔的停车

一般步骤为：

（1）制订一个降负荷计划，逐步降低塔的负荷，相应地减少加热剂和冷却剂用量，直至完全停止；如果塔中通有直接蒸气，为避免塔板漏液，多出些合格产品，降负荷时也可先适当增加些直接蒸气量。

（2）停止加料。

（3）排放塔中存液。

（4）实施塔的降压或升压、降温或加温，用惰性气体清扫或水冲洗等，使塔接近常温常压，打开人孔通大气，为检修做好准备。

紧急停车：生产中一些想象不到的特殊情况下的停车称紧急停车。如某些设备损坏、某部分电气设备的电源发生故障、某一个或多个仪表失灵等，都会造成生产装置的紧急停车。发生紧急停车时，首先停止加料，调节塔釜加热蒸气和凝液采出量，使操作处于待生产的状态，及时抢修，排除故障，待停车原因消除后，按开车的程序恢复生产。

全面紧急停车：当生产过程中突然发生停电、停水、停气或发生重大事故时，则要全面紧急停车。这种停车，操作者事前是不知道的，一定要尽力保护好设备，防止事故的发生和扩大。有些自动化程度较高的生产装置，在车间内备有紧急停车按钮，当发生紧急停车时，以最快的速度按下此按钮。

二、精馏塔的操作故障及处理

1. 精馏塔的不正常操作现象

（1）液泛现象（又称“淹塔”）。塔内出现积液，直至整个塔内充满液体的现象。有溢流液泛和夹带液泛。

①溢流液泛。塔内液体流量超过降液管的最大液体通过能力而产生的液泛。当液体从降液管中流入到下一层塔板时，为了克服上、下两层塔板之间的压差和本身的流体阻力，降液管内的液层与板上的液层必须有一个高度差。当降液管内的液层高度低于出口堰时，随着液流量的增加，降液管内的液层与板上液层差也会增加，能保证液体通过降液管，即有自动达到平衡的能力。但当降液管内液层高度到达出口堰上缘时，再增加液流量，降液

管内的液层与板上的液层差将同时增加，此时通过降液管的液流量达到了最大值。如果液流量超过了此最大值，液体将来不及从降液管内流至下一块塔板，而在塔板上开始积液，最终使这块塔板以上各塔板空间充满液体，形成了溢流液泛。降液管内夹带的气泡过多或气速过大都会造成溢流液泛。

②夹带液泛。由于过量雾沫夹带引起的液泛。当上升蒸气中夹带的液体量过多时，使板上实际液流量增加较多，板上液层厚度明显增加，液层上方的空间高度明显减少，进而导致雾沫夹带量再上升，板上液层厚度再继续增加，从而产生了恶性循环，形成液泛。常把产生夹带液泛时的气速称为“液泛气速”。

（2）夹带。

①液沫夹带。当气体以一定速度通过板上液层时，必将部分液体分散成液滴，这些液滴的一部分被上升气流带入空间，液滴来不及沉降分离，而随气体进入上一层塔板的现象就称为液沫夹带。被夹带至上一层板的液滴有两种情况：一是小液滴的沉降速度小于液层上方空间上升气流的速度，这一部分夹带量与板间距无关；二是较大的液滴其沉降速度虽大于气流速度，但它们在气流中的冲击或气泡破裂时获得了足够的向上初速度而被溅到上一层塔板，这一部分夹带量与板间距有关。

②气泡夹带。板上气液两相充分接触传质、传热后，液体内必含有大量的气泡。液体越过溢流堰进入降液管后，需要在此有一定的停留时间以便气泡逸出。如果液体在降液管内的停留时间太短，大量气泡还来不及逸出就被液体卷进下一层塔板，这种现象称为气泡夹带。

（3）泄漏。当升气孔内的气速较小时，致使气体通过阀孔时的动压不足，不能阻止液体经阀孔流下时，使一部分液体从升气孔内流入到下一层塔块，这种现象称为泄漏。

2. 精馏塔的操作故障与处理

精馏操作中常见的操作故障及处理方法归纳于表6－1中。

表6－1　　精馏操作中常见的操作故障及处理方法

异常现象	原因	处理方法
液泛	（1）负荷高 （2）液体下降不畅，降液管局部被污垢物堵塞 （3）加热过猛，釜温突然升高 （4）回流比大 （5）塔板及其他流道冻堵	（1）调整负荷 （2）除垢 （3）调加料量，降釜温 （4）降回流，加大采出 （5）注入适量解冻剂
釜温及压力不稳	（1）蒸气压力不稳 （2）疏水器不畅通 （3）加热器漏液	（1）调整蒸气压力至稳定 （2）检查疏水器 （3）停车检查漏液处
釜温突然下降而提不起温度	（1）疏水器失灵 （2）扬水站回水阀未开 （3）再沸器内冷凝液未排除，蒸气加不进去 （4）再沸器内水不溶物多 （5）循环管堵塞，列管堵塞 （6）排水阻气阀失灵 （7）塔板堵，液体回不到塔釜	（1）检查疏水器 （2）打开回水阀 （3）吹凝液 （4）清理再沸器 （5）通循环管，通列管 （6）检查阀 （7）停车检查情况

续表

异常现象	原因	处理方法
塔顶温度不稳定	(1) 釜温太高 (2) 回流液温度不稳 (3) 回流管不畅通 (4) 操作压力波动 (5) 回流比小	(1) 调节釜温至规定值 (2) 检查冷凝液温度和用量 (3) 疏通回流管 (4) 稳定操作压力 (5) 调节回流比
系统压力增高	(1) 冷凝液温度高或冷凝液量少 (2) 采出量少 (3) 塔釜温度突然上升 (4) 设备有损或有堵塞	(1) 检查冷凝液温度和用量 (2) 增大采出量 (3) 调节加热蒸气 (4) 检查设备
塔釜液面不稳定	(1) 塔釜排出量不稳 (2) 塔釜温度不稳 (3) 加料成分有变化	(1) 稳定釜液排出量 (2) 稳定釜温 (3) 稳定加料成分
加热故障	(1) 加热剂的压力低 (2) 加热剂中含有不凝性气体 (3) 加热剂中的冷凝液排出不畅	(1) 调整加热剂的压力 (2) 排除加热剂中的不凝性气体 (3) 排除加热剂中的冷凝液
	(1) 再沸器泄漏 (2) 再沸器的液面不稳（过高或过低） (3) 再沸器堵塞 (4) 再沸器的循环量不足	(1) 检查再沸器 (2) 调整再沸器的液面 (3) 疏通再沸器 (4) 调整再沸器的循环量
泵的流量不正常	(1) 过滤器堵塞 (2) 液面太低 (3) 出口阀开得过小 (4) 轻组分太多	(1) 清洁过滤器 (2) 调整液位 (3) 打开阀门 (4) 控制轻组分量
塔压差增高	(1) 负荷升高 (2) 回流量不稳 (3) 冻塔或堵塞 (4) 液泛	(1) 减负荷 (2) 调节回流比 (3) 解冻或疏通 (4) 按液泛情况处理
夹带	(1) 气速太大 (2) 塔板间距过小 (3) 液体在降液管内的停留时间长 (4) 破沫区太小	(1) 调节气速 (2) 调整板间距 (3) 调整停留时间 (4) 调整破沫区的大小
漏液	(1) 气速太小 (2) 气流不均匀分布 (3) 液面落差大 (4) 人孔和管口等连接处焊缝裂纹、腐蚀、松动 (5) 气体密封圈不牢固或腐蚀	(1) 调节气速 (2) 调节流体阻力均匀 (3) 减少液面落差 (4) 保证焊缝质量、采取防腐措施 (5) 重新拧紧、固定、修复或更换

续表

异常现象	原因	处理方法
污染	（1）灰尘、锈、污垢沉积 （2）反应生成物、腐蚀生成物积存于塔内	（1）进料塔板堰和降液管之间要留有一定的间隙，以防积垢 （2）停工时彻底清理塔板
腐蚀	（1）高温腐蚀 （2）磨损腐蚀 （3）高温、腐蚀性介质引起设备焊缝处产生裂纹和腐蚀	（1）严格控制操作温度 （2）定期进行腐蚀检查和测量壁厚 （3）流体内加入防腐剂，器壁包括衬里涂防腐层

三、精馏塔的日常维护和检修

1. 精馏塔的日常维护

为了确保塔设备安全稳定运行，必须做好日常检查，并记录检查结果，以作为定期停车检查、检修的资料。日常维护和检查内容有：原料、成品及回流液的流量、温度、纯度、公用工程流体（如水蒸气、冷却水、压缩空气等）的流量、温度及压力；塔顶、塔底等处的压力及塔的压力降；塔底的温度；安全装置、压力表、温度计、液面计等仪表；保温、保冷材料；检查联结部位有无松动的情况；检查紧固面处有无泄漏，必要时采取增加夹紧力等措施。

2. 精馏塔的停车检修

塔设备在一般情况下，每年定期停车检查 1 ~ 2 次，将设备打开，对其内构件及壳体上大的损坏进行检查、检修。通常停车检查项目有：检查塔盘水平度、支持件、连接件的腐蚀、松动等情况，必要时取出塔外进行清洗或更换；检查塔底腐蚀、变形及各部位焊缝的情况，对塔壁、封头、进料口处筒体、出入口接管等处进行超声波探伤仪探测，判断设备的使用寿命；全面检查安全阀、压力表、液面计有无发生堵塞现象，是否在规定的压力下动作，必要时重新进行调整和校验；检查塔板的磨损和破坏情况；如在运行中发现异常振动现象，停车检查时一定要查明原因，并妥善处理。应当注意的是，为防止垫片和紧固用配件之类的损坏和遗失，有必要准备一些备用品；当从板式塔内拆出塔板时，应将塔板一一做上标记，这样在复原时就不至于装错。

习题与思考

一、选择题

1. 当两组分液体混合物的相对挥发度为（　　）时，不能用普通精馏方法分离。

A. 3.0　　B. 2.0　　C. 1.0　　D. 4.0

2. q 线方程一定通过 $x-y$ 直角坐标上的点（　　）。

A. (x_W, x_W)　　B. (x_F, x_F)　　C. (x_D, x_D)　　D. $\left(0, \frac{x_D}{R+1}\right)$

3. 二元溶液的连续精馏计算中，进料热状态参数 q 的变化将引起（　　）的变化。

A. 平衡线　　B. 操作线与 q 线　　C. 平衡线与操作线　　D. 平衡线与 q 线

4. 精馏过程的恒摩尔流假设是指在精馏段每层塔板（　　）相等。

A. 上升蒸气的摩尔流量　　B. 上升蒸气的质量流量

C. 上升蒸气的体积流量　　D. 上升蒸气和下降液体的流量

5. 精馏过程的理论板假设是指（　　）。

A. 进入该板的气液两相组成相等　　B. 进入该板的气液两相组成平衡

C. 离开该板的气液两相组成相等　　D. 离开该板的气液两相组成平衡

6. 全回流时的精馏操作方程式为（　　）。

A. $y_n = x_n$　　B. $y_{n-1} = x_n$　　C. $y_{n+1} = x_n$　　D. $y_{n+1} = x_{n+1}$

7. 精馏塔的操作线是直线，其原因是（　　）。

A. 理论板假定　　B. 理想物系　　C. 塔顶泡点回流　　D. 恒摩尔流假定

8. 精馏塔中由塔顶往下的第 $n-1$、n、$n+1$ 层理论板，其气相组成关系为（　　）。

A. $y_{n+1} > y_n > y_{n-1}$　　B. $y_{n+1} < y_n < y_{n-1}$　　C. $y_{n+1} \geqslant y_n = y_{n-1}$　　D. 不确定

9. 用精馏塔完成分离任务所需的理论板数为 8（包括再沸器），若全塔效率为 50%，则塔内实际板数为（　　）。

A. 16 层　　B. 12 层　　C. 14 层　　D. 无法确定

10. 某精馏塔内，进料热状况参数为 1.65，由此可判定物料以（　　）方式进料。

A. 饱和蒸气　　B. 饱和液体　　C. 过热蒸气　　D. 冷流体

11. 精馏操作时，增大回流比，其他操作条件不改变，则精馏段液气比 $\frac{L}{V}$（　　），馏出液组成 x_D（　　），釜残液组成 x_W（　　）。

A. 增加　　B. 不变　　C. 减少　　D. 不确定

二、填空题

1. 蒸馏是指______________________________的化工单元操作。

2. 实现精馏操作的必要条件是__________和______________。

3. 精馏设计中，当进料为气液混合物，且气液摩尔比为 2:3，则进料热状态参数 q 值______________。

4. 精馏操作中，当回流比加大时，表示所需理论板数__________，同时，蒸馏釜中所需的加热蒸气消耗量__________，塔顶冷凝器中，冷却剂消耗量______________，所需塔径______________。

5. 某精馏塔的精馏段操作线方程为 $y = 0.72x + 0.275$，则该塔的操作回流比为______，馏出液组成为__________。

6. 某两组分物系，其相对挥发度 $\alpha = 3$，对第 n、$n-1$ 两层理论板，在全回流条件下，已知 $x_n = 0.3$，则 $y_{n-1} =$__________。

三、简答题

1. 简单蒸馏与精馏有什么相同点和不同点？

2. 简述精馏的原理。

3. 连续精馏装置主要包括哪些设备？

4. 进料热状态有几种？画出不同进料热状态 q 线的大致位置。

5. 用连续精馏塔在常压下分离二元理想混合物。据题图回答以下问题：精馏段操作线方程＿＿＿＿＿＿；提馏段操作线方程＿＿＿＿＿＿；进料状况为＿＿＿＿＿＿，q 线方程为＿＿＿＿＿＿。

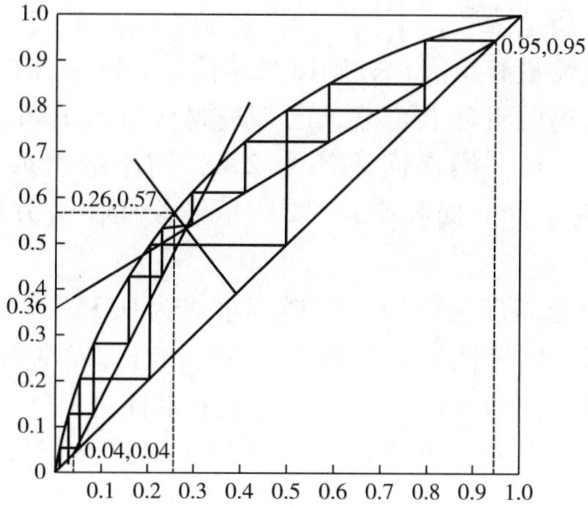

题 5 图

6. 最适宜回流比的确定需要考虑哪些因素？

7. 精馏塔的液泛、漏液现象如何避免？

8. 精馏塔在操作前为什么要进行清扫？清扫时要注意什么？

四、计算题

1. 苯和甲苯的混合液，在 318K 下沸腾，外界压力 20.3kPa，已知在此条件下纯苯的饱和蒸气压为 22.7kPa，纯甲苯的饱和蒸气压为 7.6kPa，试求平衡时苯和甲苯的气、液相组成。精馏段：$y=0.8x+0.205$；提馏段 $y=1.25x-0.08$；求泡点进料时，原料液、馏出液、釜液组成及回流比。

2. 某连续精馏塔分离苯－甲苯混合液，已知操作条件下气液平衡方程为 $y=\dfrac{2.41x}{1+1.41x}$，精馏段操作线方程为 $y=0.6x+0.38$，塔顶采用全凝器，液体泡点回流。问自塔顶向下数的第二块理论板上升的蒸气组成是多少？

3. 连续操作的精馏塔，精馏段操作线方程为 $y=0.76x+0.2075$，q 线方程为 $y=-0.5x+1.5x_F$，相对挥发度为 2.5，试求：（1）回流比；（2）馏出液的组成；（3）判断进料热状态。当进料组成为 $x_F=0.44$ 时，两操作线交点的 x 值为多少？回流比为最小回流比的多少倍？

4. 某二元混合液含易挥发组分 0.35，泡点进料，经连续精馏塔分离后塔顶产品浓度为 0.96，塔底产品浓度为 0.025（以上均为易挥发组分的摩尔分数），设满足恒摩尔流假设，试计算：（1）塔顶产品的采出率 D/F 为多少？（2）如果回流比 R 为 2，请分别求出精馏段、提馏段操作方程。

5. 在连续精馏塔中分离两组分理想溶液，原料液流量为 75kmol/h，泡点进料。精馏段操作线方程和提馏段操作线方程分别为 $y=0.723x+0.263$，$y=1.25x-0.018$，试求精馏段及提馏段的上升蒸气量。

6. 在连续精馏塔中分离某两组分混合物。已知进料量为100kmol/h，组成为0.45（易挥发组分的摩尔分数，下同），饱和液体进料，操作回流比为2.6，馏出液组成为0.6，残液组成为0.02。试写出：（1）精馏段操作线方程；（2）提馏段操作线方程。

7. 在连续精馏塔中分离二硫化碳（A）和四氯化碳（B）混合液，原料液流量为10000kg/h，组成为0.3（质量分数，下同）。若要求釜残液组成不大于0.05，二硫化碳回收率为88%，试求馏出液流量和组成，分别以摩尔流量和摩尔分数表示。

8. 在连续精馏塔中分离两组分混合液，已知进料液量为100kg/h、组成为0.45（摩尔分数，下同）。饱和液体进料；操作回流比为2.6，馏出液组成为0.96，釜残液组成为0.02，试求：（1）易挥发组分的回收率；（2）精馏段操作线方程；（3）提馏段操作线方程。

9. 在连续的精馏塔中分离理想溶液，原料液组成为0.35（摩尔分数，下同），馏出液组成为0.95，回流比取最小回流比的1.3倍，物系的相对挥发度为2.0，试求以下两种进料情况下的操作回流比。（1）饱和蒸气进料；（2）饱和液体进料。

10. 在常压连续精馏塔中分离理想两组分溶液，馏出液组成为0.94（摩尔分数，下同），釜残液组成为0.04，操作回流比为最小回流比的1.2倍，物系的平均相对挥发度为2，进料方程为$y=6x-1.5$。试求：（1）进料组成和进料热状况参数；（2）精馏段操作线方程。

11. 在苯－甲苯精馏系统中，已知物料中易挥发组分的相对挥发度为2.41，各部分料液组成为，$x_F=0.5$，$x_D=0.95$，$x_W=0.05$，实际采用回流比为2，沸点进料，试用逐板计算法求精馏段的理论塔板数。

项目七　吸收操作

学习指南

知识目标

1. 掌握吸收操作的基本知识、吸收速率、吸收推动力、吸收塔的工艺计算。

2. 掌握吸收塔的操作、常见事故及其处理方法。

3. 理解吸收操作的机理，理解其他吸收与解吸过程，理解吸收塔的控制与调节，理解强化吸收的途径。

4. 了解吸收塔的塔高、塔径的计算，了解吸收装置的结构和特点，了解各种新型的填料及其应用。

能力目标

1. 能对吸收塔进行操作，并能对其操作中的相关参数进行控制。

2. 能计算出吸收剂的用量、填料层高度。

3. 能够对吸收平衡和吸收速率影响因素进行分析，能正确判断吸收类型，选择正确的操作条件。

4. 能根据生产的需要正确查阅和使用一些常用的工程计算图表、手册、资料等，进行必要的工艺计算。

素质目标

1. 培养学生严谨的科学态度；严格遵守操作规程，胆大心细，实事求是的工作作风。

2. 培养学生的相互合作意识，安全环保意识。

3. 培养学生理论联系实际的思维方式。

项目导言

在自然界和生产、生活中，存在许多气体及气体混合物，气体混合物的分离及气体从气相转移至液相的过程均可通过吸收操作来实现。为了分离混合气体中的各组分，通常将混合气体与选择的某种液体相接触，气体中的一种或几种组分便溶解于液体内而形成溶液，不能溶解的组分则保留在气相中，从而实现了气体混合物分离的目的。

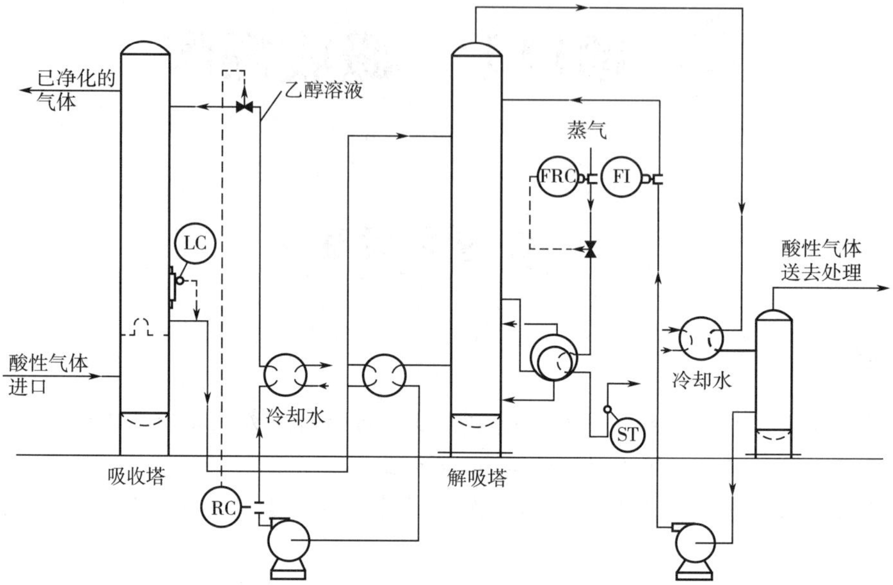

图 7－1　醇胺法脱除酸性气体的基本流程

LC—液位控制器　FRC—流量记录控制器　FI—流量指示器　ST—气水分离器

如从天然气井中采出的天然气通常都含有一定量的酸性气体，后者以 H_2S 为主，只有将天然气中的酸性气体除掉，原料天然气才能转化为商品天然气。除去天然气中的酸性气最常用的方法是醇胺法，其流程如图 7－1 所示。原料天然气由下而上与醇胺溶液逆流通过吸收塔，塔顶出来的为已净化的天然气；塔底出来的富液首先进入闪蒸釜至一定压力，以除去溶液内溶解和夹带的烃类，再进入解析塔，与进入解析塔的蒸气接触，溶液中的酸性气将会被释放出来，经冷凝后为水蒸气回到系统中。未冷凝的酸性气体送去处理，醇胺溶液继续循环使用。像这种利用各组分溶解度不同而分离气体混合物的操作称为吸收。

一、吸收操作

工业生产中的吸收操作在吸收塔内进行，图 7－2 所示为从焦炉煤气中回收粗苯的吸收流程简图。图中虚线左边为吸收部分，含苯煤气由底部进入吸收塔，洗油从顶部喷淋而下与气体呈逆流流动。在煤气和洗油的逆流接触中，苯类物质蒸气大量溶于洗油中，从塔顶引出的煤气中仅含少量的苯，溶有较多苯类物质的洗油（称为富油）则由塔底排出。为了回收富油中的苯并使洗油能循环使用，在另一个被称为解吸塔的设备中进行着与吸收相反的操作——解吸，图中虚线右边即为解吸部分。从吸收塔底排出的富油首先经换热器被加热后，由解吸塔顶引入，在与解吸塔底部通入的过热蒸气逆流接触过程中，粗苯由液相释放出来，并被水蒸气带出塔顶，再经冷凝分层后即可获得粗苯产品。脱除了大部分苯的洗油（称为贫油）由塔底引出，经冷却后再送回吸收塔顶循环使用。

在吸收操作中，吸收塔顶喷淋所用的液体称为吸收剂或溶剂，以 S 表示；混合气体中，

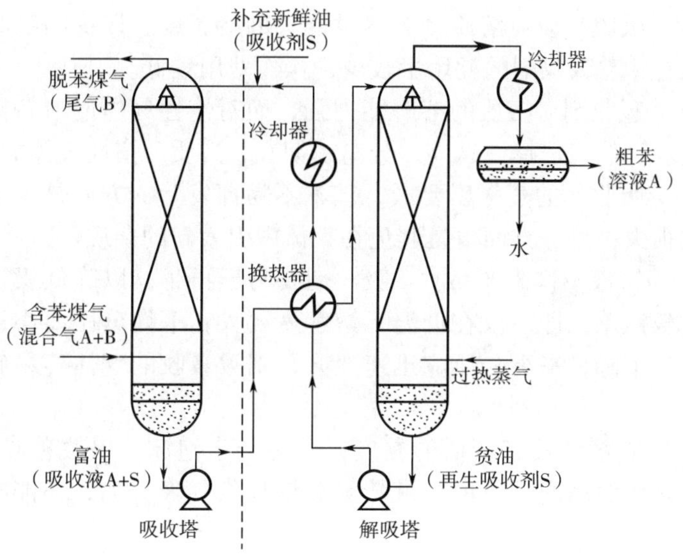

图7-2 焦炉煤气中回收粗苯的吸收流程简图

能够溶解于液体的组分称为吸收质或溶质，以 A 表示；不能溶解的组分称为惰性气体，以 B 表示；吸收塔顶排出的气体称为吸收尾气，其主要成分是惰性气体 B，还含有残余的溶质 A；吸收塔底引出的溶液称为吸收液，其成分是溶剂 S 和溶质 A。

二、吸收的概述

吸收是利用混合气体中各组分在同一种溶剂（吸收剂）中溶解度的不同而分离气体混合物的单元操作。吸收操作广泛地应用于气体混合物的分离，其在工业上的具体应用主要有：

（1）原料气的净化。例如，用水或碱液脱除合成氨原料气中的二氧化碳，用丙酮脱除裂解气中的乙炔等。

（2）有用组分的回收。例如，用硫酸处理焦炉气以回收其中的氨，用洗油处理焦炉气以回收其中的芳烃，用液态烃处理裂解气以回收其中的乙烯、丙烯等。

（3）某些溶液产品的制取。例如，用水吸收二氧化氮以制造硝酸，用水吸收氯化氢以制取盐酸，用水吸收甲醛以制备福尔马林溶液等。

（4）废气的治理。如磷肥生产中，放出含氟的废气具有强烈的腐蚀性，用水制成氟硅酸；又如用碱吸收硝酸厂尾气中含氮的氧化物制成硝酸钠等。

三、吸收剂的选择

不同的气体在溶剂中的溶解度有较大的差异，吸收正是利用这种差异来实现气体混合物的分离。单纯的吸收过程无须加热，但吸收—再生联合操作过程往往需要加热，能耗较高。又由于受到溶解度的限制，吸收一般很难达到非常高的纯度，因而大多只用作气-气物系的初步分离。

吸收操作的好坏在很大程度上取决于吸收剂的性质。选择吸收剂时，主要考虑以下几点：

（1）溶解度大。吸收剂应对溶质具有尽可能大的溶解度，以提高吸收率。对给定的分离任务，溶解度大意味着吸收剂的耗用量较少，操作费用较低。

（2）选择性好。吸收剂对溶质的溶解能力强，而对惰性气体的溶解能力相对很小，即吸收剂的选择性高。显然，选择性越高，分离越彻底，溶质和惰性气体的分离越完全。

（3）挥发性小。吸收剂的蒸气压要低，基本不易挥发。一方面是为了减少吸收剂在吸收和再生过程中的损失，另一方面也是避免在气体中引入新的杂质。

（4）再生易。当富液不作为产品时，吸收剂要易于再生，以降低操作费用。要求溶解度对温度的变化比较敏感，即不仅在低温下溶解度要大，平衡分压要小；而且随着温度的升高，溶解度应迅速下降，平衡分压应迅速上升，则被吸收的气体容易解吸，吸收剂再生方便。

（5）黏度低。吸收剂应具有较低的黏度，不易产生泡沫，以改善吸收塔内流动状况，提高吸收速率，实现吸收塔内良好的气液接触和塔顶的气液分离，还能降低输送能耗，减少传热、传质阻力。

（6）其他。吸收剂应有较好的化学稳定性，以免使用过程中发生变质。吸收剂应尽可能满足价廉、易得、无毒、不易燃烧、无腐蚀、凝固点低等经济和安全条件。

实际生产中满足所有要求的吸收剂是不存在的。应从满足工艺要求出发，对可供选择的吸收剂做全面的评价，做出科学、经济、合理的选择。

如果吸收的目的是制取某种溶液作为成品，例如，用氯化氢气体生产盐酸，溶剂只能用水，没有选择的余地。如果目的在于把一部分气体从混合物中分离出来，便应考虑选择合适的吸收剂问题。

工业上的气体吸收，很多采用水作为吸收剂，难溶于水的气体才采用其他吸收剂。例如，烃类气体的吸收用液态烃。为了提高气体吸收的效果，也常采用与溶质气体发生化学反应的物质作为吸收剂，例如，二氧化碳的吸收可以用氢氧化钠溶液、碳酸钠溶液或乙醇胺溶液。一般吸收工业尾气多用化学吸收。

四、吸收操作的分类

根据吸收过程的特点，吸收操作可分为以下几类：

（1）按吸收过程中被吸收组分的数目分为单组分吸收和多组分吸收。若混合气体中只有一个组分进入液相，其余组分皆可认为不溶解于吸收剂，这样的吸收过程称为单组分吸收，如用水吸收合成氨原料气中的 CO_2；如果混合气中有两个或更多个组分进入液相，则称多组分吸收，如用洗油回收焦炉煤气中的粗苯（苯、甲苯、二甲苯等）。

（2）按吸收过程中有无显著的热效应分为等温吸收和非等温吸收。气体溶解于液体之中，常伴随着热效应，当发生化学反应时，还会有反应热，其结果是使液相温度逐渐升高，这样的过程称为非等温吸收。但若热效应很小，或被吸收的组分在气相中浓度很低而吸收剂的用量相对很大时，温度升高并不显著，可认为是等温吸收。如果吸收设备散热良好，能及时引出热量而维持液相温度大体不变，也按等温吸收处理。

（3）按吸收过程中有无显著的化学反应分为物理吸收和化学吸收。在吸收过程中，若吸收剂与吸收质之间不发生显著的化学反应，可以当作单纯的气体溶解于液体的物理过程，则称为物理吸收，如用水吸收二氧化碳、用洗油吸收芳烃等；若吸收剂与吸收质之间发生显著的化学反应，则称为化学吸收，如用硫酸吸收氨、用碱液吸收二氧化碳等。

（4）按混合气中溶质浓度的高低分为低浓度吸收和高浓度吸收。混合气中溶质浓度小于10%的吸收过程，称为低浓度吸收；混合气中溶质浓度大于10%的吸收过程，则称为高浓度吸收。

本项目只讨论低浓度、单组分、等温、物理吸收过程的计算。

任务一　认识吸收操作设备

吸收既可以在填料塔中进行，也可以在板式塔中进行。本任务只介绍填料塔。

一、填料塔的构造及特点

图7-3所示为填料塔的结构示意图。填料塔的塔身是一直立式圆筒，底部装有填料支承板，填料以乱堆或整砌的方式放置在支承板上。填料的上方安装填料压板，以防被上升气流吹动。液体从塔顶经液体分布器喷淋到填料上，并沿填料表面流下。气体从塔底送入，经气体分布装置（小直径塔一般不设气体分布装置）分布后，与液体呈逆流连续通过填料层的空隙，在填料表面上，气液两相密切接触进行传质。填料塔属于连续接触式气液传质设备，两相组成沿塔高连续变化，在正常操作状态下，气相为连续相，液相为分散相。

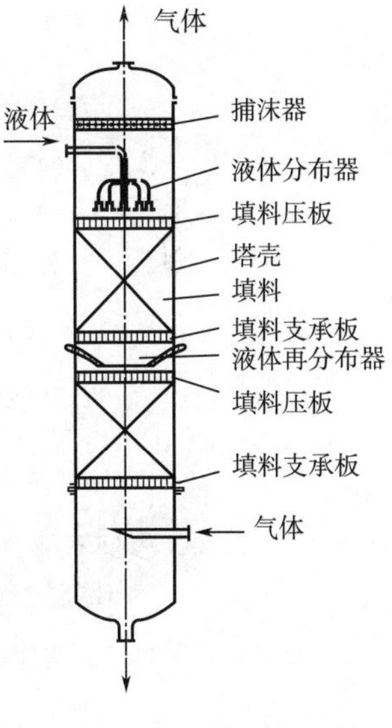

图7-3　填料塔结构示意图

液体在向下流动过程中有逐渐向塔壁集中的趋势，使塔壁附近液流量沿塔高逐渐增大，这种现象称为壁流。壁流会造成两相传质不均匀，传质效率下降。所以，当填料层较高时，填料需分段装填，段间设置液体再分布器。塔顶可安装除沫器以减少出口气体夹带液沫。塔体上开有人孔或手孔，便于安装、检修。

填料塔具有结构简单、生产能力大、分离效率高、压降小、持液量小、操作弹性大等优点。填料塔的不足在于总体造价较高；清洗检修比较麻烦；当液体负荷小到不能有效润湿填料表面时，吸收效率将下降；不能直接用于悬浮物或易聚合物料等。

二、填料的类型及特性

填料的作用是为气、液两相提供充分的接触面积，进行传质过程。

1. 填料的类型

填料的种类很多，大致可分为实体填料和网体填料两大类。实体填料包括环形填料、鞍形填料以及栅板填料、波纹填料等由陶瓷、金属和塑料等材质制成的填料。网体填料主要是由金属丝网制成的各种填料。下面介绍几种常见的填料。

（1）拉西环填料。拉西环填料为外径与高度相等的圆环，如图 7－4（a）所示。拉西环填料的气液分布较差，传质效率低，阻力大，气体通量小，目前工业上已较少应用。

图 7－4　几种常见填料

（2）鲍尔环填料。如图 7－4（b）所示，鲍尔环填料是对拉西环填料的改进，在拉西环填料的侧壁上开出两排长方形的窗孔，被切开的环壁的一侧仍与壁面相连，另一侧向环内弯曲，形成内伸的舌叶，诸舌叶的侧边在环中心相搭。鲍尔环填料由于环壁开孔，大大提高了环内空间及环内表面的利用率，气流阻力小，液体分布均匀。与拉西环填料相比，鲍尔环填料的气体通量可增加 50% 以上，传质效率可提高 30% 左右。鲍尔环填料是一种应用较广的填料。

（3）阶梯环填料。如图 7－4（c）所示，阶梯环填料是对鲍尔环填料的改进，在环壁上开有长方形孔，环内有两层交错45°的十字形翅片。与鲍尔环填料相比，阶梯环填料高度通常只有直径的1/2，并在一端增加了一个锥形翻边，使填料之间由线接触为主变成以点接触为主，这样不但增加了填料间的空隙，同时成为液体沿填料表面流动的汇集分散点，可以促进液膜的表面更新，有利于传质效率的提高。阶梯环填料的综合性能优于鲍尔环填料，成为目前所使用的环形填料中最为优良的一种。

（4）弧鞍与矩鞍填料。弧鞍与矩鞍填料属鞍形填料。弧鞍填料如图7－4（d）所示，其特点是表面全部敞开，不分内外，液体在表面两侧均匀流动，表面利用率高，流道呈弧形，流动阻力小。其缺点是易发生套叠，致使一部分填料表面被重合，使传质效率降低。弧鞍填料强度较差，容易破碎，工业生产中应用不多。矩鞍填料如图7－4（e）所示，将弧鞍填料两端的弧形面改为矩形面，且两面大小不等，即成为矩鞍填料。矩鞍填料堆积时不会套叠，液体分布较均匀。矩鞍填料一般采用瓷质材料制成，其性能优于拉西环填料。目前，国内绝大多数应用瓷拉西环填料的场合，均已被瓷矩鞍填料所取代。

（5）金属环矩鞍填料。如图7－4（f）所示，环矩鞍填料是兼顾环形和鞍形结构特点而设计出的一种新型填料，该填料一般以金属材质制成，故又称为金属环矩鞍填料。环矩鞍填料将环形填料和鞍形填料两者的优点集于一体，其综合性能优于鲍尔环填料和阶梯环填料，在散装填料中应用较多。

（6）球形填料。球形填料一般采用塑料注塑而成，其结构有多种，如图7－4（g）、（h）所示。球形填料的特点是球体为空心，可以允许气体、液体从其内部通过。由于球体结构的对称性，填料装填密度均匀，不易产生空穴和架桥，所以气液分散性能好。球形填料一般只适用于某些特定的场合，工程上应用较少。

（7）波纹填料。如图7－4（n）、（o）所示。波纹填料是由许多波纹薄板组成的圆盘状填料，波纹与塔轴的倾角有30°和45°两种，组装时相邻两波纹板反向靠叠。各盘填料垂直装于塔内，相邻的两盘填料间交错90°排列。

波纹填料按结构可分为网波纹填料和板波纹填料两大类，其材质又有金属、塑料和陶瓷等之分。

波纹填料的优点是结构紧凑，阻力小，传质效率高，处理能力大，比表面积大。波纹填料的缺点是不适于处理黏度大、易聚合或有悬浮物的物料，且装卸、清理困难，造价高。

除上述几种填料外，近年来不断有构型独特的新型填料开发出来，如共轭环填料、海尔环填料、纳特环填料等。

2. 填料的特性

填料的特性数据主要包括比表面积、空隙率、填料因子等，是评价填料性能的基本参数。

（1）比表面积。单位体积填料所具有的表面积称为比表面积，以a表示，其单位为m^2/m^3。填料的比表面积越大，所提供的气液传质面积越大。

（2）空隙率。单位体积填料所具有的空隙体积称为空隙率，以ε表示，其单位为m^3/m^3。填料的空隙率越大，气体通过的能力越大且压降低。

（3）填料因子。填料的比表面积与空隙率3次方的比值，即a/ε^3，称为填料因子，以Φ表示，其单位为1/m。填料因子分为干填料因子与湿填料因子，填料未被液体润湿时的a/ε^3值称为干填料因子，它反映填料的几何特性；填料被液体润湿后，填料表面覆盖了一层液膜，a 和 ε 均发生相应的变化，此时的 a/ε^3 值称为湿填料因子，它表示填料的流体力学性能。Φ 值越小，表明流动阻力越小。

三、填料塔附件

填料塔附件主要有填料支承装置、液体分布装置、液体收集及再分布装置等。合理地选择和设计塔附件，对保证填料塔的正常操作及优良的传质性能十分重要。

1. 填料支承装置

填料支承装置的作用是支承塔内的填料，常用的填料支承装置有如图 7－5 所示的栅板型、孔管型、驼峰型等。支承装置的选择，主要的依据是塔径、填料种类及型号、塔体及填料的材质、气、液流量等。

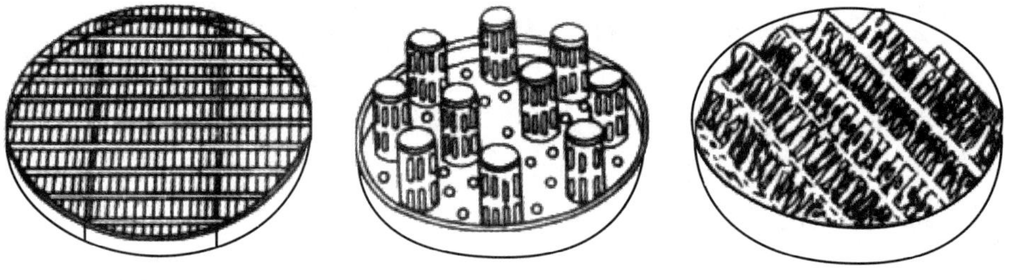

（a）栅板型　（b）孔管型　（c）驼峰型

图 7－5　填料支承装置

2. 液体分布装置

液体分布装置能使液体均匀分布在填料的表面上。常用的液体分布装置有如下几种：

（1）喷头式分布器。如图 7－6（a）所示。液体由半球形喷头的小孔喷出，小孔直径为 3～10mm，作同心圆排列，喷洒角不超过 80°，直径为（1/5～1/3）D。这种分布器结构简单，只适用于直径小于 600mm 的塔中。因小孔容易堵塞，一般应用较少。

（2）盘式分布器。有盘式筛孔型分布器、盘式溢流管式分布器等形式。如图 7－6（b）、（c）所示。液体加至分布盘上，经筛孔或溢流管流下。分布盘直径为塔径的 60%～80%，此种分布器用于 $D<800$mm 的塔中。

（3）管式分布器。由不同结构形式的开孔管制成，其突出的特点是结构简单，供气体流过的自由截面大，阻力小，但小孔易堵塞，弹性一般较小。管式液体分布器使用十分广泛，多用于中等以下液体负荷的填料塔中。在减压精馏及丝网波纹填料塔中，由于液体负荷较小故常用之。管式分布器有排管式、环管式等不同形状，如图 7－6（d）、（e）所示。根据液体负荷情况，可做成单排或双排。

（4）槽式液体分布器。通常是由分流槽（又称主槽或一级槽）、分布槽（又称副槽或二级槽）构成。一级槽通过槽底开孔将液体初分成若干流股，分别加入其下方的液体分布槽。分布槽的槽底（或槽壁）上设有孔道（或导管），将液体均匀分布于填料层上，如图 7－6（f）所示。槽式液体分布器具有较大的操作弹性和极好的抗污堵性，特别适合于大气液负荷及含有固体悬浮物、黏度大的液体的分离场合。由于槽式分布器具有优良的分布性能和抗污堵性能，应用范围非常广泛。

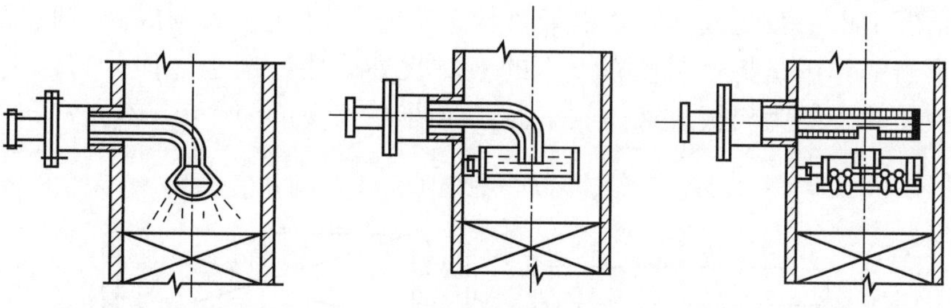

（a）喷头式　　（b）盘式筛孔型　　（c）盘式溢流管式

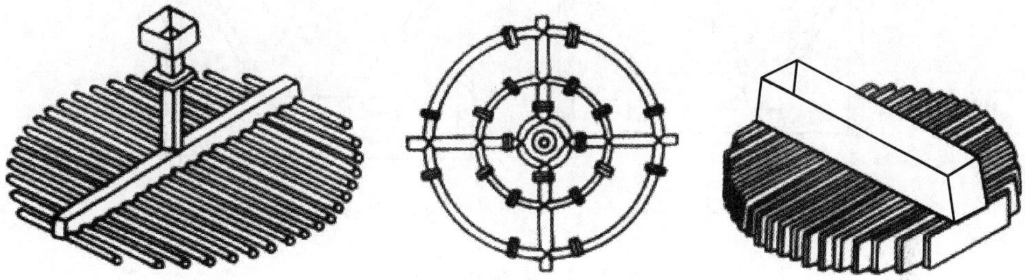

（d）排管式　　（e）环管式　　（f）槽式

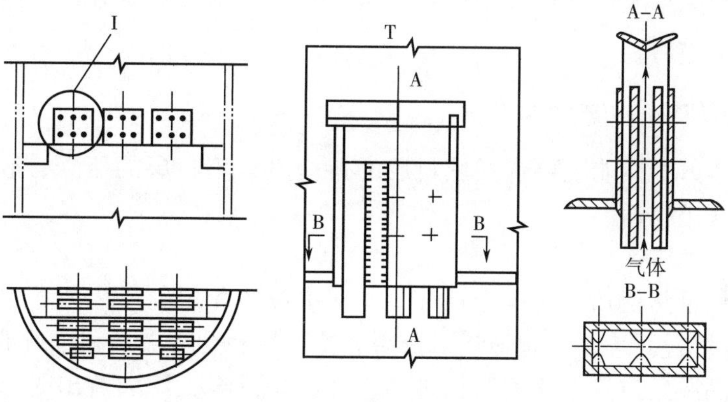

（g）槽盘式

图 7－6　液体分布装置

（5）槽盘式分布器。近年来开发的新型液体分布器，它将槽式及盘式分布器的优点有机地结合为一体，兼有集液、分液及分气 3 种作用，结构紧凑，操作弹性高达 10:1。气液分布均匀，阻力较小，特别适用于易发生夹带、易堵塞的场合。槽盘式液体分布器的结构如图 7－6（g）所示。

3. 液体收集及再分布装置

液体沿填料层向下流动时，有偏向塔壁流动的现象，这种现象称为壁流。壁流将导致填料层内气液分布不均，使传质效率下降。为减小壁流现象，可间隔一定高度在填料层内设置液体再分布装置。

最简单的液体再分布装置为截锥式再分布器，如图 7－7（a）所示。截锥式再分布器结构简单，安装方便，但它只起到将壁流向中心汇集的作用，无液体再分布的功能，一般用于直径小于 0.6m 的塔中。

在通常情况下，一般将液体收集器及液体分布器同时使用，构成液体收集及再分布装置。液体收集器的作用是将上层填料流下的液体收集，然后送至液体分布器进行液体再分布。常用的液体收集器为斜板式液体收集器，如图 7－7（b）所示。

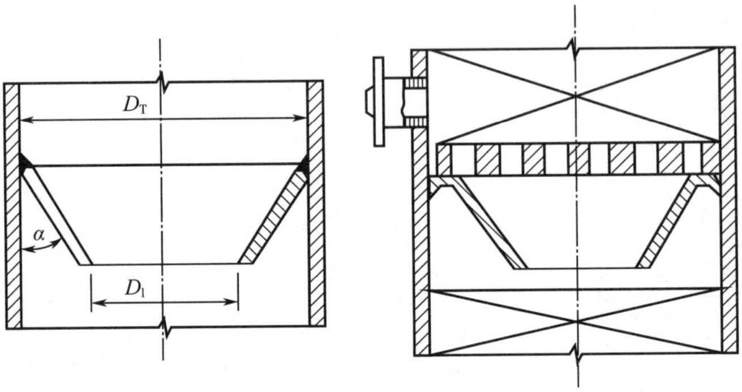

（a）截锥式再分布器　　（b）斜板式液体收集器

图 7－7　液体再分布器

前已述及，槽盘式液体分布器兼有集液和分液的功能，故槽盘式液体分布器是优良的液体收集及再分布装置。

四、填料塔的流体力学性能

填料塔的流体力学性能主要包括填料层的持液量、填料层的压降、液泛、液体喷淋密度和填料表面的润湿及返混等。

1. 填料层的持液量

填料层的持液量是指在一定操作条件下，在单位体积填料层内所积存的液体体积，以（m^3液体）/（m^3填料）表示。持液量可分为静持液量、动持液量和总持液量。静持液量是指当填料被充分润湿后，停止气液两相进料，并经排液至无滴液流出时存留于填料层中的液体量，其取决于填料和流体的特性，与气液负荷无关。动持液量是指填料塔停止气液两相进料时流出的液体量，它与填料、液体特性及气液负荷有关。总持液量是指在一定操作条件下存留于填料层中的液体总量。显然，总持液量为静持液量和动持液量之和。

填料层的持液量可由实验测出，也可由经验公式计算。一般来说，适当的持液量对填料塔操作的稳定性和传质是有益的，但持液量过大，将减少填料层的空隙和气相流通截面，使压降增大，处理能力下降。

2. 填料层的压降

在逆流操作的填料塔中，从塔顶喷淋下来的液体依靠重力在填料表面成膜状向下流动，上升气体与下降液膜的摩擦阻力形成了填料层的压降。填料层压降与液体喷淋量及气速有关，在一定的气速下，液体喷淋量越大，压降越大；在一定的液体喷淋量下，气速越大，压降也越大。将不同液体喷淋量下的单位填料层的压降 $\Delta P/Z$ 与空塔气速 u 的关系标绘在对数坐标纸上，可得到如图 7－8 所示的曲线簇。

在图 7－8 中，直线 0 表示无液体喷淋（$L_0=0$）时，干填料的 $\Delta P/Z \sim u$ 关系，称为干填料压降线。曲线 1、2、3 表示不同液体喷淋量下，填料层的 $\Delta P/Z \sim u$ 关系，称为填料操作压降线。

从图中可看出，在一定的喷淋量下，压降随空塔气速的变化曲线大致可分为3段：当气速低于A点时，气体流动对液膜的曳力很小，液体流动不受气流的影响，填料表面上覆盖的液膜厚度基本不变，因而填料层的持液量不变，该区域称为恒持液量区。此时$\Delta P/Z \sim u$为一条直线，位于干填料压降线的左侧，且基本上与干填料压降线平行。当气速超过A点时，气体对液膜的曳力较大，对液膜流动产生阻滞作用，使液膜增厚，填料层的持液量随气速的增加而增大，此现象称为拦液。开始发生拦液现象时的空塔气速称为载点气速，曲线上的转折点A称为载点。若气速继续增大，到达图中B点时，由于液体不能顺利向下流动，使填料层的持液量不断增大，填料层内几乎充满液体。气速增加很小便会引起压降的剧增，此现象称为液泛，开始发生液泛现象时的气速称为泛点气速，以u_F表示，曲线上的点B，称为泛点。从载点到泛点的区域称为载液区，泛点以上的区域称为液泛区。

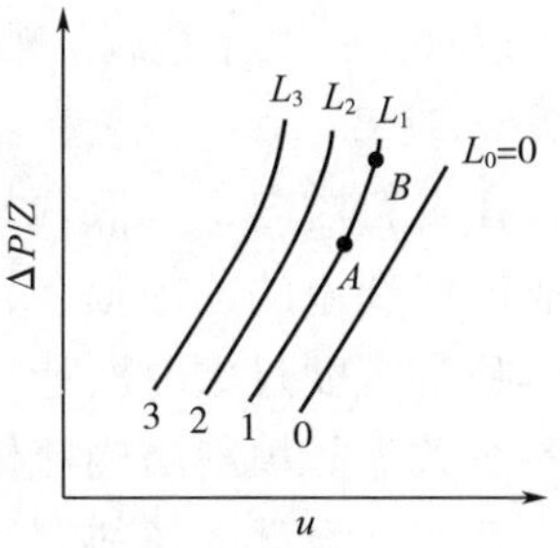

图7-8　填料层的$\Delta P/Z \sim u$

应予指出，在同样的气液负荷下，不同填料的$\Delta P/Z \sim u$关系曲线有所差异，但其基本形状相近。对于某些填料，载点与泛点并不明显，故上述3个区域间无截然的界限。

3. *液泛*

在泛点气速下，持液量的增多使液相由分散相变为连续相，而气相则由连续相变为分散相，此时气体呈气泡形式通过液层，气流出现脉动，液体被大量带出塔顶，塔的操作极不稳定，甚至会被破坏，此种情况称为淹塔或液泛。影响液泛的因素很多，如填料的特性、流体的物性及操作的液气比等。

填料特性的影响集中体现在填料因子上。填料因子越小，越不易发生液泛现象。

流体物性的影响体现在气体密度、液体的密度和黏度上。气体密度越小，液体的密度越大、黏度越小，则泛点气速越大。

操作的液气比越大，则在一定气速下液体的喷淋量越大，填料层的持液量增加而空隙率减小，故泛点气速越小。

4. *液体喷淋密度和填料表面的润湿*

填料塔中气液两相间的传质主要是在填料表面流动的液膜上进行的。要形成液膜，填料表面必须被液体充分润湿，而填料表面的润湿状况取决于塔内的液体喷淋密度及填料材质的表面润湿性能。

液体喷淋密度是指单位塔截面积上，单位时间内喷淋的液体体积，以U表示，单位为$m^3/(m^2 \cdot h)$。为保证填料层的充分润湿，必须保证液体喷淋密度大于某一极限值，该极限值称为最小喷淋密度。

最小润湿速率是指在塔的截面上，单位长度的填料周边的最小液体体积流量。对于直径不超过75mm的散装填料，可取最小润湿速率为$0.08m^3/(m \cdot h)$；对于直径大于75mm的散装填料，取$0.12m^3/(m \cdot h)$。

填料表面润湿性能与填料的材质有关，就常用的陶瓷、金属、塑料3种材质而言，以陶瓷填料的润湿性能最好，塑料填料的润湿性能最差。

实际操作时采用的液体喷淋密度应大于最小喷淋密度。若喷淋密度过小，可采用增大回流比或采用液体再循环的方法加大液体流量，以保证填料表面的充分润湿，也可采用减小塔径予以补偿；对于金属、塑料材质的填料，可采用表面处理方法，改善其表面的润湿性能。

5. 返混

在填料塔内，气液两相的逆流并不呈理想的活塞流状态，而是存在着不同程度的返混。造成返混现象的原因很多，如：填料层内的气液分布不均；气体和液体在填料层内的沟流；液体喷淋密度过大时所造成的气体局部向下运动；塔内气液的湍流脉动使气液微团停留时间不一致等。填料塔内流体的返混使得传质平均推动力变小，传质效率降低。因此，按理想的活塞流设计的填料层高度，因返混的影响需适当加高，以保证预期的分离效果。

五、填料的选择

填料的选择包括确定填料的种类、规格及材质等。所选填料既要满足生产工艺的要求，又要使设备投资和操作费用最低。

1. 填料种类的选择

填料种类的选择要考虑分离工艺的要求，通常考虑以下几个方面：

（1）传质效率要高。一般而言，规整填料的传质效率高于散装填料。

（2）通量要大。在保证具有较高传质效率的前提下，应选择具有较高泛点气速或气相动能因子的填料。

（3）填料层的压降要低。

（4）填料的抗污堵性能强，拆装、检修方便。

2. 填料规格的选择

填料规格是比表面积。

（1）散装填料规格的选择。工业塔常用的散装填料主要有 DN16、DN25、DN38、DN50、DN76 等几种规格。同类填料，尺寸越小，分离效率越高，但阻力增加，通量减少，填料费用也增加很多。而大尺寸的填料应用于小直径塔中，又会产生液体分布不良及严重的壁流，使塔的分离效率降低。因此，对塔径与填料尺寸的比值要有一个规定，一般塔径与填料公称直径的比值 D/d 应大于 8。

（2）规整填料规格的选择。工业上常用规整填料的型号和规格的表示方法很多，国内习惯用比表面积表示，主要有 125、150、250、350、500、700 等几种规格，同种类型的规整填料，其比表面积越大，传质效率越高，但阻力增加，通量减少，填料费用也明显增加。选用时应从分离要求、通量要求、场地条件、物料性质及设备投资、操作费用等方面综合考虑，使所选填料既能满足技术要求，又具有经济合理性。

应予指出，一座填料塔可以选用同种类型、同一规格的填料，也可选用同种类型不同规格的填料；可以选用同种类型的填料，也可以选用不同类型的填料；有的塔段可选用规整填料，而有的塔段可选用散装填料。设计时应灵活掌握，根据技术经济统一的原则来选择填料的规格。

3. 填料材质的选择

填料的材质分为陶瓷、金属和塑料 3 大类。

（1）陶瓷填料。陶瓷填料具有很好的耐腐蚀性及耐热性，陶瓷填料价格便宜，具有很好的表面润湿性能，质脆、易碎是其最大缺点。在气体吸收、气体洗涤、液体萃取等过程中应用较为普遍。

（2）金属填料。金属填料可用多种材质制成，选择时主要考虑腐蚀问题。碳钢填料造价低，且具有良好的表面润湿性能，对于无腐蚀或低腐蚀性物系应优先考虑使用；不锈钢填料的耐腐蚀性强，一般能耐除 Cl^- 以外常见物系的腐蚀，但其造价较高，且表面润湿性能较差，在某些特殊场合（如极低喷淋密度下的减压精馏过程），需对其表面进行处理，才能取得良好的使用效果；钛材、特种合金钢等材质制成的填料造价很高，一般只在某些腐蚀性极强的物系下使用。

一般来说，金属填料可制成薄壁结构，它的通量大、气体阻力小，且具有很高的抗冲击性能，能在高温、高压、高冲击强度下使用，应用范围最为广泛。

（3）塑料填料。塑料填料的材质主要包括聚丙烯（PP）、聚乙烯（PE）及聚氯乙烯（PVC）等，国内一般多采用 PP 材质。塑料填料的耐腐蚀性能较好，可耐一般的无机酸、碱和有机溶剂的腐蚀，其耐温性良好，可长期在 100°C 以下使用。

塑料填料质轻、价廉，具有良好的韧性，耐冲击、不易碎，可以制成薄壁结构。它的通量大、压降低，多用于吸收、解吸、萃取、除尘等装置中。塑料填料的缺点是表面润湿性能差，但可通过适当的表面处理来改善其表面润湿性能。

任务二　吸收操作基础知识

一、吸收气液相平衡

1. 相组成的表示方法

在吸收操作中，气体的总量和液体的总量都将随操作的进行而改变，但是惰性气体 B 和吸收剂 S 的总量始终保持不变。因此在吸收计算中，相组成用摩尔比表示就比较方便。

混合物中两组分的物质的量之比，称为摩尔比，用 X 或 Y 表示。A 对 B 的摩尔比：

$$X_A = \frac{n_A}{n_S} \text{ 或 } Y_A = \frac{n_A}{n_B} \tag{7-1}$$

式中：n_A——表示吸收质 A 在溶液或气体中的摩尔数；

n_S——表示吸收剂 S 在溶液中的摩尔数；

n_B——表示惰性气体 B 在气体中的摩尔数。

摩尔比与摩尔分数 x_A 或 y_A 的换算关系为：

$$X_A = \frac{x_A}{1-x_A} \text{ 或 } Y_A = \frac{y_A}{1-y_A} \tag{7-2}$$

【例 7－1】 150kg 纯酒精与 100kg 水混合而成的溶液，求其中酒精的质量分数、摩尔分数及摩尔比。

解：酒精的质量分数为：

$$xw_A = \frac{m_A}{m_A + m_B} = \frac{150}{150 + 100} = 0.6$$

酒精的摩尔质量 $M_A = 46\text{kg/kmol}$，水的摩尔质量 $M_B = 18\text{kg/kmol}$，则酒精的摩尔分数：

$$x_A = \frac{\frac{x_{wA}}{M_A}}{\frac{x_{wA}}{M_A}+\frac{x_{wB}}{M_B}} = \frac{\frac{0.6}{46}}{\frac{0.6}{46}+\frac{1-0.6}{18}} \approx 0.37$$

酒精对水的摩尔比为：

$$X_A = \frac{x_A}{1-x_A} = \frac{0.37}{1-0.37} \approx 0.587$$

2. 气液相平衡关系

（1）气体在液体中的溶解度。在一定的温度和压力下，使一定量的吸收剂与混合气体经过足够长时间接触，气、液两相将达到平衡状态。此时，进入液相中的溶质分子数与从液相逸出的溶质分子数恰好相等，气液两相的浓度不再变化，这种状态称为相际动态平衡，简称相平衡或平衡。平衡状态下气相中的溶质分压称为平衡分压或饱和分压，而液相中溶质的浓度称为气体在液体中的溶解度或平衡浓度。

气体在液体中的溶解度可通过实验测定。由实验结果绘成的曲线称为溶解度曲线，气体在液体中的溶解度曲线可从有关书籍、手册中查得。

图 7－9、图 7－10 和图 7－11 分别为总压不是很高时氨气、二氧化硫和氧气在水中的溶解度曲线。从图分析可知：

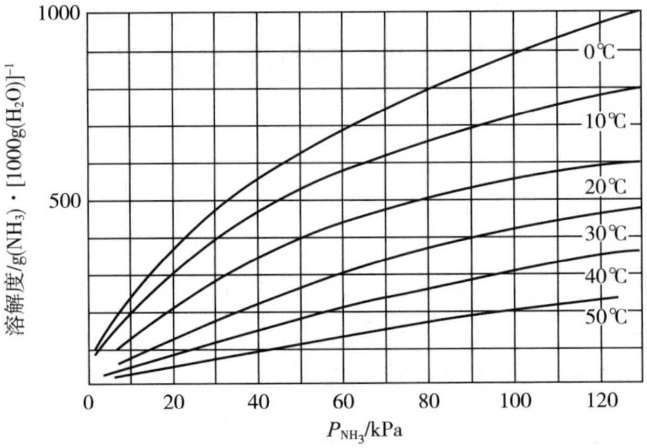

图 7－9　氨气在水中的溶解度曲线

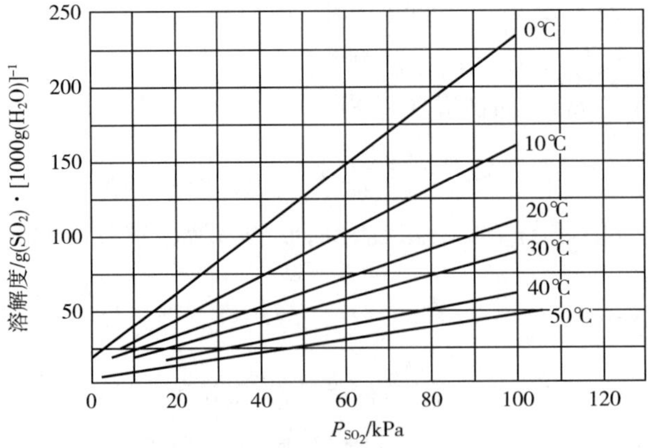

图 7－10　二氧化硫在水中的溶解度曲线

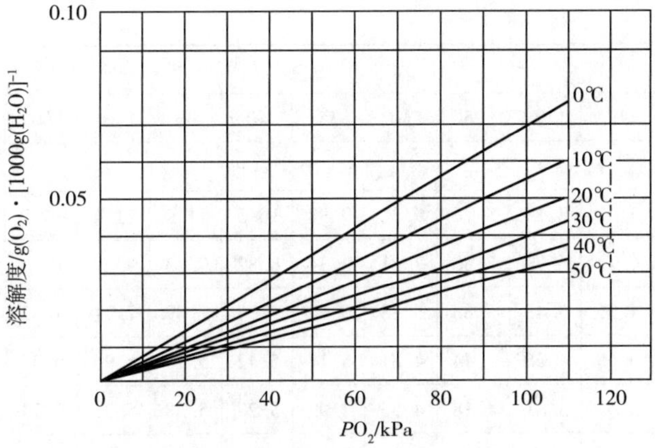

图7－11　氧气在水中的溶解度曲线

①在同一溶剂（水）中，相同的温度和溶质分压下，不同气体的溶解度差别很大，其中氨气在水中的溶解度最大，氧气在水中的溶解度最小。这表明氨气易溶于水，氧气难溶于水，而二氧化硫则居中。

②对于同一溶质，在相同的气相分压下，溶解度随温度的升高而减小。

③对于同一溶质，在相同的温度下，溶解度随气相分压的升高而增大。

溶解度的大小随物系、温度和压力而变。不同物质在同一溶剂中的溶解度不同；温度升高，相同液相浓度下吸收质的平衡分压增高，说明溶质易由液相进入气相，溶解度减少；压力升高，溶解度增加。

气体在液体中的溶解度表明在一定条件下气体溶质溶解于液体溶剂中可能达到的极限程度。由溶解度曲线所表现出的规律性可以得知，加压和降温对吸收操作有利，因为加压和降温可以提高气体的溶解度；反之，升温和减压则有利于解吸过程。

（2）亨利定律。在总压不是很高（通常不超过500kPa），温度一定的条件下，气、液两相达到平衡状态时，稀溶液上方的溶质分压与该溶质在液相中的摩尔分数成正比，即：

$$p^* = Ex \text{ 或 } x^* = \frac{P}{E} \tag{7-3}$$

式中：p^*、P——溶质的平衡分压、实际分压，Pa；

x、x^*——溶质在液相中的实际浓度、平衡浓度（摩尔分数）；

E——比例常数，称为亨利系数，Pa。

式（7－3）称为亨利定律。此式表明了气、液两相达到平衡状态时，气相浓度与液相浓度的关系，即相平衡关系。亨利系数 E 值的大小可由实验测定，也可从有关手册中查得，如表7－1为某些气体水溶液的亨利系数。

表7－1　　某些气体水溶液的亨利系数

气体种类	温度/℃															
	0	5	10	15	20	25	30	35	40	45	50	60	70	80	90	100
	$E\times10^{-6}$/kPa															
H_2	5.87	6.16	6.44	6.70	6.92	7.16	7.39	7.52	7.61	7.70	7.75	7.75	7.71	7.65	7.61	7.55

续表

气体	温度/℃															
种类	0	5	10	15	20	25	30	35	40	45	50	60	70	80	90	100
	$E\times10^{-6}$/kPa															
N_2	5.35	6.05	6.77	7.48	8.15	8.76	9.36	9.98	10.5	11.0	11.4	12.2	12.7	12.8	12.8	12.8
空气	4.38	4.94	5.56	6.15	6.73	7.30	7.81	8.34	8.82	9.23	9.59	10.2	10.6	10.8	10.9	10.8
CO	3.57	4.01	4.48	4.95	5.43	5.88	6.28	6.68	7.05	7.39	7.71	8.32	8.57	8.57	8.57	8.57
O_2	2.58	2.95	3.31	3.69	4.06	4.44	4.81	5.14	5.42	5.70	5.96	6.37	6.72	6.96	7.08	7.10
CH_4	2.27	2.62	3.01	3.41	3.81	4.18	4.55	4.92	5.27	5.58	5.85	6.34	6.75	6.91	7.01	7.10
NO	1.71	1.96	2.21	2.45	2.67	2.91	3.14	3.35	3.57	3.77	3.95	4.24	4.44	4.45	4.58	4.60
C_2H_6	1.28	1.57	1.92	2.90	2.66	3.06	3.47	3.88	4.29	4.69	5.07	5.72	6.31	6.70	6.96	7.01
	$E\times10^{-5}$/kPa															
C_2H_4	5.59	6.62	7.78	9.07	10.3	11.6	12.9	—	—	—	—	—	—	—	—	—
N_2O	—	1.19	1.43	1.68	2.01	2.28	2.62	3.06	—	—	—	—	—	—	—	—
CO_2	0.378	0.8	1.05	1.24	1.44	1.66	1.88	2.12	2.36	2.60	2.87	3.46	—	—	—	—
C_2H_2	0.73	0.85	0.97	1.09	1.23	1.35	1.48	—	—	—	—	—	—	—	—	—
Cl_2	0.272	0.334	0.399	0.461	0.537	0.604	0.669	0.74	0.80	0.86	0.90	0.97	0.99	0.97	0.96	—
H_2S	0.272	0.319	0.372	0.418	0.489	0.552	0.617	0.686	0.755	0.825	0.689	1.04	1.21	1.37	1.46	1.50
	$E\times10^{-4}$/kPa															
SO_2	0.167	0.203	0.245	0.294	0.355	0.413	0.485	0.567	0.661	0.763	0.871	1.11	1.39	1.70	2.01	—

对于一定的气体溶质和溶剂，亨利系数随温度而变化。一般来说，温度升高则 E 增大，这体现了气体的溶解度随温度升高而减小的变化趋势。在同一溶剂中，难溶气体的 E 值很大，而易溶气体的 E 值则很小。

由于互成平衡的气液两相组成可采用不同的表示法，因而亨利定律有不同的表达形式。

若溶质在气、液相中的组成分别以 p、c 表示，则亨利定律可写成如下的形式，即：

$$p_A^* = \frac{c_A}{H} \tag{7-4}$$

式中：c_A——溶质的浓度，kmol/m³；

H——溶解度系数，kmol/(m³ · kPa)。

溶解度系数 H 也是温度的函数。对于一定的溶质和溶剂，H 值随温度的升高而减小。易溶气体的 H 值很大，而难溶气体的 H 值则很小。对稀溶液，$c_A \ll 1$ 时，溶解度系数 H 与亨利系数 E 的关系为：

$$H = \frac{\rho}{EM_S} \tag{7-5}$$

式中：ρ——溶液的密度，kg/m³，对稀溶液可取纯吸收剂的密度；

M_S——吸收剂 S 的摩尔质量，kg/kmol。

若溶质在气、液相中的组成分别以摩尔分数 y、x 表示，则亨利定律可写成如下的形式，即：

$$y^* = mx \tag{7-6}$$

式中：x——液相中溶质的摩尔分数；

y^*——与液相成平衡的气相中溶质的摩尔分数；

m——相平衡常数。

对于一定的物系，相平衡常数 m 是温度和压力的函数，其数值可由实验测得。由 m 值同样可以比较不同气体溶解度的大小，m 值越大，则表明该气体的溶解度越小；反之，则溶解度越大。若系统总压为 p，由道尔顿分压定律可知：

$$p = py \tag{7-7}$$

同理：

$$p^* = py^* \tag{7-8}$$

将上式代入式（7-3）得：

$$py^* = Ex \tag{7-9}$$

将此式与式（7-6）比较可得：

$$m = \frac{E}{p} \tag{7-10}$$

若溶质在气、液相中的组成分别以摩尔比 Y、X 表示，则由式（7-2）得：

$$x = \frac{X}{1+X} \qquad y = \frac{Y}{1+Y}$$

将上式代入式（7-6）得：

$$\frac{Y^*}{1+Y^*} = m\frac{X}{1+X} \tag{7-11}$$

整理得：

$$Y^* = \frac{mX}{1+(1-m)X} \tag{7-11a}$$

式中：Y^*——气液相平衡时溶质在气相中的摩尔比；

X——溶质在液相中的摩尔比；

m——相平衡常数，无因次。

式（7-11a）是用摩尔比表示亨利定律的一种形式，即吸收气液相平衡方程式。此式在 $Y-X$ 直角坐标系中的图形是通过原点的一条曲线，如图 7-12（a）所示，此线称为气液相平衡线或吸收平衡线。

当溶液组成很低时，$(1-m)X \ll 1$，则式（7-11a）可简化为：

$$Y^* = mX \tag{7-12}$$

式（7-12）是亨利定律的又一种表达形式，表明当液相中溶质组成足够低时，平衡关系在 $Y-X$ 图中可近似地表示成一条通过原点的直线，其斜率为 m，如图 7-12（b）所示。

（3）相平衡在吸收过程的应用。相平衡是在一定条件下吸收过程所能达到的极限状态，根据此条件下气液两相在平衡状态时吸收质的实际浓度和平衡浓度的大小可以判别过程方向、计算过程的推动力并指明过程的极限。

①判别过程进行的方向和限度。设在一定的温度和压力下，使吸收质浓度为 Y 的混合气与吸收质浓度为 X 的液体接触时：

当 $Y > Y^*$ 或 $X < X^*$ 时，吸收质自气相进入液相，进行吸收过程；

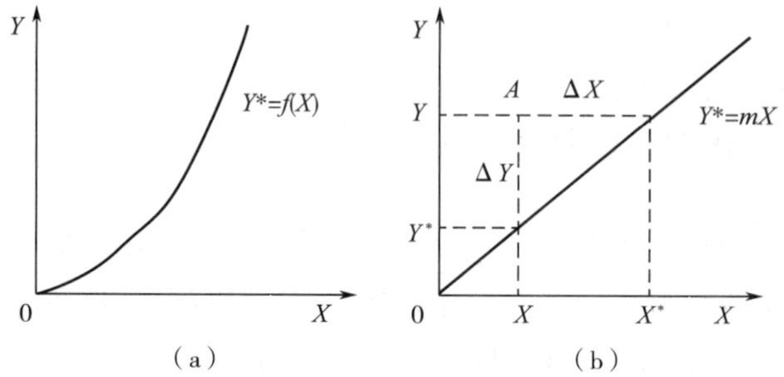

图7－12　吸收平衡线

当 $Y<Y^*$ 或 $X>X^*$ 时，吸收质自液相进入气相，进行解吸过程；

当 $Y=Y^*$ 或 $X=X^*$ 时，两相处于平衡，达到了极限状态。

X^*——与实际气相浓度 Y 成平衡的液相浓度。

Y^*——与实际液相浓度 X 成平衡的气相浓度。

②确定吸收推动力。在吸收操作中，如果气液两相的组成达到平衡，则吸收过程不能进行，只有气液两相处于不平衡状态时，才能进行吸收。通常以气液两相的实际状态与相应的平衡状态的偏离程度表示吸收推动力。如果气液两相处于平衡状态，则两相的实际状态与相应的平衡状态无偏离，吸收推动力为零；实际状态与相应的平衡状态偏离越大，吸收推动力越大，吸收越容易。

吸收推动力可用气相浓度差表示，即 $\Delta Y=Y-Y^*$；也可用液相浓度差表示，即 $\Delta X=X^*-X$；还可直观地表示在相平衡图上，如图7－12（b）所示。还可以用压强差和浓度差表示，即 $\Delta p=p-p^*$，$\Delta c=c^*-c$。

③确定过程的极限。以逆流吸收塔为例，塔顶以下标“2”表示，塔底以下标“1”表示。若增加塔高，减小吸收剂用量 L（即减小液气比 L/V），则塔底吸收液的出口组成 X_1 必增加。但是即使在塔非常高、吸收剂用量很小的情况下，X_1 也不会无限增大，其极限为：

$$X_1=X_1{}^*=\frac{Y_1}{m} \quad (7-13)$$

反之，即使塔很高、吸收剂用量很大的情况下，吸收塔气相出口浓度 Y_2 也不能无限下降，其极限为：

$$Y_2=Y_2{}^*=mX_2 \quad (7-14)$$

理论上对于无限高的逆流吸收塔，平衡状态出现在塔顶还是塔底，取决于相平衡常数 m 与液气比 L/V 的相对大小。由此可见，由相平衡关系和液气比可确定吸收液出口的最高组成或尾气的最低组成。

【例7－2】 用煤油从苯－空气混合气体中吸收苯，入塔气体中含苯2%（体积分数），吸收后浓度降为0.01%（体积分数），入塔煤油中含苯0.02%（摩尔分数）。操作温度为50℃，压力为200kPa，操作条件平衡关系为 $p^*=80x$。

求：（1）塔顶处气相推动力；（2）若改善操作条件，提高吸收率，则出口液体浓度极限是多少？

解：（1）塔顶处气相推动力：$\Delta p_2=p_2-p_2^*$

$p_2 = py_2 = 200 \times 0.0001 = 0.02$（kPa）

$p_2^* = Ex_2 = 80 \times 0.0002 = 0.016$（kPa）

则塔顶处气相推动力：

$\Delta p_2 = p_2 - p_2^* = 0.02 - 0.016 = 0.004$（kPa）

（2）出口液体浓度极限：

$$X_1^* = \frac{p_1}{E}$$

$p_1 = py_1 = 200 \times 0.02 = 4$（kPa）

$$X_1^* = \frac{p_1}{E} = \frac{4}{80} = 0.05$$

二、传质机理与传质速率

吸收操作是吸收质从气相转移到液相的传质过程，其中包括吸收质由气相主体向气膜相界面的传递，及由相界面向液相主体的传递。因此讨论吸收过程机理，必须了解物质在气相或液相中的传递规律。

1. 物质传递的基本方式

（1）分子扩散。物质以分子运动的方式通过静止流体或层流流体的转移称为分子扩散。如向静止的水中滴一滴红墨水，墨水中有色物质分子就会以分子扩散方式均匀扩散在水中，使水变成淡淡的红色。分子扩散速率主要取决于扩散物质和静止流体的温度及其某些物理性质。

（2）涡流扩散。当物质在湍流流体中扩散时，主要是依靠流体质点的无规则运动。由于流体质点在湍流中产生旋涡，引起各部分流体间的剧烈混合，在有浓度差存在的条件下，物质便向浓度降低的方向进行扩散。这种凭借流体质点的湍动和旋涡来传递物质的现象，称为涡流扩散。如滴红墨水于水中，同时加以搅动，可以看到水变红的速度要比不搅动快得多，这就是涡流扩散的效果。实际上，在湍流流体中，由于分子运动而产生的分子扩散是与涡流扩散同时发挥着传递作用。但由于构成流体的质点（分子集团或流体微团）是大量的，所以在湍流主体中质点传递的规模和速度是远大于单个分子的，因此涡流扩散的效果应占主要地位。涡流扩散不仅与物系性质有关，还与流体的湍动程度及质点所处的位置有关。涡流扩散速率比分子扩散速率大得多。

由于在涡流扩散时也存在分子扩散，因此研究流体中的物质传递时常常将分子扩散与涡流扩散两种传质作用结合起来予以考虑。湍流主体与相界面之间的涡流扩散与分子扩散这两种传质作用总称为对流扩散。对流扩散时，扩散物质不仅依靠本身的分子扩散作用，更主要的是依靠湍流流体的涡流扩散作用。对流扩散与传热过程中的对流传热相类似。

2. 吸收过程的机理

吸收过程的机理很复杂，人们已对其进行了长期深入的研究，先后提出了多种理论，其中应用最广泛的是双膜理论。

双膜理论的基本论点为：在气液两相相接触处时，存在一个稳定的分界面，称相界面。相界面的两侧分别存在一层很薄的流体膜——气膜和液膜，膜内流体作滞流流动，吸收质以分子扩散方式通过此两层膜。

在两膜层以外的气、液两相分别称为气相主体与液相主体。在气液两相主体中，由于流体充分湍动混合，吸收质浓度均匀，没有浓度差，也没有传质阻力，浓度差全部集中在双膜内，即阻力集中在双膜内。

无论气、液两相主体中吸收质的浓度是否达到相平衡，相界面处气相浓度与液相浓度是互成平衡的。

根据双膜理论，在吸收过程中，溶质从气相主体中以对流扩散的方式到达气膜边界，又以分子扩散的方式通过气膜至相界面，在界面上不受任何阻力从气相进入液相，然后在液相中以分子扩散的方式通过液膜至液膜边界，最后又以对流扩散的方式转移到液相主体。这一过程非常类似于热冷两流体通过器壁的换热过程。将双膜理论的要点表达在一个坐标图上，即可得到描述气体吸收过程的物理模型——吸收双膜理论模型图，如图 7－13 所示。

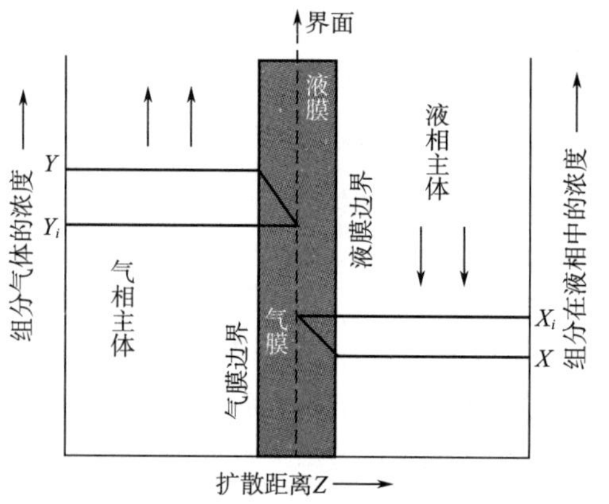

图 7－13　吸收双膜理论示意图

双膜理论把复杂的吸收过程简化为吸收质通过气、液两膜层的分子扩散过程。吸收过程的主要阻力集中于这两层膜中，膜层之外的阻力忽略不计，因此，降低膜层厚度对吸收有利。实践证明，在一些有固定相界面的吸收设备（如填料塔）中，当两相湍动不大时，适当增加两相流体的流速对吸收是有利的。

双膜理论对于那些具有固定传质界面的系统且两流体流速不高的吸收过程具有重要的指导意义，为我们的设计计算提供了重要的依据。但是，对于具有自由相界面的系统，尤其是高度湍动的两流体间的传质，双膜理论表现出它的局限性。故继双膜理论之后，又相继提出了一些新的理论，如表面更新理论、溶质渗透理论、滞流边界层理论及界面动力状态理论等。

3. 传质速率方程

（1）吸收速率方程式。单位时间内通过单位传质面积上吸收质的量称为吸收速率，用 N_A 表示，单位为 kmol/(m^2 · s)。表明吸收速率与吸收推动力之间的关系式即为吸收速率方程式。

在稳定吸收操作中，吸收设备内的任一部位上，相界面两侧的对流传质速率应是相等的，因此其中任何一侧的对流扩散速率都能代表该部位的吸收速率。根据双膜理论的论点，吸收速率方程式可用吸收质以分子扩散方式通过气、液膜的扩散速率方程来表示。

吸收质从气相主体通过气膜传递到相界面时的吸收速率方程式：

$$N_A = k_G(p - p_i) \tag{7-15}$$

或

$$N_A = k_Y(Y - Y_i) \tag{7-16}$$

式中：k_G、k_Y——气膜吸收分系数，kmol/(m^2 · s)；

p、p_i——吸收质在气相主体与界面处的分压，kPa；

Y、Y_i——吸收质在气相主体与界面处的摩尔比。

吸收质从相界面处通过液膜传递到液相主体时的吸收速率方程式：

$$N_A = k_L(c_i - c) \tag{7-17}$$

或
$$N_A = k_X(X_i - X) \tag{7-18}$$

式中：k_L、k_X——液膜吸收分系数，kmol/(m² · s)；

c、c_i——吸收质在液相主体与界面处的浓度，kmol/m³；

X、X_i——吸收质在液相主体与界面处的摩尔比。

总吸收速率方程式：由于上述吸收速率方程式均涉及界面浓度，而界面浓度很难获取，故常用下列总吸收速率方程式表示：

$$N_A = K_Y(Y - Y^*) \tag{7-19}$$

或
$$N_A = K_X(X^* - X) \tag{7-20}$$

式中：K_Y、K_X——分别为气相和液相总吸收系数，kmol/(m² · s)；

Y^*、X^*——分别为与气相主体浓度 Y 和液相主体浓度 X 相平衡的浓度。

（2）传质阻力控制。由亨利定律和吸收速率方程式可以推导总吸收系数与吸收分系数之间的关系：

$$\frac{1}{K_Y} = \frac{1}{k_Y} + \frac{m}{k_X} \tag{7-21}$$

$$\frac{1}{K_X} = \frac{1}{mk_Y} + \frac{1}{k_X} \tag{7-22}$$

$\frac{1}{K_Y}$ 和 $\frac{1}{K_X}$ 分别为吸收过程的气相和液相总阻力，而 $\frac{1}{k_Y}$ 和 $\frac{1}{k_X}$ 分别为气膜阻力和液膜阻力。从以上两式可知，吸收过程的总阻力为气膜阻力和液膜阻力之和。

对溶解度大的易溶气体，相平衡常数 m 很小。在 k_X 和 k_Y 值数量级相近情况下，则 $\frac{1}{K_Y} \gg \frac{m}{k_X}$，$\frac{m}{k_X}$ 很小，可以忽略，式（7-21）变为：

$$\frac{1}{K_Y} \approx \frac{1}{k_Y} \quad 即 \quad K_Y \approx k_Y \tag{7-23}$$

上式表明：易溶气体的液相阻力很小，吸收过程的总阻力集中在气膜内，气膜阻力控制着整个过程的吸收速率，称“气膜控制”或气相阻力控制。对此类吸收过程，要提高吸收速率，必须设法降低气相阻力才有效。

对于溶解度小的难溶气体，m 值很大，在 k_X 和 k_Y 值数量级相近情况下，则 $\frac{1}{K_X} \gg \frac{1}{mk_Y}$，$\frac{1}{mk_Y}$ 很小，可以忽略，式（7-22）变为：

$$\frac{1}{K_X} \approx \frac{1}{k_X} \quad 即 \quad K_X \approx k_X \tag{7-24}$$

式（7-24）表明：难溶气体的气相阻力很小，吸收过程的总阻力集中在液膜内，液膜阻力控制着整个过程的吸收速率，称“液膜控制”或液相阻力控制。对于此类吸收过程，要提高吸收速率，必须设法降低液相阻力才有效。

对溶解度适中的中等溶解度气体，气膜阻力和液膜阻力均不可忽略不计，此过程吸收总阻力集中在双膜内，这种双膜阻力控制吸收过程速率的情况称“双膜控制”。对于此类吸收过程，要提高吸收速率，必须设法降低液相、气相阻力才有效。

表7-2列出了一些常见吸收过程的控制类型，供参考。

表 7－2　　几种吸收过程中的控制因素

气膜控制		液膜控制	双膜控制
水或氨水吸收 NH_3	酸吸收 5% NH_3	水或弱碱吸收 CO_2	水吸收 SO_2
氨水解吸 NH_3	碱液或氨水吸收 SO_2	水吸收 O_2	水吸收丙酮
浓硫酸吸收 SO_3	NaOH 水溶液吸收 H_2S	水吸收 H_2	浓硫酸吸收 NO_2
水或稀盐酸吸收 HCl	液体的蒸发或冷凝	水吸收 Cl_2	—

三、吸收过程的物料衡算及操作线方程

1. 全塔物料衡算

图 7－14 为一个稳定操作状态下逆流接触吸收塔，气、液两相逆流接触。气体自下而上流动，吸收剂则自上而下流动，下标“1”表示塔底截面，下标“2”表示塔顶截面，$m-n$ 代表塔内的任一截面。图中各个符号的意义如下：

V——惰性气体的摩尔流量，kmol/h；

L——吸收剂的摩尔流量，kmol/h；

Y_1、Y_2——进出塔气相中吸收质的摩尔比；

X_2、X_1——进出塔液相中吸收质的摩尔比。

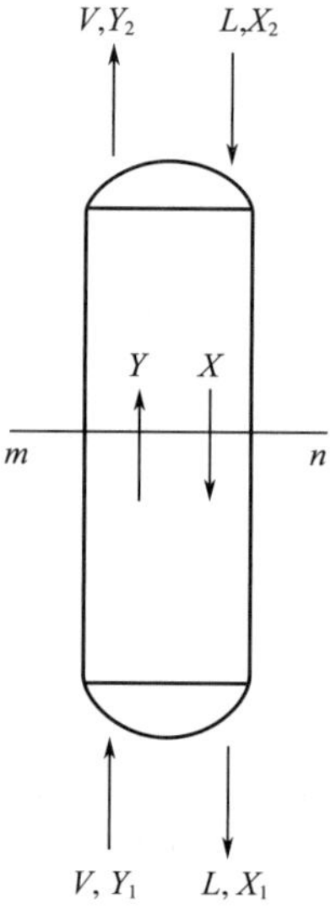

图 7－14　逆流吸收塔的物料衡算示意图

在吸收过程中，V 和 L 的量不变，气相中吸收质的浓度逐渐减少，而液相中吸收质的浓度逐渐增大。根据无物料损失，对单位时间内进、出塔的吸收质的量进行物料衡算，可得下式：

$$VY_1 + LX_2 = VY_2 + LX_1 \quad (7-25)$$

$$V(Y_1 - Y_2) = L(X_1 - X_2) \quad (7-26)$$

或

$$\frac{L}{V} = \frac{Y_1 - Y_2}{X_1 - X_2} \quad (7-27)$$

上式即为吸收塔的全塔物料衡算式。L/V 称为液气比，是吸收操作的重要参数，它反映单位气体处理量的吸收剂耗用量大小。一般情况下，进塔混合气体的流量和组成是吸收任务所规定的，若吸收剂的流量与组成已被确定，则 V、Y_1、L 及 X_2 为已知数。此外，根据吸收任务所规定的溶质吸收率，便可求得气体出塔时的溶质含量 Y_2，进而求得吸收液组成 X_1。

2. 吸收率

吸收率为气相中被吸收的吸收质的量与气相中原有的吸收质的量之比，用 ϕ 表示，即：

$$\phi = \frac{V(Y_1 - Y_2)}{VY_1} = \frac{Y_1 - Y_2}{Y_1} \quad (7-28)$$

或

$$Y_2 = (1 - \phi)Y_1 \quad (7-29)$$

3. 吸收的溶质量

单位时间内通过吸收塔所吸收的吸收质的量称为吸收的溶质量，用 G_A 来表示，单位为 kmol/h，表示式为：

$$G_A = V(Y_1 - Y_2) = L(X_1 - X_2) \tag{7-30}$$

4. 操作线方程

在稳定逆流操作的吸收塔内，气体自下而上，其组成由 Y_1逐渐降低至 Y_2；液相自上而下，其组成由 X_2逐渐增浓至 X_1；而在塔内任意截面上的气、液组成 Y 与 X 之间的对应关系可由塔内某一截面 $m-n$ 与塔的一个端面之间对溶质作物料衡算而得（图 7－15）。

在任一截面 m－n 与塔底的物料衡算式：

$$VY_1 + LX = VY + LX_1 \tag{7-31}$$

$$Y = \frac{L}{V}X + Y_1 - \frac{L}{V}X_1 \tag{7-32}$$

在任一截面 $m-n$ 与塔顶的物料衡算式：

$$VY_2 + LX = VY + LX_2 \tag{7-33}$$

$$Y = \frac{L}{V}X + Y_2 - \frac{L}{V}X_2 \tag{7-34}$$

式（7－32）、式（7－34）是等效的，它们均表示吸收操作过程中，任一截面处的气相组成 Y 和液相组成 X 之间的关系，称吸收塔的操作线方程。在稳定连续吸收时，式中 X_1、Y_1、X_2、Y_2及 L/V 都是定值，所以式（7－32）、式（7－34）是直线方程式，直线的斜率为 L/V，且此直线应通过 B（X_1，Y_1）及 T（X_2，Y_2）两点，如图 7－15 所示，图中的直线 BT 即为逆流吸收塔的操作线。此操作线上任一点 A 代表塔内相应截面上的气相组成 Y 和液相组成 X 的对应关系。端点 B 代表塔底的气、液相组成 Y_1、X_1的对应关系；端点 T 代表塔顶的气、液相组成 Y_2、X_2的对应关系。

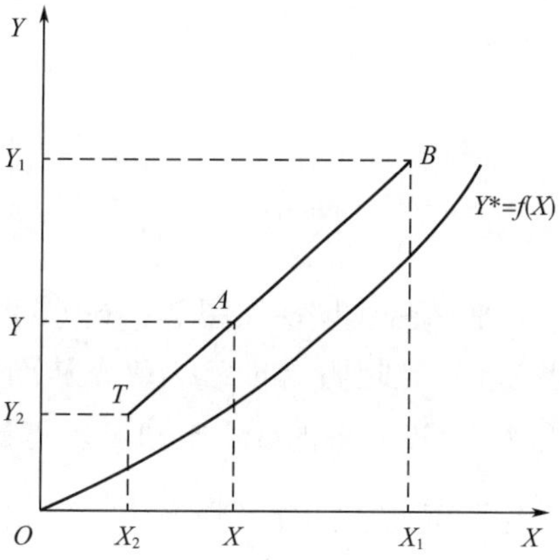

图 7－15　吸收塔的操作线方程

四、吸收剂用量的计算

由图 7－16 可知，在 V、Y_1、Y_2及 X_2已知的情况下，吸收操作线的一个端点 T 已经固定，另一个端点 B 则可在 $Y=Y_1$的水平线上移动。点 B 的横坐标将取决于操作线的斜率 L/V。

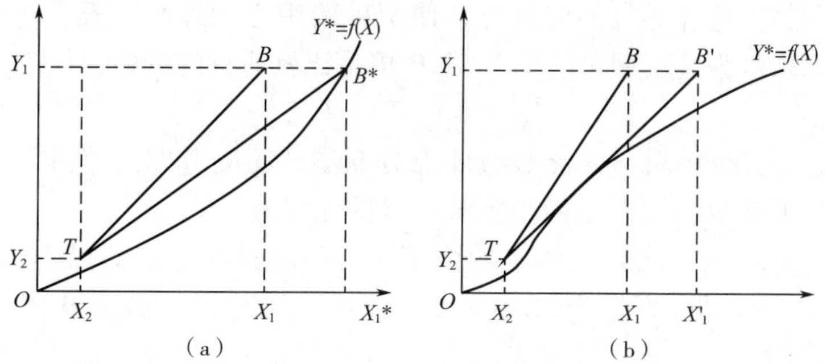

图 7－16　逆流吸收塔的最小液气比

由于 V 值已经确定，故若减少吸收剂用量 L，操作线的斜率就要变小，点 B 便沿水平线 $Y=Y_1$ 向右移动，其结果是使出塔吸收液的组成 X_1 增大，吸收推动力 $X_1^*-X_1$ 相应减小，致使设备费用增大。若吸收剂用量减小到恰使点 B 移至水平线 $Y=Y_1$ 与平衡线的交点 B^* 时，$X_1=X^*$，即塔底流出的吸收液与刚进塔的混合气达到平衡。这是理论上吸收液所能达到的最高含量，但此时过程的推动力已变为零，因而需要无限大的相际传质面积。这在实际生产上是办不到的，只能用来表示一种极限状况。此种状况下吸收操作线（B^*T）的斜率称为最小液气比，以（L/V）$_{\min}$ 表示，相应的吸收剂用量即为最小吸收剂用量，以 $L_{\min}$ 表示。

反之，若增大吸收剂用量，则点 B 将沿水平线向左移动，使操作线远离平衡线，过程推动力增大，设备费用减少。但超过一定限度后，效果便不明显，而溶剂的消耗、输送及回收等项操作费用急剧增大。

最小液气比可用图解法求出。如果平衡曲线符合图 7－16（a）所示的一般情况，则要找到水平线 $Y=Y_1$ 与平衡线的交点 B^*，从而读出 X_1^* 的数值，然后用下式计算最小液气比，即：

$$\left(\frac{L}{V}\right)_{\min}=\frac{Y_1-Y_2}{X_1^*-X_2} \tag{7-35}$$

$$L_{\min}=\frac{V(Y_1-Y_2)}{X_1^*-X_2} \tag{7-36}$$

若平衡曲线呈现如图 7－16（b）中所示的形状，则应过点 T 作平衡线的切线，找到水平线 $Y=Y_1$ 与此切线的交点 B'，从而读出点 B' 的横坐标 X_1' 的数值，用 X_1' 代替式（7－35）或式（7－36）中的 X_1^*，便可求得最小液气比（L/V）$_{\min}$ 或最小吸收剂用量 $L_{\min}$。

若平衡关系符合亨利定律，可用 $X^*=\dfrac{Y}{m}$ 表示，则可直接用下式算出最小液气比，即：

$$\left(\frac{L}{V}\right)_{\min}=\frac{Y_1-Y_2}{\dfrac{Y_1}{m}-X_2} \tag{7-37}$$

$$L_{\min}=\frac{V(Y_1-Y_2)}{\dfrac{Y_1}{m}-X_2} \tag{7-38}$$

由以上分析可见，吸收剂用量的大小，从设备费与操作费两方面影响到生产过程的经济效果，应权衡利弊，选择适宜的液气比，使两种费用之和最小。根据生产实践经验，一般情况下取吸收剂用量为最小用量的 1.1～2.0 倍是比较适宜的，即：

$$L=(1.1\sim2.0)\,L_{\min} \tag{7-39}$$

必须指出，为了保证填料表面能被液体充分润湿，还应考虑到喷淋密度（单位塔截面积上单位时间内流下的液体量）不得小于某一最低允许值。

【例 7－3】 用清水吸收混合气体中的可溶组分 A。吸收塔内的操作压强为 105.7kPa，温度为 27℃，混合气体的处理量为 1280m³/h，其中 A 的摩尔分数为 0.03，要求 A 的回收率为 95%。操作条件下的平衡关系可表示为：$Y=0.65X$。若取吸收剂用量为最小吸收剂用量的 1.4 倍，求每小时送入吸收塔顶的清水量 L 及吸收液的出塔组成 X_1。

解：（1）清水用量 L：

$$Y_1=\frac{y_1}{1-y_1}=\frac{0.03}{1-0.03}\approx 0.03093$$

$$Y_2=Y_1(1-\phi)=0.03093\times(1-0.95)\approx 0.00155$$

混合气中惰性气体流量：

$$V=\frac{V_{混}}{22.4}\times\frac{T_0}{T}\times\frac{P}{P_0}(1-y_1)=\frac{1280}{22.4}\times\frac{273}{273+27}\times\frac{105.7}{101.33}(1-0.03)\approx 52.62(\text{kmol/h})$$

$$L_{\min}=\frac{V(Y_1-Y_2)}{\dfrac{Y_1}{m}-X_2}=\frac{52.62(0.03093-0.00155)}{\dfrac{0.03093}{0.65}-0}=32.5(\text{kmol/h})$$

$L=1.4L_{\min}=1.4\times 32.5=45.5$ (kmol/h)

(2) 出塔吸收液组成 X_1：

根据全塔的物料衡算可得：

$$V(Y_1-Y_2)=L(X_1-X_2)$$

$$X_1=\frac{V(Y_1-Y_2)}{L}+X_2=\frac{52.62(0.03093-0.00155)}{45.5}+0=0.03398$$

五、填料层高度的计算

吸收塔的高度是指塔内进行气液传质部分的高度，即填料层的高度。填料层高度的计算可分为传质单元数法和等板高度法。本任务只介绍传质单元数法求填料层高度。

传质单元数法是依据传质速率方程来计算填料层高度，故又称为传质速率模型法。

1. 基本计算式

$$Z=\frac{V(Y_1-Y_2)}{K_{Ya}\Omega\Delta Y_m} \tag{7-40}$$

或

$$Z=\frac{L(X_1-X_2)}{K_{Xa}\Omega\Delta X_m} \tag{7-41}$$

式中：Z——填料层高度，m；

V——惰性气体的流量，kmol/h；

Y_1、Y_2——进出吸收塔气体中吸收质的摩尔比；

K_{Ya}——气相总体积吸收系数，kmol/(m^3·s)；

Ω——塔截面积，m^2；

ΔY_m——以气相浓度表示的平均吸收推动力；

L——吸收剂的流量，kmol/h；

X_2、X_1——进出吸收塔吸收剂中吸收质的摩尔比；

K_{Xa}——液相总体积吸收系数，kmol/(m^3·s)；

ΔX_m——以液相浓度表示的平均吸收推动力。

式中 K_{Ya} 和 K_{Xa} 分别称为气相总体积吸收系数和液相总体积吸收系数，其单位均为 kmol/(m^3·s)。体积吸收系数的物理意义为：在推动力为一个单位的情况下，单位时间单位体积填料层内所吸收溶质的量。

2. 传质单元高度与传质单元数

(1) 传质单元高度与传质单元数。

对式（7－40）分析可知，等号右端的因式 $\frac{V}{K_{Ya}\Omega}$ 是由过程条件所决定的，具有高度的单位，定义为“气相总传质单元高度”，以 H_{OG} 表示，即：

$$H_{OG}=\frac{V}{K_{Ya}\Omega} \tag{7-42}$$

等号右端的因式项 $\frac{Y_1-Y_2}{\Delta Y_m}$ 中的分子与分母具有相同的单位，因而整个分式为无因次的数值，它代表所需填料层总高度 Z 相当于气相总传质单元高度 H_{OG} 的倍数，定义为“气相总传质单元数”，以 N_{OG} 表示，即：

$$N_{OG}=\frac{Y_1-Y_2}{\Delta Y_m} \tag{7-43}$$

于是，式（7－40）可改写为：

$$Z=H_{OG}N_{OG} \tag{7-44}$$

同理，式（7－41）可写成如下的形式，即：

$$Z=H_{OL}N_{OL} \tag{7-45}$$

式中：

$$H_{OL}=\frac{L}{K_{Xa}\Omega} \tag{7-46}$$

$$N_{OL}=\frac{X_1-X_2}{\Delta X_m} \tag{7-47}$$

由此，可写出填料层高度计算的通式为：

$$填料层高度=传质单元数\times传质单元高度 \tag{7-48}$$

（2）传质单元高度与传质单元数的物理意义。传质单元高度反映了传质阻力的大小、填料性能的优劣以及润湿情况的好坏。吸收过程的传质阻力越大，填料层有效比表面越小，则每个传质单元所相当的填料层高度就越大。

传质单元数代表所需填料层总高度 Z 相当于气相总传质单元高度 H_{OG} 的倍数，它反映吸收过程进行的难易程度。生产任务所要求的气体组成变化越大，吸收过程的平均推动力越小，则意味着过程的难度越大，此时所需的传质单元数也就越大。

3. 传质单元数的求法

$$N_{OG}=\frac{Y_1-Y_2}{\Delta Y_m} \tag{7-49}$$

$$\Delta Y_m=\frac{\Delta Y_1-\Delta Y_2}{\ln\frac{\Delta Y_1}{\Delta Y_2}} \tag{7-50}$$

式中：$\Delta Y_1=Y_1-Y_1^*$

$\Delta Y_2=Y_2-Y_2^*$

ΔY_m——塔顶与塔底两截面上吸收推动力的对数平均值，称为对数平均推动力。

$$N_{OL}=\frac{X_1-X_2}{\Delta X_m} \tag{7-51}$$

$$\Delta X_m=\frac{\Delta X_1-\Delta X_2}{\ln\frac{\Delta X_1}{\Delta X_2}} \tag{7-52}$$

式中：$\Delta X_1=X_1^*-X_1$

$\Delta X_2 = X_2^* - X_2$

在使用平均推动力法时应注意，当 $\frac{\Delta Y_1}{\Delta Y_2} < 2$、$\frac{\Delta X_1}{\Delta X_2} < 2$ 时，对数平均推动力可用算术平均推动力替代，即：$\Delta Y_m = \frac{\Delta Y_1 + \Delta Y_2}{2}$，$\Delta X_m = \frac{\Delta X_1 + \Delta X_2}{2}$，产生的误差小于4%。

【例7-4】 在直径为0.8m的填料塔中，用0.018kmol/s的清水逆流吸收空气和SO_2混合气中的SO_2，混合气量为0.0124kmol/s，混合气含SO_2 1.3%（体积分数），要求回收率为99.5%，操作条件为20℃、1atm，平衡关系为 $y = 0.75x$，总体积吸收系数 $K_{Ya} = 0.055\text{kmol}/(\text{m}^3 \cdot \text{s})$，出塔液体浓度为0.00868（摩尔分数），求填料层高度。

解：$Z = H_{OG} N_{OG}$　　$H_{OG} = \frac{V}{K_{Ya}\Omega}$　　$N_{OG} = \frac{Y_1 - Y_2}{\Delta Y_m}$

式中：$V = V_{混}(1 - y_1) = 0.0124(1 - 0.013) \approx 0.01224$ (kmol/s)

$$Y_1 = \frac{y_1}{1 - y_1} = \frac{0.013}{1 - 0.013} \approx 0.0132$$

$$Y_2 = Y_1(1 - \phi) = 0.0132 \times (1 - 0.995) = 0.000066$$

$$\Delta Y_1 = Y_1 - Y_1^* = Y_1 - mX_1 = 0.0132 - 0.75 \times 0.00868 = 0.00669$$

$$\Delta Y_2 = Y_2 - Y_2^* = Y_2 - mX_2 = 0.000066 - 0.75 \times 0 = 0.000066$$

$$\Delta Y_m = \frac{\Delta Y_1 - \Delta Y_2}{\ln \frac{\Delta Y_1}{\Delta Y_2}} = \frac{0.00669 - 0.000066}{\ln \frac{0.00669}{0.000066}} \approx 0.00143$$

$$K_{Ya} = 0.055\text{kmol}/(\text{m}^3 \cdot \text{s})$$

$$\Omega = 0.785 \times 0.8^2 \text{m}^2$$

$$H_{OG} = \frac{V}{K_{Ya}\Omega} = \frac{0.01224}{0.055 \times 0.785 \times 0.8^2} \approx 0.4429 \text{ (m)}$$

$$N_{OG} = \frac{Y_1 - Y_2}{\Delta Y_m} = \frac{0.0132 - 0.000066}{0.00143} \approx 9.185$$

$$Z = H_{OG} N_{OG} = 0.4429 \times 9.185 \approx 4.07 \text{(m)}$$

【例7-5】 在常压逆流吸收塔中，用清水吸收混合气体中溶质组分A。进塔气体组成为0.03（摩尔比，下同），吸收率为99%；出塔液相组成为0.013。操作压力为101.3kPa，温度为27℃，操作条件下的平衡关系为 $Y = 2X$（Y、X 均为摩尔比）。已知单位塔截面上惰性气体流量为54kmol/(m²·h)，气相总体积吸收系数为1.12kmol/(m³·h·kPa)，试求所需填料层高度。

解：$Z = \frac{V(Y_1 - Y_2)}{K_{Ya}\Omega\Delta Y_m}$

式中：$Y_1 = 0.03$

$$Y_2 = Y_1(1 - \Phi) = 0.03 \times (1 - 0.99) = 0.0003$$

$$\Delta Y_1 = Y_1 - Y_1^* = Y_1 - mX_1 = 0.03 - 2 \times 0.013 = 0.004$$

$$\Delta Y_2 = Y_2 - Y_2^* = Y_2 - mX_2 = 0.0003 - 2 \times 0 = 0.0003$$

$$\Delta Y_m = \frac{\Delta Y_1 - \Delta Y_2}{\ln \frac{\Delta Y_1}{\Delta Y_2}} = \frac{0.004 - 0.0003}{\ln \frac{0.004}{0.0003}} \approx 0.00143$$

单位塔截面上惰气流量 $\frac{V}{\Omega} = 54\text{kmol/(m}^2 \cdot \text{h)}$

$K_{Ya} = P \times 1.12 = 101.3 \times 1.12 = 113.456[\text{kmol/(m}^3 \cdot \text{h)}]$

$Z = \frac{V(Y_1 - Y_2)}{K_{Ya}\Omega\Delta Y_m} = \frac{54 \times (0.03 - 0.0003)}{113.456 \times 0.00143} \approx 9.88(\text{m})$

六、填料塔的塔径的计算

填料塔的塔径可根据圆形管道内的流量与流速关系式计算，即：

$$q_{vs} = \frac{\pi}{4}D^2 u \tag{7-53}$$

或

$$D = \sqrt{\frac{4q_{vs}}{\pi u}} \tag{7-54}$$

式中：D——塔径，m；

q_{vs}——操作条件下混合气体的体积流量，m^3/s；

u——空塔气速，按空塔截面计算的混合气体的线速度，m/s。

空塔气速的确定是塔径计算的关键。操作气速的上限是发生液泛时的泛点速度。所谓液泛是指在操作过程中，塔内液体下降受阻，并逐渐积累，达到泛滥，即发生液泛。泛点气速可由实验测定。

七、解吸

从吸收剂中分离出已被吸收的气体的操作称为解吸。解吸是吸收的逆过程。在生产中，解吸过程有两个目的：

（1）获得所需较纯的气体溶质。

（2）使溶剂得以再生，返回吸收塔循环使用，使经济上更合理。

在工业生产中，经常采用吸收—解吸联合操作。如前面介绍的用洗油脱除煤气中的粗苯就采用的是吸收—解吸联合操作。解吸是吸收质从液相转移到气相的过程。因此，进行解吸过程的必要条件及推动力恰好与吸收过程相反，即气相中溶质的分压（或浓度）必须小于液相中溶质的平衡分压，其差值即为解吸过程的推动力。

常用的解吸方法：

（1）加热解吸。将溶液加热升温可提高溶液中溶质的平衡分压，减少溶质的溶解度，从而有利于溶质与溶剂的分离。

（2）减压解吸。操作压力降低可使气相中溶质的分压相应地降低，溶质从吸收液中释放出来。

（3）从惰性气体中解吸。将溶液加热后送至解吸塔顶使与塔底部通入的惰性气体（或水蒸气）进行逆流接触，由于入塔惰性气体中溶质的分压为零，溶质从液相转入气相。

（4）采用精馏方法。将溶液通过精馏的方法使溶质与溶剂分离。

在生产中，具体采用什么方法较好，须结合工艺特点，对具体情况作具体分析。此外，也可以将几种方法联合起来加以应用。

任务三　吸收塔的操作与维护

一、吸收塔的正常操作、开停车

1. 吸收塔操作要点

（1）溶解度影响到吸收系数的大小，在操作中应明了过程的控制部位，确定提高哪一相的流速以增大其湍动程度，对提高吸收速率具有重要意义。

（2）根据物料性质选择有较高吸收速率的吸收设备。对填料塔，应注意填料分布均匀，防止液体流动时发生沟流或壁流现象，以保证足够的有效传质面积，不致降低塔效率。

（3）稳定液相流量，避免操作中出现波动。吸收剂用量过小，吸收速率降低；吸收剂用量过大，操作费用增加。

（4）控制气体流速。气速过小（低于载点气速）对传质不利；气速过大（达到液泛气速）时，液体被气体大量带出，操作不稳定甚至不正常。

（5）经常检查出塔气体的雾沫夹带状况，以免造成吸收剂浪费及堵塞管路。

（6）经常检查塔内的操作温度。采取相应措施，维持塔的低温操作。

（7）填料应定期清洗，避免填料受液体粘连和堵塞。

2. 吸收塔的正常维护、开停车

由于吸收任务、物系性质、分离指标及操作条件等均不一样，因此不同吸收过程的操作方法是不一样的，但从总体上说，都包括冷态开车、正常运行和正常停车等。

（1）系统开车。吸收开车应先进液再进气，以确保吸收塔中填料全部被润湿。在进气及进液过程中，应严格按照操作规程操作泵、压缩机、阀门及仪表等，并最终控制到规定的指标。

（2）正常维护。吸收正常进行时，必须检查运行情况、打液量、出口压力、油质、油位、运转声音、电机接地、冷却水量是否正常，用手背摸查泵和电机轴承温度；检查各设备内液位、组成等是否正常；检查整个系统有无溶液跑、冒、滴、漏现象等，若发现问题应及时处理。

（3）系统停车。与开车相反，应先停气再停液，若操作温度较高，必须将温度降低到指定指标后才能停液。若是短期停车，溶液不必排出，注意关出口切断阀，保压待用；若是长期停车，应将溶液排入贮器中充氮气保护，卸压，用氮气置换合格，再充氮气加压水循环清洗，清洗干净后排尽交付检修。

二、吸收塔的操作故障及处理

填料吸收塔系统在运行过程中，由于工艺条件发生变化、操作不慎或设备发生故障等原因而造成不正常现象。一经发现，应及时处理，以免造成事故。常见的异常现象及处理方法如表 7－3 所示。

表7－3　　填料吸收塔常见不正常现象及处理方法

异常现象	原因	处理方法
尾气夹带液体量大	（1）原料气量过大 （2）吸收剂量过大 （3）吸收塔液面太高 （4）吸收剂太脏、黏度大 （5）填料堵塞	（1）减少进塔原料气量 （2）减少进塔喷淋量 （3）调节排液阀，控制在规定范围内 （4）过滤或更换吸收剂 （5）停车检查，清洗或更换填料
尾气中溶质含量高	（1）进塔原料气中溶质含量高 （2）进塔吸收剂用量不够 （3）吸收温度过高或过低 （4）喷淋效果差 （5）填料堵塞	（1）降低进塔的溶质浓度 （2）加大进塔吸收剂用量 （3）调节吸收剂入塔温度 （4）清理、更换喷淋装置 （5）停车检修或更换填料
塔内压差太大	（1）进塔原料气量大 （2）进塔吸收剂量大 （3）吸收剂太脏、黏度大 （4）填料堵塞	（1）减少进塔原料气量 （2）减少进塔喷淋量 （3）过滤或更换吸收剂 （4）停车检修，清洗或更换填料
吸收剂用量突然下降	（1）溶液槽液位低、泵抽空 （2）吸收剂压力低或中断 （3）溶液泵损坏	（1）补充溶液 （2）使用备用吸收剂源或停车 （3）启动备用泵或停车检修
塔液面波动	（1）原料气压力波动 （2）吸收剂用量波动 （3）液面调节器出故障	（1）稳定原料气压力 （2）稳定吸收剂用量 （3）修理或更换
鼓风机有响声	（1）杂物带入机内 （2）水带入机内 （3）轴承缺油或损坏 （4）油箱油位过低，油质差 （5）齿轮啮合不好，有活动 （6）转子间隙不当或轴向位移	（1）紧急停车处理 （2）排除机内积水 （3）停车加油或更换轴承 （4）加油或换油 （5）停车检修或启动备用风机 （6）停车检修或启动备用风机
拦液和液泛	（1）气体负荷大或波动大 （2）溶液起泡 （3）气体的液沫夹带量过多 （4）填料 （5）操作的液气比	（1）降低气相负荷 （2）过滤或向溶液中加入消泡剂 （3）减少液沫夹带 （4）调整填料 （5）控制液气比
返混	（1）气液分布不均匀 （2）气体和液体在填料层内的沟流 （3）液体的喷淋密度过大 （4）气液相的停留时间	（1）调整气液分布 （2）控制沟流 （3）减小液体的喷淋密度 （4）改变气液相的停留时间

三、吸收塔的日常维护和检修

1. 正常维护要点

（1）定期检查、清理或更换喷淋装置或溢流管，保持不堵、不斜、不坏。

（2）定期检查篦板的腐蚀程度，防止因腐蚀而塌落。

（3）定期检查塔体有无渗漏现象，发现后应及时补修。

（4）定期排放塔底积存脏物和碎填料。

（5）经常观察塔基是否下沉，塔体是否倾斜。

（6）经常检查运输设备的润滑系统及密封，并定期检修。

（7）经常保持系统设备的油漆完整，注意清洁卫生。

2. 正常检修

（1）清理塔壁、检查塔壁腐蚀情况，测量壁厚。

（2）检查修理支承装置、栅板、液体分布器及再分布器、喷淋装置、视镜等。

（3）检查清洗或更换填料。

（4）检查、修理或更换密封件、进出料管、回流管、过滤器及其他管件等。

（5）检查安全阀、流量计、温度计、压力表。

（6）清洗喷淋孔、修补保温层、更换损坏件、做相关的气密性试验。

习题与思考

一、选择题

1. 吸收操作的依据是（　　）。

A. 挥发度差异　　B. 溶解度差异　　C. 温度差异　　D. 密度差异

2. 在吸收塔中，随着溶剂温度升高，气体在溶剂中的溶解度将会（　　）。

A. 增加　　B. 不变　　C. 减小　　D. 不能确定

3. 在逆流吸收塔中，增加吸收剂用量，而混合气体的处理量不变，则该吸收塔中操作线方程的斜率会（　　）。

A. 增大　　B. 减小　　C. 不变　　D. 不能确定

4. 下述说法中正确的是（　　）。

A. 用水吸收氨气属液膜控制

B. 常压下用水吸收二氧化碳属难溶气体的吸收，为气膜阻力控制

C. 用水吸收氧气属难溶气体的吸收，为气膜阻力控制

D. 用水吸收二氧化硫为具有中等溶解度的气体吸收，气膜阻力和液膜阻力都不可忽略

5. 下述说法错误的是（　　）。

A. 溶解度系数 H 很大，为易溶气体　　B. 亨利系数 E 值很大，为易溶气体

C. 亨利系数 E 值很大，为难溶气体　　D 相平衡系数 m 值很大，为难溶气体

6. 通常所讨论的吸收操作中，当吸收剂用量趋于最小用量时，则下列哪种情况正确（　　）。

A. 回收率趋向最高　　B. 吸收推动力趋向最大

C. 操作最为经济　　D. 填料层高度趋向无穷大

7. 对某一气液平衡物系，在总压一定时，温度升高，则亨利系数（　　）。

A. 变小　　B. 增大　　C. 不变　　D. 不确定

8. 为使吸收过程易于进行，采取的措施是（　　）。

A. 加压升温　　B. 加压降温　　C. 减压升温　　D. 减压降温

9. 根据双膜理论，在气液接触界面处（　　）。

A. 气相组成小于液相组成　　B. 气相组成大于液相组成

C. 气相组成等于液相组成　　D. 气相组成与液相组成平衡

10. 对难溶气体的吸收过程，传质阻力主要集中于（　　）。

A. 气相一侧　　B. 液相一侧　　C. 气液相界面处　　D. 无法判断

11. 在吸收操作中，吸收塔某一截面上的总推动力（以气相组成表示）为（　　）。

A. $Y-Y^*$　　B. Y^*-Y　　C. $Y-Y_i$　　D. Y_i-Y

12. 下列有关吸收与蒸馏的区别中说法正确的是（　　）。

A. 蒸馏是单向传质，吸收是双向传质

B. 蒸馏是双向传质，吸收是单向传质

C. 都是单向传质

D. 都是双向传质

13. （　　）填料存在严重的向塔壁偏流和沟流现象。

A. 网体　　B. 鲍尔环　　C. 拉西环　　D. 阶梯环

14. 低浓度逆流吸收操作中，若其他入塔条件不变，仅增加入塔气体浓度 Y_1，则出塔气体浓度 Y_2将（　　）。

A. 增加　　B. 减小　　C. 不变　　D. 不确定

15. 某吸收过程中，已知气膜系数 K_Y为 4×10^{-4}kmol/(m^2·s)，液膜的吸收系数 K_X为 8×10^{-4}kmol/(m^2·s)，由此判断该过程为（　　）。

A. 气膜控制　　B. 液膜控制　　C. 双膜控制　　D. 判断依据不足

16. 在逆流吸收塔中，用清水吸收混合气中的溶质组分，其液气比 L/V 为 2.7，平衡关系可表示为 $Y^*=1.5X$（X，Y 为摩尔比），溶质的回收率为 90%，则液气比与最小液气比之比值为（　　）。

A. 1.5　　B. 1.8　　C. 2　　D. 3

二、填空题

1. 吸收操作是吸收质从__________转移到__________的传质过程。在吸收操作中压力__________，温度__________将有利于吸收过程的进行。

2. 逆流吸收操作中，当气体处理量及初、终浓度已被确定，若减少吸收剂用量，操作线的斜率将__________，其结果是使出塔吸收液的浓度__________，而吸收推动力相应__________。

3. 传质单元数 N_{OG}反映______________________________。

4. 亨利定律表达式 $P=Ex$，若某气体在水中的亨利系数 E 值很小，说明该气体为__________气体。

5. 由于吸收过程中气相中溶质分压总是__________溶质的平衡分压，因此吸收操作总是在平衡线的___________。

6. 用气相浓度 Δy 为推动力的传质速率方程有两种，以传质分系数表达的速率方程为___________，以传质总系数表达的速率方程为___________。

7. 吸收速度取决于___________，因此，要提高气－液两流体相对运动速率，可以___________来增大吸收速率。

8. 由于吸收过程气相中的溶质分压总___________液相中溶质的平衡分压，所以吸收操作线总是在平衡线的___________。增加吸收剂用量，操作线的斜率___________，则操作线向___________平衡线的方向偏移，吸收过程推动力___________。

9. 用清水吸收空气与 A 的混合气中的溶质 A，物系的相平衡常数 $m=2$，入塔气体浓度 $Y_1=0.06$，要求出塔气体浓度 $Y_2=0.006$，则最小液气比为___________。

10. 在气体流量，气相进出口组成和液相进口组成不变时，若减少吸收剂用量，则传质推动力将___________，操作线将___________平衡线。

11. 某气体用水吸收时，在一定浓度范围内，其气液平衡线和操作线均为直线，其平衡线的斜率可用___________常数表示，而操作线的斜率可用___________表示。

12. 对一定操作条件下的填料吸收塔，如将塔料层增高一些，则塔的 H_{OG} 将___________，N_{OG}将___________（增加，减少，不变）。

13. 吸收剂用量增加，则操作线斜率___________，吸收推动力___________（增大，减小，不变）。

14. 计算吸收塔的填料层高度，必须运用如下 3 个方面的知识关联计算：___________、___________、___________。

15. 填料的种类很多，有___________、___________、___________、___________、___________、___________。

16. 在选择吸收剂时，首先要考虑的是所选用的吸收剂必须有___________。

17. 填料塔的喷淋密度是指_______________________。

18. 填料塔内提供气液两相接触的场所是_______________________。

19. 填料应具有较___________的___________，以增大塔内传质面积。

20. 吸收塔内填装一定高度的料层，其作用是为气液两相提供足够的___________。

三、简答题

1. 吸收的目的和依据是什么？
2. 对吸收剂的选择有何要求？
3. 填料及填料塔各主要部件的功能是什么？填料的特性有哪些？
4. 什么是气体的溶解度？它与哪些因素有关？
5. 亨利系数和相平衡常数与温度、压力有何关系？如何根据它们的大小判断吸收操作的难易程度？
6. 简述双膜理论的要点，分析双膜理论的局限性。
7. 什么是气膜控制？什么是液膜控制？举例说明。
8. 为什么吸收操作常采用气液逆流操作？
9. 温度对吸收操作有何影响？生产中调节和控制吸收操作温度的措施有哪些？
10. 填料吸收塔的操作要点有哪些？

11. 吸收与蒸馏操作有何区别?

12. 亨利定律有哪些表达式?

13. 吸收剂用量对吸收操作有何影响?如何确定适宜液气比?

四、计算题

1. 空气和氨的混合气，总压为101.3kPa，其中氨的分压为9kPa。试求氨在该混合气中的摩尔分数、摩尔比及质量分数。

2. 丙酮和水的混合液中丙酮的质量分数为50%。试以摩尔分数和摩尔比表示丙酮浓度，并计算混合液的平均摩尔质量。

3. 在25℃及总压为101.3kPa的条件下，氨水溶液的相平衡关系为$p^*=93.90x$。试求:(1) 100g水中溶解1g的氨时溶液上方氨气的平衡分压;(2) 相平衡常数m。

4. 含3%(体积) NH_3的气体用水吸收，已知总压为202.6kPa，操作条件下气液平衡关系为$p^*=267x$，试求氨水的最大浓度。

5. 每1000g水中含有15g氨，试计算液相中氨的水溶液的物质的量的浓度c，摩尔分数x及摩尔比X。

6. 已知在101.33kPa及20℃时，测得氨在水中的平衡数据为:溶液上方氨平衡分压为0.8kPa，气体在液体中溶解度为1g (NH_3) /100g (H_2O)。试求溶液的亨利系数E、平衡常数m以及溶解度系数H。假定该溶液服从亨利定律。

7. 在常压逆流吸收塔中，用纯溶剂吸收混合气体中的组分。已知进塔气体组成为5%，出塔气体组成为0.5%(以上均是体积百分数)，出塔液相组成为0.01(摩尔分数)。气液平衡关系为$Y^*=2.0X$，(X，Y为摩尔比)，试求塔顶和塔底处以ΔY表示的气相推动力。

8. 吸收塔中用清水吸收混合气体中的SO_2，气体与水逆流接触，气体(标准状态)流量为5000m^3/h，其中SO_2(体积分数)为10%，要求SO_2的吸收率为95%，塔的操作条件为293K及101.3kPa，在此条件下，SO_2在两相间的平衡关系可近似地表示为$Y^*=26.7X$，试问:取用水量为最小用水量的1.5倍时，用水量应为多少?

9. 在填料塔内用清水逆流吸收空气和氨混合气中的氨，惰性气体的处理量为50kmol/h，进塔气体浓度$Y_1=0.04$(比摩尔分数)，要求氨的回收率为90%，吸收剂用量是最小用量的1.5倍。操作条件下平衡关系为$Y^*=0.8X$，试求:(1) 吸收剂用量为多少kmol/h? (2) 出塔液体浓度X_1为多少?

10. 某混合气体中含溶质3%(摩尔分数)，在常压下用清水逆流吸收，回收率为99%，已知在操作条件下平衡关系为$Y^*=2.0X$，混合气体流量为$G=0.03$kmol/(m^2·s)，气相体积传质系数为$K_{Ya}=0.04$kmol/(m^3·s)。如果取液气比为最小液气比的1.5倍。试求:(1) 气相总传质单元数;(2) 填料层高度。

11. 在逆流填料吸收塔中，用清水吸收混合气中的溶质组分。操作温度为20℃，压强为101.33kPa，相应的混合气体流量为480m^3/h。进塔气相组成为0.015(摩尔分数)，吸收率为98%，出塔液相组成可达到与出塔气相浓度平衡浓度的80%。平衡关系为$Y^*=0.75X$ (Y，X为摩尔比)。试求:(1) 出塔液相组成，以摩尔比表示;(2) 用水量，kg/h。

12. 在逆流吸收塔中，于101.33kPa，25℃下用清水吸收混合气体中溶质组分A，使其组成由2%降到0.1%(均为体积分数)。该物系符合亨利定律，亨利系数E为5.52×10^4kPa，若液气比取1.5倍最小液气比，试求液气比L/V及出塔液相组成X_1。又若将操作压强改变为1013.3kPa，其他条件不变，再求L/V及X_1。

13. 在逆流填料吸收塔中，用纯溶剂吸收混合气中的溶质。进塔气相组成为0.05（摩尔比），回收率为90%。液气比为最小液气比的1.5倍，操作条件下平衡关系为$Y^* = 2X$（Y，X为摩尔比），气相总传质单元高度为0.85m，试求填料层高度。

14. 用清水吸收烟道气中的CO_2。烟道气中的CO_2的体积分数为13%，经吸收塔后CO_2被吸收90%。已知烟道气处理量为1000m^3/h（293K，101.3kPa），液气比为最小液气比的1.5倍，平衡关系为$Y^* = 1422X$。若气相体积吸收系数K_{Ya}为200kmol/($m^2 \cdot h$)，吸收塔径为1.4m。试求出塔液体中的CO_2浓度和所需的填料层高度。

15. 某厂有CO_2水洗塔，塔内有50mm×50mm×4.5mm瓷拉西环（乱堆），用清水处理合成原料气，原料气中含29% CO_2（体积分数，下同），其余为惰性气体，原料气量为12000m^3/h（标准），操作条件为1722kPa，30℃，$E = 1.884 \times 10^5$kPa，要求水洗后CO_2不超过1%。试计算CO_2的吸收率和水的消耗量。假定所得吸收液浓度为最大浓度的70%。

项目八　萃取操作

学习指南

知识目标

1. 理解萃取过程的基本原理，理解萃取操作过程的控制与调节。
2. 掌握萃取操作的适用场合；掌握萃取操作、常见事故及其处理方法。
3. 了解各种萃取操作的基本流程，了解各种萃取设备的结构、特点及其选择方法。

能力目标

1. 分析萃取操作过程的影响因素，并能够进行萃取剂的选择，液－液萃取操作的选择。
2. 能够了解萃取操作的开停车，常见事故及其处理方法。

素质目标

1. 培养学生的工程技术观念；培养学生独立思考的能力和逻辑思维。
2. 培养学生能应用所学知识解决工程实际问题的能力。

项目导言

萃取也是分离液体混合物的一种单元操作，是有机化学实验室中用来提纯和纯化化合物的手段之一。通过萃取，能从液体混合物中提取出所需要的化合物。这里介绍常用的液－液萃取，是一种简单、快速，易于操作和自动化的单元操作。萃取指溶于水相的溶质与有机溶剂接触后，经过物理或化学作用，部分或几乎全部转移到有机相的过程。它是一种分离技术，主要用于物质的分离和提纯。

萃取一般在常温下操作，采用加入质量分离剂来分离液相混合物，主要用于不适宜采用蒸馏操作，成本太高的场合（待分离两组分的相对挥发度在 1.0～1.2，或需要分离的组分浓度低，采用液－液萃取比蒸馏更为经济、有效），也特别适用于热敏性物质（如抗生素）或不挥发物质（如矿物盐类）的分离。

这种分离方法具有装置简单、操作容易的特点，既能用来分离、提纯大量的物质，更适合于微量或痕量物质的分离、富集，是分析化学经常使用的分离技术，溶剂萃取可与吸光度法、原子吸收法、电化学方法、X射线荧光光谱法、发射光谱法等结合，提高分离和测定的选择性和灵敏度，也广泛用于原子能、冶金、电子、环境保护、生物化学和医药等领域。

任务一　认识萃取分离设备

一、萃取设备

在液－液萃取过程中，要求在萃取设备内能使两相密切接触并伴有较高程度的湍动，以实现两相之间的质量传递；而后，又能较快地分离。但是，由于液－液萃取中两相间的密度差较小，实现两相的密切接触和快速分离要比气液系统困难得多。为了适应这种特点，出现了多种结构形式的萃取设备。目前，工业所采用的各种类型设备已超过30种，而且还在不断开发出新型萃取设备。根据两相的接触方式，萃取设备可分为逐级接触式和微分接触式两大类；根据有无外功输入，又可分为有外能量和无外能量两种。

工业萃取设备按照两相接触方式和产生对流的方法分成两大类：一类是通过两相的密度差产生的重力作用实现相接触的设备，这类萃取设备又依其输入机械能的形式分为若干种；另一类则是借助离心力的作用来实现两相混合与分离的设备。

液－液萃取设备应包括3个部分：混合设备、分离设备和溶剂回收设备。混合设备是真正进行萃取的设备，它要求料液与萃取剂充分混合形成乳浊液，欲分离的生物产品自料液转入萃取剂中。分离设备是将萃取后形成的萃取相和萃余相进行分离。溶剂回收设备需要把萃取液中的生物产品与萃取溶剂分离并加以回收。

1. 混合－澄清萃取桶

混合－澄清萃取桶是混合－澄清器的最简单的一种形式（图8－1），在混合－澄清萃取桶设备内，混合和澄清两个过程按先后顺序间歇进行。为改善两相接触状况，桶底多做成盘形和半球形，使之在搅拌过程中没有死角，并且多在桶壁上装置挡板。在处理腐蚀性液体时，容器可以用有机玻璃、聚氯乙烯或玻璃钢等材料制成。

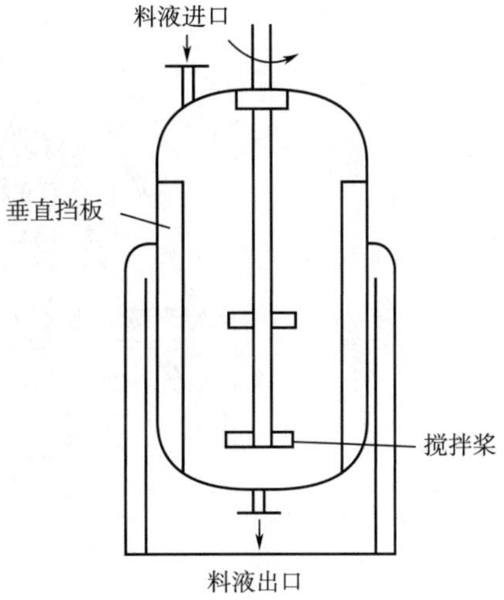

图8－1　混合－澄清萃取桶

向桶内加入进行萃取的水相和有机相，开动搅拌桨，即可进行两相的混合传质。接近和达到萃取平衡后，停止搅拌，静置分相，然后分别放出两相即可。

2. 混合－澄清器

为了实现多级逆流萃取的连续操作过程，在单级混合－澄清桶的基础上，发展了多级的混合－澄清设备。最原始的形式就是把多组混合槽和澄清槽串联起来操作，各级之间用管线连接，液流输送一相可借重力，另一相则需要用泵输送，或者两相都用泵输送。

（1）箱式混合－澄清器。箱式混合－澄清器是最早应用而且目前仍广泛使用于工业生产的一种萃取设备。它把混合室和澄清室连成一个整体，从外观来看，就像一个长长的箱子，内部用隔板分隔成一定数目的进行混合和澄清的小室，即混合室和澄清室。

在箱式混合－澄清器中，利用水力平衡关系并借助于搅拌器的抽吸作用，水相由次一级澄清室经过重相口进入混合室，而有机相由上一级澄清室自行流入混合室，在混合室中，经搅拌使两相充分接触而进行传质，然后两相混合液进入该级澄清室，在澄清室中轻重两相依靠密度差进行重力沉降，并在界面张力的作用下进行分相（图 8－2），形成萃取相和萃余相进行分离。就混合－澄清槽的同一级而言，两相是并流的，但是就整个箱式混合－澄清器来讲，两相的流动是逆流的（图 8－3）。混合澄清器可以单独使用，也可以多级串联使用。

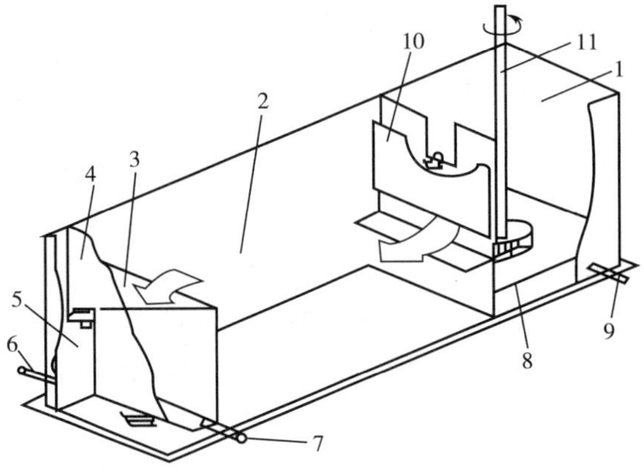

图 8－2　箱式混合－澄清器的结构

1—混合室　2—澄清室　3—有机相堰　4—水相室挡板　5—水相堰
6，9—水相出口　7—有机相出口　8—假底　10—混合相挡板　11—搅拌器

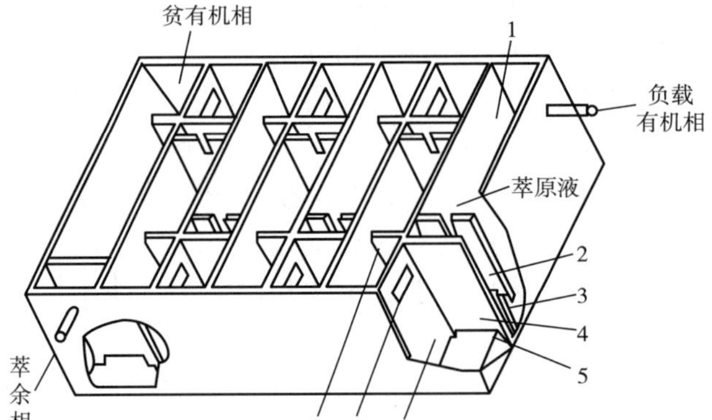

图 8－3　全逆流混合－澄清萃取器结构

1—澄清室　2—轻相堰　3—重相堰　4—隔板　5—下相口　6—混合室　7—上相口　8—挡流板

（2）全逆流混合－澄清萃取器。全逆流混合－澄清萃取器是由付子忠等人研制的，其结构和操作特点是混合室开有两个相口，上相口进有机相和出混合相（出混合相的目的是出水相），下相口进水相和出混合相（出混合相的目的是出有机相），从而两相在混合室与澄清室中是全逆流流动的，此种装置的结构和物流走向如图 8－4 所示，特点是结构简单、设备紧凑、级效率高、能耗低、溶剂损失少、污物不积累、操作简单、运行稳定。

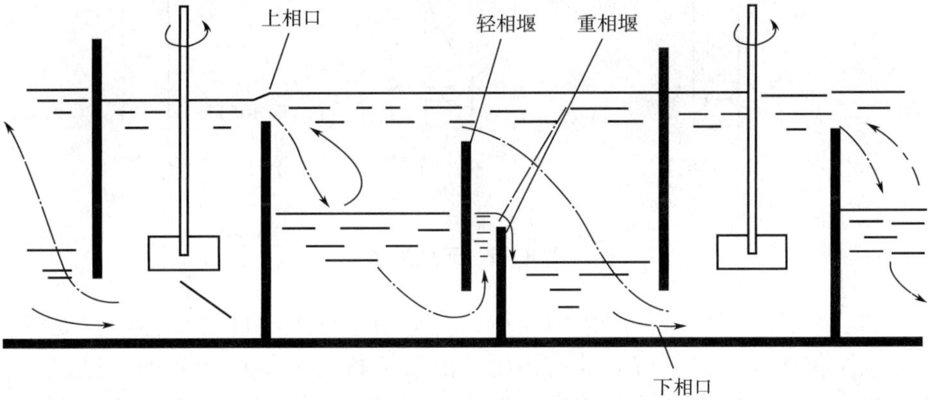

图 8－4　全逆流混合－澄清槽内液流流向示意图

3. 萃取塔

（1）无搅拌塔。

①喷雾塔。喷雾塔是结构最简单的一种萃取设备，塔内无任何部件，运转时，塔内先充满连续相（轻相），而后喷入分散相（重相），实现相的接触［图 8－5（a）］。喷雾塔操作简单，但是效率非常低，通常 1～2 个理论级就需要 6～15m 的塔高。目前最大的喷雾塔直径 2m，高 24m，只有 3～3.5 个理论级，用于丙烷脱沥青工艺中。喷雾塔由于结构简单，几十年来一直用于工业生产，不过多用于一些简单的操作过程，如洗涤、净化与中和，因为这些单元过程只需要 1～2 个理论级就可以了。近年来，喷雾塔还用在液－液热交换过程中。轻、重两相分别从塔的底部和顶部进入，其中一相经分散装置分散为液滴后沿轴向流动，流动中与另一相接触进行传质。分散相流至塔另一端后凝聚形成液层排出塔。

②填料萃取塔。填料萃取塔的结构与气－液传质过程所用填料塔的结构一样，如图 8－5（b）所示。塔内充填适宜的填料，塔两端装有两相进、出 U 管。重相由上部进入、下端排出，而轻相由下端进入，从顶部排出。连续相充满整个塔，分散相由分布器分散成液滴进入填料层，在与连续相逆流接触中进行萃取。在塔内，流经填料表面的分散相液滴不断地破裂与再生。当离开填料时，分散相液滴又重新混合，促使表面不断更新。此外，还能抑制轴向返混。填料萃取塔结构简单、造价低廉、操作方便，故在工业上有一定的应用。

常用的填料有拉西环和弧鞍等，材料有陶瓷、塑料和金属，以易为连续相润湿而不为分散相润湿为宜。

填料萃取塔的结构简单，如图 8－6 所示，造价低廉，操作方便，故在工业中仍有一定

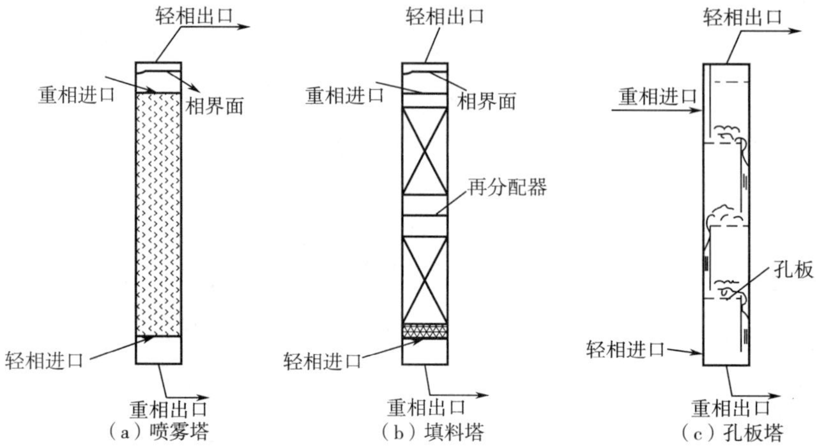

图 8－5　无搅拌塔

的应用。虽然填料塔不宜处理含固体的流体，但适用于处理腐蚀性流体。在处理量比较小的物系中，应用仍比较广泛。与喷淋塔相比，由于填料增进了相际间的接触，减少了轴向混合，因而提高了传质速率，但是效率仍较小，工业萃取塔高度一般为 20～30m，因而在工艺条件所需的理论级数小于 3 的情况下，仍可以考虑选用。

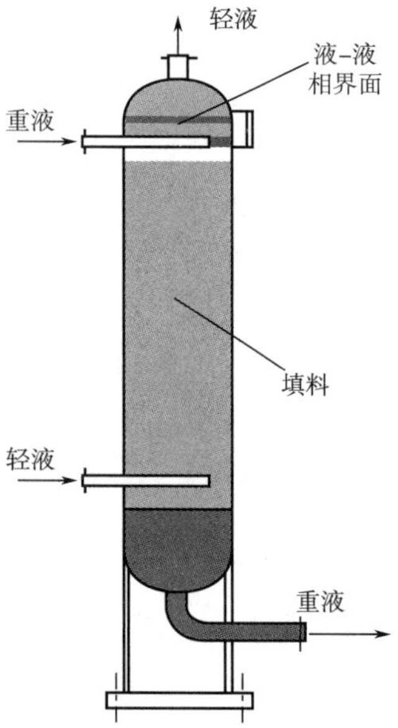

图 8－6　填料萃取塔

对于标准的工业填料，在液－液萃取中有一个临界的填料尺寸。大多数液－液萃取系统，填料的临界直径为 12mm 或更大些。工业上，一般可选用 15～25mm 的填料，以保证适当的传质速率和两相的流通能力。

各种填料的处理能力和传质性能各有不同，对于一个新的萃取过程，最适宜的填料型式应由实验决定。

③筛板萃取塔。筛板萃取塔是逐级接触式的萃取设备，如图 8－7 所示，依靠两相的密度差，在重力的作用下，使得两相进行分散和逆向流动。若以轻相为分散相，则轻相从塔下部进入。轻相穿过筛板分散成细小的液滴进入筛板上的连续相——重相层。液滴在重相内浮升过程中进行液－液传质过程。穿过重相层的轻相液滴开始合并凝聚，聚集在上层筛板的下侧，实现轻、重两相的分离，并进行轻相的自身混合。当轻相再一次穿过筛板时，轻相再次分散，液滴表面得到更新。这样分散、凝聚交替进行，直至塔顶澄清、分层、排出。而连续相重相进入塔内，则横向流过塔板，在筛板上与分散相即轻相液滴接触和萃取后，由降液管流至下一层板。这样重复以上过程，直至塔底与轻相分离形成重液相层排出。适于所需理论级数较少、处理量较大，而且物系具有腐蚀性的场合。国内在芳烃抽提中应用筛板塔获得了良好的效果。

若选择重液作为分散相，则需使塔身倒转，即溢流管位于筛板之上作为轻液的升液管，重液则经过筛孔而被分散，如图 8－8 所示。

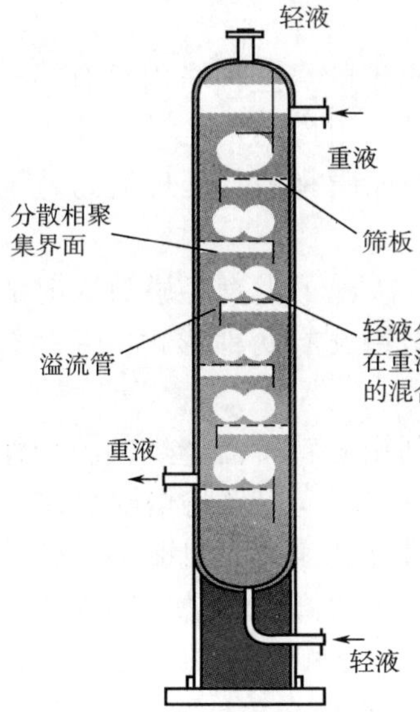

图 8－7　筛板萃取塔

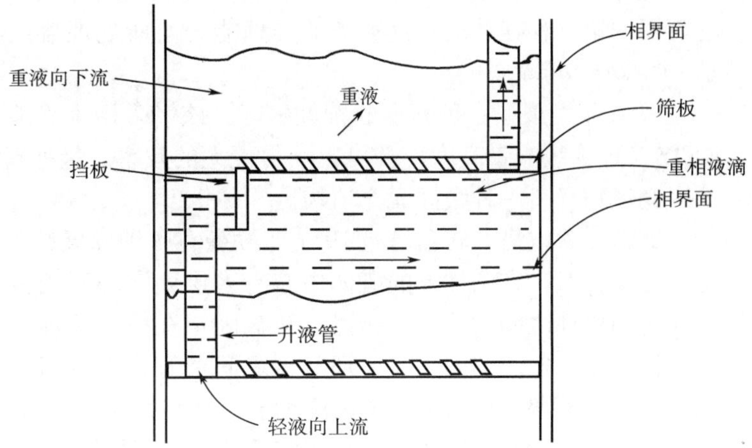

图 8－8　重液为分散相的筛板

筛孔直径一般为 3～6mm，对界面张力较大的物系宜取小值；空间距为孔径的 3～4 倍；塔板间距 150～600mm。筛板萃取塔结构简单，生产能力大，在工业上的应用广泛。

（2）机械搅拌塔。机械搅拌塔根据机械运动的形式可分为旋转搅拌塔和往复孔板塔，典型型式如图 8－9 所示。

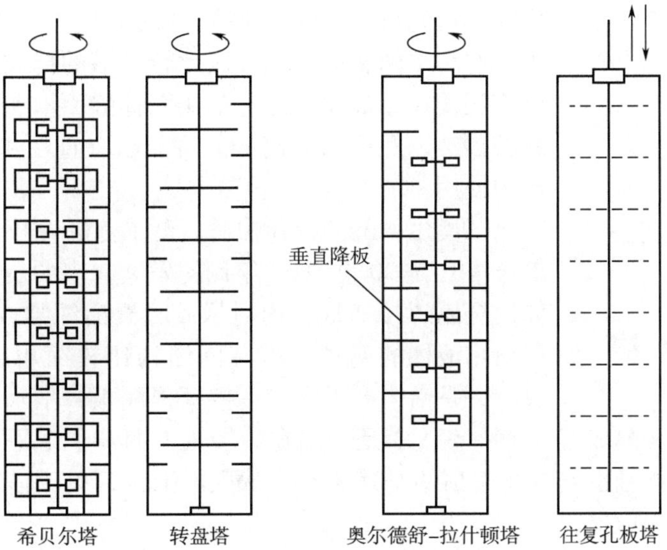

图 8－9　几种典型的机械搅拌塔

由于旋转搅拌的许多优点，现代的微分萃取器大多采用这种结构，它可以增加塔内单位容积的界面积，提高两相接触效率，而且在塔内安装隔板，使返混的不良影响降至最小。在众多的旋转搅拌塔中，最有名的是希贝尔塔、转盘塔和奥尔德舒－拉什顿多级混合塔，它们已为许多工业部门所应用。

①希贝尔塔。希贝尔塔有几种设计类型。第一种是1948年出现的。这种塔由只有涡轮叶片搅拌器的混合室与孔隙率为97%的多孔波纹网充填室交错排列组成，是化学工业中广泛应用的第一种搅拌塔。这种塔的处理能力与所处理溶液体系的性质有关，处理能力范围是14～24m^3/(m^2·h)。

1956年发展了一种新型的希贝尔塔，该塔采用水平障碍板，改善了大直径塔放大时的HETS（理论级当量高度）并可以获得更大的效率。这种新型萃取塔又有两种形式：一种有丝网充填物；另一种级间无充填物。

②转盘萃取塔。转盘塔是1951年勒曼在欧洲发展起来的，利用旋转转盘产生的剪切作用力使相分散。在圆柱形的塔体内装有多层固定环形挡板，称为定环。定环将塔隔成多个空间，两定环之间均装一个转盘。转盘固定在中心转轴上，转轴由塔顶的电机驱动。转盘的直径应小于定环的内径，使环、盘之间留有自由空间，以便安装和检修，增加塔内流通能力，提高萃取传质效率。塔两端留有一定的空间作为澄清室，并以栅型挡板与中段萃取段隔开，以减少萃取段扰动对澄清室内两相分层的影响，如图8－10所示。

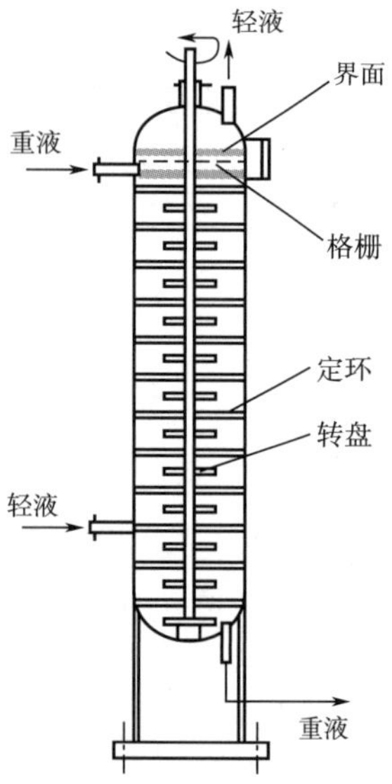

图8－10　转盘萃取塔

重相由塔上部进入，轻相由塔下部进入。两相在塔内可以作逆向流动也可作并流流动。当转盘以较高转速旋转时，转盘则带动其附近的液体一起转动，使液体内部形成速度梯度，产生剪应力。在剪应力的作用下，使连续相产生涡流，处于湍动的状态，而使分散相液滴变形，以致破裂或合并，以增加相际传质面积，促进表面更新，而其定环则将旋涡运动限制在由定环分割的若干个小空间内，抑制了轴向返混。由于转盘及定环均较薄而光滑，不至于使局部的剪应力过高，避免了乳化现象，有利于两相的分离，因此转盘塔的传质效率较高。转盘塔已广泛用在石油化工上，如用于糠醛萃取、丙烷脱沥青、己内酰胺提纯以及镍钴分离等。目前已有直径4.8m的转盘塔在生产中使用。

③奥尔德舒－拉什顿塔。奥尔德舒－拉什顿塔（以下简称奥氏塔）是20世纪50年代初发展起来的旋转搅拌塔。工业塔体由金属焊接而成，内衬橡胶、聚酯纤维或其他耐腐蚀涂料，以防止液体的腐蚀。塔芯的结构比较简单，主要由两部分组成：一是沿塔高方向有一些环形隔板，呈水平状固定在4根垂直障板上，将塔体分隔成若干个隔室；二是固定在旋转轴上的若干个平桨油轮分别位于每个隔室的中央，搅拌轴由安装在塔顶的马达驱动。从根本上说，奥氏塔就像单个平桨搅拌容器堆叠成的多室萃取器。

奥氏塔主要用在液体黏度低或中等黏度的生产场合，适用的液体黏度可达0.5Pa·s，密度差至少有50kg/m^3。它可以处理有悬浮物的液体，除用于液－液萃取外，还可用于气体吸收、固体传质或作为化学反应器用。据报道，直径2.7m的奥氏塔已用于萃取生产。

④往复筛板萃取塔。将若干层筛板按一定间距固定在中心轴上，由塔顶的传动机构驱动而作往复运动。往复振幅一般为 3 ~ 50mm，频率可达 100min^{-1}。往复筛板的孔径要比脉动筛板的孔径大，一般为 7 ~ 16mm。当筛板向上运动时，迫使筛板上侧的液体经筛孔向下喷射；反之，当筛板向下运动时，又迫使筛板下侧的液体向上喷射，为防止液体沿筛板与塔壁间的缝隙走短路，应每隔若干块筛板在塔内壁设置一块环形挡板。虽然往复筛板萃取塔是第一个利用脉冲进行两相接触的脉冲萃取塔，但由于它的放大效率和运动部件的腐蚀问题，而使它的发展落后于其他脉冲塔。直到 1959 年后，卡尔的和罗德城等人在板堆中加入障板，提高了塔的放大效率后，人们才对这种塔重视起来。大量研究工作表明，改进后的往复筛板萃取塔具有较高的容积效率，所需要的脉冲能量低于通过液体传送脉冲能量的脉冲塔，它的这些优点在大型工业塔中更加明显。

目前在工业中广泛使用的往复筛板塔主要有两种形式，其差别在于塔板的形状和功能。第一种板型为多孔型结构，具有大孔径、大孔隙度（约 58%）；第二种板型是小孔径，孔的有效面积少或设有孔板的排液管或没有。往复板式塔的应用范围正在扩大，主要用于制药、石油化工、化学工业、湿法冶金和工业废水处理等部门，这种塔特别适用于容易乳化的体系和处理含有固体悬浮物的溶液。

（3）脉冲塔。筛板塔或填料塔由于采用脉冲发生器输入正弦脉冲，改善了塔内流体的流动特性，增加了湍流和相界面积从而大大地提高了塔的传质效率。脉冲塔的轴向混合比机械旋转塔小，因此可以较大幅度地降低 HETS。

脉冲塔的设想是由范迪杰克提出来的，并于 1935 年取得了专利权。当时的脉冲塔是将筛板固定在垂直往复轴上，由轴的往复运动产生脉冲，后来发展了多种脉冲发生器，这些脉冲发生器在塔外产生脉冲能，传输入塔内。现在的脉冲塔内大多无运动部件，特别适合于防护和耐腐蚀要求较高的原子能工业和强硬介质的萃取体系。近年来脉冲塔的应用有明显增加。

脉冲筛板塔亦称液体脉动筛板塔，是指由于外力作用使液体在塔内产生脉冲运动的筛板塔，其结构与气 - 液传质过程中无降液管的筛板塔类似。塔两端直径较大部分为上澄清段和下澄清段，中间为两相传质段，其中装有若干层具有小孔的筛板，板间距较小，一般为 50mm。在塔的下澄清段装有脉冲管，萃取操作时，由脉冲发生器提供的脉冲使塔内液体做上下往复运动，迫使液体经过筛板上的小孔使分散相破碎成较小的液滴分散在连续相中，并形成强烈的湍动，从而促进传质过程的进行（图 8 - 11）。

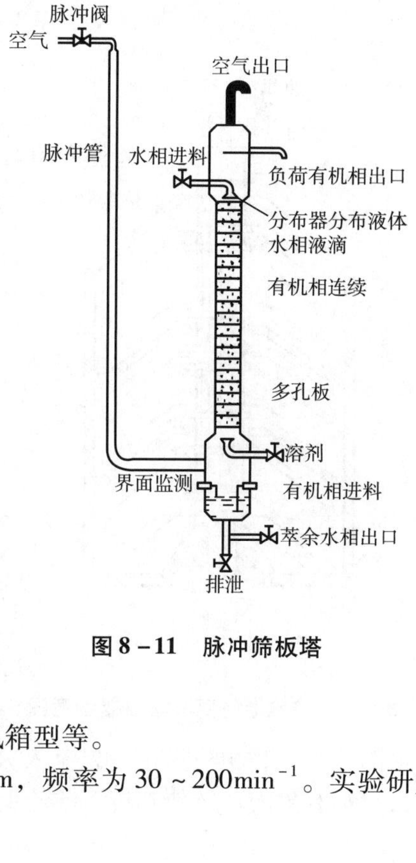

图 8 - 11　脉冲筛板塔

脉冲发生器的类型有多种，如活塞型、膜片型、风箱型等。

在脉冲萃取塔内，一般脉冲振幅的范围为 9 ~ 50mm，频率为 $30 \sim 200\text{min}^{-1}$。实验研究和生产实践表明，萃取效率受脉冲频率影响较大，受振幅影响较小。一般认为频率较高、振幅较小时，萃取效果较好。如脉冲过于激烈，将导致严重的轴向返混，传质效率反而下降。优点是结构简单，传质效率高，但其生产能力一般有所下降，在化工生产中的应用受到一定限制。

（4）离心萃取器。离心萃取器由于转速高、混合效果好，所以能大大缩短混合停留时间。又因为离心萃取器以离心力取代重力作用，因而又可加速两相的分离，其操作原理见图8－12。离心萃取器结构紧凑，单位容积通量大，所以特别适用于化学稳定性差（如抗生素）、需要接触时间短、产品保留时间短或易于乳化、分离困难等体系的萃取。缺点是因其精密的结构，造价和维修费用都比其他类型萃取器高。

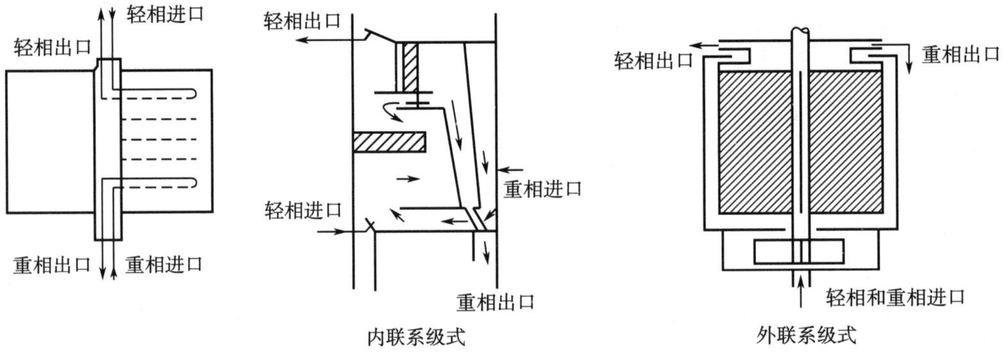

（a）微分离心萃取器　　（b）多级离心萃取器

图8－12　离心萃取器作用原理

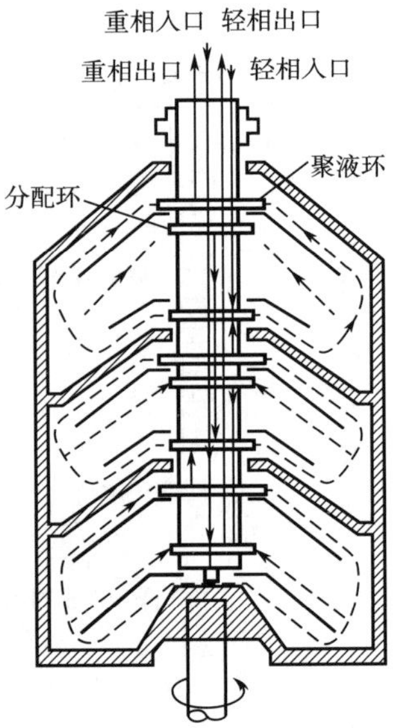

图8－13　路威斯特离心萃取器示意图

①转筒式离心萃取器。转筒式离心萃取器为单级接触式。重液和轻液由底部的三通管并流进入混合室。在搅拌桨的剧烈搅拌下，两相充分混合进行传质，然后共同进入高速旋转的转筒。在转筒中，混合液在离心力的作用下，重相被甩向转鼓外缘，而轻相则被挤向转鼓的中心。两相分别经顶部的轻、重相堰，流至相应的收集室，并经各自的排出口排出。特点：结构简单，效率高，易于控制，运行可靠。

②路威斯特离心萃取器。路威斯特离心萃取器是一种多级逆流萃取器。如图8－13所示，为立式逐级接触式。主体是固定在壳体上并随之做高速旋转的环形盘。壳体中央有固定不动的垂直空心轴，轴上也装有圆形盘，盘上开有若干个喷出孔。空心轴由一个固定机壳和一根有通道的转轴组成，轴内的流通通道与固定在轴上的分配器和集液环相连。分配器和集液环分别装在轴和机壳的斜盘和挡板使两相离心并泵送，两相均在压力下从顶部给入，轻相与重相一起流入分配器，排出的混合相呈放射状运动，分成两相。各相的入口都有集液环，使其流下或流上至相邻的分配器，直至两相都从顶部排出。

操作：原料液与萃取剂均由空心轴的顶部加入。重液沿空心轴的通道流下至器底而进入第三级的外壳内，轻液由空心轴的通道流入第一级。在空心轴内，轻液与来自下一级的重液相混合，再经空心轴上的喷嘴沿转盘与上方固定盘之间的通道被甩至外壳的四周。重液由外部沿转盘与下方固定盘之间的通道进入轴的中心，并由顶部排出，其流向为由第三级经第二级再到第一级，然后进入空心轴的排出通道，如图 8－13 中实线所示；轻液则由第一级经第二级再到第三级，然后进入空心轴的排出通道，如图 8－13 中虚线所示。两相均由器顶排出。路威斯特离心萃取器主要用于制药工业，处理能力为 7～49m^3/h，在一定条件下，级效率可达 100%。

二、萃取操作流程

1. 单级萃取流程

单级萃取是液－液萃取中最简单的操作形式，一般用于间歇操作，也可以进行连续操作，如图 8－14 所示。原料液 F 与萃取剂 S 一起加入混合器 1 内，并用搅拌器加以搅拌，使两种液体充分混合，然后将混合液 M 引入分离器 2，经静置后分层，萃取相进入分离器 3，经分离后获得萃取剂 S 和萃取液 E′；萃余相进入分离器 4，经分离后获得萃取剂 S 和萃余液 R′，分离器 3 和分离器 4 的萃取剂 S 循环使用。

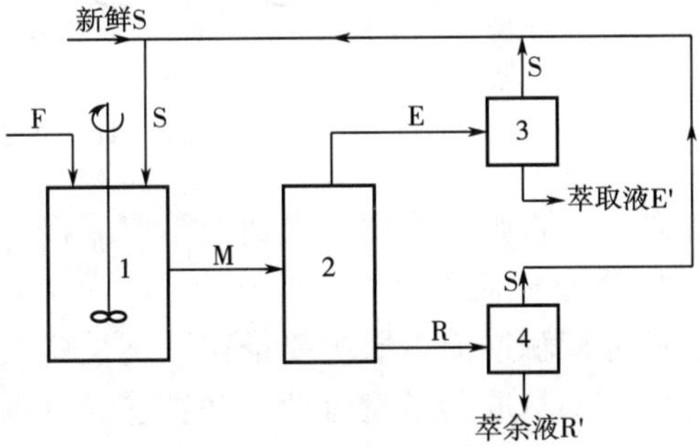

图 8－14　单级萃取流程

1—混合器　2—分层器

3—萃取相分离器　4—萃余相分离器

单级萃取操作不能对原料液进行较完全的分离，萃取液 E′浓度不高，萃余液 R′中仍含有较多的溶质 A，流程简单，操作可以间歇也可以连续，在化工生产中仍广泛采用，特别是当萃取剂分离能力大，分离效果好，或工艺对分离要求不高时，采用此种流程更为合适。

2. 多级错流萃取的流程

多级错流接触萃取流程示意图如图 8－15 所示。多级错流接触萃取操作中，每级都加入新鲜溶剂，前级的萃余相为后级的原料，这种操作方式的传质推动力大，只要级数足够多，最终可得到溶质组成很低的萃余相，但溶剂的用量很多。图 8－15中，S_1，S_2，…，S_N 表示加入每一级的萃取剂用量；X_1，X_2，…，X_n 表示每一级中萃余相的溶质组分的浓度，质量比；Y_1，Y_2，…，Y_n 表示每一级中萃取相的溶质组分的浓度，质量比。

3. 多级逆流接触萃取的流程

多级逆流接触萃取操作一般是连续的，其分离效率高，溶剂用量少，故在工业中得到广泛应用。图 8－16 为多级逆流萃取操作流程示意图。萃取剂一般是循环使用的，其中常含有少量的组分 A 和 B，故最终萃余相中可达到的溶质最低组成受溶剂中溶质组成限制，最终萃取相中溶质的最高组成受原料液中溶质组成的制约。

多级逆流萃取的特点：料液走向和萃取剂走向相反，只在最后一级中加入萃取剂，和错流萃取相比，萃取剂消耗少，萃取液产物平均浓度高，产物收率最高。在工业上除非有

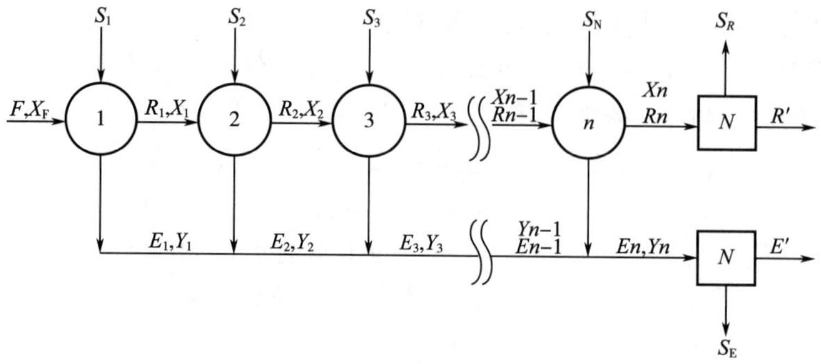

图 8-15　多级错流萃取示意图

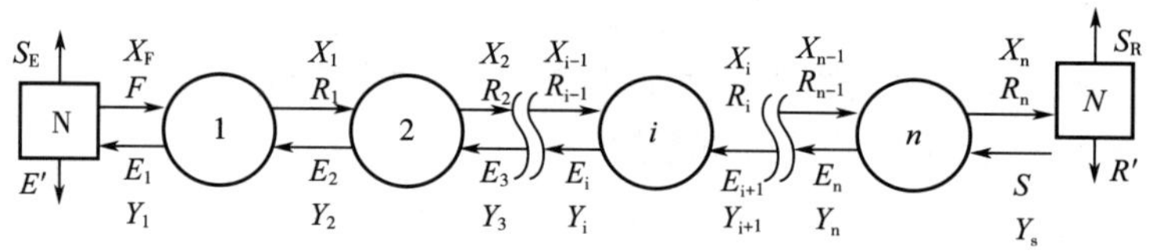

图 8-16　多级逆流萃取操作流程

特殊理由，否则应采用多级逆流萃取流程。

4. 微分逆流萃取

微分接触逆流萃取主要是在塔式设备（填料塔、振动筛板塔）内进行。塔式萃取设备内，料液和萃取剂逆流流动，并在连续逆流过程中进行萃取。两相的分离是在塔的两端实现的。操作示意图见图 8-17。

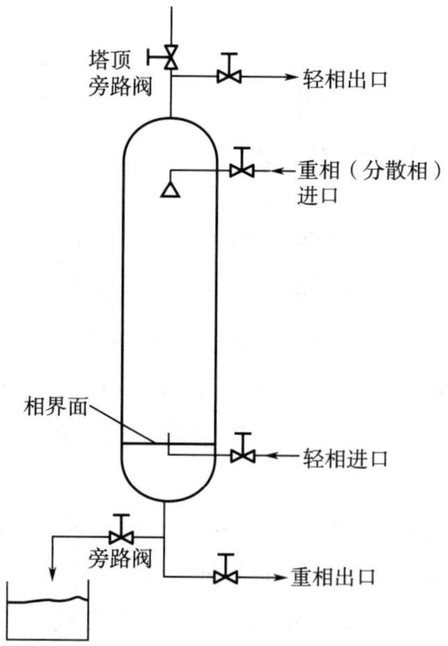

图 8-17　微分逆流萃取

任务二　萃取技术的基础知识

一、萃取操作

萃取就是在液体混合物（原料液）中加入一个与其基本不相混溶的液体作为溶剂，造成第二相，利用原料液中各组分在两个液相中的溶解度不同而使原料液混合物得以分离的单元操作，也称溶剂萃取，简称萃取或抽提。简单地说，萃取是利用混合物各组分对某溶剂具有不同的溶解度，从而使混合物各组分得到分离与提纯的操作过程。例如，用醋酸乙酯萃取醋酸水溶液中的醋酸，如图 8－18 所示。

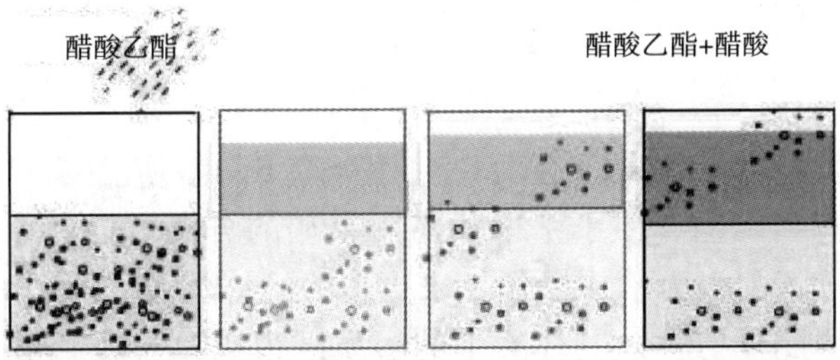

图 8－18　萃取示意图

液－液萃取，它是 20 世纪 30 年代用于工业生产的新的液体混合物分离技术。随着萃取应用领域的扩展，回流萃取、双溶剂萃取、反应萃取、超临界萃取及液膜分离技术相继问世，使得萃取成为分离液体混合物很有生命力的操作单元之一。

液－液萃取是指向液体混合物（稀释剂）中加入某种适当溶剂（萃取剂），两者混合后分成两层，上层为萃取相，下层为料液相。由于溶质在两相间的溶解度不同，料液中的溶质逐渐向萃取相扩散，其浓度不断降低，而萃取相中溶质的浓度不断升高。在萃取过程中，萃取剂应对溶质具有较大的溶解能力，与稀释剂应互不溶或部分互溶。

一般来说，要实现液－液萃取过程，进行接触的两种液体必须是单独的两相，即它们必须是不互溶或部分互溶的。因此可以把萃取过程定义为物质从一个液相转入与其不互溶的另一个液相的传质过程，包含被分离组分的溶液称为液－液萃取的原料液，用 F 表示；原混合物中与萃取剂不互溶或仅部分互溶的组分称为原溶剂，以 B 表示；用于从原料剂中萃取一种或多种溶质的不互溶的液体称为萃取剂，以 S 表示；混合物中被分离出的组分是溶质，以 A 表示。

如图 8－19 所示，一定量萃取剂加入原料液中，形成两液相，两液相因密度不同而分层：一层以溶剂 S 为主，并溶有较多的溶质，称为萃取相，以 E 表示；另一层以原溶剂（稀释剂）B 为主，且含有未被萃取完的溶质，称为萃余相，以 R 表示。但萃取操作并未得到纯净的组分，而是新的混合液：萃取相 E 和萃余相 R。为了得到产品 A，并回收溶剂以供循环使用，尚需对这两相分别进行分离。通常采用蒸馏或蒸发的方法，有时也可采用结晶等其他方法。脱除溶剂后的萃取相和萃余相分别称为萃取液和萃余液，以 E′和 R′表示。

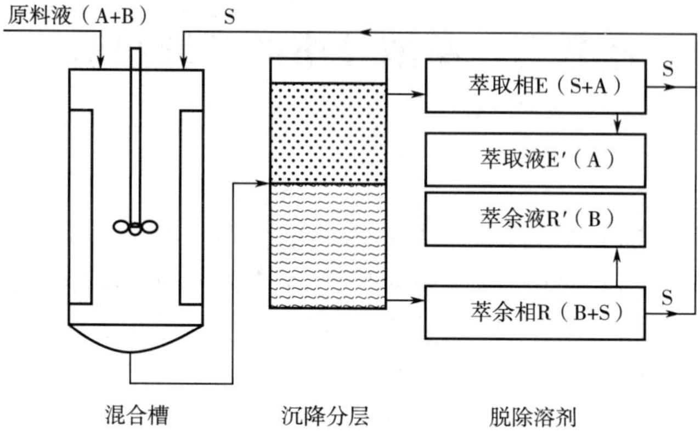

图 8－19　萃取流程图

二、萃取的概述

为使萃取操作得以进行，一方面溶剂 S 对稀释剂 B、溶质 A 要具有不同的溶解度，另一方面 S 与 B 必须具有密度差，便于萃取相与萃余相的分离。当然，溶剂 S 具有化学性质稳定、回收容易等特点，则将为萃取操作带来更多的经济效益。

用萃取法分离液体混合物时，混合液中的溶质既可以是挥发性物质，也可以是非挥发性物质（如无机盐类）。当用于分离挥发性混合物时，与精馏比较，整个萃取过程比较复杂，譬如萃取相中萃取剂的回收往往还要应用精馏操作。但萃取过程本身具有常温操作，无相变以及选择适当溶剂可以获得较高分离系数等优点，在很多的情况下，仍显示出技术经济上的优势。一般来说，在以下几种情况下采取萃取过程较为有利：

（1）溶液中各组分的沸点非常接近，或者说组分之间的相对挥发度接近于 1。

（2）混合液中的组成能形成恒沸物，用一般的精馏不能得到所需的纯度。

（3）混合液需要回收的组分是热敏性物质，受热易于分解、聚合或发生其他化学变化。

（4）需分离的组分浓度很低且沸点比稀释剂高，用精馏方法需蒸馏出大量稀释剂，耗能量很多。

当分离溶液中的非挥发性物质时，与吸附离子交换等方法比较，萃取过程处理的是两流体，操作比较方便，常常是优先考虑的方法。

三、萃取分离的特点

相对于其他操作，萃取分离具有自身的特点。由于萃取过程的经济性需要考虑以下因素：

（1）混合物的相对挥发度接近等于 1 或形成恒沸物，用一般精馏方法不能分离或很不经济；比蒸馏法能耗低，生产能力大，周期短，连续操作，可以自动化控制。

（2）混合物浓度很稀，采用精馏方法必须将大量稀释剂汽化，能耗过大。

（3）混合液含热敏性物质（如药物等），采用萃取方法精制可避免物料受热破坏。

（4）比化学沉淀法分离程度高；比离子交换法选择性好、传质快。

（5）和其他新型分离技术相结合，产生了一系列新型分离技术。

四、萃取操作的分类

1. 萃取的方法

（1）根据萃取剂和原料的物理状态，以液体为萃取剂的，如果含有目标产物的原料也为液体，则称为液－液萃取；如果含有目标产物的原料为固体，则称为液－固萃取；以超临界流体为萃取剂时，含有目标产物的原料可以是液体，也可以是固体，称此操作为超临界流体萃取。在液－液萃取中，根据萃取剂的种类和形式的不同又分为有机溶剂萃取、双水相萃取、液膜萃取和反胶束萃取等。

（2）根据萃取原理，在萃取操作中，萃取剂与溶质之间不发生化学反应的萃取称为物理萃取；萃取剂和溶质之间发生化学反应的萃取称为化学萃取。根据溶质与萃取剂之间发生的化学反应机理，化学萃取还可大致分为五类：络合反应、阳离子交换反应、离子缔合反应、加合反应和带同萃取反应。

（3）根据操作方式，萃取可分为分批式萃取和连续式萃取。

（4）根据萃取流程，可分为单级萃取、多级萃取，其中多级萃取又分为多级错流萃取、多级逆流萃取和微分萃取。

2. 萃取方法的原理

（1）液－液萃取。液－液萃取是指向液体混合物（稀释剂）中加入某种适当溶剂（萃取剂），两者混合后分成两层，上层为萃取相，下层为料液相。由于溶质在两相间的溶解度不同，料液中的溶质逐渐向萃取相扩散，其浓度不断降低，而萃取相中溶质的浓度不断升高。在萃取过程中，萃取剂应对溶质具有较大的溶解能力，与稀释剂应互不溶或部分互溶。

（2）双水相萃取。近年来，随着基因工程、蛋白质工程、细胞培养工程、代谢工程等高新生物技术研究工作的广泛开展，各种高附加值的生化新产品不断涌现，对生化分离技术也提出了越来越高的要求。与上游过程相比，目前作为下游过程的生化分离纯化技术往往存在步骤多、收率低、处理时间长、重复性差等缺点，这样便严重阻碍了生物技术的工业化发展。因此，就迫切需要一种分离步骤少、收率高、处理时间短，并且易于放大的生化分离纯化技术，双水相萃取技术就满足了这一需要。特别是基因工程技术的发展，需要从细胞中提取高质量的遗传物质，由于细胞破碎后，在溶液中存在大量的轻质细胞碎片，给遗传物质的提取形成了很大的干扰，通常通过离心分离和溶剂萃取难以得到高纯度高活性的遗传物质，而通过双水相初步萃取，可以使目标物和轻质碎片得到很好的分离，且目标物的活性几乎没有损失。因此双水相萃取技术得到了很大的重视，并且在近20年里取得了较大的发展。

某些亲水性高分子聚合物的水溶液超过一定浓度后可以形成两相，并且在两相中水分均占很大比例，即形成双水相系统。利用亲水性高分子聚合物的水溶液可形成双水相的性质，双水相萃取的聚合物不相容性：根据热力学第二定律，混合是熵增过程，可以自发进行，但分子间存在相互作用力，这种分子间作用力随相对分子质量的增大而增大。当两种高分子聚合物之间存在相互排斥作用时，由于相对分子质量较大的分子间的排斥作用与混合熵相比占主导地位，即一种聚合物分子的周围将聚集同种分子而排斥异种分子，当达到平衡时，即形成分别富含不同聚合物的两相。这种含有聚合物分子的溶液发生分相的现象称为聚合物的不相溶性。可形成双水相的双聚合物体系很多，如聚乙二醇/葡聚糖，聚丙二醇/聚乙二醇，甲基纤维素/葡聚糖。

聚乙二醇/葡萄糖和聚乙二醇/无机盐这两种由于水溶性高聚物难以挥发，使反萃取必不可少，且盐进入反萃取剂中，对随后的分析测定带来很大的影响。另外，水溶性高聚物大多黏度较大，不易定量操作，也给后续研究带来麻烦。事实上，普通的能与水互溶的有机溶剂在无机盐的存在下也可生成双水相体系，并已用于血清铜和血浆铬的形态分析。基于与水互溶的有机溶剂和盐水相的双水相萃取体系具有价廉、低毒、较易挥发而无须反萃取和避免使用黏稠水溶性高聚物等特点。

（3）反胶束萃取。反胶束是分散于连续有机相中的、由表面活性剂所稳定的纳米尺度的聚集体。在反胶束溶液中，构成反胶束的表面活性剂的非极性尾向外伸入非极性溶剂中，而极性头则向内排列形成一个极性核。蛋白质及其他亲水物质能够进入反胶束的极性核内，由于周围水层和极性头的保护，保持了蛋白质的天然构象。

（4）液－固萃取。液－固萃取是用溶剂分离固体混合物中的组分，又称溶剂浸取。利用固体物质在液体溶剂中的溶解度不同来达到分离提取的目的。进行浸取的原料是溶质与不溶性固体的混合物，其中溶质是可溶组分，而不溶固体称为载体或惰性物质。

利用填充了细颗粒吸附剂的小柱作液－固萃取的方法很快就把液－液萃取法比了下去，在样品基质的简化和痕量样品的富集等方面建立起自己的地位。液－液萃取有这样的一些问题：劳动力密集；经常受到乳化等实际问题的困扰；倾向于消耗大量的高纯度溶剂，这些溶剂往往对操作者健康和环境造成危害；在排放的时候带来额外的费用。液－固萃取则有廉价、省时、溶剂消耗和处理的步骤简单等优点。液－固萃取用于现场采样很方便，它使人们不必把大量样品送到实验室中去处理，最大程度地减少样品运输和储存的问题。液－固萃取技术不是没有问题，但这些问题和在液－液萃取中遇到的问题是不一样的，这两种技术可以看作是互补的。

（5）液膜萃取。液膜萃取是一项新的萃取技术。以水为连续相，分散相以表面活性剂和有机相包覆有水相内核的液滴，形成乳状液。在外水相中某些组分被液滴外的有机相萃取后进入液滴内的水相，实现萃取分离。由于液滴的直径只有几微米，液膜的比表面大，加以被萃取组分很快从有机相转入内水相，传质推动力大，传质不受外水相与有机相平衡浓度的限制，故萃取效率很高。该技术的难点是破乳。目前在高压静电场下破乳是最有效的，可用在金属离子分离、生物产品分离以及污水处理等方面。

任务三　萃取的操作、调节及安全技术

一、萃取塔的操作

1. 设备检查与调试

萃取装置及其辅助装置的运转调试主要观察设备性能是否符合设计要求，辅助设施是否连接合理。关键是考察萃取装置两相流通情况，相的混合和分散能力能否满足工艺要求。

2. 管线试压与试漏检查

试压的目的是及时发现并处理设备隐患，检查施工质量，扫除管线、塔及容器内的脏物。气密性试验（试漏）主要检验容器和管道系统各连接部位的密封性能，以保证容器和管道系统在使用压力下保持严密不漏。为了保证容器和管道系统不会在气密性试验中发生破裂爆炸引起大的危害，气密性试验应在水压试验后进行。

3. 电器及仪表确认

必须按系统对继电保护装置、备用电源自动投入装置、自动重合闸装置、报警及预报信号系统等进行模拟试验，并在中控室运行图上核实各种颜色开关或开闭显示。对于内设计算机，可编程控制器的保护装置，在对软件进行检查及测试后，还应逐项模拟连锁及报警参数，验证逻辑的准确性和连锁报警值的准确性。启动电机时，记录启动时间、电流，并做好变、配电运行操作及运转的记录，观察电机启动停车状态和中控室流程图显示是否相一致。

在开车前做好准备后，进行开车和正常操作和停车。对于不同的萃取过程，其操作过程也不相同。

4. 开车操作

萃取塔开车时，应将连续相注满塔中，再开启分散相进口阀门。分散相又必须经凝聚后才能自塔内排出。因此，当重相为连续相时，液面应在重相入口高度处为适，关闭重相进口阀，然后开启分散相，使分散相不断在塔顶分层段内凝聚，当两相界面维持在重相入口与轻相出口之间时，再开启分散相出口阀和连续相出口阀。当重相为分散相时，则分散相在塔底的分散段内不断凝聚，两相界面将维持在塔底分层段内的某一位置上。同理，在两相界面维持一定高度后，才能开启分散相出口阀。

5. 停车操作

萃取塔停车时，重相为连续相时，首先关闭重相的进出口阀，再关闭轻相进出口阀，使两相在塔内静止分层后，慢慢打开重相的进出口阀，让轻相流出，当两相界面上升至轻相全部从塔顶排出时，关闭重相进口阀，使重相全部从塔底排出。

对于轻相为连续相的，停车时先关闭重相的进出口阀，再关闭轻相的进出口阀，两相在塔内静止分层后，打开塔顶旁路阀，接通大气，然后慢慢打开重相出口阀，让重相流出。当相界面下移至塔底旁路阀高处时，关闭重相出口阀，打开旁路阀，让轻相流出。

二、萃取塔的故障及处理

萃取塔的故障常见的有液泛、相界面波动太大、冒槽、非正常乳化层的增厚等。

1. 液泛

液泛的定义不是十分明确，通常是指萃取器内混合的两相还未来得及分离，即液流从相反的方向带出的反常操作。对于萃取塔来说，是分散相被连续相带出塔外；对于混合澄清萃取器来说，是末级分离的水相从有机相口排出或有机相由水相口排出的反过程，这种现象常常是由萃取器的通量过大引起的。各种萃取器都以液泛速度为其极速，即极限处理能力。实际生产都应在液泛流速水平以下作业。据经验，设备的最佳处理能力约在液泛流速的79%～80%下操作。

产生液泛的另一个原因是由于萃取过程中两相物性发生变化。如黏度增大，界面张力下降，界面絮凝物增多引起分散带过厚，局部形成稳定的乳化层夹带着分散相排出。所以一旦出现液泛时，首先要考虑降低总流量，如果因后一原因造成的液泛，可适当提高萃取器内液体的温度，加强料液过滤，减少乳化层厚度，必要时将界面絮凝物抽出。

2. 相界面波动太大

处在正常作业的萃取器，其相界面基本稳定在一定水平上。如果相界面突然发生了很大的变化，说明萃取器内正常的力学平衡遭受破坏，严重时可能导致萃取作业无法进行，即产生相的倒流，造成料液溢流进反萃段或反萃剂灌入萃取段的事故。造成原因可能是：

（1）某一种物料的流量突然大大增加或下降，使相邻流比分配发生了变化 。

（2）某一级马达的转速突然增加或下降，使抽力发生了变化。

（3）某一处流通器不畅，可能由于设计的原因，也可能被异物堵塞。

3. 冒槽

萃取箱中的液面水平超过箱体而漫出或混合相根本来不及分相即溢出，都称为冒槽。这是萃取操作中最严重的事故，因为它不仅破坏了萃取平衡，而且造成了有机相的大量流失。产生冒槽的原因可能有：

（1）某种物料的流量突然大大增加，排液口来不及流走而在萃取箱中积累，以至溢出。

（2）某一级马达的转速突然变化，影响泵送抽力，以致物料在某一级积累而导致液面上升。

（3）某一处的流通口或有机相的排液管被水相封堵。3 相排液管被水封堵的情况在开、停车时容易发生。由于有机相比重小，浮在上面，通道被水相堵塞，开车以后若抽力不足时，被堵住的通道打不开，而相邻级的 3 相源源流入，最后导致冒槽，所以在设计管道时应尽量避免 U 形管下面安装排水阀。

4. 乳化

当水相（或有机相）以极细小的颗粒分散在有机相（或水相）中就可能生成稳定的乳化层难以分相，在萃取操作中这也是一种严重的事故，应立即停车处理。造成乳化的原因很多，主要有以下几种：

（1）搅拌转速太大，混合过于激烈。

（2）酸度的影响，在充槽时若用自来水代替料液要特别注意，此时应在水中加入适量的酸使水保持酸性，可以防止乳化。

（3）料液中存在的固体悬浮物是导致乳化的重要因素，如黏性的颗粒具有很大的吸附力；硅酸盐颗粒的亲水性很强；硫化物颗粒的亲油性很强。

（4）料液中一些杂质的影响。如硅、铝、钙、铁等积累到一定程度时都可能造成乳化。尤其是硅易形成胶体网膜，当与有机物接触时可能包裹有机物而造成乳化。

（5）水相与有机相的黏度越大，两相的比重差越小，越容易乳化，分相速度越慢。可以采取适当提高温度的办法降低两相的黏度，加快分相速度。

三、萃取塔的日常维护和检修

萃取塔和萃取槽装置内的流体温度、压力以及腐蚀之间的组合是相当严格的，要充分认识其设计条件和材质结构的允许极限，在运转条件内对其进行检查。塔、槽日常检查的内容与方法以及各种检查要点见表 8－1。

表8-1　塔、槽日常检查的内容与方法以及检查要点

检查内容	检查方法	要点
内部腐蚀	（1）用超声波厚度测定器检查，可以测定的最高温度为400~600℃ （2）使用铱192射线检查 （3）腐蚀测定器 （4）液体组成分析和pH测定	（1）气、液腐蚀情况不同，即使塔顶部与塔底部，其腐蚀情况也有很多不同 （2）液体进入侧接管口正面对流体冲击的部位与接管口周围产生的流体搅拌现象的部位腐蚀性大 （3）小口径接管口厚度比主体薄的先穿孔的情况较多，另外，其顶端由于直接管凝聚作用而产生加速腐蚀 （4）因保温条件的差异产生腐蚀的差别 （5）衬里部分的母材腐蚀
外部腐蚀	（1）肉眼检查 （2）工具检查 （3）使用铱192射线检查	（1）屋外保温施工的机器在温度100℃以下，由于雨水的浸入容易受外部腐蚀；另外，即使是高温但更换频率剧烈的部件也容易腐蚀 （2）保温材料变质会带来腐蚀 （3）长期经外来微量腐蚀性流体的影响亦会促进腐蚀（例如从坑升起的腐蚀性流体的蒸气）
有无裂痕	（1）肉眼检查 （2）渗漏探伤检查 （3）磕角探伤检查 （4）敲打检查 （5）超声波斜角探伤检查	（1）压缩机周围振动大的部分的接管口根部等容易产生应力集中的部分 （2）高温机器支架固定部位、管架加强部位等容易产生热应力集中的部分 （3）高强度钢焊接部位氧气滞后裂缝
内部部件异常	（1）听声音（听音棒） （2）显示稳定的涂料，显示温度的标签 （3）使用钴60射线检查	（1）因耐火砖脱落所产生的异常声音以及壁温上升 （2）固定点的脱落而发生的振动异常声音 （3）塔盘的脱落、洞眼堵塞、填密片的劣化而引起的液面变动
有无泄漏	（1）发泡剂（肥皂水，其他） （2）气体检测器	（1）热应力和热膨胀等引起显著变形的地方 （2）装上、拆下频度大的接管口法兰 （3）塔、槽回路中有接火的场合容易成为漏洞
外部附属品有无异常	肉眼检查	（1）绝缘材料的安装状态（主体厚度由于绝热不良而产生热应力） （2）安全阀启动时由于反作用而管架变形 （3）由于塔、槽不均匀沉降而管架变形 （4）支架的变形、劣化 （5）法兰类的紧固螺栓的腐蚀、变形 （6）人孔的腐蚀、变形，是否良好

四、萃取操作的仪表及自动控制

以芳烃萃取为例，装置涉及的控制仪表设备很多，大致可分为气动Ⅱ型半表、电Ⅲ型

表两种，以下将介绍其操作方法。

1. 气动Ⅱ型半表的操作

（1）手动控制。将切换开关置于“手动”位置，手操器输出即是调节阀的给定。由自动切换手动控制时，只要将切换开关直接扳到“手动”位置，此时的输出即是切换“自动”位置的输出信号。

（2）自动控制。将调节器的给定与仪表记录（反馈）信号（指针）对齐，切换开关由“手动”扳到“自动”位置，调整给定使输出分压保持在“手动”位置的大小，此时的输出按照给定的信号作相应的调整。

进入自动调节时，应调整好比例、积分、微分时间。

（3）串级调节系统。串级调节系统有主、副两个回路，对应有主、副两个调节器，即两个二次表；将主回路二次表称为主表，副回路二次表称为副表。

串级调节系统中主、副两个回路的关系是：主回路的输出作为副回路的给定，而副回路的输出直接去调节阀。所以在一般情况下，先设副回路，后设主回路，也就是先把副表设自动，然后在整个系统比较稳定的情况下再把主表设自动。

①遥控。副线板的“手动” - “自动”考克置于“手动”位置；副表的切换柄处于“手动”位置；拧副线板的定值器旋钮，此时副线板的红针与副表的给定针和输出针同步，且为所需的输出值。

②遥控转单参数自动。副表的调节器参数置于所需位置；副表的切换柄从“手动”扳到“自动”位置；拧副线板的定值器旋钮，使副表的给定针与测量针重合；将切换柄从“切换”位置扳到“自动”位置；当发现输出与测量值在切换过程中稍微有变化时，应微调副线板的定值器旋钮，使之恢复原位；根据曲线变化关系的趋势，调整调节器参数，使之处于最佳的调节状态。

③单参数自动转串级。主表改为自动，并调节给定，使之输出与副线板的红针对齐，即主表输出、副线板红针、黑针与副表的给定针对齐；副线板的“手动” - “自动”旋塞阀置于“自动”位置；在切换过程中，若输出和测量值稍有变化，应微调节主表的给定值；根据曲线变化关系趋势，调整主、副表的调节参数，使之处于最佳的调节状态。

④串级转单参数自动。拧副线板的定值器旋钮，使副线板的红针与黑针对齐；副线板的“手动” - “自动”考克由“自动”扳到“手动”位置；在切换过程中，若输出和测量值稍有变化，应微调节副线板的定值器旋钮，使之恢复原位。

⑤单参数自动转遥控。将副表的切换柄由“自动”扳到“切换”位置；拧副线板的定值器旋钮，使副表的给定针与输出针重合；将副表的切换柄由“切换”扳到“手动”位置，即可任意拧副线板的定值器旋钮，使之达到所需的输出值。

2. 电Ⅲ型表的操作

（1）仪表启用。联系仪表工进行启动（打开一次表引压阀排气、排液、灌封液、调零位、供风、送电等），检查调节器的正反作用开关是否正确，选择合适的比例度（P）、积分时间（I）和微分时间（D）。

仪表初启用时，一般采用手动遥控，操作稳定后，再改为自动控制。

（2）手动调节。准备条件：弄清楚调节阀是风开还是风关，将凋节器切换开关扳至“MAN”到“H”位置，使调节阀全关，先打开调节阀下游阀，再打开上游阀，缓慢关闭副线阀，用手操开关逐渐开启调节阀，使流量保持不变。

①软手动操作——“MAN”。切换开关置于软手动“MAN”；拨动手操作开关调整输出信号的大小；调节给定轮使给定针（黑色）指在所需要的给定值上；用手操开关调整调节器的输出使测量针（红色）渐渐接近给定针（黑色），直到测量针与给定针对齐。

②硬手动操作——“H”。切换开关置于硬手动“H”；调节硬手操给定杆，改变输出信号的大小；调节给定轮使给定针（黑色）指在所需要的给定值上；用手操给定杆调整调节器的输出信号，直到测量针与给定针对齐为止。

注意：调节器在软手动“MAN”位置能保持特性 0.5%/h，因此调节器不能长时间置于“MAN”位置，在硬手动“H”位置上，没有漂移，适合长期操作。

③自动调节。在刚开始使用调节器时，应先进行手动调节，手动调节较平稳以后，才考虑改用自动调节；进入自动调节，应确定 P、I、D（由仪表工进行参数调整）。

④手动、自动调节相互间的转换。

a. 手动（H 或 MAN）-自动（AUTO）转换。调节硬手操给定杆或手操开关，使测量针与给定针对齐；把 P、I、D 放到所需的给定值上（第一次开工由仪表工进行参数设定与调整）；将切换开关由“H”拨至“AUTO”或由“MAN”拨至“AUTO”。

b. 自动（AUTO）转换-手动（H 或 MAN）。从自动（AUTO）到软手动（MAN）：可以一步切换，无平衡、无扰动。从自动（AUTO）到硬手动（H）：先将硬手操给定杆与输出信号对齐，然后把切换开关从“AUTO”拨至“H”。

⑤串级仪表操作法。

a. 主表单回路控制。把手动开关扳至“单回路”，此时主调节器输出接到去电气转换器。调节阀回路，即主表输出信号经电气转换直接控制调节阀；主调节器置“反”作用位置；先用手动调节温度达到给定值，在切换到自动前，把 P、I、D 放到合适的位置上。主调节器用“AUTO”“MAN”“H”控制均可。

b. 副表单回路控制。把手动开关扳至“串联”位置；副表置“内给定”“正作用”，此时主表只起显示作用；手动调节流量，使主表指示稳定在给定值上。

c. 串级调节的投入。把手动开关置于“串级”位置，主调节（温控）置于“正作用”位置，P、I、D 放到合适的位置上，自动-手动切换开关放在硬手动“H”位置，内、外给定开关在“内”给定位置；副调节器（流量）置“正作用”，P、I、D 放到合适的位置上，内、外给定开关在“外”给定位置，自动-手动切换开关放在硬手动“H”位置；用副调节器（流量）的硬手操给定杆进行遥控；当主参数（T）接近给定值、副参数（F）也较平稳时，调节主表的硬手动给定杆，使副表的给定针与测量针对齐（即外给定=副表测量），将副表由手动“H”改为自动“AUTO”，至此副表实现了外给定值的自动调节；调节主表给定轮，使主表给定针与测量针对齐；将主表由手动“H”位置切换至自动“AUTO”，至此实现了串级调节系统的投运工作。

d. 由副表单回路控制-串级调节的转换。副表单回路控制一段时间后，流量较平稳时，切换到自动，此时考虑采用串级调节；把主表置于“内”给定位置，自动-手动切换开关切换在“AUTO”，P、I、D 放到合适的位置上；调节主表的给定轮，使主表的给定针与测量针对齐，然后把副表置于“外”给定位置。

e. 由主表单回路控制-串级调节的转换。主表自动控制切换到硬手动“H”；主表正－反作用开关置于“正作用”；副表置于“正作用”，外给定，硬手动“H”，*P*、*I*、*D* 适当，调硬手操给定杆等于主表输出针（即主表与副表输出信号相同），再将手动开关扳到“串级”位置，观察主参数“*T*”的变化情况，若波动太大，要将副表硬手操给定杆增加或减少，稳定后，调主表硬手操给定杆，使副表的外给定＝副表的测量值时，将副表的“H”拨至“AUTO”；主参数“*T*”和副参数“*F*”波动太大时，调主表由“AUTO”改为“H”。

五、萃取操作的温度控制与调节

萃取塔的温度控制包括两部分：一部分是萃取塔的顶部温度控制；另一部分是萃取塔的中部温度控制。

萃取塔的顶部温度主要通过调节蒸气的用量改变萃取剂温度，以便控制萃取塔的顶部温度。萃取塔顶部温度主要的影响因素是换热器中萃取剂的出口温度降低，使得萃取塔顶部温度降低，另外顶部抽余液量增大也会使得塔顶温度降低。调节方法主要是通过换热器蒸气入口及出口手阀调节蒸气用量，将萃取剂温度提至合适范围，保证塔顶温度控制在指标范围内，另外还需要按照生产要求调整好抽余液及抽出液的比例。

萃取塔中部温度主要通过原料油进料温度来控制。萃取塔中部温度主要的影响因素是由于原料出口温度升高，使得塔中部温度升高，另外萃取剂进塔的温度升高，中部温度液随之升高。调节方法主要是通过调节原料油出口温度至正常，萃取剂进料温度调整至合适值。

六、萃取操作的压力控制与调节

萃取塔操作中主要是通过压控阀调节塔顶排除量来控制塔的压力。萃取塔压力的影响因素有：

（1）塔顶排出量减少，萃取塔的压力上升。

（2）进入萃取塔的原料油、萃取剂及二次溶剂任何一项增大（减少），压力均上升（降低）。

（3）塔底抽出量减少，萃取塔压力上升。

（4）设备或仪表故障。

对应的解决办法有：

（1）调节压控阀，将塔底压力控制在指标内。

（2）将溶剂比按指标进行控制。

（3）按生产要求调整好塔底抽出量。

（4）联系有关单位及时处理。

七、萃取过程控制工艺参数的调整与优化

1. 相型的选择

采用哪一相为连续相或分散相，对于生产过程具有一定的实际意义。一般规律是：以水相为连续相的萃取率比以有机相为连续相要高一些，但水相夹带有机相的量也大。所以实际生产时（指混合－澄清萃取相），常常控制料液进口级为水相连续相，这样一方面可以提高萃取率，另一方面还可减少负荷有机相对水相的夹带。萃余液的出口级经常控制有机

相为连续相，这样可以降低有机相被夹带的损失。

可以通过开车前使溶液浸没叶轮来形成所选定的相型，叶轮启动前，浸没叶轮的相即为连续相，如图 8－20 所示。萃取塔在启动前充满塔体的相即是连续相。以上情况只是两相流比接近时才能维持，否则在萃取过程中会发生转相。通常流量大的一相容易造成连续相。所以若用少数相为连续时，必须增加该相的循环装置，使混合室的流比接近 1 的水平。叶轮位置对于相型的作用有时候也会失败，比如当转速低时，水相形成分散相，逐渐加大叶轮转速，有机相即使其体积分数为 90%，仍有可能形成分散相。

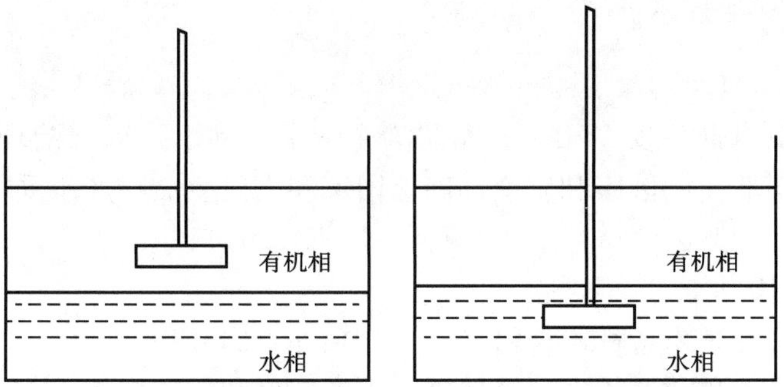

（a）有机相连续　（b）水相连续

图 8－20　产生连续相的叶轮位置

2. 回流比

回流比是一项必须控制而又难以精确控制的操作条件。它一方面影响萃取率，同时又影响设备的处理能力。各相回流比是根据料液组成、对产品质量要求以及萃取设备的澄清速率来确定的。虽然这些因素早已在试验和设计中考虑到了，但实际生产的料液成分往往很复杂，并常有变化，加上设备放大的不可预见因素影响，为了在实际生产中获得合格的产品，就要经常注意流比的变化，并做适当的调整。目前国内大多冶金萃取工厂所用的流量计（如转子流量计、涡轮流量计、孔板流量计、电磁流量计等）只限于测量指示，仍未能根据料液组分变化实现流量调节，故两相回流比仍需通过人工调节来加以控制。

3. 固体悬浮物与界面絮凝物的处理

一般萃取工厂的萃取设备或多或少都存有絮凝物，絮凝物可以被压缩，在正常情况下不会影响萃取过程的进行。当它的厚度达到影响相的分离，甚至随有机相漂浮流入下一级时，就应将其吸出处理。清除出来的絮凝物含有大量的有机相，可以用离心机分离回收。

加强料液澄清过滤是防止絮凝物产生的有效方法。通常在第一个溶解池涡流进入砂滤器之前，最好还有一个中间澄清池，使悬浮物进一步聚结沉淀，以保证料液中悬浮物的含量均匀。一般要求从砂滤器进入萃取设备的悬浮物不多于 10×10^{-6}mg/L。当然，搅拌浸出液的固体悬浮物含量比就地浸出的浸出液高，因而生成的界面絮凝物也多。SiO_2 和黏土的存在也会加速絮凝物的形成。当 SiO_2 含量少于 0.7g/L 时，分相没有困难；大于此值，界面絮凝物形成的倾向增大。界面絮凝物是一种水包油的稳定乳化物，若采用有机相为连续相，可以抑制它的生成。

4. 有机添加剂使用的控制

在浸出、萃取、淀积流程中，常常要添加絮凝剂、光亮剂和酸雾抑制剂等有机试剂。使用之前必须经过试验，选择与萃取过程相适应的试剂。如阳离子絮凝剂一般都与萃取剂Lix64N的煤油溶液不相溶，因此选用非离子或阴离子聚丙烯酰胺比较好。非离子型聚丙烯酰胺絮凝剂已在赞比亚钦戈拉铌矿浸出厂的浸出工序中使用。目前还未找到一种很满意的电积酸雾抑制剂，因为这种抑制酸雾的起泡剂是通过降低空气和水的表面张力来形成泡沫。与此同时，它还会降低水和有机相的界面张力，结果导致稳定乳化物的形成。

八、萃取操作安全技术

1. 总则

安全规程：认真贯彻“安全第一，预防为主，全员动手，综合治理”的方针，减少和消灭各类事故，保障职工的健康和安全，确保国家和人民生命财产不受损失。

2. 安全规程

（1）人身安全10大禁令。

①未经安全教育和技术考核不合格者，严禁独立顶岗操作。

②不按规定着装或班前饮酒者，严禁进入生产岗位和施工现场。

③不戴好安全帽者，严禁进入生产装置和检修、施工现场。

④未办理安全作业票及不系安全带者，严禁高处作业。

⑤未办理安全作业票者，严禁进入塔、容器、罐、油舵、反应器、下水井、电缆沟等有毒、有害、缺氧场所作业。

⑥未办理维修工作票者，严禁拆卸停用与系统连通的管道、机泵等设备。

⑦未办理施工破土工作票者，严禁破土施工。

⑧未办理电气作业“三票”者，严禁电气施工作业。

⑨机动设备或受压容器的安全附件、防护装置不齐全，严禁启动使用。

⑩机动设备的转动部件在运转中严禁擦洗和拆卸。

（2）防火防爆10大禁令。

①严禁在厂内吸烟及携带火种和易燃、易爆、有毒、易腐蚀物品入厂。

②严禁未按规定办理用火手续，在厂内进行施工用火或生活用火。

③严禁穿易产生静电的服装进入油气区工作。

④严禁穿带铁钉的鞋进入油气区及易燃、易爆装置。

⑤严禁用汽油和易挥发溶剂擦洗设备、衣物、工具及地面等。

⑥严禁未经批准的各种机动车辆进入生产装置、罐区及易燃、易爆区。

⑦严禁就地排放易燃、易爆物料及化学危险品。

⑧严禁在各种油气区内用黑色金属工具敲打。

⑨严禁堵塞消防通道及随意挪用或损坏消防设施。

⑩严禁损坏厂内各类防爆设施。

（3）防止中毒窒息10大规定。

①对从事有毒作业、有窒息危险作业人员，必须进行防毒急救安全知识教育。

②工作环境（设备、容器、井下、地沟等）氧含量必须达到20%以上，毒害物质浓度

符合国家规定时，方能进行工作。

③在有毒场所作业时，必须佩戴防护面具，必须有人监护。

④进行缺氧或有毒气体设备内作业时，应将与其相通的管道加盲板隔绝。

⑤在有毒或有窒息危险的岗位，要制定防救措施和设置相应的防护用器具。

⑥对有毒、有害场所的有害物浓度要定期检测，使之符合国家标准。

⑦对各类有毒物品和防毒器具必须有专人管理，并定期检查。

⑧涉及和监测毒害物质的设备、仪器要定期检查，保持完好。

⑨发现中毒、窒息时，处理及救护要及时、正确。

⑩健全有毒、有害物质管理制度并严格执行，长期达不到规定卫生标准的作业场所，应停止作业。

（4）防冻防凝安全规定。

①冬季来临前，应组织做好防冻防凝检查工作，对查出的问题，应逐条处理，不留后患；对冬季装置开工、停工、检修等作业，应制定防冻防凝相应措施。

②易冻易凝设备、管线、阀门、仪表均需采取防冻防凝措施，各类保温保持良好，伴热线畅通。

③重质油品的采样应先用蒸气缓慢加热后，再缓慢开阀采样，不得盲目开大阀门采样以免介质喷出伤人。

④重质油线及仪表要开伴热线，防止凝线凝表，发现凝表时，应及时处理；发现凝线时，应开伴热蒸气或开启胶带蒸气直接暖管；瓦斯系统及其死角要经常检查，及时脱水，防止管线、阀门冻裂造成漏气事故。

⑤备用机泵必须保持冷却水畅通，冷油泵和热油泵一样要做预热处理，定期盘车以防凝死；无法预热的，要用石棉布盖好，吹入少量蒸气防冻。

⑥水线、风线、蒸气线的排放口和导淋口要保持适当开度，排除存水，做到既节约又防冻；蒸气排凝必须装好疏水器；水、气死角处设有排水和排气阀门的管线，冬季必须采取有效措施，以防冻坏设备。

⑦重油管线及冷换设备停用后，及时用蒸气吹扫，打开低点排凝，排尽存水，能用风、N_2吹扫的，再用风、N_2吹扫一遍；打开冷却水连通阀，使冷却水保持流动；管线及设备停用，又不能扫线时，可每小时用热油活线一次以防冻防凝，每次以顶出冷油为止。

⑧设备、管线、阀门冻凝时，应用蒸气或热水缓慢加温融化，不许急剧加温或硬砸硬敲，严禁明火烘烤。

⑨扫线、冷凝水应导入地沟和下水道，不得任其流淌；清扫地面、平台积水、积雪、冰块，必要时加铺草垫防滑，高空冰溜子应及时打掉，以防掉落时砸坏设备或伤人。

⑩各类消防器材做好防冻工作，以防冻结失效。

3. 装置生产安全要点

（1）安全管理要点。

①各项工艺操作指标符合“生产操作规程”和“工艺卡片”的要求，不得超温、超压、超负荷运行。

②各类动、静设备必须达到完好标准，静密封点泄漏率小于0.5‰。压力容器、管道及其安全附件齐全好用，符合“压力容器安全监察规程”。

③仪表管理符合制度要求，定期检验仪表上下限报警、可燃气体报警，仪表完好率和使用率达95%以上；仪表工在处理一、二次表之前，需与操作人员联系，操作人员采取措施后方可处理。

④各类安全设施、消防设施、气防设备等配备齐全，灵敏完好，并定期检验。

⑤建立并执行安全检查及事故隐患整改制度，对设备、仪表和生产过程存在的问题应及时填写上报职能部门，暂不能整改又要投入运行的，要有车间主任、分管厂长签字，制定包括隐患内容、危害防范措施、监控手段、治理计划、负责人等内容的可靠安全防范措施。

⑥设备的处理、投用，工艺的调整必须有严密的操作方案和可靠的安全措施，现场应有专人监护，分工协作，层层把关。

⑦进行定期安全监督检查、督促班组及各岗位加强对关键危险点的监控力度，明确监控内容，合理制定巡检路线，把各级巡检制度落到实处。

⑧执行异常情况报告制度，发现问题，及时汇报，及时处理；装置开、停车及正常生产的设备处理、投用要有严密的方案和安全措施，并经审核。

⑨岗位操作人员应不低于定员人数，严格岗位考核并执行持证上岗有关规定。制定、完善并落实岗位安全生产责任制，做到各司其职，各负其责；非本岗位操作人员严禁调节或动用本岗位的仪表、阀门、电气设备和安全设施；工作中不得串岗、脱岗。

⑩给装置的各类压力容器建立技术档案，制定定期检测制度，各部门应落实压力容器安全管理责任制，贯彻分级管理原则，做好普查、立卡、建档、维护、检修等基础工作。

另外，操作人员必须按规定劳保着装，装置内作业必须戴安全帽，班前、班中不饮酒；严禁穿容易产生静电的服装进入易燃易爆区，尤其不得在易燃易爆区脱、穿衣服和用化纤织物擦拭设备。各项防静电措施和设备要指定专人定期进行检查并建卡登记存档。动火作业必须按相应的用火级别办理动火手续，严格执行企业“安全用火管理制度”要求。

（2）安全操作要点。

①严格监控各塔、容器、油罐的界位和液位，防止出现跑油或冒罐而引起火灾及中毒事故。

②按操作规程要求，做好物料平衡、热平衡，杜绝因误操作造成生产、设备事故。

③高温重油部位的小管线，如机泵预热线、排凝阀、压力表接口等部位因管壁薄，最容易腐蚀穿孔，生产中要加强检查；高温部位管线保温应完好，不得裸露管皮。

④保证两炉的“三门一板”灵活好用，保持炉膛负压 1～3mmH_2O（1mmH_2O ≈ 9.80665Pa），防止炉火扑管或外喷伤人；炉火熄灭重新点炉时，一定要用蒸气赶尽炉内瓦斯，防止火灾、爆炸事故的发生，点火时必须有两人在现场，火把放置的火嘴要与所开的瓦斯火嘴一致。

⑤对使用的燃料油和瓦斯，要勤检查、勤调节，防止缩火、熄火，损坏设备或发生爆炸。

⑥加热炉瓦斯点火前，氧含量必须达到1%；点火时，人不可站在炉底及看火窗正面，以免回火伤人。

⑦对运转机泵清扫卫生时，防止抹布被卷入伤人，严禁用水冲洗运转电机，以防触电或损坏电机。

⑧冷换设备的使用应按程序操作，防止出现水击或因热膨胀而损坏设备。

⑨保持机泵“三态”，备用泵定期盘车，冷却水畅通，热油泵应处于热态。

⑩安全阀起跳后，必须按规定重新校验、铅封，安装后，其手阀应开到位，并加铅封以防误动；巡回检查时，要加强对高温部位及易腐蚀部位的检查。

⑪消防蒸气带需按正确方式绑扎牢固，使用时开启要缓慢，固定好带头，防止“甩龙”伤人；进入塔器、容器、地下油井、地下井水前，要进行含毒、含氧分析，并有专人监护。

⑫设备的停用、投用、处理或其他临时项目施工、投用，应严格按照方案执行；热油泵检修时，要通知车间；解体时，要有专人在场。

4. 开车与停车安全技术

（1）装置开、停车由厂部统一安排，厂长下达指令，车间主任执行，不允许随意开停。

（2）装置正常开、停车必须在车间主任直接主持下，由当班班长具体指挥；开、停车必须严格按照开、停车方案和有关规定进行；厂长和各职能部门人员均不得直接向班长或操作人员发布指令，更不准非在岗人员擅自动手操作。

（3）装置开、停车前，由车间主任组织有关人员制定开、停车方案和实施细则，报技术科审核后向全体人员进行详细交底和安排。

（4）装置开、停车前，应事先与有关单位联系，通报情况，以便互相配合协助，避免发生意外事故。

5. 开车安全注意事项

（1）检修现场全部打扫干净，脚手架、跳板拆除，没有油污、废料和垃圾。临时电源线拆除，井、沟盖板全部盖好；盲板拆装完毕，并由专人按原登记表逐项检查消号。

（2）检修后的压力、容器及贮罐等设备必须按规定进行试压，机动设备单体试车，安全阀手阀在吹扫前必须打开。

（3）根据开车方案中的要求，检查工艺流程及阀门开关情况；在改好流程之后，必须经操作员、班长、车间人员三级检查后，方可向装置内进油，重要步骤的进行和流程也应三级检查，严防跑油、漏油、串油等事故发生。

（4）加热炉应严格按照升温曲线进行升温。

（5）接收介质时，应缓慢进行，注意排凝；接收蒸气时，先预热、放水，逐渐升温、升压。

（6）在引油建立循环过程中，应及时排除管线内的空气和水分，要做到油到哪里人到哪里，见油即关排空阀。

（7）在向塔和容器装油、静止脱水、循环升温脱水时，都必须严格监视界位、液位，防止跑油、冒塔、冒罐、超温、超压、突沸等事故发生。

6. 停车安全注意事项

（1）严格按照停车方案进行降温、降量、切断进料、吹扫、蒸塔、拆装盲板等各项工作。

（2）对装置所应处理的设备、容器、管线，应按规定时间进行彻底的蒸气吹扫、水洗，尽可能除尽存油；禁止向地面、下水井或空中大量排放油或瓦斯，以防爆炸、着火。

（3）在吹扫过程中，禁止装置内的一切用火工作，机动车辆严禁驶入。

（4）设备处理要干净、彻底，防止其中存有油、气。

（5）交付检修前，含油污水井在充分蒸井后要用湿土覆盖严实。

（6）安排好停工期间值班人员，规定好检查路线，明确职责范围和注意事项。

7. 检修安全技术

（1）凡进入检修现场的一切人员都必须戴安全帽，现场作业人员都应劳保着装，未经主管部门许可，谢绝外人参观。

（2）装置内所有设备、管线等需按规定方案处理后，用蒸气或水吹扫、冲洗干净，并指定专人做好拆、加盲板工作，盲板应符合工艺压力等级要求，其规格、数量和位置应编号登记，防止遗漏；当装置内所有设备、管线等经吹扫冲洗后，所有含油污水井和地漏均应用蒸气吹扫或用水冲洗干净，用湿土覆盖严实；沟、坑、地面及平台的油污应冲洗干净。

（3）塔、容器等设备经吹扫泄压后，需使内部温度降至100℃以下后，由上而下依次打开人孔盖，在人孔盖松动前，不得把螺栓全部卸掉，严防残气（液）冲出伤人；进入塔、炉、容器及油、水井检修（查）前，要采样分析，确保达到安全要求并办理《进入设备作业票》后方可进入；在含有毒和有害气、液部位作业，应配备适用的防毒面具等防护用品，禁止单人进入，并派专人监护，严格执行《进设备作业安全管理规定》；塔、罐、容器、管道等检修动火前，必须严格进行吹扫、置换等工作，经测爆取样分析合格，取得《动火许可证》后，方可动火，并严格执行《安全用火管理制度》。

（4）禁止从上往下或从下往上抛物件或杂物，必要时应设警戒区，专人守护，2m以上高处作业必须系安全带；进行射线探伤作业，应充分做好各项准备，并向安全部门办理《探伤许可证》，作业中要有严密的操作制度，作业区应拉警戒线，派人监护，防止非作业人员误入。

（5）监火人在动火过程中不得擅离现场；发现不按火票要求作业或有异常情况时，有权制止动火；动火结束或中间离开现场时，监火人与动火人要共同检查现场，不得留有余火。

（6）溶解乙炔气瓶在使用中必须装设防止回火器，不得靠近热源和电气设备，与明火距离不少于10m；不准放在室内或卧倒使用；检修中不得随意排放残油（气）或倒废油，不得使用汽油洗刷机件、工具。

（7）吊车和其他起重机械必须由专职人员操作，禁止其他人员动用；起吊中起钩、落钩和行走均应给以信号，警告地面人员避让；吊装所有机具（如滑车、吊钩、钢丝绳等）不得超负荷使用，不得以非专用物品代替，不得利用电杆、设备、管道或管架等作吊装锚点；吊装作业起重臂、绳索、起吊物与设备、建（构）筑物及带电线路必须保持规定的距离；吊装绳索不得影响交通，必要时应设醒目标志或派人监护，严格执行集团公司“起重作业安全管理规定”；起吊物件前，要掌握被吊物件质量，严禁超重起吊；埋地或与其他物件连接的物件不得起吊；长大物件起吊时，必须有“溜绳”控制被吊物平稳不摇摆；电气设备检修要严格执行“电业安全工作规定”和“三票”制度。

（8）检修现场设置临时电动设备（如电焊机、空压机、起重机具、照明灯等），必须向电气车间办理《临时用电票》，必须由专职电工按指定临时电源进行接、挂线工作；属禁火区的临时用电必须符合防火要求，并征得所属单位许可，在易燃、易爆部位应同时办理《动火许可证》，严格执行《临时用电安全管理规定》；检修现场的临时电源线路必须符合电气安全要求，电缆绝缘良好，架设安全可靠，不影响人车通行；闸刀开关应完好无损，避免水浇雨淋，收工时应及时拉电闸断电。

（9）照明灯电压等级必须符合国家标准规定的电压要求，采用橡皮套双套绝缘软电缆，灯头有铁丝护罩；使用手持式电动工具，必须配置独立的漏电保护器；临时用电必须要有防止影响生产电源的措施。

习题与思考

1. 分析萃取过程常见故障及其处理方式。
2. 萃取操作中仪表控制方法主要有哪些?
3. 如何调整与优化萃取控制过程及其工艺参数?
4. 萃取装置检修安全要点有哪些?

项目九　结晶操作

学习指南

知识目标

1. 掌握结晶操作的基本概念、溶液结晶的类型、结晶过程的相平衡、溶解度及溶解度曲线、过饱和度。

2. 理解结晶操作的基本原理、晶核的形成原理及晶体的生长原理、影响结晶操作的因素。

3. 了解工业结晶设备的结构特点和溶液结晶的类型；了解七大晶系的特点。

能力目标

1. 对冷却结晶设备、蒸发结晶设备等常用结晶器能实施基本操作，能对常见事故进行判断和处理。

2. 能正确使用各类常见的温度、液位测量仪表和对结晶器实施自动控制，并能根据生产工艺与设备特点制定结晶过程的安全操作规程。

3. 能运用结晶基本理论与工程技术观点分析和对结晶操作中诸如晶体颗粒太细、晶垢、蒸发结晶器的压力波动等常见故障进行处理。

素质目标

1. 帮助学生逐步建立工程技术观念，培养学生追求知识、严谨治学、勇于创新的科学态度和理论联系实际的思维方式。

2. 培养学生逐步形成安全生产、遵守规程、节能环保的职业意识和团结协作、积极进取的精神。

项目导言

结晶是指从饱和溶液中凝结，或从气体凝华出具有一定几何形状的固体（晶体）的过程。结晶是一种化工单元操作，它既是传热过程，也是传质过程。化工生产中常遇到的是从溶液中析出晶体（即溶液结晶），溶液结晶过程的实质是将稀溶液变成过饱和溶液，然后析出结晶。溶液达到过饱和有两种方法：①对原料冷却，因溶解度下降而达到过饱和；②用蒸发移去溶剂。根据固液平衡的特点，结晶操作不仅能够从溶液中取得固体溶质，而且能够实现溶质与杂质的分离，从而提高产品的纯度。

一、结晶在化工生产中的应用

结晶技术是工业上从不纯溶液中制取纯净固体产品的经济而有效的手段。许多化工产品（如染料、涂料、医药及各种盐类等）都可用结晶法制取，得到的晶体产品不仅有一定纯度，而且外形美观，便于包装、运输、贮存和应用。

钾肥是氮磷钾三大化学肥料之一。世界上使用的钾肥绝大多数是氯化钾（KCl），而从钾石盐（含有25% KCl、70% NaCl的化合物）制取氯化钾常采用的方法是溶解结晶法，即利用氯化钾和氯化钠不同温度下在水溶液中具有不同溶解度，通过溶解和再结晶的过程将两盐分离制取氯化钾。图9－1为溶解结晶法制取氯化钾的流程图。从图中可知，结晶是该生产过程中非常重要的环节之一。近年来，许多高新技术领域如材料工业中超细粉的生产，生物技术中蛋白质的制造，新材料工业中超纯物质的净化都离不开结晶技术。

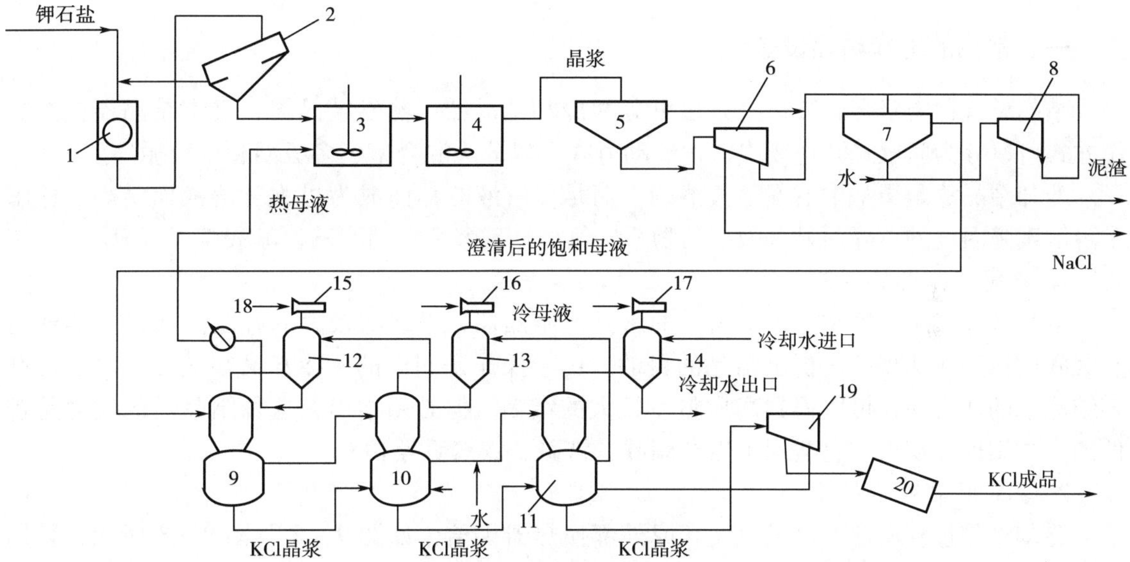

图9－1　溶解结晶法从钾石盐制取氯化钾的流程图

1—破碎机　2—振动筛　3，4—溶解槽　5，7—沉降槽　6，8，19—离心机　9，10，11—结晶器
12，13，14—冷凝器　15，16，17—蒸气喷射器　18—加热器　20—干燥机

二、结晶过程的分类

结晶过程可以分为溶液结晶、盐析结晶、反应结晶和升华结晶等。溶液结晶又包括冷却结晶、蒸发结晶和真空结晶三种，它是工业中最常用的结晶方法，故本项目仅讨论溶液结晶。

三、结晶过程的特点

一般而言，结晶过程有如下特点：

（1）通过结晶，溶液中的大部分杂质会留在母液中，再通过过滤、洗涤即可得到纯度高的晶体。

（2）通常只有同类的分子或离子才能进行有规律的排列，故结晶过程有高度的选择性。

（3）结晶过程是复杂的，晶体的大小不一，形状各异，形成晶簇等现象，因此有时需要重结晶。

若物质结晶时有水合作用，则所得晶体中有一定数量的溶剂分子，称为结晶水。结晶水的含量不仅影响晶体的形状，也影响晶体的性质。

任务一　认识常见的结晶设备

一、常见的冷却结晶设备

结晶设备种类繁多，按结晶方法可分为冷却结晶器、蒸发结晶器、真空结晶器；按操作方式可以分为间歇式和连续式；按流动方式可以分为混合型、多级型和母液循环型。

冷却结晶法是指基本上不除去溶剂，而是使溶液冷却而成为过饱和溶液而结晶。适用于溶解度随温度的下降而显著减小的物系，例如：硝酸钾、硝酸钠、硫酸镁等溶液。

1. 空气冷却式结晶器

空气冷却式结晶器是一种最简单的敞开型结晶器，靠顶部较大的开敞液面以及器壁与空气间的换热而达到冷却析出结晶的目的。由于操作是间歇的，冷却又很缓慢，对于含有多结晶水的盐类往往可以得到高质量、较大的结晶。但必须指出，这种结晶器的能力是较低的，占用地面积大。它适用于生产硼砂、铁矾、铁铵矾等。

2. 釜式结晶器

冷却结晶过程所需的冷量由夹套或外部换热器供给，如图 9 – 2 及图 9 – 3 所示，采用搅拌是为了提高传热和传质速率并使釜内溶液的温度和浓度均匀，同时可使晶体悬浮，有利于晶体各晶面的成长。图 9 – 3 所示的结晶器为外循环式结晶器，既可间歇操作，也可连续操作。若制备大颗粒结晶，宜采用间歇操作，而制备小颗粒结晶时，采用连续操作为好。

外循环式冷却结晶器的优点是：冷却换热器面积大，传热速率大，有利于溶液过饱和度的控制。缺点是循环泵易破碎晶体。

3. Krystal – Oslo 分级结晶器

Krystal – Oslo 结晶器是 1919 年由挪威 Issachen 及 Jeremiassen 等人开发的一种制造大粒结晶、连续操作的结晶器，又称为 Oslo（奥斯陆）式结晶器、Jeremiassen 式结晶器或 Krystal 式结晶器，如图 9 – 4 所示，这种结晶器至今还广泛使用着。这类结晶器根据用途分为蒸发式、冷析式以及真空蒸发式 3 种类型。不论过饱和度产生的方法如何，过饱和溶液都是通过晶床的底部，然后上升，从而消失过饱和度。接近饱和的溶液由结晶段的上部溢流而

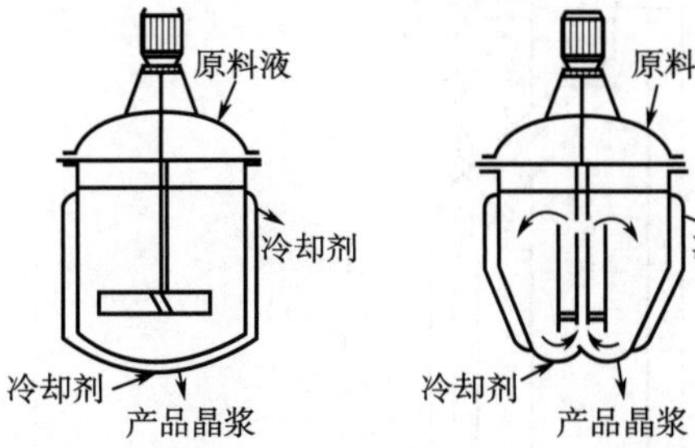

图 9－2 内循环式冷却结晶器

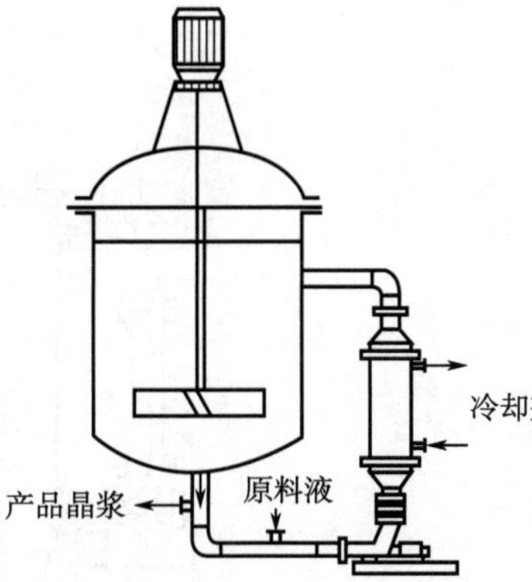

图 9－3 外循环式冷却结晶器

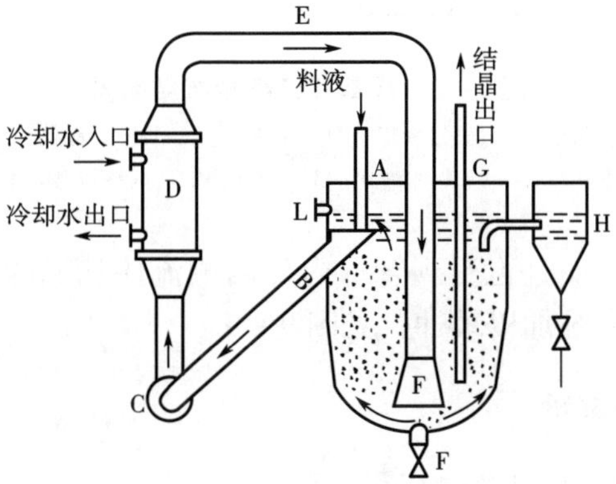

图 9－4 Krystal 式冷却结晶器

A—结晶器进料管 B—循环管入口 C—主循环泵 D—冷却器 E—过饱和吸入管 F—放空管 G—晶浆取出管 H—细晶捕集器

出，再经过循环泵进行下一次强制循环，送入过饱和发生器再返回晶床的底部。设计与操作控制在过饱和发生器中不超过介稳区的限度；在溢流口上面的一段，通过的流量在不取出成品晶浆时等于在溢流管处注入的加料流量，因此上升速度很低，细小结晶就在这一段积累，由一个外设的细晶捕集器间歇式连续取出，经过沉降后，或者过滤，或者用新鲜加料液溶解，也可以辅之以加热助溶的办法，消除过剩的细小结晶，溶化后的溶液供给结晶器作为原料液。这样可以保证结晶颗粒稳步长大。

冷却式分级结晶器（图 9－5）的过饱和产生设备是一个冷却换热器，一般是溶液通过换热器的管程，且管程以单程式的最普遍，冷却介质通过壳程。

需指出的是壳程冷却介质的循环方式。在管程通过的溶液的过饱和度设计值是靠主循环泵的流量所控制的，但是冷却介质的状况也同样会使溶液发生过饱和度超过设计值的问题，因为新鲜的冷却介质冲入换热器壳程时，与溶液温度差很大，而过饱和度的介稳区是很狭窄的一个区域。为了防止这一现象发生，不致使溶液在冷却介质入口处迅速结垢，必须再加上一套辅助循环泵以消除这一现象。这说明换热器中产生的过饱和度超限不仅可能

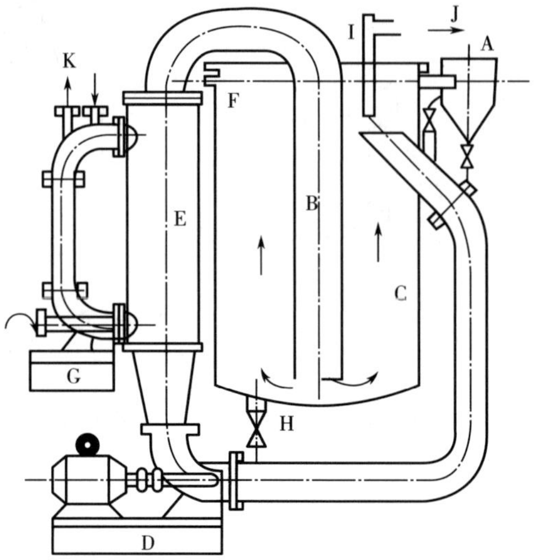

图 9－5　冷却式连续分级结晶器

A—细晶器捕集器　B—中心降液管　C—分级段　D—主循环泵　E—冷却器　F—溢流口　G—辅助循环泵　H—取出口　I—加液口　J—冷剂出口　K—排放出口

发生在管程的进出口两端，而且也受到管壁内外两侧流体状况的影响。为此就不得不使冷却剂间接地通过辅助循环系统加以缓冲，见图 9－6。

二、常见的蒸发结晶设备

蒸发结晶与冷却结晶的不同之处在于，前者需将溶液加热到沸点，并浓缩达过饱和而产生结晶。

现代的蒸发结晶器（包括以蒸发为主，又有盐类析出的装置，如隔膜电解液的蒸发装置），都是指严格控制过饱和度与成品结晶粒度的各种装置。它是在蒸发装置的基础上发展起来，又在结晶原理上前进了一大步。

1. Krystal－Oslo 蒸发式生长型结晶器

图 9－7 是典型蒸发式 Krystal－Oslo 生长型结晶器。加料溶液由 G 进入，经循环泵进入加热器，产生蒸气（或者前级的二次蒸气）在管间通入，溶液达到过饱和，结晶操作控制在介稳区以内。溶液在蒸发室内排出的蒸气（A）由顶部导出。如果是单级生产，分离的蒸气直接去大气冷凝器，然后有必要时通过真空发生装置（如真空泵或者蒸气喷射器及冷凝器组）；如果是多效的蒸发流程，排出蒸气则通入下一级加热器或者末效的排气、冷凝装置。

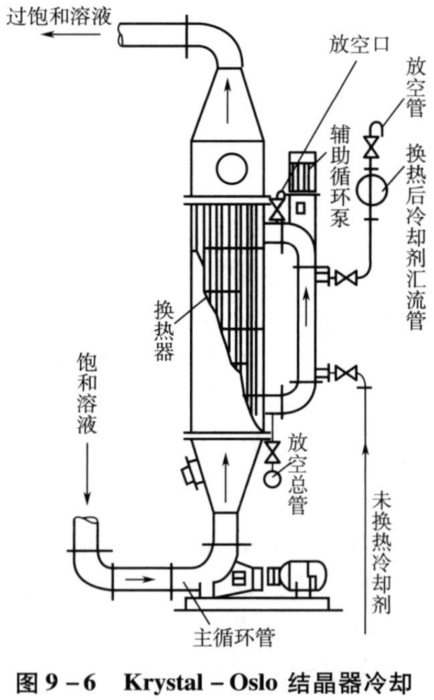

图 9－6　Krystal－Oslo 结晶器冷却换热器的辅助冷剂循环系统

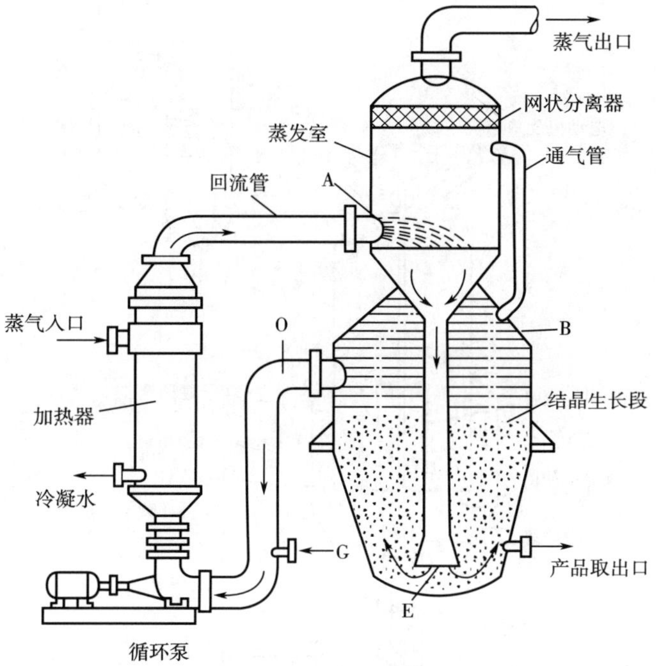

图 9－7　Krystal－Oslo 型蒸发结晶器

溶液在蒸发室分离蒸气之后，由中央下行管送到结晶生长段的底部（E），然后向上方流经晶体流化床层，过饱和得以消失，晶床中的晶粒得以生长。当粒子生长到要求的大小后，从产品取出口排出，排出晶浆经稠厚器离心分离，母液送回结晶器。固体直接作为商品，或者干燥后出售。

Krystal 蒸发结晶器大多数是采用分级的流化床，粒子长大后沉降速度超过悬浮速度而下沉，因此底部聚积着大粒的结晶，晶浆的浓度也比上面的高，空隙率减小，实际悬浮速度也必然增加，因此正适合分级粒度的需要。这也正好是新鲜的过饱和溶液先接触的所在区域，在密集的晶群中迅速消失过饱和度，流经上部由 O 排出，作为母液排出系统；或者在多效蒸发系统中进入下一级蒸发。

生长型蒸发结晶器的结构比一般蒸发器复杂得多，投资也必然高。因此，原则上在前级没有达到析出结晶的浓度时，就无必要按照这种结晶器设计。只有肯定有结晶析出时才采用 Krystal 型生长结晶器，这一点要给予注意。

Krystal 蒸发结晶器除以分级式操作外，也可以采用晶浆循环（MagMa Recycling）式操作。为了达到晶浆循环的目的，一般办法是保持较高的晶浆积累浓度，最后循环泵进口处吸入的也是较浓的晶浆，经循环泵送入蒸发器再进入蒸发室循环；另一种办法是加大循环速度，同时保持较高的晶浆浓度。晶浆循环操作法的生产能力要高于分级结晶操作法，只是循环泵的转动部件及加热管有晶浆的磨损。同时要注意选择泵型，防止晶粒破碎，产生大量的细晶，以及长大的晶粒又被破碎。

2. DTB 型蒸发式结晶器

DTB 是 Draft Tube Baffle Crystallizer 的缩写，即遮挡板与导流管的意思，简称“遮导式”结晶器，如图 9－8 所示。

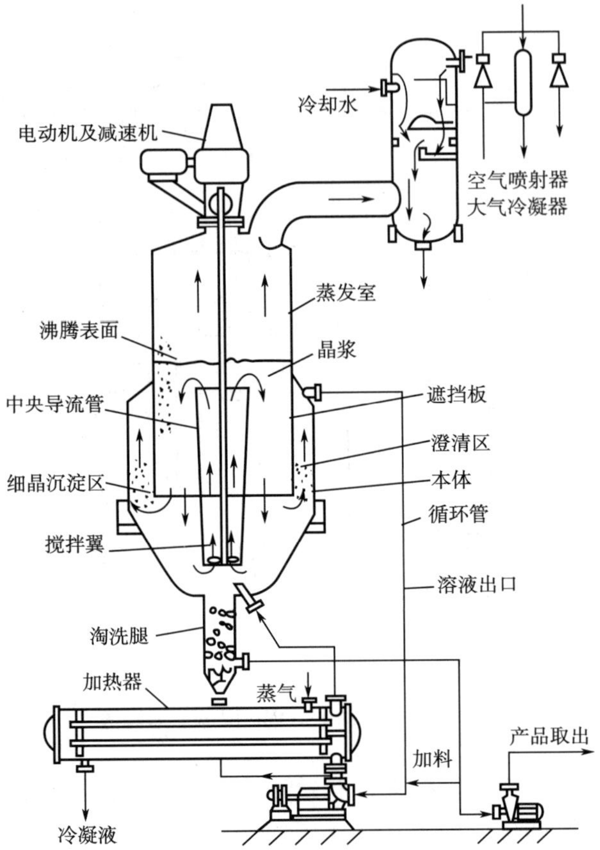

图 9－8　DTB 型蒸发式结晶装置简图

DTB 型蒸发式结晶器可以与蒸发加热器联用，也可以把加热器分开，结晶器作为真空闪蒸制冷型结晶器使用。这种结晶器是目前采用最多的类型，它的特点是结晶循环泵设在内部，阻力小，驱动功率小。为了提高循环螺旋桨的效率，需要有一个导热液管。遮挡板的钟罩形构造是为了把强烈循环的结晶生长区与溢流液穿过的细晶沉淀区隔开，互不干扰。

过饱和产生在蒸气蒸发室。液体循环方向是经过导流管快速上升至蒸发液面，然后使过饱和液沿环形面积流向下部，属于快升慢降型循环，在强烈循环区内晶浆的浓度是一致的，所以过饱和度的消失比较容易，而且过饱和溶液始终与加料溶液并流。由于搅拌桨的水力阻力小，循环量较大，所以这是一种过饱和度最低的结晶器。器底设有一个分级腿，取出的产品晶浆要先穿过它，在此腿内用另外一股加料溶液进入，作为分级液流，把细微晶体重新漂浮进入结晶生长区，合格的大颗粒冲不下来，落在分级腿的底部，同时对产品也进行一次洗涤，最后由晶浆泵排出器外分离，这样可以保证产品结晶的质量和粒径均匀，不夹杂细晶。一部分细晶随着溢流溶液排出器外，用新鲜加料液或者用蒸气溶解后返回。

3. 喷雾式结晶器

当溶液与冷剂不互溶混时，就可以利用溶液直接接触，这样，就省去了与溶液接触的换热器，防止了过饱和度超过时造成结垢，如喷雾式结晶器。

喷雾式结晶器也称湿壁蒸发结晶器，结构简图如图9-9所示。这种结晶器在操作时将浓缩的热溶液与大量的冷空气相混合，产生冷却及蒸发的效应，从而使溶液达到过饱和，结晶得以析出。有很多工厂用浓缩热溶液进行真空闪蒸直接达到绝热蒸发的效果使结晶析出的例子。操作时以25~40m/s的速度由一台鼓风机直接送入冷空气，溶液由中心部分吸入并被雾化，这时雾滴高度浓缩直接变为干燥结晶，附着在前方的硬质玻璃管上；或者变成两相混合的晶浆由末端排出，稠厚，离心过滤。此类结晶器设备紧凑简单，缺点是结晶粒度往往比较细小。

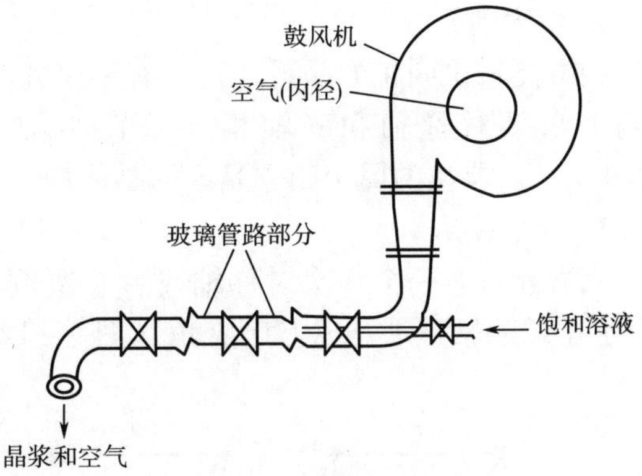

图9-9 喷雾式结晶器

任务二 结晶技术的理论基础知识

一、冷却结晶操作的理论知识

（一）晶体基本理论

固体从形态上分为有晶形和无定形两种。例如：食盐、蔗糖等都是晶体，而木炭、橡胶都为无定形物质，其区别主要在于内部结构中的质点元素（原子、分子）的排列方式互不相同。

晶体简单地分为立方晶系、四方晶系、六方晶系、正交晶系、单斜晶系、三斜晶系、三方晶系7种晶系。

1. 立方晶系

立方晶系是指具有4个立方体对角线方向三重轴特征对称元素的晶体。立方晶系晶体的对称性最高，其晶体理想外形必具有能内接于（内）球面的几何特点。立方晶系的特征对称性决定了此类晶体具有立方体形状的晶胞，3个具相等长度的基向量互相垂直。属于立方晶系的有简单立方、体心立方、面心立方（图9-10）。典型的属于立方晶系的如氯化钠晶体。

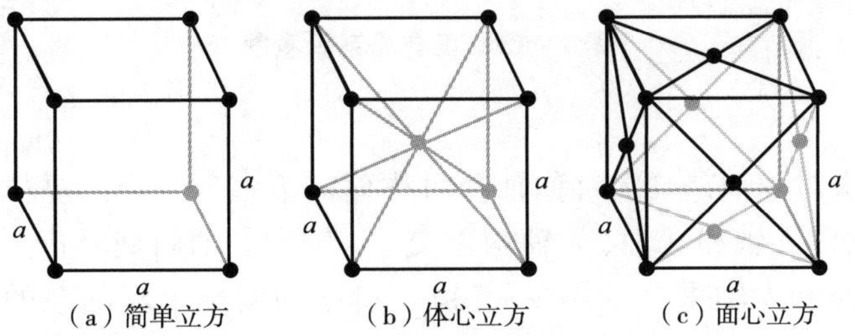

图9-10 立方晶系示意图

2. 四方晶系

四方晶系也叫正方晶系，它具有一个 4 次对称轴，该轴是晶体的直立对称轴 c 轴，另外两个水平对称轴和 c 轴相互垂直相交。四方晶系包括简单四方和体心四方两种（图 9－11），典型的属于四方晶系的晶体如锆石。

3. 六方晶系

六方晶系有一个 6 次对称轴或者 6 次倒转轴，该轴是晶体的直立结晶轴 c 轴。另外，3 个水平结晶轴正端互成 120°夹角（图 9－12）。典型的属于六方晶系的晶体如硼铝石。

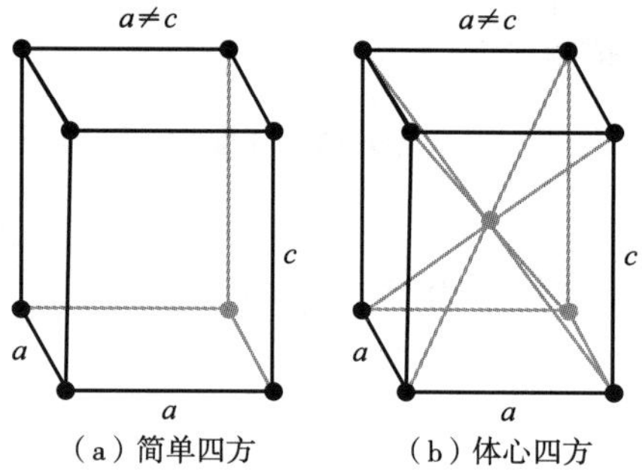

图 9－11　四方晶系示意图

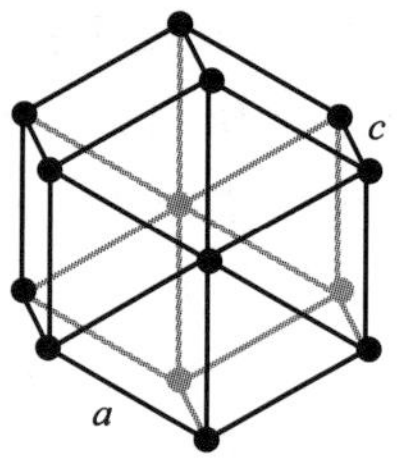

图 9－12　六方晶系示意图

4. 正交晶系

正交晶系，也称斜方晶系。该晶系的特点是没有高次对称轴，二次对称轴和对称面总和不少于 3 个。晶体以这 3 个互相垂直的二次轴或对称面法线为结晶轴。正交晶系的非均质性强，具有 3 个不同的主折射率（图 9－13）。典型的属于六方晶系的晶体如黄玉、橄榄石、金绿石、霰石等。

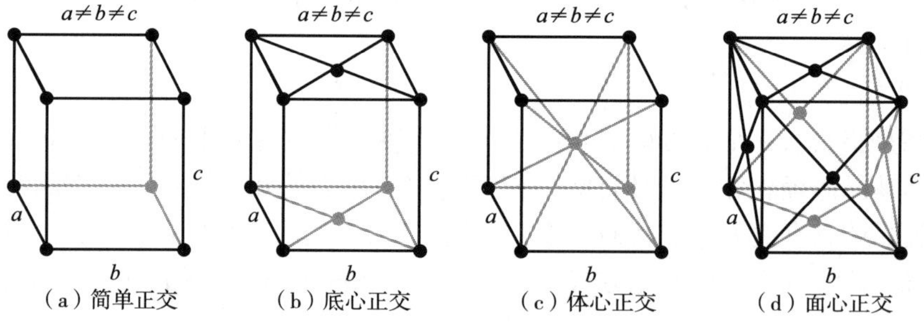

图 9－13　正交晶系示意图

5. 单斜晶系

单斜晶系无高次对称轴，二次对称轴和对称面都不多于一个。晶体以唯一一个二次轴或对称面法线为 b 轴。b 轴和 a 轴、c 轴均正交，a 轴和 c 轴斜交。折射率有 3 个，其中仅有一个主折射率方向和 b 轴重合（图 9－14）。典型的属于单斜晶系的晶体如锂辉石、绿帘石。

6. 三斜晶系

三斜晶系的矿物既无对称轴也无对称面，有的属于该晶系的矿物甚至连对称中心也没有。3 个结晶轴均斜交，主折射率有 3 个方向并且与结晶轴无关（图 9－15）。典型的属于单斜晶系的晶体如日光石、月光石等。

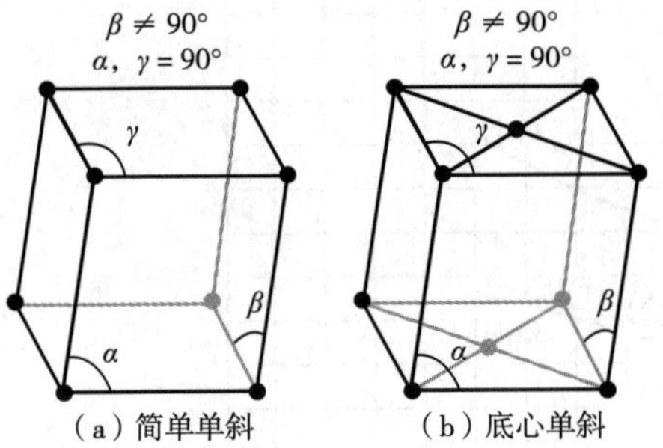

图 9－14 单斜晶系示意图

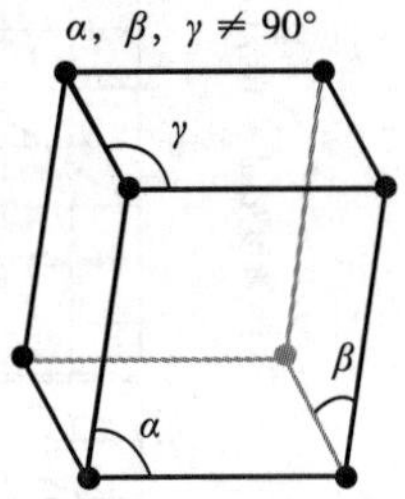

图 9－15 三斜晶系示意图

7. 三方晶系

以晶体的一个 3 次对称轴或者 3 次倒转轴为 c 轴，3 个水平轴正端 120°且与 c 轴正交。通常采用四轴定向（图 9－16）。但是也有部分三方晶系的宝玉石采用三轴定向。典型的属于单斜晶系的晶体如水晶、红宝石、蓝宝石（即刚玉）。

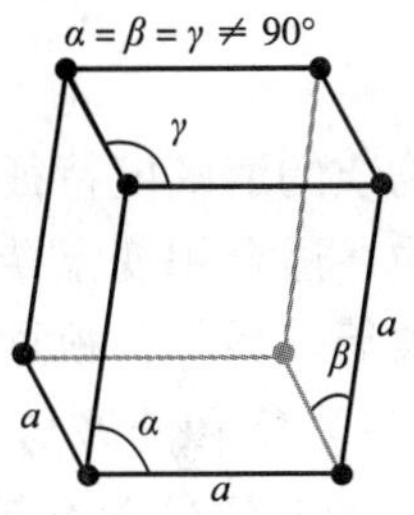

图 9－16 三方晶系示意图

（二）溶解度和溶解度曲线

任何固体物质与其溶液相接触时，如溶液尚未饱和，则固体溶解，如溶液恰好达到饱和，则固体溶解与析出的速度相等，结果是既无溶解也无析出，此时固体与其溶液已达到相平衡。固液相平衡时，单位质量的溶剂所能溶解的固体的质量，称为固体在该溶剂中的溶解度。工业上通常采用 1（或 100）份质量的溶剂中溶解多少份质量的无水溶质来表示溶解度的大小。

溶解度的大小与溶质及溶剂的性质、温度及压强等因素有关。一般情况下，溶质在特定溶剂中的溶解度主要随温度而变化。因此，溶解度数据通常用溶解度对温度所标绘的曲线来表示，该曲线称为溶解度曲线。图 9－17 中标出了几种常见的无机物在水中的溶解度曲线。

由图 9－17 可知，有些物质的溶解度随温度的升高而迅速增大，如 $NaNO_3$、KNO_3 等；有些物质的溶解度随温度的升高以中等速度增加，如 KCl、$(NH_4)_2SO_4$ 等；还有一类物质，如 NaCl 等，随温度的升高溶解度变化不明显。上述物质在溶解过程中需要吸收热量，即具有正溶解度特性。另外有一些物质，如 Na_2SO_4 等，其溶解度随温度的升高反而下降，它们在溶解过程中放出热量，即具有逆溶解度特性。此外，一些化合物的溶质从溶液里结晶析出时会形成水合物，即晶体里结合着一定数目的水分子，这样的水分子称为结晶水。结晶水是结合在化合物中的水分子，它们并不是液态水。在其溶解度曲线上有折点，物质在折点两侧含有的水分子数不等，故转折点又称为变态点。例如低于 32.4℃时，从 Na_2SO_4 水溶液中结晶出来的固体是 $Na_2SO_4 \cdot 10H_2O$，而在这个温度以上结晶出来的固体是 Na_2SO_4。

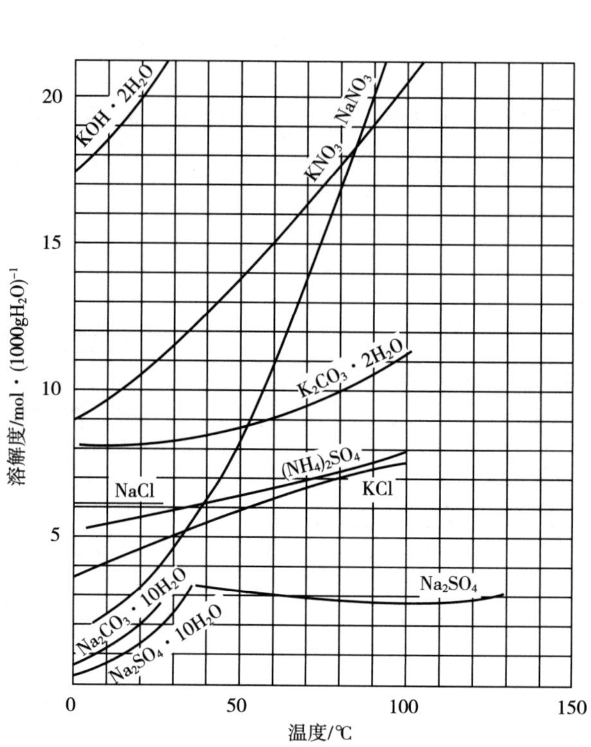

图 9－17　几种无机物在水中的溶解度曲线

物质的溶解度特征对于结晶方法的选择起决定性的作用。对于溶解度随温度变化敏感的物质，适合用变温结晶方法分离；对于溶解度随温度变化缓慢的物质，适合用蒸发结晶法分离等。另外，根据在不同温度下的溶解度数据还可计算出结晶过程的理论产量。

（三）饱和溶液与过饱和溶液

1. 饱和溶液与溶解度曲线

达到固液相平衡时的溶液称为饱和溶液。溶液含有超过饱和量的溶质，则称为过饱和溶液。同一温度下，过饱和溶液与饱和溶液的浓度差称为过饱和度。溶液的过饱和度是结晶过程的推动力。一个完全纯净的溶液在不受任何扰动（无搅拌、无振荡）及任何刺激（无超声波等作用）的条件下缓慢降温，就可以得到过饱和溶液。但超过一定限度后，澄清的过饱和溶液会开始自发析出晶核。

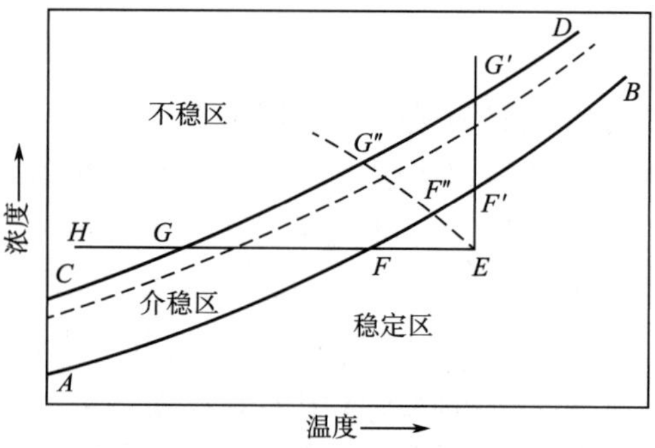

图 9－18　溶液的过饱和与超溶解度曲线

溶液的过饱和度与结晶的关系可用图 9－18 表示。图中 *AB* 线为具有正溶解度特性的溶解度曲线，*CD* 线表示溶液过饱和且能自发产生晶核的浓度曲线，称为超溶解度曲线。这两条曲线将浓度—温度图分为 3 个区域：*AB* 线以下的区域称为稳定区，稳定区中溶液尚未达到饱和，因此没有结晶的可能；*CD* 线以上的区域称为不稳区，在此区域中，溶液能自发地产生晶核；*AB* 线和 *CD* 线之间的区域称为介稳区，在这个区域内，不会自发地产生晶核，但如果在溶液中加入晶种（在过饱和溶液中人为地加入的小颗粒溶质晶体），这些晶种就会长大。此外，大量的研究工作证实，一个特定物系只有一条确定的溶解度曲线，但超溶解度曲线的位置却要受很多因素的影响，如有无搅拌、搅拌强度大小、有无晶种、晶种大小与多少、冷却速率快慢等，因此应将超溶解度曲线视为一簇曲线。

图9－18中初始状态为E的洁净溶液，分别通过冷却法（*EFH*）、蒸发法（*EF′G′*）或真空绝热蒸发法（*EF″G″*）结晶。

2. 溶液的过饱和度

溶质浓度超过该条件下的溶解度时，该溶液称为过饱和溶液，过饱和溶液达到一定过饱和度时会有溶质析出。

一般过饱和度可用两种方式来表示。

第一种，以浓度差来表示过饱和度：

$$\Delta C = C - C^* \tag{9-1}$$

式中：ΔC——溶度差过饱和度，kg溶质/100kg溶剂；

C——操作温度下的过饱和浓度，kg溶质/100kg溶剂；

C^*——操作温度下的溶解度，kg溶质/100kg溶剂。

第二种，以温度差来表示过饱和度：

$$\Delta t = t^* - t \tag{9-2}$$

式中：Δt——温度差过饱和度，K；

t^*——该溶液在饱和状态时所对应的温度，K；

t——该溶液经冷却达到过饱和状态时的温度，K。

（四）结晶过程的两个阶段

晶体的生成包括晶核的形成和晶体的生长两个阶段。

1. 晶核的形成

晶核是过饱和溶液中初始生成的微小晶粒，是晶体成长过程中必不可少的核心。结晶过程是一个相变过程。在开始由气相或液相形成晶相时，一般说是很困难的。晶核可以由均相成核或非均相成核两种过程及3种成核形式：初级均相成核、初级非均相成核及二次成核。在高过饱和度下，溶液自发地生成晶核的过程，称为初级均相成核；溶液在外来物（如大气中的微尘）的诱导下生成晶核的过程，称为初级非均相成核；而在含有溶质晶体的溶液中的成核过程，称为二次成核。二次成核也属于非均相成核过程，它是在晶体之间或晶体与其他固体（器壁、搅拌器等）碰撞时所产生的微小晶粒的诱导下发生的。均相成核是指在大体积过饱和体系中自然形成晶核，体系各部分成核的概率相同。

晶核形成的过程：在溶液中，质点元素不断地做不规则的运动，随着温度的降低或溶剂量的减少，不同质点元素间的引力相对地越来越大，以致达到不能再分离的程度，结合成线晶，线晶结合成面晶，面晶结核成按一定规律排列的细小晶体，形成所谓的“晶胚”。“晶胚”不稳定，进一步长大则成为稳定的晶核。

结晶是以过饱和度为推动力的，如果溶液没有过饱和度产生，晶核就不能形成。在介稳区内，晶体就可以增长，但晶核的形成速率却很慢，尤其在温度较低、溶液的黏度很高、溶液的密度较大时，阻力也比较大，晶核的形成也比较困难。

在大部分的结晶操作中，晶核的产生并不困难，而晶体的粒度增长到要求的大小则需要精细的控制。往往有相当一部分多余出来的晶核远远超过取出的晶体粒数，必须把多余的晶核从细晶捕集装置中不断取出，加以溶解，再回到结晶器内，重新生成较大粒的晶体。

2. 晶体的生长

晶体的生长过程是指在过饱和溶液中已有晶核形成或加晶种后，以过饱和度为推动力，溶液中的溶质向晶核或加入的晶体运动并在其表面上进行有序排列，使晶体格子扩大的过程。

影响结晶成长速率的因素很多：过饱和度、粒度、物质移动的扩散过程等。

解释结晶成长的机理有层生长理论、布拉维法则、扩散理论、吸附层理论等。下面介绍关于晶体生长的 3 种主要的理论。

（1）层生长理论。科塞尔（Kossel，1927）首先提出，后经斯特兰斯基（Stranski）加以发展的晶体的层生长理论也称为科塞尔－斯特兰斯基理论。

它的主要观点是在晶核的光滑表面上生长一层原子面时，质点在界面上进入晶格“座位”的最佳位置是具有三面凹入角的位置。质点在此位置上与晶核结合成键放出的能量最大。因为每一个来自环境相的新质点在环境相与新相界面的晶格上就位时，最可能结合的位置是能量上最有利的位置，即结合成键时应该是成键数目最多，释放出能量最大的位置。

晶体在理想情况下生长时，先长一条行列，然后长相邻的行列。在长满一层面网后，再开始长第二层面网。晶面（最外的面网）是平行向外推移而生长的。这就是晶体的层生长理论，用层生长理论可以解释如下的一些现象：

①晶体常生长成为面平、棱直的多面体形态。

②在晶体生长的过程中，环境可能有所变化，不同时刻生成的晶体在物性（如颜色）和成分等方面可能有细微的变化，因而在晶体的断面上常常可以看到带状构造。它表明晶面是平行向外推移生长的。

③由于晶面是向外平行推移生长的，所以同种矿物不同晶体上对应晶面间的夹角不变。

④晶体由小长大，许多晶面向外平行移动的轨迹形成以晶体中心为顶点的锥状体，称为生长锥或砂钟状构造。

晶体生长的实际情况要比简单层生长理论复杂得多。往往一次沉淀在一个晶面上的物质层的厚度可达几万或几十万个分子层。同时亦不一定是一层一层地顺序堆积，而是一层尚未长完，又有一个新层开始生长。这样继续生长下去的结果，使晶体表面不平坦，成为阶梯状，称为晶面阶梯。科塞尔理论虽然有其正确的方面，但实际晶体生长过程并非完全按照二维层生长的机制进行。因为当晶体的一层面网生长完成之后，再在其上开始生长第二层面网时有很大的困难，其原因是已长好的面网对溶液中质点的引力较小，不易克服质点的热振动使质点就位。因此，在过饱和度或过冷却度较低的情况下，晶体的生长就需要用其他的生长机制加以解释。

（2）布拉维法则。1855 年，法国结晶学家布拉维（A. Bravis）从晶体具有空间格子构造的几何概念出发，论述了实际晶面与空间格子构造中面网之间的关系，即实际晶体的晶面常常平行网面结点密度最大的面网，这就是布拉维法则。

布拉维的这一结论系根据晶体上不同晶面的相对生长速度与网面上结点的密度成反比的推论引导而出的。所谓晶面生长速度是指单位时间内晶面在其垂直方向上增长的厚度。

总体而言，布拉维法则阐明了晶面发育的基本规律，但由于当时晶体中质点的具体排列尚属未知，布拉维所依据的仅是由抽象的结点所组成的空间格子，而非真实的晶体结构。因此，在某些情况下可能会与实际情况产生一些偏离。1937 年，美国结晶学家唐内 - 哈克（Donnay - Harker）进一步考虑了晶体构造中周期性平移（体现为空间格子）以外的其他对称要素（如螺旋轴、滑移面）对某些方向面网上结点密度的影响，从而扩大了布拉维法则的适用范围。

布拉维法则的另一不足之处是，只考虑了晶体的本身，而忽略了生长晶体的介质条件。

（3）扩散理论。按照扩散理论，晶体的生长过程由 3 个步骤组成：①溶质由溶液扩散到晶体表面附近的静止液层；②溶质穿过静止液层后达到晶体表面，生长在晶体表面上，晶体增大，放出结晶热；③释放出的结晶热再靠扩散传递到溶液的主体去。

（五）影响冷却结晶过程的因素

晶体的质量主要是指晶体的大小、形状和纯度。

晶核形成的速率和晶体的生长速率影响晶体的大小。晶核形成的速率过大，溶液中会有大量晶核来不及长大，过程就结束了，所得到的结晶产品小而多；反之，结晶产品颗粒大而均匀；两者速率相近，所得到的结晶产品的粒度大小参差不一。影响结晶过程的其他主要因素如下：

（1）过饱和度的影响。过饱和度是结晶过程的推动力，是产生结晶产品的先决条件，也是影响结晶操作的最主要因素。过饱和度增高，一般使结晶生长速率增大，但同时会引起溶液黏度增加，结晶速率受阻。

（2）冷却速度的影响。快速的冷却将使溶液很快地达到过饱和状态，甚至直接穿过介稳区，能达到较高的过饱和度而得到大量的细小晶体；反之，缓慢冷却，得到很大的晶体。

（3）晶种的影响。晶核的形成有初级成核和二次成核两种情况。初次成核的速率要比二次成核速率大得多，对过饱和度的变化非常敏感，成核速率很难控制，一般尽量避免发生初级成核。加入晶种，主要是控制晶核的数量以得到粒度大而均匀的结晶产品。注意控制温度，如果溶液温度过高，加入的晶种有可能部分或全部被溶化，而不能起到诱导成核的作用；温度较低时，溶液中已自发产生大量细小晶体时，再加入晶种已不能起作用，通常在加入晶种时要轻微地搅动，使其均匀地分布在溶液中，得到高质量的结晶产品。

（4）杂质的影响。某些微量杂质的存在可影响结晶产品的质量。溶液中存在的杂质一般对晶核的形成有抑制作用，对晶体的生长速率的影响较为复杂，有的杂质能抑制晶体的生长，有的能促进生长。

（5）搅拌的影响。大多数结晶设备中都配有搅拌装置，搅拌能促进扩散和加速晶体生成，所以应注意搅拌的形式和搅拌的速度。如转速太快，会导致对晶体的机械破损加剧，影响产品的质量，转速太慢，则可能起不到搅拌的作用。

二、蒸发结晶操作的理论知识

1. 蒸发结晶及结晶方法的选择

蒸发结晶是将溶剂部分汽化，使溶液达到过饱和而结晶。它适用于溶解度随温度变化不大的物系或温度升高时溶解度降低的物系。

蒸发结晶有两种方法：一种是将溶液预热，然后在真空（减压）下闪蒸（有极少数是在常压下闪蒸）；另一种是结晶装置本身附有蒸发器。

我国古代就利用太阳能在沿海大面积盐田上晒盐，这也是一种原始而且十分经济的蒸发结晶。依据溶解度曲线，对于溶解度随温度变化敏感的物质，适合用变温结晶方法分离，选用的结晶器为冷却结晶器；对于溶解度随温度变化缓慢的物质，采用冷却的方法则不能使晶体析出，此时应选用蒸发结晶法分离等。

2. 影响蒸发结晶过程的因素

由于蒸发过程对过饱和度的控制要求较高，极易导致晶核形成的速率过大，溶液中会有大量晶核来不及长大，得到产品小而多或粒度大小参差不一的晶体。影响蒸发结晶过程的因素主要有如下方面：

（1）过饱和度的影响。过饱和度增高，一般使结晶生长速率增大，且溶液黏度增加，结晶速率受阻。

（2）蒸发速度的影响。快速的蒸发将使溶液很快地达到过饱和状态，甚至直接穿过介稳区，能达到较高的过饱和度而得到大量的细小晶体；反之，缓慢蒸发，得到很大的晶体。

任务三　结晶操作的技术操作

一、冷却结晶器的操作与控制

1. 间歇式冷却结晶器的操作

在中小规模的结晶过程中广泛采用间歇操作，它与连续结晶相比，操作较为简单。

（1）控制降温速度结晶。在间歇操作的结晶过程中，为了控制晶体的大小和晶形，获得粒度较均匀的晶体产品，必须尽一切可能防止多余的晶核生成，一种较好的控制手段是缓缓降温，将溶液的过饱和度控制在介稳区中，以使晶体能更好地生长。

（2）搅拌结晶。间歇式结晶釜一般都配有搅拌装置，搅拌能促进传热，使结晶温度均匀，不致颗粒大小不一，但应注意搅拌的形式和搅拌的速度。

锚式搅拌的径向流动较好，而桨式搅拌则有利于轴向流动，框式搅拌则既有径向流动又有轴向流动，在间歇式结晶釜中是一个很好的选择。

搅拌转速过慢时，影响结晶釜内的传热过程，不利于结晶产能的提高；搅拌转速太快，会导致对晶体的机械破损加剧，影响产品的质量，转速太慢，则可能起不到搅拌的作用，适当的搅拌速度对于间歇结晶来说是很重要的操作参数。

（3）加晶种的控制结晶。在间歇操作的结晶过程中，为了控制晶体的晶型，往往通过向溶液中加入适当数量及适当粒度的晶种，让被结晶的溶质只在晶种表面上生长。采用温和的搅拌，使晶种较均匀地悬浮在整个溶液中，尽量避免二次成核现象。在整个结晶过程中，加入晶种并小心地控制溶液的温度或浓度，这种操作方式称为“加晶种的控制结晶”，它能对产品的粒度进行有效的控制。晶种的加入量取决于整个结晶过程中可被结晶出来的溶质量、晶种的粒度和所希望得到的产品粒度。假设过程中无晶核的生长，则产品的粒子总数等于晶种的粒子总数。

这种操作方式的一个熟悉的例子是制糖工业，在蔗糖的结晶过程中，可以使用小至

5μm 的微晶作为晶种，每 50m³ 的糖浆中加 500g 晶种就足够了。对于无机化合物溶质自水溶液中结晶的过程，由于介稳区的宽度比蔗糖要窄得多，进入不稳区的危险较大，需要采用粒度较大（例如 100 ~ 500μm）的晶种。

早年，Griffith 就研究过加晶种和不加晶种的溶液在冷却时的结晶情况，其结果可用溶解度—超溶解度曲线表示。图 9－19 中（a）表示不加晶种而迅速冷却的情况。此时溶液的状态很快穿过介稳区而到达超溶解曲线上的某一点，出现初级成核现象，溶液中有大量微小的晶核骤然产生出来，属于无控制结晶。图 9－19（b）表示不加晶种而缓慢冷却的情形。此时溶液的状态也会穿过介稳区而到达超溶解度曲线，产生较多的晶核，过饱和度因成核而有所消耗后，溶液的状态当即离开超溶解度曲线，不再有晶核生成，由于晶体生长，过饱和度迅速降低。此法对结晶过程的控制作用有限。我们知道初级成核速率随过饱和度的加大而增长非常迅猛，其晶核的生成量不可能恰好适应需要，故所得晶体的粒度分布范围往往很宽。图 9－19（c）表示加有晶种而迅速冷却的情形。溶液的状态一旦越过溶解度曲线，晶种便开始长大，而由于溶质结晶出来，在介稳区中溶液的浓度有所降低。但由于冷却迅速，溶液仍可很快地到达不稳区，因而终于不可避免地会有细小的晶核产生。图 9－19（d）表示加有晶种而缓慢冷却的情形。由于溶液中有晶种存在，且降温速率得到控制，在操作过程中溶液始终保持在介稳状态，而晶体的生长速率完全由冷却速率加以控制。因为溶液不致进入不稳区，所以不会发生初级成核现象。这种“控制结晶”操作的方法能够产生预定粒度的、合乎质量要求的匀整晶体。许多工业规模的间歇结晶操作即采用这种方式。

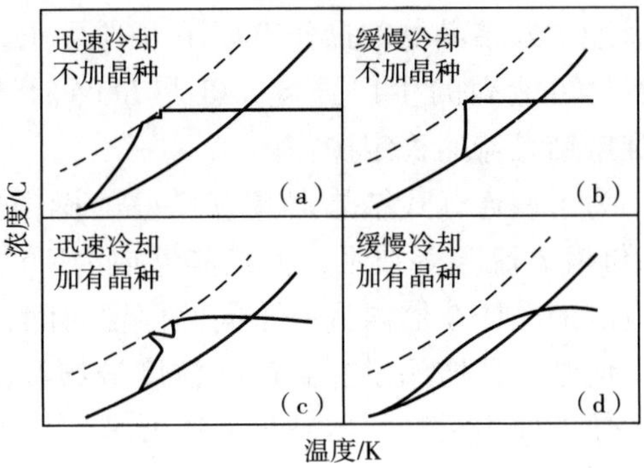

图 9－19　冷却速率及加晶对结晶操作的影响

（4）间歇冷却结晶的最佳操作程序。如图 9－20所示，图中，线 1 代表不加控制的自然冷却曲线，线 2 代表恒速冷却线，线 3 代表适宜冷却程序操作的冷却曲线。由图 9－20（b）可见，如采用自然冷却操作，则在结晶过程的初始阶段溶液的过饱和度急剧升高，达到某一峰值，然后又急剧下降，使结晶过程的过饱和度在随后相当长的一段时间内维持在一个很低的水平，所以既有发生初级成核的危险，又有生产

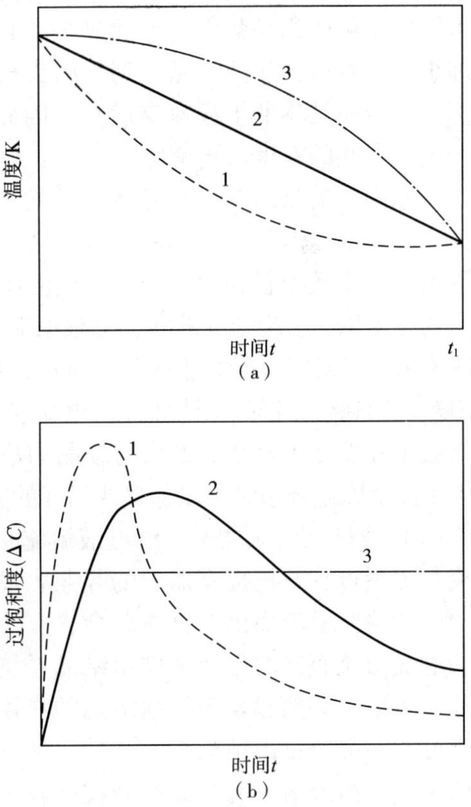

图 9－20　分批冷却结晶的冷却曲线

能力低下的问题。至于按恒速降温操作，与自然冷却相比，其过饱和度的峰值较低，下降也较缓，但类似于上述自然冷却操作的缺点依然存在。若按适宜冷却程序操作，则在整个结晶过程中，过饱和度自始至终得以维持在某一预期的恒定值，从而使操作得到实质性的改善。在图中可以看到，按照这种程序操作时，在初始阶段应使溶液以很低的速率降温，而后随着晶体表面的增长而逐步增大其冷却速率。

2. 连续式冷却结晶器的操作

连续式结晶器的操作有以下几项要求：①控制产品有符合要求的粒度分布；②结晶器具有尽可能高的生产强度；③尽量降低结晶垢的速率，以延长结晶器正常运行的周期；④维持结晶器的稳定操作。

为了使连续式结晶器具有良好的操作性能，往往采用“细晶消除”“粒度分级排料”“清母液溢流”等技术，使结晶器成为所谓“复杂构型结晶器”。采用这些技术可使不同粒度范围的晶体在器内具有不同的停留时间，也可使器内的晶体与母液具有不同的停留时间，从而使结晶器增添了控制产品粒度分布和晶浆密度的手段；再与适宜的晶浆循环速率相结合，便能使连续结晶器满足上述要求。

（1）细晶消除技术。在连续操作的结晶器中，每一粒晶体产品是由一粒晶核生长而成的，在一定的晶浆体积中，晶核生成量越少，产品晶体就会长得越大。反之，如果晶核生成量过大，溶液中有限数量的溶质分别沉积于过多的晶核表面上，产品晶体粒度必然较小。如果能使单位体积晶浆中生成的晶核数目恰好等于获得规定的产品粒度所需的数目，那就太理想了。显然，实际上做不到，因为成核过程很不容易控制，较普遍的情况是晶核数目太多，或者说晶核的生成速率过高。因此，必须尽早地把过量的晶核除掉，而不应让它们生长到大一些的粒度后再消除。

去除细晶的目的是提高晶体产品的平均粒度。此外，它也为提高晶体的生长速率带来好处，因为结晶器配置了细晶消除系统后，可以适当地提高过饱和度操作，从而提高了晶体的生长速率及设备的生产能力，被溶解而消除的细晶也会使溶液的过饱和度有所提高。

通常采用的去除细晶的办法是根据淘析原理，在结晶器内部或外部建立一个澄清区，在此区域内，晶浆以很低的速度向上流动，使大于某一“细晶切割粒度”的晶体能从溶液中沉降出来，回到结晶器的主体部分，重新参与器内晶浆循环，并继续生长。所谓细晶切割粒度是指操作者或设计者要求去除的细晶的最大粒度，小于此粒度的细晶将从澄清区溢流而出，进入细晶消除循环系统，以加热或稀释的方法使之溶解，然后经循环泵重新回到结晶器中去。

（2）清母液溢流技术。清母液溢流是调节结晶器内晶浆密度的主要手段，增加清母液溢流量无疑可有效地提高器内的晶浆密度。清母液溢流有时与细晶消除相结合，因为从结晶器的澄清区溢流而出的母液总会含有小于某一切割粒度的细晶，所以不存在真正的清母液。这股溢流而出的母液如排出结晶系统，则可称之为清母液溢流，由于它含有一定量的细晶，所以也必然起着消除细结晶的作用。有些情况下，将从澄清区溢流而出的母液分为两部分：一部分排出结晶系统；另一部分则进入细晶消除系统，经溶解消晶后重又回到结晶器中去。当澄清区的细晶切割粒度较大时，为了避免流失过多的固相产品，可使溢流而出的含有细晶的母液先经过旋液分离器或湿筛，而后分为两股，使含有细晶较多的流股进入细晶消除循环，而含有少量细晶的流股则排出结晶系统。

从另一角度看，清母液溢流的主要作用在于能使液相及固相在结晶器中具有不同的停留时间。在无清母液溢流的结晶器中，固、液两相的停留时间是相等的；在有清母液溢流的结晶器中，固相的停留时间可延长数倍之多，这对于结晶这样的低速过程有极为重要的意义。

二、蒸发结晶器的操作与维护

1. 蒸发结晶操作的控制原则

控制结晶操作过程中溶液始终保持在介稳状态，控制结晶的原则不仅适用于冷却结晶操作，也适用于蒸发及真空冷却结晶操作。不过，真空冷却结晶较难以控制，溶液进入不稳区的危险更大，因此有必要更加小心。该原则也同样适用于反应结晶，例如，用光卤石冷分解反应生产 KCl 的过程，如不加控制，则仅能产生粒度很细小的 KCl 晶体。如在反应液中加晶种，并以抑制光卤石分解速率的方法控制反应液中 KCl 的过饱和度，则可取得粒度较大的 KCl 晶体。

2. 间歇蒸发结晶的最佳操作程序

间歇结晶操作在获得良好质量的晶体产品的前提下，也要求能尽量缩短间歇操作所需的时间，以得到尽可能多的产品。对于不同的结晶物系，应能确定一个适宜的操作程序，使得在整个间歇结晶过程中，能维持一个恒定的最大允许的过饱和度，使晶体能在指定的速率下生长。在整个过程中过饱和度既不允许超过此值，以致影响产品质量；也不允许低于此值，以致降低设备的生产能力。但是要做到这一点是困难的，因为在晶体表面积与溶液的能量传递速率（也就是溶剂的蒸发或溶液的冷却速率）之间有较为复杂的关系。在每次操作之始，物系中只有为数很小的由晶种提供的晶体表面，因此不太高的能量传递速率就足以使溶液中形成巨大的过饱和度，使操作偏离正常状态。随着晶体的长大，晶体表面积增大，则可相应地逐步提高能量传递速率。在建立此适宜操作程序之前，应在试验室中测得此临界过饱和度或适宜的生长速率。

3. 结晶操作的故障判断和处理

在结晶操作中，由于控制不当，会出现一些不正常工作现象，主要有以下方面：①晶体颗粒太细；②产生晶垢；③堵塞；④蒸发结晶器的压力波动；⑤晶浆泵不上量；⑥稠厚器下料管堵。具体产生原因及处理方法见表 9－1。

表 9－1　结晶操作的不正常现象、产生原因及处理方法

现象	原因	相应处理方法
晶体颗粒太细	（1）过饱和度增加过多 （2）温度过低 （3）操作压力过低 （4）晶种过多	（1）降低过饱和度 （2）提高温度 （3）增加操作压力 （4）控制晶种或增加细晶消除系统
产生晶垢	（1）溶质沉淀 （2）滞留死角 （3）流速不匀 （4）保温不均 （5）搅拌不均 （6）杂质	（1）防止沉淀 （2）防止死角 （3）控制流速均匀 （4）保温均匀 （5）搅拌均匀 （6）去除杂质

续表

现象	原因	相应处理方法
堵塞	(1) 母液中含杂质 (2) 不能及时地清除细晶 (3) 产生晶垢 (4) 晶体的取出不畅	(1) 除去杂质 (2) 消除细晶 (3) 除去晶垢，及时清洗结晶器 (4) 通过加热及时取走晶体
蒸发结晶器的压力波动	(1) 换热器的传热不均 (2) 结垢 (3) 溶液的过饱和度 (4) 排气不畅 (5) 结晶器的液面、溢流量过高	(1) 均匀传热 (2) 消除结垢 (3) 控制溶液的过饱和度 (4) 清洗结晶器、换热器及管路 (5) 控制结晶器的液位及液流量
晶浆泵不上量	(1) 叶轮或泵壳磨损严重 (2) 管线或阀门被堵 (3) 叶轮被堵塞 (4) 晶浆固液比过高 (5) 泵反转或漏入空气	(1) 停泵检修更换 (2) 停泵清洗或清扫 (3) 水洗或气冲 (4) 减少取出量或带水输送 (5) 维修可更换填料
稠厚器下料管堵	(1) 稠厚器内存料过多 (2) 管线阀门被堵 (3) 器内掉有杂物	(1) 减少进料量，用水带动取出 (2) 用水洗或吹蒸气 (3) 停车放空取出杂物

三、连续式蒸发结晶操作的参数控制

1. 投入量的控制

在投入量的恒稳控制系统中，流量的测量仪表应选用电磁流量计或堰式流量计等。投入量的变化直接影响结晶器内溶液过饱和度的大小。此外，投入量还与产量成正比。

2. 取出量的控制

取出量的控制是个重要但未能妥善解决的问题。许多连续结晶器在晶浆取出管路上安装调节阀来调节取出量，但这样做并不可靠，因为这种阀常有堵塞的可能。可加装定时器，使阀每隔 1 ~2min 全开一次以清除堆积在阀门处的晶体，从而避免堵塞现象。调节阀堵塞的发生与产品的粒度关系很大，一般情况下只有产品粒度很细时才能使用节流方法来调节取出量。目前，也有用考克或改用胶管阀的，便于晶疤堵塞时清理。在冬季，取出管最容易结疤堵塞。在取出时还可采用变速泵，根据结晶器内的液位高低来控制变速泵的转速。这个方法的缺点在于泵的转速与取出量的关系是非线性的，因而调节特性不良，且可调范围亦较窄。现在更常采用的方法是在结晶器的排料口处，将一股母液引回到取出管中去，以降低管中的晶浆密度，低密度晶浆的流量可以在很宽的范围内调节。这个方法的缺点是所取出的晶浆必须先经过一个沉降槽或增稠器，使晶浆密度增至适合于过滤或离心分离的程度。

3. 液位控制

绝大多数的真空冷却结晶器需在恒定的液位高度下操作，所以液位控制系统须能保证液位与预期高度相差在150mm之内。对于DTB结晶器，液位高度是指结晶器的进料口与器内沸腾表面之间的高度差。过高的液位使循环晶浆中的晶粒不能被充分地送入产生过饱和度的液体表面层。液位过低时，液位的微小变化可能切断导流筒上缘的循环通道，破坏结晶器的运行。真空冷却结晶器的液位控制系统中，变送器可采用压差变送器，其低压测压口与结晶器的气液分离室相连。压差变送器可以是法兰插入式，也可以用测压连接管与结晶器相连，而连接管内可被清洗，但清洗溶液的温度应较低，以防止它在连接管中沸腾而干扰液面控制。一般情况下，液位控制系统以进料量作为调节参数，但在有些情况下则以母液的再循环量或取出量为调节参数。

4. 绝对压力的控制

真空冷却结晶器的操作压力（绝压）必须仔细控制，因为它的变化可直接影响结晶温度。结晶器内的绝压由真空系统的排气速率控制。绝压控制系统应能使器内温度保持在预置点±0.5K之间。通常在结晶器顶部安装压力变送器。

5. 加热蒸气量的控制

对于蒸发结晶器，溶液的过饱和度主要取决于输入的热流强度。控制加热蒸气压力或流量皆可达到控制热流强度的目的，经验证明最好是控制蒸气流量。对于大多数的蒸发结晶设备，加热蒸气流量直接正比于结晶器的生产速率、循环晶浆的单程温升及热交换温差。控制系统不但应能监测此温差值，据以重新设置加热蒸气流量的给定值，还须具有内部自锁功能，当驱动循环泵或螺旋桨的电机因过载或断电而停止转动时，应能自动切断蒸气的输入。

6. 晶浆密度的控制

结晶器内的晶浆密度是一个重要的操作参数，可用悬浮液中两点间的压差来表征晶浆密度，此两点在垂直方向上必须有足够大的距离，使测量仪表有较大的读数，如晶浆有较大的密度，则两测压点间的垂直距离可为150~250mm。一般情况下，此两测压点可设置在结晶器主体的液面下方。对于强制外循环结晶器，两测压点安装在晶浆循环管路上也能成功地测量晶浆密度。液体的湍流运动使输出信号存在相当强的噪声，故须在测压连接管上加装阻尼阀或采用适当的电子阻尼器。在晶浆控制系统中，按压差变送器输出的信号，调节清母液溢流速率，保持结晶器内晶浆密度恒定。

7. 其他需要监测的参数

结晶系统需要测量温度的点包括进料、出料、液氨、冷却水或其他载冷体等，还需要监测加热器的温差以及各种母液成分的变化。循环泵或循环螺旋桨的电机的电流波动也需监测，还需经常监测晶浆泵的电机的电流大小。

习题与思考

1. 什么是结晶单元操作？结晶过程有哪些类型？

2. 冷却结晶器有哪几类？试简要说明常见冷却结晶器的结构特点。
3. 什么是溶解度？溶解度曲线随温度变化有哪几种不同的类型？
4. 简述溶解度曲线的变化对冷却结晶操作的指导意义。
5. 什么是介稳区？介稳区对于结晶操作的意义是什么？
6. 蒸发结晶器有哪几类？试简要说明常见蒸发结晶器的结构特点。
7. 选择结晶设备的原则是什么？
8. 影响结晶操作的因素有哪些？
9. 分析在结晶操作中，哪些参数的控制是主要的。
10. 什么是盐析结晶，其特点是什么？

参考文献

［1］聂莉莎，魏翠娥．化工单元操作［M］．北京：化学工业出版社，2019.

［2］张利锋，闫志谦．化工原理［M］．北京：化学工业出版社，2019.

［3］闫晔，刘佩田．化工单元操作过程［M］．北京：化学工业出版社，2016.

［4］饶珍．化工单元操作技术［M］．北京：中国轻工业出版社，2017.